"十二五"普通高等教育本科国家级规划教材

普通高等教育"十一五"国家级规划教材

21世纪大学本科计算机专业系列教材

丛书主编 李晓明

计算机组成与系统结构

（第3版）

袁春风 主编
唐杰 杨若瑜 李俊 编著

U0286644

清华大学出版社
北京

内 容 简 介

本书主要介绍计算机组成与系统结构涉及的相关概念、理论和技术,主要内容包括指令集体系结构、数据的表示和存储,以及实现指令集体系结构的计算机各部件的内部工作原理、组成结构及其相互连接。本书共分9章:第1章对计算机系统及其性能评价进行概述性介绍;第2~3章主要介绍数据的机器级表示和运算,以及运算部件的结构与设计;第4~6章介绍指令系统、各种CPU设计技术及指令流水线;第7章主要介绍包含主存、外存、cache和虚拟存储器在内的存储器层次结构;第8章介绍总线互连及输入输出系统;第9章介绍并行处理计算系统的基本硬件结构和并行程序设计编程模型。

本书内容详尽,反映现实,概念清楚,通俗易懂,实例丰富,并提供大量典型习题供读者练习。本书可以作为高等学校计算机专业本科生"计算机组成原理""计算机组成原理与系统结构""计算机系统结构"课程的教材,也可以作为有关专业研究生或计算机技术人员的参考书。

图书在版编目(CIP)数据

计算机组成与系统结构/袁春风主编;唐杰,杨若瑜,李俊编著. —3版. —北京:清华大学出版社,2022.5(2024.7重印)

21世纪大学本科计算机专业系列教材

ISBN 978-7-302-59988-3

Ⅰ.①计…　Ⅱ.①袁…②唐…③杨…④李…　Ⅲ.①计算机组成原理-高等学校-教材②计算机体系结构-高等学校-教材　Ⅳ.①TP30

中国版本图书馆CIP数据核字(2022)第016006号

责任编辑:张瑞庆
封面设计:常雪影
责任校对:李建庄
责任印制:沈　露

出版发行:清华大学出版社
　　网　　　址:https://www.tup.com.cn,https://www.wqxuetang.com
　　地　　　址:北京清华大学学研大厦A座　　　　　　　邮　　编:100084
　　社　总　机:010-83470000　　　　　　　　　　　　邮　　购:010-62786544
　　投稿与读者服务:010-62776969,c-service@tup.tsinghua.edu.cn
　　质量反馈:010-62772015,zhiliang@tup.tsinghua.edu.cn
　　课件下载:https://www.tup.com.cn,010-83470236
印　装　者:三河市天利华印刷装订有限公司
经　　　销:全国新华书店
开　　　本:185mm×260mm　　印　张:22.75　　字　数:552千字
版　　　次:2010年4月第1版　2022年5月第3版　　印　次:2024年7月第7次印刷
定　　　价:65.00元

产品编号:088561-01

前言

计算机组成(computer organization)是指计算机主要功能部件的组成结构、逻辑设计及功能部件之间的相互连接关系。计算机系统结构(computer architecture)的经典定义是指程序设计者(主要指低级语言程序员或系统软件设计者)所看到的计算机系统的属性,即计算机的功能特性和概念性结构,也称指令集体系结构(instruction set architecture,ISA)。指令集体系结构规定的内容主要包括:指令操作类型、指令处理的数据类型、指令格式、寻址方式和可访问空间大小、通用寄存器个数和位数、控制和状态寄存器的定义、I/O空间的编址方式、异常和中断机制、机器工作状态的定义和切换、输入输出数据传送方式、存储保护方式等。

本书主要介绍计算机组成与系统结构涉及的相关内容。在计算机系统层次结构中,这些内容位于软件和硬件的结合处,不仅涉及计算机硬件设计和指令系统设计,还涉及操作系统、编译程序和程序设计等部分软件技术,是整个计算机系统中最核心的部分。

1. 本书的写作思路和内容组织

计算机组成与系统结构这两部分涉及的内容相互融合,密不可分。无论是国内还是国外,很多高校都逐渐把计算机组成原理和系统结构课程的内容有机结合起来;甚至国外一些经典教材还把与前两者密切相关的软件设计内容也融合在一起。这种方式可以加深读者对计算机软硬件系统的整体化理解,并有效地增强对学生的计算机系统设计能力的培养。

本书在总结和借鉴国外著名高校使用的教材、教案、教学理念和教学方法的基础上,力图以"培养学生现代计算机系统设计能力"为目标,贯彻"从程序设计视角出发,强调软硬件关联与协同,以CPU设计为核心"的组织思路,试图改变同类传统教材就硬件讲硬件、软硬件分离的内容组织方式,以系统化观点全面地介绍计算机组成与系统结构相关知识和技术。

为了体现以上思路和目标,本书在以下几方面进行重点考虑和内容组织。

(1)首先基于"高级语言程序→汇编语言程序→机器指令序列→控制信号"的路线展现程序从编程设计、翻译转换,到最终在CPU上运行的整个过程。在此基础上,用计算机系统层次化的观点阐述"计算机组成原理"和"计算机组成与系统结构"课程在整个计算机系统中的位置、内容和作用,从而为清晰了解本课程的内容和作用、为全面建立计算机软硬件系统的整体概念打下基础。

(2)将指令执行过程和异常、中断、存储访问、I/O访问等重要概念和技术结合起来进行介绍,力求清晰说明CPU执行指令过程中硬件与操作系统相互切换和协同工作的处理过程,使读者深刻理解软硬件系统之间的关系与协同工作过程。

（3）讲述与程序设计有密切关系的体系结构内容(如数据表示、信息存放、操作数寻址、过程调用、程序访问局部性等)时,试图通过对硬件设计与程序设计之间关系的说明,使读者建立"从程序员视角理解计算机硬件系统设计,从硬件设计的视角理解程序设计与执行"的思想,力图在提高读者硬件设计能力的同时,也增强其进行高效的和系统化的程序设计的能力。

（4）在"计算机组成原理"教材传统内容的基础上增加指令流水线设计相关的详细内容,依照"最简单的 IAS 计算机 CPU→总线式 CPU→单周期 CPU→多周期 CPU→基本流水线 CPU→动态超标量超流水线 CPU"的次序,循序渐进地介绍 CPU 设计技术及其发展过程,以 MIPS 处理器和 Pentium 4 处理器为蓝本,力图使读者全面深入地掌握现代计算机的 CPU 设计技术。

（5）结合指令流水线技术介绍基于流水线的编译优化技术,使读者对编译技术与指令流水线实现技术之间的密切关系有一定的认识和理解。

（6）在详细介绍单处理器计算机组成与系统结构原理的基础上,对并行处理系统进行简要介绍,为读者进一步学习高级体系结构打下必要的基础。

考虑到很多读者需要参考国外同类教材,为了使读者在阅读国外教材时不用对其中的门电路符号进行切换,以方便读者快速理解电路图,本书中的门电路符号未使用国标,而是采用了美标。

2. 各章节主要内容

本书共有 9 章,各章主要内容如下。

第 1 章(计算机系统概述)主要介绍冯·诺依曼结构的特点、计算机硬件的基本组成、计算机系统层次结构、程序开发与执行过程以及系统性能评价方法。

第 2 章(数据的机器级表示)主要介绍无符号数和有符号整数的表示、IEEE 754 浮点数标准、西文字符和汉字的编码表示、数据的宽度和存储方式。

第 3 章(运算方法和运算部件)主要介绍核心运算部件 ALU 的功能和设计、各类定点数和浮点数的运算方法和相应的运算部件。

第 4 章(指令系统)主要介绍高级语言与低级语言的关系、指令格式、操作数类型、寻址方式、操作类型、异常和中断处理机制,并以 MIPS 架构为例介绍 C 语言程序的机器级表示。

第 5 章(中央处理器)主要介绍 CPU 的基本功能和内部结构、指令执行过程、数据通路的基本组成和定时、单周期和多周期数据通路、控制器的设计、带异常处理的处理器设计。

第 6 章(指令流水线)主要介绍指令流水线的基本原理、流水段寄存器的概念、流水线数据通路的设计、流水线的控制信号、结构冒险及其处理、数据冒险及其处理、转发技术、控制冒险及其处理、分支预测原理、超标量和动态流水线的概念和技术。

第 7 章(存储器层次结构)主要介绍存储器层次结构的概念、半导体存储器的组织、多模块存储器、磁盘和固态硬盘、存储器的数据校验、cache 的基本原理和相应的实现技术、虚拟存储器的基本概念、进程的虚拟地址空间、虚拟存储器的实现和存储保护。

第 8 章(系统互连及输入输出组织)主要介绍常用输入输出设备的基本原理、外设与主机的互连、I/O 接口的功能和结构、I/O 端口编址方式、程序查询 I/O 方式、中断 I/O 方式、DMA 方式以及内核 I/O 软件的基本概述等。

第 9 章(并行处理系统)主要介绍 UMA 多处理器、CC-NUMA 多处理器、多核处理器和硬件多线程技术、共享存储器的同步控制、集群、网格、CPU、向量处理机和 SIMD 等相关基本概念，以及并行处理编程模型简介。

3. 第 3 版修订内容

近几年来，计算机组成与系统结构领域发生了一些变革，一些技术有了新的发展。为了反映技术的进步，淘汰陈旧过时的内容，拓宽本领域知识的覆盖面，并更加合理地构建知识框架，特别是在进一步体现软硬件融合的教学理念方面，第 3 版进行了相应修订，主要包括以下几方面。

在第 1 章关于计算机系统性能评价一节中，简化了对计算机性能测试方面的介绍，同时增加了对 Amdahl 定律的介绍，并提供了相关例题。

对第 2 章进行了一些调整。因为目前通用计算机的用户程序几乎不会使用像 BCD 码等十进制数来表示数据，所以新版中删除了"十进制数的表示"一节。此外，由于各类存储器设计时都必须考虑数据校验码的问题，因而将"数据校验码"从第 2 章移到了介绍存储器层次结构的第 7 章。

第 3 章增加了对整数乘除运算溢出判断处理内容的介绍，从高级语言程序、编译器、指令系统和底层乘除运算电路等多个层面相互关联展开讨论，通过对溢出判断相关例子的分析，能让读者深刻理解计算机系统各层次之间的关联关系。此外，第 3 章删除了传统教材中的 4 位定点运算器这种中规模集成电路芯片的内容。

在第 4 章关于指令系统设计一节中，增加了异常/中断处理机制的介绍，改变了传统教材中将异常和中断相关内容放在输入输出部分重点介绍的做法，强调了异常/中断相关内容在指令系统设计中的重要性。在第 4 章的指令系统实例部分，将原来对 IA-32 和 ARM 两种架构的简要介绍，改为对新型指令集架构 RISC-V 的比较全面的介绍。

对于第 5 章，因为第 2 版教材对多周期处理器设计，特别是微程序控制器设计方面的内容讲解过于细化和具体，而引入多周期处理器的主要目的只是为了便于介绍带异常处理的处理器设计，因此，第 3 版中简化了不太重要的多周期处理器和微程序控制器方面的内容。

第 7 章的内容调整比较多。首先，将第 2 版中第 7.2 节～第 7.5 节合并为一节，并压缩调整了其中的一部分内容，使得内容更加简洁紧凑，逻辑性更强。其次，将第 2 版的 8.3 节"外部存储设备"作为存储器层次结构中的一层移到介绍存储器层次结构的第 7 章中，从逻辑上来说更加合理。再次，将第 2 章的"数据校验码"移到第 7 章，并增加了针对固态硬盘进行海明校验的基本方法介绍。最后，在"虚拟存储器"这一节，删除了第 2 版中关于进程上下文切换、分区和分页存储管理等内容的介绍，增加了存储管理总体结构介绍，将可执行文件、进程虚拟地址空间、链接器、程序的生成和加载、页表、地址转换等许多计算机系统核心概念贯穿起来，以引导并加深读者对计算机系统层次结构的理解。此外，还增加了对 RISC-V 虚拟存储管理机制的介绍。

在第 9 章的"多处理器系统"一节，增加了"共享存储器的同步控制"相关内容，介绍了 RISC-V 架构中针对事务处理和操作原子性需要而提供的屏障指令和原子操作指令集 RV32A 中的部分指令，通过实例介绍了如何利用这些指令实现共享存储器的同步控制。

4. 关于本书使用的一些建议

本书可作为"计算机组成原理"课程的教材，也可作为"计算机组成原理实验"和"计算机系统结构"等课程的教学参考书。特别是对于不专门开设"计算机系统结构"课程的院校，使用本书作为"计算机组成与系统结构"课程的教材是比较合适的。

对于本书的使用,具体建议如下。

(1)课堂教学应以主干内容为主,力求完整给出知识框架体系,并着重讲清楚相关概念之间的联系。

(2)标注为 * 的内容是可以跳过而不影响阅读连贯性的部分,主要有 3 类:简单易懂的基础性内容,具体实现方面比较细节的内容,在技术层面上更加深入的内容。这些内容对深入理解课程的整体核心内容是非常有帮助的。因此,在课时允许的情况下,可以选择其中的一部分进行课堂讲解;在课时不允许的情况下,也可安排学生进行课后阅读。

(3)书中每个重要的知识点和概念后面都有一些例子(答案分析过程以♯结束),可选择部分重要的、难懂的例子在课堂上讲解,而大部分可留给学生自学。

(4)习题中列出的概念术语基本涵盖了相应章节的主要概念,可以让学生对照检查是否全部清楚其含义;习题中列出的简答问题是相应章节重要的基本问题,可以通过对照检查以判断学生对相应章节内容的掌握程度;对于综合运用题,如果与程序设计相关,则可用编程方式来求解或验证,这样做,对学生深刻理解课程内容有帮助。

(5)本书在 CPU 设计方面提供了比较具体的实现方案,相关内容可以作为基于 FPGA和硬件描述语言进行 CPU 设计实验的参考资料。

5. 致谢

在本书的编写过程中,得到了张福炎教授的悉心指导;黄宜华教授从书稿的篇章结构到内容各方面都提出了许多宝贵的意见,进行了修改,并对全书内容进行了全面细致的审核和校对;书中有关 CPU 设计的最初图稿和内容组织思路由陈贵海教授提供;此外,武港山教授以及俞建新、吴海军、张泽生、蔡晓燕等老师也对本书提出了许多宝贵的意见;杨晓亮、肖韬、翁基伟、刘长辉、宗恒、莫志刚、叶俊杰等研究生对相关章节的内容和习题分别进行了校对和试做,并提出了许多宝贵的意见和修改建议。在此对以上各位老师和研究生一并表示衷心的感谢。

本书是基于作者在南京大学从事"计算机组成原理"和"计算机组成与系统结构"课程教学 20 多年来所积累的讲稿内容编写而成的,感谢各位同仁和各届学生对讲稿内容所提出的宝贵意见,使得本教材的内容得以不断地改进和完善。

6. 结束语

本书广泛参考了国内外相关的经典教材和教案,在内容上力求做到取材先进,并反映技术发展现状;在内容的组织和描述上力求概念准确、语言通俗易懂、实例深入浅出,并尽量利用图示和实例来解释和说明问题。由于计算机组成与系统结构相关的基础理论和技术在不断发展,新的思想、概念、技术和方法不断涌现,加之作者水平有限,书中难免存在不当或遗漏之处,恳请广大读者对本书的不足之处给予指正,以便在后续的版本中予以改进。

作　者

2021 年 10 月于南京

目 录

CONTENTS

第 1 章

计算机系统概述

本章主要介绍计算机的发展历程、计算机系统的基本组成、计算机系统层次结构、程序开发和执行过程,以及计算机系统的性能评价。

1.1 计算机的发展历程

*1.1.1 通用电子计算机的诞生

世界上第一台真正意义上的电子数字计算机是在 1935—1939 年由美国艾奥瓦州立大学物理系副教授阿塔那索夫(John Vincent Atanasoff)和其合作者贝瑞(Clifford Berry,当时还是物理系的研究生)研制成功的,用了 300 个电子管,取名为 ABC(Atanasoff-Berry Computer)。不过这台机器只是个样机,并没有完全实现阿塔那索夫的构想。

1946 年 2 月,美国成功研制了真正实用的电子数字计算机 ENIAC(Electronic Numerical Integrator and Computer,电子数字积分机和计算机)。其设计思想基本来源于 ABC,但采用了更多的电子管,运算能力更强大。它的负责人是莫克利(John W. Mauchly)和艾克特(J. Presper Eckert)。他们制造完 ENIAC 后就立刻申请获得了美国专利。就是这个专利导致了 ABC 和 ENIAC 之间长期的"世界第一台电子计算机"的头衔之争。

1973 年,美国明尼苏达地区法院给出了正式宣判,推翻并吊销了莫克利的专利。现在国际计算机界公认的事实是:第一台电子计算机的真正发明人是阿塔那索夫。阿塔那索夫在国际计算机界也被称为"电子计算机之父"。

虽然莫克利等人失去了专利,但是他们的功劳还是不能抹杀的,毕竟是他们按照阿塔那索夫的思想完整地制造出了真正意义上的电子数字计算机。莫克利于 1932 年获得著名的霍普金斯大学物理学博士学位并留校任教,1941 年转入宾夕法尼亚大学,他常常为物理学研究中屡屡出现的大量枯燥、烦琐的数学运算而头痛,渴望电子计算机的帮忙。一天,他偶然发现艾奥瓦州立大学的阿塔那索夫正在试制电子计算机,莫克利深感鼓舞,立即启程拜访。阿塔那索夫热情接待了这位志同道合的"不速之客",毫无保留地介绍了研制情况,并无私地把记录着有关电子计算机设计的珍贵笔记本交给了莫克利。莫克利认真研究了阿塔那索夫的方案,于 1942 年写出了一份题为《高速电子管装置的使用》的报告。该报告很快引起了一个年轻人——23 岁的研究生艾克特——的兴趣,于是,师生密切协作,开始了电子计算机的研制。当时正值第二次世界大战期间,军方急需一种高速电子装置来解决弹道的复杂

2

计算问题,莫克利与艾克特的方案在 1943 年得到了军方的支持。在冯·诺依曼(John von Neumann)等人的帮助下,他们经过两年多的努力,终于研制成了第一台实用的电子计算机。1946 年 2 月,美国陆军军械部与摩尔学院共同举行新闻发布会,宣布了 ENIAC 研制成功的消息。

ENIAC 能进行每秒 5000 次加法运算,每秒 400 次乘法运算以及平方和立方、sin 和 cos 函数数值运算。当时主要用它来进行弹道参数计算,60s 射程的弹道计算时间由原来的 20min 一下子缩短到仅需 30s。ENIAC 是个庞然大物,耗资 40 多万美元,使用了 18 800 个电子管,重 30t,占地面积 170m²,耗电功率约 150kW,第一次开机时甚至导致整个费城地区的照明都闪烁变暗。该机正式运行到 1955 年 10 月 2 日,这 10 年间共运行了 80 223h。

自从第一台实用的通用电子计算机 ENIAC 诞生后,人类社会进入了一个崭新的电子计算和信息化时代。计算机硬件早期的发展受电子开关器件的影响极大,为此,传统上人们以元器件的更新作为计算机技术进步和划代的主要标志。

*1.1.2 元器件的更新与体系结构的发展

第一代计算机(20 世纪 40 年代中期到 20 世纪 50 年代末)为电子管计算机。其逻辑元件采用电子管,存储器件为声延迟线或磁鼓,典型逻辑结构为定点运算,采用低级编程语言(早期为机器语言,后期为汇编语言)编制程序。电子管计算机体积大,耗电多,速度慢(每秒计算千次或万次),存储器容量小。

第一代计算机的典型代表是冯·诺依曼及其同事在普林斯顿高级研究院(Institute for Advance Study at Princeton,IAS)于 1946 年开始设计的"存储程序"计算机。该机被称为 IAS 计算机,它是后来通用计算机的原型。

当时冯·诺依曼在参加原子弹的研制工作中遇到了极为困难的计算问题。1944 年夏的一天,冯·诺依曼巧遇正在参与 ENIAC 研制工作的美国弹道实验室军方负责人戈尔斯坦,冯·诺依曼被戈尔斯坦介绍加入 ENIAC 研制组。在设计和研制 ENIAC 的过程中,研制小组意识到 ENIAC 还存在很多问题,例如,没有存储器,也没有采用二进制的表示方式。1945 年,在共同讨论的基础上,冯·诺依曼以《关于 EDVAC 的报告草案》为题,起草了长达 101 页的总结报告,发表了全新的"存储程序(stored-program)通用电子计算机方案",宣告了现代计算机结构思想的诞生。

"存储程序"方式的基本思想是:必须将事先编好的程序和原始数据送入主存后才能执行程序,一旦程序被启动执行,计算机能在不需操作人员干预下自动完成逐条取出指令并执行的任务。

第二代计算机(20 世纪 50 年代中后期到 20 世纪 60 年代中期)为晶体管计算机。1947 年,美国贝尔实验室的三位科学家发明了晶体管,为计算机的发展提供了新的器件技术基础。该实验室于 1954 年研制了晶体管计算机 TRADIC,而麻省理工学院于 1957 年完成的 TX-2 对晶体管计算机的发展起了重要作用。IBM 公司于 1955 年宣布的全晶体管计算机 7070 和 7090,开始了第二代计算机蓬勃发展的新时期,特别是 1959 年 IBM 推出的商用机 IBM 1401,更以其小巧价廉和面向数据处理的特性而获得广大用户的欢迎,从而促进了计算机工业的迅速发展。

这一代计算机内存采用磁芯存储器,外存采用磁鼓与磁带存储器,实现了浮点运算,并在系统结构方面提出了变址、中断、I/O处理器等新概念。这时计算机软件也得到了发展，出现了多种高级语言及其编译程序。和第一代电子管计算机相比，第二代晶体管计算机体积小、速度快、功耗低、可靠性高。

第三代计算机(20世纪60年代中期到20世纪70年代中后期)为集成电路计算机。1958年，德州仪器公司的工程师杰克·基尔比(Jack Kilby)和仙童半导体公司的工程师罗伯特·诺伊斯(Robert Noyce)几乎同时各自独立发明了集成电路，为现代计算机的发展奠定了革命性的基础，使得计算机的逻辑元件与存储器均可由集成电路实现。集成电路的应用是微电子与计算机技术相结合的一大突破，为构建运算速度快、价格低、容量大、可靠性高、体积小、功耗低的各类计算机提供了技术条件。1964年，IBM公司宣布世界上第一个采用集成电路的通用计算机IBM 360系统研制成功，该系统的发布是计算机发展史上具有重要意义的事件。该系统采用了一系列计算机新技术，包括微程序控制、高速缓存、虚拟存储器和流水线技术等；一次就推出了6种机型，它们相互兼容，可广泛应用于科学计算、数据处理等领域；在软件方面首先实现并配置了操作系统，具有资源调度、人机通信和输入/输出控制等功能。IBM 360系列的诞生，对计算机的普及应用和大规模工业化生产产生了重大影响，到1966年年底，其产量已达到每月400台，5年内总产量超过33 000台。

这一时期还具有另外一个重要特点，即大型/巨型机与小型机同时发展。1964年的CDC 6600及随后的CDC 7600和CYBER系列是大型机代表；巨型机有CDC STAR-100和64个单元并行操作的ILLIAC IV阵列机等；同时小型计算机也得到很大发展，典型的有DEC公司的PDP系列。

第四代计算机(20世纪70年代后期以来)为超大规模集成电路计算机。20世纪70年代初，随着微电子学飞速发展而产生的大规模集成电路和微处理器给计算机工业注入了新鲜血液。其后，大规模(LSI)和超大规模(VLSI)集成电路成为计算机的主要器件，其集成度从20世纪70年代初的几千个晶体管/片(如Intel 4004为2000个晶体管)到20世纪末的千万个晶体管/片。半导体集成电路的集成度越来越高，速度也越来越快，其发展遵循以下摩尔定律：由于硅技术的不断改进，每18个月，集成度将翻一番，速度将提高一倍，而其价格将降低一半。戈登·摩尔(Golden Moore)是Intel公司的创始人之一，摩尔定律是摩尔先生在1965年接受美国《电子》杂志的总编采访时对半导体芯片工业发展前景的预测，50多年来的实践证明，摩尔定律的预测是基本准确的。

由于计算机在技术和系统结构等方面的不断进步，目前学术界和工业界早已不再沿用传统的以元器件划分"第x代计算机"的提法。

1.2　计算机系统的基本组成

通常所说的计算机系统，除了包含看得见的计算机硬件之外，还包括运行在计算机硬件上的软件。即计算机系统由硬件和软件两部分组成。硬件是具体物理装置的总称，人们看到的各种芯片、板卡、外设、电缆等都是计算机硬件。软件包括运行在硬件上的程序和数据以及相关的文档。程序是指挥计算机如何操作的一个指令序列，数据是指令操作的对象。

1.2.1　计算机硬件的基本组成

尽管计算机硬件技术经历了电子管、晶体管、集成电路和超大规模集成电路等发展阶段,计算机体系结构也取得了很大发展,但目前为止,绝大部分通用计算机的基本组成仍然具有冯·诺依曼结构计算机的特征。

冯·诺依曼结构的基本思想主要包括以下几方面。

(1) 采用"存储程序"的工作方式。

(2) 计算机由运算器、控制器、存储器、输入设备和输出设备 5 个基本部件组成。

(3) 存储器不仅能存放数据,而且也能存放指令,形式上数据和指令没有区别,但计算机应能区分它们;控制器应能控制指令的自动执行;运算器应能进行加、减、乘、除 4 种基本算术运算,并且也能进行逻辑运算;操作人员可以通过输入/输出设备使用计算机。

(4) 计算机内部以二进制形式表示指令和数据;每条指令由操作码和地址码两部分组成,操作码指出操作类型,地址码指出操作数的地址;由一串指令组成程序。

现代计算机中,通常把运算器、控制器和各类寄存器等部件互连做在一个称为中央处理器(central processing unit,CPU)的芯片中。计算机硬件主要包括中央处理器、存储器、I/O 控制器、外部设备和各类总线等。

1. 中央处理器

中央处理器简称 CPU 或处理器,是整个计算机的核心部件,主要用于指令的执行。CPU 主要包含两种基本部件:数据通路和控制器。数据通路主要包含算术逻辑部件(arithmetic and logic unit,ALU)和通用寄存器等,ALU 用来执行算术和逻辑运算等操作,通用寄存器用来暂存指令所用的操作数或执行结果。控制器用来对指令进行译码,生成相应的控制信号,以控制数据通路进行正确的操作。

2. 存储器

存储器分为内存和外存,内存包括主存储器(main memory,简称主存)和高速缓存(cache)。因为早期计算机中没有高速缓存,所以一般情况下,并不区分内存和主存,两者含义相同,都是特指主存储器。冯·诺依曼结构计算机采用"存储程序"的工作方式,在程序执行前,指令和数据都需事先输入到存储器中,这里的存储器就是指主存储器。

外存包括磁盘存储器和固态硬盘等直接和主存交换信息的存储器,以及一些用于数据备份的海量后备存储器。

3. 外部设备和设备控制器

外部设备简称外设,也称为 I/O 设备,其中,I/O 是输入/输出(input/output)的缩写。外设通常由机械部分和电子部分组成,而且两部分通常是可以分开的,机械部分是外部设备本身,而电子部分则是控制外部设备的设备控制器。

外设通过设备控制器连接到主机上,各种设备控制器统称为 I/O 控制器、I/O 接口或I/O 模块。例如,键盘接口、打印机适配器、显示控制器(简称显卡)、网络控制器(简称网卡)等都是一种设备控制器。

4. 总线

总线(bus)是传输信息的介质,用于在部件之间传输信息,CPU、主存和 I/O 模块通过总线互连,在 CPU 和 I/O 模块中都内含相应的存储部件,即各类寄存器或缓存器。

　　图 1.1 是一个典型的多总线计算机系统硬件结构示意图。其中,CPU 包含控制器、ALU、寄存器堆(有些教材称为寄存器文件 register file 或通用寄存器组 GPRs)、总线接口部件等。CPU 通过处理器总线、I/O 桥接器等与主存储器和 I/O 设备交换信息;主存通过存储器总线、I/O 桥接器与 CPU 和 I/O 设备交换信息;I/O 设备通过各自的外设控制器连到 I/O 总线上,例如,可以把鼠标和键盘连接到 USB 控制器的接口上,显示器连接到显示适配卡的接口上。在一个 I/O 总线上可以设置多个 I/O 扩展槽,以连接更多的外设。

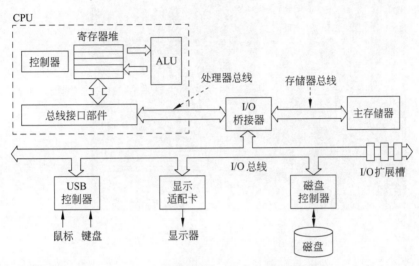

图 1.1　一个典型计算机系统的硬件组成

　　ALU 是数据处理部件,其处理的数据来自通用寄存器,运算的结果也送到通用寄存器中;磁盘和主存是存储部件,分别用于存储长期保存信息和临时保存信息;各类总线以及总线接口部件、I/O 桥接器、I/O 扩展槽、I/O 控制器和显示适配器等都是互连部件,用于完成数据传送和缓存任务。

　　从外部来看,普通台式个人计算机是用各种电缆将显示器、键盘、鼠标和机箱等连接而成的一个装置。打开一台普通台式机的机箱后,看到的是如图 1.2 所示的一组电路板、芯片和连线,有主板、电源、风扇和硬盘驱动器等。

图 1.2　台式个人计算机机箱内的部件

图 1.3 所示为个人计算机主板,其中有一个 CPU 芯片插座,用于插入相应的 CPU 芯片;通过 PCI 和 PCIe×16 等总线插槽可连接相应外设控制卡,从而连接更多的外设;内存条也可插入内存条插槽进行扩充和更换。

PCI总线插槽　PCIe×16总线插槽　PCIe×1总线插槽

CPU芯片插座

内存条插槽

图 1.3　台式个人计算机主板

图 1.4 是对计算机硬件进行解剖的示意图,显示了一台个人计算机的硬件结构分解过程。计算机主机由多个电路板用总线连接而成,每个电路板上又焊接了多个集成电路芯片,每个芯片中有十几个电路模块,每个模块中有上千万个单元,每个单元中有几个门电路,每个门电路实现基本的逻辑运算,因为计算机中所有信息都采用二进制编码表示,二进制的 1 和 0 对应逻辑值"真"和"假",可方便地通过逻辑运算电路来实现算术运算。

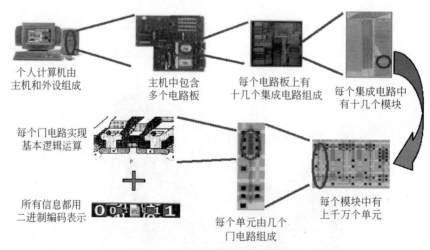

图 1.4　个人计算机的硬件结构解剖

图 1.5 是 Pentium 4 处理器芯片的内部结构示意图。左边是芯片的显微照片,右边是功能模块。Pentium 4 处理器芯片中除了整数运算数据通路外,还集成了浮点运算数据通

路和多媒体处理数据通路。Pentium 4 处理器将 L1 cache(包括指令 cache 和数据 cache)和 L2 cache 都做在了 CPU 芯片内。此外,还有具有支持高级流水线和超线程的部件,以及用于 I/O 访问和存储器访问的接口部件。

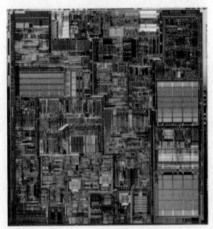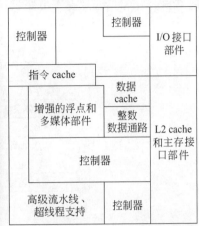

图 1.5　Pentium 4 处理器芯片的内部组成

1.2.2　计算机软件

计算机中的操作由存储并运行在其内部的程序进行控制,这是冯·诺依曼结构计算机"存储程序"工作方式的重要特征。计算机软件就是指存储和运行在计算机硬件中的程序,因此程序和软件质量的好坏将大大影响计算机性能的发挥。一般将软件分成应用软件和系统软件两大类。

专门为数据处理、科学计算、事务管理、多媒体处理、工程设计以及过程控制等应用所编写的各类程序都称为应用软件。例如,人们平时经常使用的电子邮件收发软件、视频播放软件、游戏软件、炒股软件、文字处理软件、电子表格软件、演示文稿制作软件等都是应用软件。

系统软件包括为有效、安全地使用和管理计算机以及为开发和运行应用软件而提供的各种软件,介于计算机硬件与应用软件之间,它与具体应用关系不大。系统软件包括操作系统(如 Windows)、语言处理系统(如 C 语言编译器)、数据库管理系统(如 Oracle)和各类实用程序(如磁盘碎片整理程序、备份程序)等。操作系统主要用来管理整个计算机系统的资源,包括对它们进行调度、管理、监视和服务等,操作系统还提供计算机用户和硬件之间的人机交互界面,并提供对应用软件的支持;语言处理系统主要用于提供一个用高级语言编程的环境,包括源程序的编辑、转换、链接、装入和调试等功能;数据库管理系统是一种用于建立、使用和维护数据库的软件系统。

1.3　计算机系统层次结构

计算机系统是一个层次结构系统,每一层都通过向上层用户提供一个抽象的简洁接口而将低层的实现细节隐藏起来。计算机解决应用问题的过程就是不同抽象层进行转换的过程。

1.3.1 计算机系统抽象层的转换

图 1.6 是计算机系统层次转换示意图,描述了从最终用户希望计算机完成的应用(问题)到电子工程师使用器件完成基本电路设计的整个转换过程。

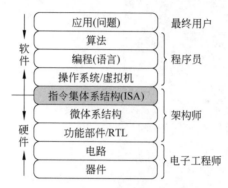

图 1.6　计算机系统抽象层及其转换

通常用自然语言对应用(问题)进行描述,但计算机硬件只能理解机器语言,要将一个自然语言描述的应用问题转换为机器语言程序,需要经过多个抽象层的转换。

1. 算法和程序

首先,要将应用问题转换为算法(algorithm)描述,使得应用问题的求解变成流程化的清晰步骤,并能确保步骤是有限的。其次,将算法转换为用编程语言描述的程序(program),需要程序员进行程序设计。编程语言(programming language)与自然语言不同,它有严格的执行顺序,不存在二义性,能够唯一地确定计算机执行指令的顺序。

2. 编程语言

编程语言可以分成高级语言和低级语言两类。高级语言(high-level language)和底层计算机结构无关,大部分编程语言都是高级语言;低级语言(low-level language)则和运行程序的计算机的底层结构密切相关,通常称为机器级语言(machine-level language)。机器语言和汇编语言都是机器级语言。

机器语言(machine language)就是用二进制进行编码的机器指令(instruction),每条机器指令都是一个 0/1 序列。机器语言程序的可读性很差,也不易记忆,给程序员的编写和阅读带来极大的困难。因此,人们引入了一种机器语言的符号表示语言,通过用简短的英文符号和二进制代码建立对应关系,以方便程序员编写和阅读,这种语言称为汇编语言(assembly language)。

3. 语言处理系统

与低级语言相比,高级语言的可读性要好得多,因此绝大部分程序员使用高级语言编写程序。程序员编写的高级语言程序必须转换成机器语言程序才能被计算机直接执行。这个转换过程是计算机自动完成的,因而需要有能够执行自动转换的程序,包含这种转换程序的软件开发工具统称为语言处理系统。

任何一个语言处理系统中,都包含一个翻译程序(translator),它能把一种编程语言表示的程序转换为等价的另一种编程语言程序。被翻译的语言和程序分别称为源语言和源程序,翻译生成的语言和程序分别称为目标语言和目标程序。翻译程序有以下3类。

(1) 汇编程序(assembler):也称汇编器,用来将汇编语言源程序翻译成机器语言目标程序。

(2) 解释程序(interpreter):也称解释器,用来将源程序中的语句按其执行顺序逐条翻译成机器指令并立即执行。

(3) 编译程序(compiler):也称编译器,用来将高级语言源程序翻译成汇编语言或机器语言目标程序。

4. 操作系统

所有的语言处理系统都必须在操作系统提供的计算机环境中运行,操作系统是对计算机底层结构和计算机硬件的一种抽象,这种抽象构成了一台可以让程序员使用的虚拟机(virtual machine)。

5. 指令集体系结构

从应用问题到机器语言程序的每次转换所涉及的概念都是属于软件的范畴,而机器语言程序所运行的计算机硬件和软件之间需要有一个"桥梁",这个在软件和硬件之间的界面就是指令集体系结构(instruction set architecture, ISA),简称体系结构或系统结构(architecture),有时也称为指令系统或指令集架构,它是软件和硬件之间接口的一个完整定义。ISA定义了一台计算机可以执行的所有指令的集合,每条指令规定了计算机执行什么操作,所处理的操作数所存放的位置以及操作数的类型等。ISA规定的内容包括指令格式、指令操作类型,指令的操作数类型、寻址方式和可访问地址空间大小,程序可访问的寄存器个数、位数和编号,控制寄存器的定义,I/O空间的编址方式,中断结构,机器工作状态的定义和切换,输入/输出结构和数据传送方式,存储保护方式等。

因此,指令集体系结构是指软件能感知到的部分,也称软件可见部分。机器语言程序就是一个ISA规定的指令的序列,因此,计算机硬件执行机器语言程序的过程就是执行程序所包含的一条一条指令的过程。

6. 微体系结构

ISA是对指令系统的一种规定或结构规范,而具体实现的组织(organization)称为微体系结构(microarchitecture),简称微架构。ISA和微体系结构是两个不同层面上的概念,微体系结构是软件不可感知的部分。例如,加法器采用串行进位方式还是并行进位方式实现属于微体系结构范畴。相同的ISA可能具有不同的微体系结构,例如,对于Intel x86这种ISA,很多处理器的组织方式不同,即具有不同的微架构。

微体系结构由逻辑电路(logic circuit)实现,当然,微架构中的一个功能部件可以用不同的逻辑来实现,用不同的逻辑实现方式得到的性能和成本有差异。最后,每个基本的逻辑电路都是按照特定的器件技术(device technology)实现的。

1.3.2 计算机系统的不同用户

按照在计算机上完成任务的不同,可以把使用计算机的用户分成以下4类:最终用户、系统管理员、应用程序员和系统程序员。

使用应用程序完成特定任务的计算机用户称为最终用户(end user),例如,使用炒股软件的股民,使用财会软件的会计等。最终用户使用键盘和鼠标等外设与计算机交互,通过操作系统提供的用户界面启动执行应用程序,从而完成用户任务。

系统管理员(system administrator)是指利用操作系统、数据库管理系统等软件提供的功能对系统进行配置、管理和维护,以建立高效合理的系统环境供计算机用户使用的操作人员。其职责主要包括安装、配置和维护系统的硬件和软件,建立和管理用户账户,升级软件,备份和恢复业务系统和数据等。

应用程序员(application programmer)是指使用高级编程语言编制应用软件的程序员。应用程序员大多使用高级程序设计语言编写程序。系统程序员(system programmer)指设计和开发操作系统、编译器、数据库管理程序等系统软件的程序员。

很多情况下,同一个人可能既是最终用户,又是系统管理员,同时还是应用程序员或系统程序员。例如,对于一个计算机专业的学生来说,有时需要使用计算机玩游戏或网购物品,此时为最终用户的角色;有时需要整理计算机磁盘中的碎片、升级系统或备份数据,此时是系统管理员的角色;有时需要完成老师布置的一个应用程序的开发,此时是应用程序员的角色;有时可能还需要完成老师布置的操作系统或编译程序等软件的开发,此时是系统程序员的角色。

计算机系统可以认为是由各种硬件和各类软件采用层次化方式构建的系统,如图 1.7 所示,不同用户工作在计算机系统的不同层次。

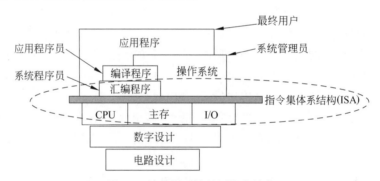

图 1.7　计算机系统的层次化结构

从图 1.7 中可看出,ISA 位于硬件和软件的交界面上,硬件所有的功能都由 ISA 集中体现,软件通过 ISA 在计算机上执行。因此 ISA 是整个计算机系统的核心部分。

ISA 层下面是硬件部分,上面是软件部分。硬件部分包括 CPU、主存和输入/输出等主要功能部件,这些功能部件通过数字逻辑电路设计实现。软件部分包括低层的系统软件和高层的应用软件,汇编程序、编译程序和操作系统等这些系统软件直接在 ISA 上实现,系统程序员所看到的机器的属性是属于 ISA 层面的内容,所看到的机器是配置了指令系统的机器,称为机器语言机器,工作在该层次的程序员称为机器语言程序员;系统管理员工作在操作系统层,所看到的是配置了操作系统的虚拟机器,称为操作系统虚拟机;汇编语言程序员工作在提供汇编程序的虚拟机器级,所看到的机器称为汇编语言虚拟机;应用程序员大多工作在提供编译器或解释器等翻译程序的语言处理系统层,因此,应用程序员大多用高级语言编写程序,因而也称为高级语言程序员,所看到虚拟机器称为高级语言虚拟机;最终用户则工作在最上面的应用程序层。

在计算机技术中,一个存在的事物或概念从某个角度看似乎不存在,即感觉不到实际存在的事物或概念,则称其是透明的。通常,在一个计算机系统中,系统程序员所看到的底层机器级的概念性结构和功能特性对高级语言程序员(通常就是应用程序员)来说是透明的,即看不见或感觉不到。

1.4 程序开发与执行过程

程序的开发和执行涉及计算机系统的各个不同层面,因而计算机系统层次结构的思想体现在程序开发和执行过程的各个环节中。下面以简单的 hello 程序为例,简要介绍程序的开发与执行过程,以便加深对计算机系统层次结构概念的认识。

1.4.1 从源程序到可执行程序

以下是 hello.c 的 C 语言源程序代码:

```
1  #include<stdio.h>
2
3  int main()
4  {
5      printf("hello, world\n");
6  }
```

为了让计算机能执行上述应用程序,应用程序员应按照以下步骤进行处理。

(1) 通过程序编辑软件得到 hello.c 文件。hello.c 在计算机中以 ASCII 字符方式存放,如图 1.8 所示,图中给出了每个字符对应的 ASCII 码的十进制值。

#	i	n	c	l	u	d	e	\<sp\>	\<	s	t	d	i	o	.
35	105	110	99	108	117	100	101	32	60	115	116	100	105	111	46
h	\>	\n	\n	i	n	t	\<sp\>	m	a	i	n	(	)	\n	{
104	62	10	10	105	110	116	32	109	97	105	110	40	41	10	123
\n	\<sp\>	\<sp\>	\<sp\>	\<sp\>	p	r	i	n	t	f	(	"	h	e	l
10	32	32	32	32	112	114	105	110	116	102	40	34	104	101	108
l	o	,	\<sp\>	w	o	r	l	d	\n	"	)	;	\n	}	
108	111	44	32	119	111	114	108	100	92	110	34	41	59	10	125

图 1.8 hello.c 源程序文件的表示

(2) 将 hello.c 进行预处理、编译、汇编和链接,最终生成可执行目标文件。从 hello.c 到可执行目标文件 hello 的转换过程如图 1.9 所示。

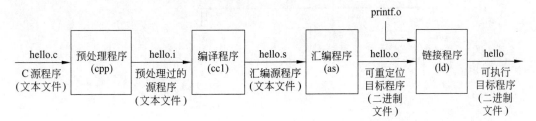

图 1.9 hello.c 源程序文件到可执行目标文件的转换过程

在图 1.9 中,预处理程序(cpp)对源程序中以字符♯开头的命令进行处理,例如,将♯include 命令后面的.h 文件内容嵌入到源程序文件中。预处理程序的输出结果还是一个源程序文件,以.i 为扩展名。

编译程序(cc1)对预处理后的源程序进行编译,生成一个汇编语言源程序文件,以.s 为扩展名,例如,hello.s 是一个汇编语言程序文件。

汇编程序(as)对汇编语言源程序进行汇编,生成一个可重定位目标文件(relocatable object file),以.o 为扩展名,例如,hello.o 是一个可重定位目标文件;它是一种二进制文件(binary file),因为其中的代码已经是机器指令,数据以及其他信息也都用二进制表示,所以它是不可读的,即打开显示出来的是乱码。

链接程序(ld)将多个可重定位目标文件和标准库函数合并成一个可执行目标文件(executable object file),可执行目标文件简称为可执行文件。本例中,链接器将 hello.o 和标准库函数 printf 所在的可重定位目标模块 printf.o 进行合并,生成可执行文件 hello。

最终生成的可执行文件保存在磁盘等外存中,可以通过某种方式启动可执行文件运行。

1.4.2　可执行文件的启动和执行

对于一个存放在磁盘上的可执行文件,可以在操作系统提供的用户操作环境中,采用双击对应图标或在命令行中输入可执行文件名等多种方式来启动执行。例如,对于上述可执行文件 hello,通过 shell 命令行解释器启动执行的结果如下:

```
unix> ./hello
hello, world
unix>
```

shell 命令行解释器会显示提示符 unix>,告知用户它准备接收用户的输入。此时,用户可以在提示符后面输入需要执行的命令名,它可以是一个可执行文件在磁盘上的路径名,例如,上述"./hello"就是可执行文件 hello 的路径名,其中"./"表示当前目录。在命令后用户需按下 Enter 键表示结束。图 1.10 显示了 hello 程序在计算机中被启动并执行的整个过程。

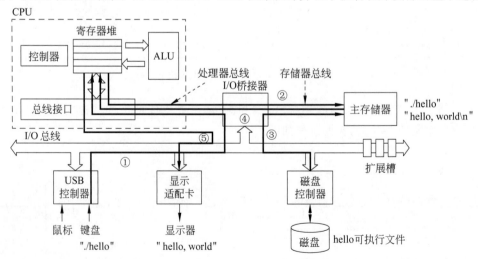

图 1.10　启动和执行 hello 程序的整个过程

如图 1.10 所示,shell 程序会将用户从键盘输入的每个字符逐一读入 CPU 寄存器中（对应线①），然后再保存到主存储器中,在主存的缓冲区形成字符串"./hello "（对应线②）。等到接收到 Enter 按键时,shell 将调出操作系统内核中相应的服务例程,由内核来加载磁盘上的可执行文件 hello 到存储器（对应线③）。内核加载完可执行文件中的代码及其所要处理的数据（这里是字符串"hello, world\n"）后,将 hello 程序第一条指令的地址送到程序计数器（program counter, PC）中, CPU 永远都是将 PC 的内容作为将要执行的指令的地址,因此, CPU 随后从第一条指令开始执行 hello 程序,将加载到主存的字符串"hello, world\n"中的每一个字符从主存取到 CPU 的寄存器中（对应线④）,然后将 CPU 寄存器中的字符送到显示器上显示出来（对应线⑤）。

从上述过程可以看出,一个程序被启动执行,必须依靠操作系统的支持,包括外壳程序和内核服务例程。例如, shell 命令行解释器是操作系统外壳程序,它为用户提供了一个启动程序执行的环境,用来对用户从键盘输入的命令进行解释,并调出操作系统内核来加载用户程序（用户输入命令对应的程序）。显然,用来加载用户程序并使其从第一条指令开始执行的操作系统内核服务例程也是必不可少的。此外,在上述过程中,涉及键盘、磁盘和显示器等外部设备的操作,这些外部设备是不能由用户程序直接访问的,此时,也需要依靠操作系统内核服务例程的支持,例如,用户程序需要调用内核的 read 系统调用服务例程读取磁盘文件,或调用内核的 write 系统调用服务例程把字符串写到显示器中。

从图 1.10 可以看出,程序的执行过程就是数据在 CPU、主存储器和 I/O 模块之间流动的过程,所有数据的流动都通过总线、I/O 桥接器等进行。数据在总线上传输之前,需要先缓存在存储部件中,因此,除了主存储器本身是存储部件以外,在 CPU、I/O 桥接器、设备控制器中也有存放数据的缓冲存储部件,如 CPU 中的通用寄存器、设备控制器中的数据缓冲寄存器等。

1.4.3　程序与指令及控制信号的关系

程序以可执行文件形式存放在外存,其中一定包含机器代码段。可执行文件的执行实际上是所包含的机器代码段执行的过程。机器代码段由一条一条机器指令（通常简称为指令）构成。指令（instruction）就是用 0 和 1 表示的一串 0/1 序列,用来指示 CPU 完成一个特定的原子操作,例如,取数指令从存储单元中取出数据存放到寄存器中;存数指令将寄存器的内容写入存储单元;加法指令将两个寄存器内容相加后送入目标寄存器中;传送指令将一个寄存器内容送到另一个寄存器中。

指令通常被划分为若干字段,有操作码字段、地址码字段和立即数字段等。操作码字段指出指令的操作类型,如取数、加、减、传送、跳转等;地址码字段指出指令所处理的操作数所存放的寄存器的编号或所在主存单元的地址等;立即数字段指出具体的一个操作数或偏移地址等。

图 1.11 给出了实现两个相邻数组元素交换功能的不同层次语言的描述。如图 1.11 所示,在高级语言源程序中,可直观地用三条赋值语句实现两个相邻数组元素的交换。在经编译生成的汇编语言源程序中,上述三条赋值语句可转换为 4 条汇编指令,其中,两条是取数指令 lw(load word),另两条是存数指令 sw(store word)。在经汇编后生成的机器语言目标程序中,对应的机器指令是特定格式的二进制代码,例如,汇编指令"lw \$15, 0(\$2) "的机器

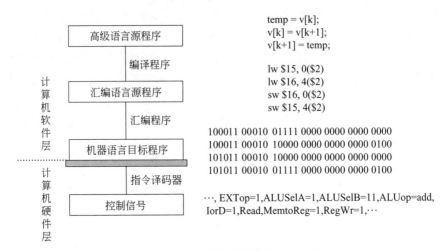

图 1.11　不同层次语言之间的等价转换

代码为"100011 00010 01111 0000 0000 0000 0000",这是一条 MIPS 体系结构中的指令,其中,高 6 位"100011"为操作码,随后 5 位"00010"为寄存器编号 2,再后面 5 位"01111"为寄存器编号 15,最后 16 位为立即数 0。

　　CPU 能够通过逻辑电路直接执行用二进制表示的机器指令。指令执行时,通过控制器中的指令译码器将指令操作码进行译码,以解释成控制信号(control signal)来控制数据通路的执行。例如,图 1.11 中给出的控制信号中,ALUop＝add 控制 ALU 进行加操作;Read控制进行主存读操作;RegWr＝1 控制将结果写入寄存器。

1.4.4　指令的执行过程

　　图 1.12 给出了一个简单的冯·诺依曼结构模型机,下面通过描述该模型机的工作原理来说明指令的执行过程。

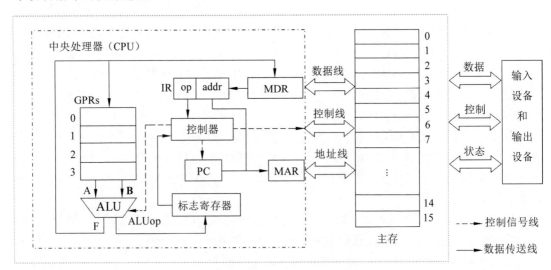

图 1.12　冯·诺依曼结构模型机

在图 1.12 所示的模型机中,CPU 包含 ALU、通用寄存器组(general purpose register set,GPRs)、标志寄存器、控制器、指令寄存器(instruction register,IR)、程序计数器(PC)、存储器地址寄存器(memory address register,MAR)和存储器数据寄存器(memory data register,MDR)。其中,ALU 用于进行算术运算和逻辑运算;通用寄存器组由若干通用寄存器组成,每个通用寄存器有一个编号,通过指令可以指定哪个编号的寄存器中的数据作为 ALU 运算的操作数;标志寄存器用来存放 ALU 运算得到的一些标志信息,如结果是否为 0、有没有产生进位或借位、结果是否为负数等;IR 用于存放从主存读出的指令;指令中的操作码 op 被送到控制器进行译码,以生成控制信号,图中从控制器送出的虚线就是控制信号,可以控制如何修改 PC 以得到下一条指令的地址,可以通过 ALUop 控制 ALU 执行什么运算等。

主存储器用来存储指令和操作数。每个主存单元有一个编号,称为主存地址。通常一个主存单元存放一个字节(8 位),因此,每条指令可能占用多个主存单元,一个操作数也可能占用多个主存单元,指令的地址和操作数的地址都是指一组连续主存单元中最小的地址。CPU 可以读取主存中的指令和操作数,也可以将运算结果写入主存。

CPU 和主存之间通过一组总线相连,总线中有地址线、控制线和数据线 3 组信号线。MAR 中的地址信息将会直接送到地址线上;控制线中有读/写信号线,指出数据是从 CPU 写入主存还是从主存读到 CPU,根据控制器送出的控制信号是写(write)还是读(read)信号来控制将 MDR 中的数据直接送到数据线上还是将数据线上的数据接收到 MDR 中。

冯·诺依曼结构采用"存储程序"的工作方式,因此,组成一个程序的指令序列以及程序所处理的操作数都被事先存放在主存中。程序中第一条指令的地址置于 PC 中,因此,一旦启动程序执行,CPU 就按照以下步骤自动取出程序中的一条一条指令执行。

第一步,根据 PC 取指令到 IR。将 PC 的内容送 MAR,MAR 中的内容直接送地址线,同时,控制器将读信号送读/写信号线,主存根据地址线上的地址和控制线上的读信号,从指定地址的主存单元开始读出指令,并送到数据线上,MDR 从数据线接收读出的指令,并传送到 IR 中。

第二步,指令译码并送出控制信号。控制器根据 IR 中指令的操作码,生成相应的控制信号,送到不同的执行部件。例如,若 IR 中的指令是加、减等 ALU 运算类指令,则控制信号被送到 ALU 的操作控制端 ALUop,以控制 ALU 进行相应运算。

第三步,读寄存器并进行 ALU 运算。根据 IR 中指令指定的寄存器编号选择两个或一个寄存器中的内容作为操作数送到 ALU 的输入端,随后在 ALUop 的控制下进行加(add)、减(sub)等运算。

第四步,写结果寄存器或读写内存。若是 ALU 运算类指令,则将 ALU 运算的结果写入指定编号的寄存器中,并生成相应的标志信息送标志寄存器;若是取数/存数指令,则将第三步得到的 ALU 结果作为地址送地址线,在读/写信号的控制下,主存对地址线指定的主存单元进行读(read)、写(write)操作。若是取数指令,最后还需要将读出的数据从 MDR 写入指令指定的结果寄存器中。

为了能自动执行程序中的一条一条指令,CPU 必须能够自动得到下一条指令的地址并送 PC。对于每条指令的长度都一样的指令系统(定长指令字系统),只要第一步中在取指令的同时将 PC 自动加上指令长度即可;对于变长指令字系统,则需要在对指令进行译码后,根据不同的情况来使 PC 加上不同的值。不管是定长指令字系统还是变长指令字系统,当一条指令执行结束时,PC 中一定是下一条指令的地址,因此按照上述几个步骤继续执行下一条指令,CPU 就可以按照程序规定的顺序自动地执行包含的所有指令。

指令执行过程中所包含的所有操作(如 add、sub、read、write 等)都具有先后顺序关系,因此需要定时信号进行定时。通常,CPU 中所有操作都由时钟信号进行定时,时钟信号的宽度为一个时钟周期。一条指令的执行时间包含一个或多个时钟周期。

1.5 计算机系统性能评价

一个完整的计算机系统由硬件和软件构成,硬件性能的好坏对整个计算机系统的性能起着至关重要的作用。硬件的性能检测和评价比较困难,因为硬件的性能只能通过运行软件才能反映出来,而在相同硬件上运行不同类型的软件,或者同样的软件用不同的数据集进行测试,所测到的性能都可能不同。因此,必须有一套综合的测试和评价硬件性能的方法。

1.5.1 计算机性能的定义

吞吐率(throughput)和响应时间(response time)是考量一个计算机系统性能的两个基本指标。吞吐率表示在单位时间内所完成的工作量。响应时间也称为执行时间(execution time)或等待时间(latency),是指从作业提交开始到作业完成所用的时间。

如果不考虑应用背景而直接比较计算机性能,则大多用程序的执行时间来衡量。因此,从执行时间来考虑,完成同样工作量所需时间最短的那台计算机性能是最好的。

操作系统在对处理器进行调度时,一段时间内往往会让多个程序(更准确地说是进程)轮流使用处理器,因此在某个用户程序执行过程中,可能同时还会有其他用户程序和操作系统程序在执行,所以,用户感觉到的某个程序的执行时间并不是其真正的执行时间。可以把用户感觉到的执行时间分成用户 CPU 时间和其他时间。用户 CPU 时间指真正用于用户程序代码的执行时间;其他时间包括 CPU 运行操作系统程序的时间以及等待 I/O 操作完成的时间或 CPU 用于其他用户程序的执行时间。

计算机系统的性能主要考虑的是 CPU 性能。系统性能和 CPU 性能不等价,两者有一些区别。系统性能是指系统的响应时间,它与 CPU 性能相关,同时也与 CPU 以外的其他部分有关;而 CPU 性能是指用户 CPU 时间,它只包含 CPU 运行用户程序代码时的执行时间。

在对用户 CPU 时间进行计算时需要用到以下几个重要的概念和参数。

(1) 时钟周期(clock cycle,tick,clock tick,clock)。计算机执行一条指令的过程被分成若干步骤来完成,每一步都要有相应的控制信号进行控制,这些控制信号何时发出、作用时间多长,都要有相应的定时信号进行同步。因此,计算机必须能够产生同步的时钟定时信号,也就是 CPU 的主脉冲信号,其宽度称为时钟周期。

(2) 时钟频率(clock rate)。CPU 的主频就是主脉冲信号的时钟频率,它是 CPU 时钟周期的倒数。

(3) CPI(cycles per instruction)。CPI 表示执行一条指令所需的时钟周期数。不同指令的功能不同,所需的时钟周期数也可能不同,因此,对于一条特定指令而言,其 CPI 指执行该条指令所需的时钟周期数,此时 CPI 是一个确定的值;对于一个程序或一台机器来说,其综合 CPI 指该程序或该机器指令集中的所有指令执行所需的平均时钟周期数。

已知上述参数,可以通过以下公式来计算用户程序的 CPU 执行时间:

$$用户\,CPU\,时间 = 程序总时钟周期数 \div 时钟频率$$
$$= 程序总时钟周期数 \times 时钟周期$$

上述公式中,程序总时钟周期数可由程序所含指令条数和相应的 CPI 求得。

如果已知程序总的指令条数和综合 CPI,则可用如下公式计算程序总时钟周期数:

$$程序总时钟周期数 = 程序总指令条数 \times CPI$$

如果已知程序中共有 n 种不同类型的指令,第 i 种指令的条数和 CPI 分别为 C_i 和 CPI_i,则

$$程序总时钟周期数 = \sum_{i=1}^{n}(CPI_i \times C_i)$$

程序的综合 CPI 也可由以下公式求得,其中,F_i 表示第 i 种指令在程序中所占的比例:

$$CPI = \sum_{i=1}^{n}(CPI_i \times F_i) = 程序总时钟周期数 \div 程序总指令条数$$

因此,若已知程序综合 CPI 和指令条数,则可用下列公式计算 CPU 时间:

$$用户\,CPU\,时间 = 程序总指令条数 \times CPI \times 时钟周期$$

有了用户 CPU 时间,就可以评判两台计算机性能的好坏。计算机的性能可以看成用户 CPU 时间的倒数,因此,两台计算机性能之比就是用户 CPU 时间之比的倒数。若计算机 M1 和 M2 的性能之比为 n,则说明"计算机 M1 的速度是计算机 M2 的速度的 n 倍",也就是说,"在计算机 M2 上执行程序的时间是在计算机 M1 上执行时间的 n 倍"。

用户 CPU 时间度量公式中的时钟周期、指令条数、CPI 三个因素是相互制约的。因此,对于解决同一个问题的不同程序,即使是在同一台计算机上,指令条数最少的程序也不一定执行得最快。

例 1.1 假设某个频繁使用的程序 P 在机器 M1 上运行需要 10s,M1 的时钟频率为 2GHz。设计人员想开发一台与 M1 具有相同 ISA 的新机器 M2。采用新技术可使 M2 的时钟频率增加,但同时也会使 CPI 增加。假定程序 P 在 M2 上的时钟周期数是在 M1 上的 1.5 倍,则 M2 的时钟频率至少达到多少才能使程序 P 在 M2 上的运行时间缩短为 6s?

解:程序 P 在机器 M1 上的时钟周期数为用户 CPU 时间×时钟频率=10s×2GHz= 20GHz。因此,程序 P 在机器 M2 上的时钟周期数为 1.5×20GHz=30GHz。要使程序 P 在 M2 上运行时间缩短到 6s,M2 的时钟频率至少应为程序所含时钟周期数÷用户 CPU 时间=30G/6s=5GHz。

由此可见,M2 的时钟频率是 M1 的 2.5 倍,但 M2 的速度却只是 M1 的 1.67 倍。

上述例子说明,时钟频率的提高可能会对 CPU 结构带来影响,从而使其他性能指标降低,因此,虽然提高时钟频率会加快 CPU 执行程序的速度,但不能保证执行速度有同倍数的提高。

例 1.2 假设计算机 M 的指令集中包含 A、B、C 三类指令,其 CPI 分别为 1、2、4。程序 P 在 M 上被编译成两个不同的目标代码序列 P1 和 P2,P1 所含 A、B、C 三类指令的条数分别为 8、2、2,P2 所含 A、B、C 三类指令的条数分别为 2、5、3。请问:哪个代码序列执行速度快?它们的 CPI 分别是多少?

解：P1 和 P2 的指令条数分别为 12 和 10，P2 的指令条数更少。

P1 的时钟周期数为 $8×1+2×2+2×4=20$。

P2 的时钟周期数为 $2×1+5×2+3×4=24$。

因为两个指令代码序列在同一台机器上运行，所以时钟周期一样，故时钟数少的代码序列所用时间短，执行速度更快。显然，P1 比 P2 快。

P1 的 CPI 为 $20/12=1.67$；P2 的 CPI 为 $24/10=2.4$。

上述例子说明，指令条数少并不代表执行时间短，时钟频率高也不说明执行速度快。在评价计算机性能时，仅考虑单个因素是不全面的，必须 3 个因素同时考虑。

1.5.2　用指令执行速度进行性能评估

最早用来衡量计算机性能的指标是每秒钟完成单个运算指令的条数。当时大多数指令的执行时间是相同的，并且加法指令能反映乘、除等运算性能，其他指令的时间大体与加法指令相当，故加法指令的速度有一定的代表性。指令速度所用的计量单位为 MIPS(million instructions per second)，其含义是平均每秒钟执行多少百万条指令。

早期还有一种类似于 MIPS 的性能估计方式，就是指令平均执行时间，也称等效指令速度法或 Gibson 混合法。设某类指令 i 在程序中所占比例为 w_i，执行时间为 t_i，则等效指令的执行时间为 $T=w_1×t_1+w_2×t_2+\cdots+w_n×t_n$($n$ 为指令种类数)。若指令执行时间用时钟周期数来衡量的话，则上式计算的结果就是 CPI。对指令平均执行时间求倒数能够得到 MIPS 值。

选取一组指令组合，使得得到的平均 CPI 最小，由此得到的 MIPS 就是峰值 MIPS(peak MIPS)。有些制造商经常将峰值 MIPS 直接当作 MIPS，而实际上的性能要比标称的性能差。

相对 MIPS(relative MIPS)是根据某个公认的参考机型来定义的相应 MIPS 值，其值的含义是被测机型相对于参考机型 MIPS 的多少倍。

MIPS 反映了机器执行定点指令的速度，但是，用 MIPS 来对不同的机器进行性能比较有时是不准确或不客观的。因为不同机器的指令集不同，而且指令的功能也不同，也许在机器 M1 上某一条指令的功能，在机器 M2 上要用多条指令来完成，因此，同样的指令条数所完成的功能可能完全不同；另外，不同机器的 CPI 和时钟周期也不同，因而同一条指令在不同机器上所用的时间也不同。

与定点指令执行速度 MIPS 相对应的用来表示浮点操作速度的指标是 MFLOPS(million floating-point operations per second)。它表示每秒钟所执行的浮点运算有多少百万次，它是基于所完成的操作次数而不是指令数来衡量的。类似的衡量浮点操作速度的指标还有 GFLOPS(10^9 次/s)、TFLOPS(10^{12} 次/s)、PFLOPS(10^{15} 次/s)和 EFLOPS(10^{18} 次/s)等。

1.5.3　用基准程序进行性能评估

基准程序(benchmarks)是进行计算机性能评测的一种重要工具。基准程序是专门用来进行性能评价的一组程序，能够很好地反映机器在运行实际负载时的性能，可以通过在不同机器上运行相同的基准程序来比较在不同机器上的运行时间，从而评测其性能。基准程序是一个测试程序集，由一组程序组成。例如，SPEC 测试程序集是应用最广泛、也是最全面的性能评测基准程序集。目前国际上流行的用于测试高性能计算机系统浮点性能的基准程序是 Linpack,它通过在高性能计算机上用高斯消元法求解 N 元一次稠密线性代数方程组来测试和评价高性能计算机的浮点性能。

如果基准测试程序集中不同的程序在两台机器上测试得出的结论不同,则如何给出最终的评价结论呢? 例如,假定基准测试程序集包含有程序 P1 和 P2,程序 P1 在机器 M1 和机器 M2 上运行的时间分别是 10s 和 2s,程序 P2 在机器 M1 和机器 M2 上运行的时间分别是 120s 和 600s,即对于 P1,M2 的速度是 M1 的 5 倍;而对于 P2,M1 的速度是 M2 的 5 倍,那么,到底是 M1 还是 M2 更快呢? 可以用所有程序的执行时间之和来比较,例如,P1 和 P2 在 M1 上的执行时间总和为 130s,而在 M2 上的总时间为 602s,故 M1 比 M2 快。但通常不这样做,而是采用执行时间的算术平均值或几何平均值来综合评价机器的性能。如果考虑每个程序的使用频度而用加权平均的方式,结果会更准确。

1.5.4 Amdahl 定律

阿姆达尔定律(Amdahl's law)是计算机系统设计方面重要的定量原则之一,于 1967 年由 IBM 360 系列机的主要设计者阿姆达尔首先提出。该定律的基本思想是,对系统中某个硬件部分,或者软件中的某部分进行更新所带来的系统性能改进程度,取决于该硬件部件或软件部分被使用的频率或其执行时间占总执行时间的比例。

阿姆达尔定律定义了增强或加速部分部件而获得的整体性能的改进程度,它有两种表示形式:

$$改进后的执行时间 = 改进部分执行时间 \div 改进部分的改进倍数 +$$
$$未改进部分执行时间$$

或

$$整体改进倍数 = 1 / (改进部分执行时间比例 \div 改进部分的改进倍数 +$$
$$未改进部分执行时间比例)$$

例 1.3 假定计算机中的整数乘法器改进后可以加快 10 倍,若整数乘法指令在程序中占 40%,则整体性能能改进多少倍? 若整数乘法指令在程序中所占比例达 60% 和 90%,则整体性能分别能改进多少倍?

解: 这个题目中改进部分就是整数乘法器,改进部分的改进倍数为 10,整数乘法指令在程序中占 40%,说明程序执行总时间中 40% 是整数乘法器所用,其他部件所用时间占 60%。

根据公式可得:整体改进倍数 = 1/(0.4/10+0.6) = 1.56。

若整数乘法指令在程序中所占比例达 60% 和 90%,则整体改进倍数分别为

$$1/(0.6/10+0.4) = 2.17 \quad 和 \quad 1/(0.9/10+0.1) = 5.26。$$

从上述例子中可以看出,即使执行时间占总时间 90% 的高频使用部件加快了 10 倍,所带来的整体性能也只能加快 5.26 倍。想要改进计算机系统整体性能,不能仅加速部分部件的速度,计算机系统整体性能还受慢速部件的制约。

若 t 表示改进部分执行时间比例,n 为改进部分的改进倍数,则 $1-t$ 为未改进部分执行时间比例,整体改进倍数为 $p = 1/(t/n+1-t)$。

当 $1-t=0$ 时,则最大加速比 $p=n$;当 $t=0$ 时,最小加速比 $p=1$;当 $n \rightarrow \infty$ 时,极限加

速比 $p \rightarrow 1/(1-t)$,这就是加速比的上限。例如,某程序在某台计算机上运行所需时间是 100s,其中,80s 用来执行乘法操作。要使该程序的性能是原来的 5 倍,若不改进其他部件而仅改进乘法部件,则乘法部件的速度应该提高到原来的多少倍?

设乘法部件的速度应该提高到 n 倍,即改进后乘法操作执行时间为 80s/n。要使程序的性能提高到 5 倍,也就是程序的执行时间为原来的 1/5,即 20s。根据阿姆达尔定律,有 20s=80s/n+(100s-80s),显然,必须有 80s/n=0,因而 $n \rightarrow \infty$。也就是说,当乘法运算时间占 80% 时,无论怎样对乘法部件进行改进,整体性能都不可能提高到原来的 5 倍。

对并行计算系统进行性能分析时,会广泛使用到阿姆达尔定律。阿姆达尔定律适用于对特定任务的一部分进行优化的所有情况,可以是硬件优化,也可以是软件优化。例如,系统中异常处理程序的执行时间只占整个程序运行时间非常少的一部分,即使对异常处理程序进行了非常好的优化,它对整个系统带来的性能提升也几乎为零。

1.6 本 章 小 结

计算机在控制器的控制下,能完成数据处理、数据存储和数据传输 3 个基本功能,它由控制器、运算器、存储器、输入设备和输出设备组成。在计算机内部,指令和数据用二进制表示,计算机采用"存储程序"方式进行工作。计算机系统采用层次结构,通过向上层用户提供一个抽象的简洁接口而将较低层次的实现细节隐藏起来。在软件和硬件之间的抽象层就是指令集体系结构(ISA)。

计算机完成一个任务的大致过程如下:用某种程序设计语言编制源程序;用语言处理程序将源程序翻译成机器语言目标程序;将目标程序中的指令和数据装入内存,然后从第一条指令开始执行,直到程序所含指令全部执行完。每条指令的执行包括取指令、指令译码、取操作数、运算并送结果或读写主存等操作。

计算机系统基本性能指标包括响应(执行)时间和吞吐率。一般把程序的执行时间划分成用户 CPU 时间和其他时间。CPU 的基本性能参数包括时钟周期(或主频)、CPI 等,MIPS 反映定点指令执行速度,MFLOPS、GFLOPS 等反映的是浮点数操作的执行速度。

习 题

1. 给出以下概念的解释说明。

中央处理器(CPU)	算术逻辑部件(ALU)	通用寄存器组(GPRs)	控制器(CU)
程序计数器(PC)	指令寄存器(IR)	主存储器(MM)	总线
应用软件	系统软件	高级编程语言	汇编语言
机器语言	机器级语言	源程序	目标程序
编译程序	解释程序	汇编程序	语言处理程序
最终用户	系统管理员	应用程序员	系统程序员
指令集体系结构(ISA)	微体系结构	透明性	响应时间
吞吐率	用户 CPU 时间	系统性能	CPU 性能
时钟周期	主频	CPI	基准程序
MIPS	MFLOPS(GFLOPS,TFLOPS,PFLOPS,EPLOPS)		

2. 简单回答下列问题。

(1) 冯·诺依曼计算机由哪几部分组成? 各部分的功能是什么? 采用什么工作方式?

(2) 摩尔定律的主要内容是什么?

(3) 计算机系统的层次结构如何划分? 计算机系统的用户可分为哪几类? 每类用户工作在哪个层次?

(4) 程序的 CPI 与哪些因素有关?

(5) 为什么说性能指标 MIPS 不能很好地反映计算机的性能?

3. 假定你的朋友不太懂计算机,请用简单通俗的语言给你的朋友介绍计算机系统是如何工作的。

4. 你对计算机系统的哪些部分最熟悉,哪些部分最不熟悉? 最想进一步了解细节的是哪些部分的内容?

5. 若有两个基准测试程序 P1 和 P2 在机器 M1 和 M2 上运行,假定 M1 和 M2 的价格分别是 5000 元和 8000 元,下表给出了 P1 和 P2 在 M1 和 M2 上所花的时间和指令条数。

程　序	M1		M2	
	指令条数	执行时间/ms	指令条数	执行时间/ms
P1	200×10^6	10 000	150×10^6	5000
P2	300×10^3	3	420×10^3	6

请回答下列问题:

(1) 从 P1 的执行时间来看,哪台机器的速度快? 快多少? 对于 P2 呢?

(2) 在 M1 上,P1 和 P2 的指令执行速度分别是多少 MIPS? P1 和 P2 在 M2 上的指令执行速度又各是多少? 从指令执行速度来看,对于 P2,哪台机器的速度快? 快多少?

(3) 假定 M1 和 M2 的时钟频率各是 800MHz 和 1.2GHz,则在 M1 和 M2 上执行 P1 时的平均时钟周期数 CPI 各是多少?

(4) 如果某个用户需要大量使用程序 P1,并且该用户主要关心系统的响应时间而不是吞吐率,那么,该用户需要大批购进机器时,应该选择 M1 还是 M2? 为什么?(提示:从性价比上考虑)

(5) 如果另一个用户也需要购进大批机器,但该用户使用 P1 和 P2 一样多,主要关心的也是响应时间,那么,应该选择 M1 还是 M2? 为什么?

6. 若机器 M1 和 M2 具有相同的指令集,其时钟频率分别为 1GHz 和 1.5GHz。在指令集中有 5 种不同类型的指令 A~E。下表给出了在 M1 和 M2 上每类指令的平均时钟周期数 CPI。

机器	A	B	C	D	E
M1	1	2	2	3	4
M2	2	2	4	5	6

请回答下列问题:

(1) M1 和 M2 的峰值 MIPS 各是多少?

(2) 假定某程序 P 的指令序列中,5 类指令具有完全相同的指令条数,则程序 P 在 M1 和 M2 上运行时,哪台机器更快? 快多少? 在 M1 和 M2 上执行程序 P 时的平均时钟周期数 CPI 各是多少?

7. 假设同一套指令集用不同的方法设计了两种机器 M1 和 M2。机器 M1 的时钟周期为 0.8ns,机器 M2 的时钟周期为 1.2ns。某个程序 P 在机器 M1 上运行时的 CPI 为 4,在 M2 上的 CPI 为 2。对于程序 P 来说,哪台机器的执行速度更快? 快多少?

8. 假设机器 M 的时钟频率为 4GHz,程序 P 在 M 上的指令条数为 8×10^9,其 CPI 为 1.25,则 P 在 M 上的执行时间是多少? 若在机器 M 上从程序 P 开始启动到执行结束所需的时间是 4s,则 P 占用的 CPU 时间的百分比是多少?

9. 假定编译器对某段高级语言程序编译生成两种不同的指令序列 S1 和 S2,在时钟频率为 500MHz 的机器 M 上运行,目标指令序列中用到的指令类型有 A、B、C 和 D 四类。每类指令在 M 上的 CPI 和两个指令序列所用的各类指令条数如下表所示。

	A	B	C	D
各指令的 CPI	1	2	3	4
S1 的指令条数	5	2	2	1
S2 的指令条数	1	1	1	5

请问:S1 和 S2 各有多少条指令? CPI 各为多少? 所含的时钟周期数各为多少? 执行时间各为多少?

10. 假定机器 M 的时钟频率为 1.2GHz,程序 P 在机器 M 上的执行时间为 12s。对 P 优化时,将其所有的乘 4 指令都换成了一条左移两位的指令,得到优化后的程序 P'。已知在 M 上乘法指令的 CPI 为 5,左移指令的 CPI 为 2,P 的执行时间是 P'执行时间的 1.2 倍,则 P 中有多少条乘法指令被替换成了左移指令被执行?

11. 假定机器 M 在运行程序 P 的过程中,共执行了 500×10^6 条浮点数指令、4000×10^6 条整数指令、3000×10^6 条访存指令、1000×10^6 条分支指令,这 4 种指令的 CPI 分别是 2、1、4、1。若要使程序 P 的执行时间减少一半,则浮点指令的 CPI 应如何改进? 若要使程序 P 的执行时间减少一半,则访存指令的 CPI 应如何改进? 若浮点数指令和整数指令的 CPI 减少 20%,访存指令和分支指令的 CPI 减少 40%,则程序 P 的执行时间会减少多少?

第 **2** 章
数据的机器级表示

数据是计算机处理的对象。从不同的处理角度来看，数据有不同的表现形态。从外部形式来看，计算机可处理数值、文字、图、声音、视频以及各种模拟信息。从算法描述的角度来看，有图、表、树、队列、矩阵等结构类型的数据。从高级语言程序员的角度来看，有数组、结构、指针、实数、整数、布尔数、字符和字符串等类型的数据。不管以什么形态出现，在计算机内部数据最终都由机器指令来处理。

本章重点讨论计算机内部数据的机器级表示方式。主要内容包括进位记数制、二进制定点数的编码表示、无符号整数和带符号整数的表示、IEEE 754 浮点数表示标准、西文字符和汉字的编码表示、C 语言中各种类型数据的表示和转换、数据的宽度和存放顺序。

2.1　数制和编码

2.1.1　信息的二进制编码

计算机中用来存储、运算和传输数据的部件的位数是有限的，因此现实世界中的感觉媒体信息（如声音、文字、图画、活动图像等）由输入设备转化为二进制编码表示时，必须进行"数字化编码"，将连续信息转换为离散的"样本"信息，然后对它们用"0"和"1"进行编码。

计算机内部采用二进制表示的原因有以下几点。

（1）二进制只有两种基本状态，使用有两个稳定状态的物理器件就可以表示二进制数的每一位，而制造有两个稳定状态的物理器件要比制造有多个稳定状态的物理器件容易得多。

（2）二进制的编码和运算规则都很简单，可用开关电路实现，简便易行。

（3）两个符号 1 和 0 正好与逻辑命题的两个值"真"和"假"相对应，为计算机中实现逻辑运算和程序中的逻辑判断提供了便利的条件，特别是能通过逻辑门电路方便地实现算术运算。

高级语言程序被转换为机器语言程序后，每条指令处理的操作数只能是简单的基本数据类型。指令所处理的基本数据类型分为两种：数值型数据和非数值型数据。数值型数据可用来表示数量的多少，可比较其大小，分为整数和实数，整数又分为无符号整数和带符号整数。在计算机内部，整数用定点数表示，实数用浮点数表示。非数值型数据没有大小之分，不表示数量的多少。

表示一个数值数据要确定 3 个要素：进位记数制、定/浮点表示和编码规则。任何给定的一个二进制 0/1 序列，在未确定它采用什么进位记数制、定点还是浮点表示以及编码表示方法之前，它所代表的数值数据的值是无法确定的。

2.1.2 进位记数制

日常生活中基本上都使用十进制数，其每个数位可用十个不同符号 0,1,2,…,9 来表示，每个符号处在十进制数中不同位置时，所代表的数值不一样。例如，2585.62 代表的值是

$$(2585.62)_{10} = 2 \times 10^3 + 5 \times 10^2 + 8 \times 10^1 + 5 \times 10^0 + 6 \times 10^{-1} + 2 \times 10^{-2}$$

一般地，任意一个十进制数：

$$D = d_n d_{n-1} \cdots d_1 d_0 . d_{-1} d_{-2} \cdots d_{-m} \quad (m, n \text{ 为正整数})$$

其值应为

$$V(D) = d_n \times 10^n + d_{n-1} \times 10^{n-1} + \cdots + d_1 \times 10^1 + d_0 \times 10^0 + d_{-1} \times 10^{-1} +$$
$$d_{-2} \times 10^{-2} + \cdots + d_{-m} \times 10^{-m}$$

类似地，二进制数的基数是 2，每一位只能使用 0 和 1 表示，运算时采用"逢二进一"的规则，第 i 位上的权是 2^i。例如，二进制数 $(100101.01)_2$ 代表的值是

$$(100101.01)_2 = 1 \times 2^5 + 0 \times 2^4 + 0 \times 2^3 + 1 \times 2^2 + 0 \times 2^1 + 1 \times 2^0 + 0 \times 2^{-1} + 1 \times 2^{-2}$$
$$= (37.25)_{10}$$

扩展到一般情况，在 R 进制数字系统中，应采用 R 个基本符号 $(0,1,2,\cdots,R-1)$ 表示各位上的数字，采用"逢 R 进一"的运算规则，对于每一个数位 i，该位上的权为 R^i。R 被称为该数字系统的基数。

在计算机系统中使用的几种进位记数制有下列几种。

二进制 $R=2$，基本符号为 0 和 1。

八进制 $R=8$，基本符号为 0,1,2,3,4,5,6,7。

十进制 $R=10$，基本符号为 0,1,2,3,4,5,6,7,8,9。

十六进制 $R=16$，基本符号为 0,1,2,3,4,5,6,7,8,9,A,B,C,D,E,F。

表 2.1 列出了二、八、十、十六进制 4 种进位记数制中各基本数之间的对应关系。

表 2.1 4 种进位制数之间的对应关系

二 进 制 数	八 进 制 数	十 进 制 数	十六进制数
0000	0	0	0
0001	1	1	1
0010	2	2	2
0011	3	3	3
0100	4	4	4
0101	5	5	5
0110	6	6	6
0111	7	7	7
1000	10	8	8
1001	11	9	9
1010	12	10	A

二 进 制 数	八 进 制 数	十 进 制 数	十六进制数
1011	13	11	B
1100	14	12	C
1101	15	13	D
1110	16	14	E
1111	17	15	F

从表 2.1 中可看出，十六进制的前 10 个数字与十进制中前 10 个数字相同，后 6 个基本符号 A,B,C,D,E,F 的值分别为十进制的 10,11,12,13,14,15。在书写时可使用后缀字母标识该数的进位记数制，一般用 B(binary)表示二进制，用 O(octal)表示八进制，用 D(decimal)表示十进制(十进制数的后缀可以省略)，而 H(hexadecimal)则是十六进制数的后缀。例如，二进制数 10011B，十进制数 56D 或 56，十六进制数 308FH、3C.5H 等。

计算机内部所有信息采用二进制编码表示。但在计算机外部，为了书写和阅读的方便，大都采用八、十或十六进制表示形式。因此，计算机在数据输入后或输出前都必须实现这些进位制数和二进制数之间的转换。

1. R 进制数转换成十进制数

任何一个 R 进制数转换成十进制数时，只要"按权展开"即可。

例 2.1　将二进制数 10101.01B 转换成十进制数。

解：$10101.01B=1\times2^4+0\times2^3+1\times2^2+0\times2^1+1\times2^0+0\times2^{-1}+1\times2^{-2}=21.25$。

例 2.2　将十六进制数 3A.CH 转换成十进制数。

解：$3A.CH=3\times16^1+10\times16^0+12\times16^{-1}=58.75$。

2. 十进制数转换成 R 进制数

任何一个十进制数转换成 R 进制数时，要将整数和小数部分分别进行转换。

1) 整数部分的转换

整数部分的转换方法是"除基取余，上低下高"。也就是说，用要转换的十进制整数去除以基数 R，将得到的余数作为结果中各位的数字，直到上商为 0 为止。上面的余数(先得到的余数)作为右边低位上的数位，下面的余数作为左边高位上的数位。

例 2.3　将十进制整数 135 分别转换成八进制数和二进制数。

解：将 135 分别除以 8 和 2，将每次的余数按从低位到高位的顺序排列如下：

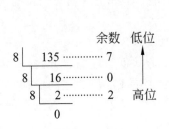

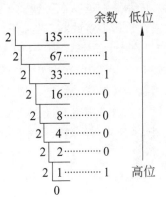

所以,135=207O=1000 0111B。

2) 小数部分的转换

小数部分的转换方法是"乘基取整,上高下低"。也就是说,用要转换的十进制小数去乘以基数 R,将得到的乘积的整数部分作为结果数据中各位的数字,小数部分继续与基数 R 相乘。以此类推,直到某一步乘积的小数部分为 0 或已得到希望的位数为止。最后,将上面的整数部分作为左边高位上的数位,下面的整数部分作为右边低位上的数位。

例 2.4 将十进制小数 0.6875 分别转换成二进制数和八进制数。

解:

$0.6875 \times 2 = 1.375$	整数部分=1	(高位)
$0.375 \times 2 = 0.75$	整数部分=0	↓
$0.75 \times 2 = 1.5$	整数部分=1	
$0.5 \times 2 = 1.0$	整数部分=1	(低位)

所以,0.6875=0.1011B。

$0.6875 \times 8 = 5.5$	整数部分=5	(高位)
$0.5 \times 8 = 4.0$	整数部分=4	(低位)

所以,0.6875=0.54O。

在转换过程中,可能乘积的小数部分总得不到 0,即转换得到希望的位数后还有余数,这种情况下得到的是近似值。

例 2.5 将十进制小数 0.63 转换成二进制数。

解:

$0.63 \times 2 = 1.26$	整数部分=1	(高位)
$0.26 \times 2 = 0.52$	整数部分=0	↓
$0.52 \times 2 = 1.04$	整数部分=1	
$0.04 \times 2 = 0.08$	整数部分=0	(低位)

所以,0.63=0.1010…B。

3) 含整数、小数部分的数的转换

只要将整数部分和小数部分分别进行转换,得到转换后相应的整数和小数部分,然后再将这两部分组合起来得到一个完整的数。

例 2.6 将十进制数 135.6875 分别转换成二进制数和八进制数。

解:只需将例 2.3 和例 2.4 的结果合起来,即 135.6875=10000111.1011B=207.54O。

3. 二、八、十六进制数的相互转换

将十六进制或八进制数转换成二进制数时,只要按照表 2.1 中数的对应关系,把每一个十六进制或八进制数字改写成等值的 4 位或 3 位二进制数即可,且保持高低位的次序不变。

例 2.7 将十六进制数 2B.5EH 转换成二进制数。

解:2B.5EH=0010 1011.0101 1110B=101011.0101111B。

将二进制数转换成十六进制或八进制数时,整数部分从低位向高位方向每 4 位或 3 位用一个等值的十六进制或八进制数字来替换,最后不足 4 位或 3 位时在高位补 0 凑满 4 位或 3 位;小数部分从高位向低位方向每 4 位或 3 位用一个等值的十六进制或八进制数字来替换,最后不足 4 位或 3 位时在低位补 0 凑满 4 位或 3 位。例如:

11001.11B=0001 1001.1100B=19.CH;11001.11B=011001.110B=31.6O。

4. 十进制整数转换为二进制整数的简便方法

二进制数的权从小到大分别是 $1(2^0),2(2^1),4(2^2),8(2^3),16(2^4),32(2^5),64(2^6),$ $128(2^7),256(2^8),512(2^9),1024(2^{10}),2048(2^{11}),4096(2^{12}),8192(2^{13}),16384(2^{14}),$ $32768(2^{15}),65536(2^{16}),\cdots$。利用这些二进制数中第 n 位上的权,可以快速将一个十进制数转换为二进制数。

假设被转换十进制数为 x,先确定最接近 x 的权 2^n。

(1) 若 x 大于或等于 2^n,则按以下方式转换:求 x 和最接近权的差,再确定小于该差值并最接近该差值的权;再求差,再找小于该差值并最接近差值的权;……;一直到差为 0 为止;将这些权对应数位上置 1,其他位为 0,得到的便是转换后的二进制数。

(2) 若 x 小于 2^n,则按以下方式转换:求 2^n-1 和 x 的差 d;然后按(1)中的方式确定 d 的二进制表示;最后将 2^n-1 减去 d,即可得到最终的二进制表示。

例 2.8　将十进制数 8261 转换成二进制数。

解:最靠近 8261 的权是 8192,8261-8192=69;69-64=5;5-4=1;1-1=0。因为 8192= $2^{13},64=2^6,4=2^2,1=2^0$,故第 0、2、6、13 位为 1,其余位为 0,即结果为 10 0000 0100 0101B。

例 2.9　将十进制数 8161 转换成二进制数。

解:最靠近 8161 的权是 8192,d=8192-1-8161=30;30-16=14;14-8=6;6-4=2;2-2=0。d 对应的二进制数为 1 1110,故结果为 1 1111 1111 1111-1 1110=1 1111 1110 0001B。

二进制数与十六进制数之间有简单、直观的对应关系。因此,如果要将十进制数转换为十六进制数,可以先按简便方法转换为二进制数,然后再将二进制数转换为十六进制数。这比将十进制数直接转换为十六进制数更简单。

二进制数太长,书写、阅读均不方便;十六进制数却像十进制数一样简练,易写易记。虽然计算机中只使用二进制一种记数制。但为了在开发和调试程序、查看机器代码时便于书写和阅读,人们经常使用十六进制来等价地表示二进制,所以必须熟练掌握十六进制数的表示及其与二进制数之间的转换。

2.1.3　定点和浮点表示

日常生活中所使用的数值数据有整数和实数之分,整数的小数点固定在数的最右边,可以省略不写,而实数的小数点则不固定。计算机内部数据中每一位只能是 0 或 1,不可能出现小数点,因此,要使得计算机能够处理日常使用的数值数据,必须要解决小数点的表示问题。通常计算机中通过约定小数点的位置来实现。小数点位置约定在固定位置的称为定点数,小数点位置约定为可浮动的称为浮点数。

因为任意一个浮点数都可以用一个定点小数和一个定点整数来表示,所以,只需要考虑定点数的编码表示。

2.1.4　定点数的编码

因为计算机内部数据中每一位只能是 0 或 1,所以正/负号也用 0 和 1 来表示。一般规定 0 表示正号,1 表示负号。数字化了的符号能否和数值部分一起参加运算呢?为了解决这个问题,就产生了把符号位和数值部分一起进行编码的各种方法。

通常将在计算机内部编码表示后的数称为机器数,而机器数真正的值(即现实世界中带有正负号的数)称为机器数的真值。例如,-10(-1010B)用 8 位补码表示为 1111 0110,说明机器数 1111 0110B(F6H 或 0xF6)的真值是 -10,或者说,-10 的机器数是 1111 0110B。关于补码表示将在本节介绍。根据定义可知,机器数一定是一个 0/1 序列,通常缩写成十六进制形式。

假设机器数 X 的真值 X_T 的二进制形式(即式中 $X_i' = 0$ 或 $1,0 \leq i \leq n-2$)如下:

$$X_T = \pm X_{n-2}' \cdots X_1' X_0' \quad \text{(当 } X \text{ 为定点整数时)}$$

$$X_T = \pm 0.X_{n-2}' \cdots X_1' X_0' \quad \text{(当 } X \text{ 为定点小数时)}$$

对 X_T 用 n 位二进制数编码后,机器数 X 表示为

$$X = X_{n-1} X_{n-2} \cdots X_1 X_0$$

机器数 X 有 n 位,式中 $X_i = 0$ 或 $1,0 \leq i \leq n-1$,其中,第一位 X_{n-1} 是数的符号,后 $n-1$ 位 $X_{n-2} \cdots X_1 X_0$ 是数值部分。数值数据在计算机内部的编码问题,实际上就是机器数 X 的各位 X_i 的取值与真值 X_T 的关系问题。

在上述对机器数 X 及其真值 X_T 的假设条件下,下面介绍带符号定点数的原码、补码、反码和移码表示方法。

1. 原码表示法

一个数的原码表示由符号位直接跟数值位构成,因此,也称"符号-数值(sign and magnitude)"表示法。原码表示法中,正数和负数仅符号位不同,数值部分完全相同。

原码编码规则如下:

(1) 当 X_T 为正数时,$X_{n-1} = 0,X_i = X_i'(0 \leq i \leq n-2)$;

(2) 当 X_T 为负数时,$X_{n-1} = 1,X_i = X_i'(0 \leq i \leq n-2)$。

原码 0 有两种表示形式:

$$[+0]_原 = 0\ 00\cdots0$$

$$[-0]_原 = 1\ 00\cdots0$$

根据原码定义可知,对于数 -10(-1010B),假定用 8 位原码表示,则 $n=8$,真值 $X_T = -0001010$,机器数 X 为 1000 1010B(8AH 或 0x8A);对于数 -0.625(-0.101B),若用 8 位原码表示,则其机器数为 1101 0000B(D0H 或 0xD0)。

原码表示的优点是,与真值的对应关系直观、方便;其缺点是,0 的表示不唯一,给使用带来不便,并且原码运算中符号和数值部分必须分开处理。

2. 补码表示法

补码表示可以实现加减运算的统一,即用加法来实现减法运算。在计算机中,补码用来表示带符号整数。补码表示法也称"2-补码"(two's complement)表示法,由符号位后跟上真值的模 2^n 补码构成,因此,在介绍补码概念之前,先讲一下有关模运算的概念。

1) 模运算

在模运算系统中,若 A、B、M 满足下列关系:$A = B + K \times M$(K 为整数),则记为 $A \equiv B \pmod{M}$。即 A、B 各除以 M 后的余数相同,故称 B 和 A 为模 M 同余。也就是说在一个模运算系统中,一个数与它除以"模"后得到的余数是等价的。

钟表是一个典型的模运算系统,其模为 12。假定现在钟表时针指向 10 点,要将它拨向 6 点,则有以下两种拨法。

(1) 逆时针拨 4 格:$10-4=6$。

（2）顺时针拨 8 格：$10+8 \equiv 18 \equiv 6 (\text{mod } 12)$。

所以在模 12 系统中，$10-4 \equiv 10+(12-4) \equiv 10+8 (\text{mod } 12)$，即 $-4 \equiv 8 (\text{mod } 12)$。

称 8 是 -4 对模 12 的补码。同样有 $-3 \equiv 9 (\text{mod } 12)$；$-5 \equiv 7 (\text{mod } 12)$ 等。

由上述例子与同余的概念，可得出如下的结论：对于某一确定的模，某数 A 减去小于模的另一数 B，可以用 A 加上 $-B$ 的补码来代替。这就是为什么补码可以借助加法运算来实现减法运算的道理。

例 2.10　假定在钟表上只能顺时针方向拨动时针，如何用顺拨的方式实现将 10 点倒拨 4 格？拨动后钟表上是几点？

解：钟表是一个模运算系统，其模为 12。根据上述结论，可得

$$10-4 \equiv 10+(12-4) \equiv 10+8 \equiv 6 (\text{mod } 12)$$

因此，可从 10 点顺时针拨 8（-4 的补码）格来实现倒拨 4 格，最后是时针指向 6 点。

例 2.11　假定算盘只有 4 挡，且只能做加法，则如何用该算盘计算 $9828-1928$ 的结果？

解：这个算盘是一个"4 位十进制数"模运算系统，其模为 10^4。根据上述结论，可得

$$9828-1928 \equiv 9828+(10^4-1928) \equiv 9828+8072 \equiv 7900 (\text{mod } 10^4)$$

因此，可用 9828 加 8072（-1928 的补码）来实现 9828 减 1928 的功能。

显然，在只有 4 挡的算盘上运算时，如果运算结果超过 4 位，则高位无法在算盘上表示，只能用低 4 位表示结果，留在算盘上的值相当于是除以模（10^4）后的余数。

推广到计算机内部，n 位运算部件就相当于只有 n 挡的二进制算盘，其模就是 2^n。

计算机中的存储、运算和传送部件都只有有限位，相当于有限挡数的算盘，因此计算机中所表示的机器数的位数也只有有限位。两个 n 位二进制数在进行运算过程中，可能会产生一个多于 n 位的结果。此时，计算机和算盘一样，也只能舍弃高位而保留低 n 位，这样做可能会产生两种结果。

（1）剩下的低 n 位数不能正确表示运算结果，即丢掉的高位是运算结果的一部分。例如，在两个同号数相加时，当相加得到的和超出了 n 位数可表示的范围时出现这种情况，则称此时发生了"溢出"（overflow）现象。

（2）剩下的低 n 位数能正确表示运算结果，即高位的舍去并不影响其运算结果。在两个同号数相减或两个异号数相加时，运算结果就是这种情况。舍去高位的操作相当于"将一个多于 n 位的数去除以 2^n，保留其余数作为结果"的操作，也就是"模运算"操作。如例 2.11 中最后相加的结果为 17900，但因为算盘只有 4 挡，最高位的 1 自然丢弃，得到正确的结果 7900。

2）补码的定义

根据上述同余概念和数的互补关系，可引出补码的表示：正数的补码符号为 0，数值部分是它本身；负数的补码等于模与该负数绝对值之差。

因此，数 X_T 的补码可用如下公式表示：

（1）当 X_T 为正数时，$[X_T]_{\text{补}} = X_T = M + X_T (\text{mod } M)$；

（2）当 X_T 为负数时，$[X_T]_{\text{补}} = M - |X_T| = M + X_T (\text{mod } M)$。

综合（1）和（2），得到以下结论：对于任意一个数 X_T，$[X_T]_{\text{补}} = M + X_T (\text{mod } M)$。

对于具有一位符号位和 $n-1$ 位数值位的 n 位二进制整数补码来说，其补码定义如下：

$$[X_T]_{\text{补}} = 2^n + X_T (-2^{n-1} \leqslant X_T < 2^{n-1}, \text{mod } 2^n)$$

3）特殊数据的补码表示

通过以下例子来说明几个特殊数据的补码表示。

例 2.12 分别求出补码位数为 n 和 $n+1$ 时 -2^{n-1} 的补码表示。

解：当补码的位数为 n 位时，其模为 2^n，因此：

$$[-2^{n-1}]_\text{补} = 2^n - 2^{n-1} = 2^{n-1} (\text{mod } 2^n) = 1\,0\cdots0 \quad (n-1 \text{ 个 } 0)$$

当补码的位数为 $n+1$ 位时，其模为 2^{n+1}，因此：

$$[-2^{n-1}]_\text{补} = 2^{n+1} - 2^{n-1} = 2^n + 2^{n-1} (\text{mod } 2^{n+1}) = 1\,10\cdots0 \quad (n-1 \text{ 个 } 0)$$

从该例可以看出，同一个真值在不同位数的补码表示中，其对应的机器数不同。因此，在给定编码表示时，一定要明确编码的位数。在机器内部，编码的位数就是机器中运算部件的位数。

例 2.13 设补码的位数为 n，求 -1 的补码表示。

解：对于整数补码有

$$[-1]_\text{补} = 2^n - 1 = 11\cdots1 \quad (n \text{ 个 } 1)$$

若考虑小数 -1.0 的补码表示，则根据补码定义有

$$[-1.0]_\text{补} = 2 - 1.0 = 1.0\cdots0 \quad (n-1 \text{ 个 } 0)$$

上述补码中的小数点"."在机器中实际上是不存在的，只是书写时为了将定点小数和定点整数的编码区分开来而加上的，因此当补码位数为 n 时，-1.0 和 -2^{n-1} 的补码表示完全相同，都是符号位为 1，数值部分为 $n-1$ 个 0。这是因为 -1.0 和 -2^{n-1} 分别是 n 位补码小数和 n 位补码整数中可表示的最小负数。不过，现代计算机中多采用 IEEE 754 标准表示浮点数，其中的定点小数采用原码表示，因此通常不会涉及定点小数的补码表示。

对于 n 位补码表示来说，2^{n-1} 的补码为多少呢？根据补码定义，有

$$[2^{n-1}]_\text{补} = 2^n + 2^{n-1} (\text{mod } 2^n) = 2^{n-1} = 1\,0\cdots0 \quad (n-1 \text{ 个 } 0)$$

最高位为 1，说明对应的真值是负数，而这与实际情况不符，显然 n 位补码无法表示 2^{n-1}。由此可知，为什么在 n 位二进制整数补码定义中，真值的取值范围包含了 -2^{n-1}，但不包含 2^{n-1}。

例 2.14 求 0 的补码表示。

解：根据补码的定义，有

$$[+0]_\text{补} = [-0]_\text{补} = 2^n \pm 0 = 1\,00\cdots0(\text{mod } 2^n) = 0\,0\cdots0 \quad (n \text{ 个 } 0)$$

从上述结果可知，0 的补码表示是唯一的。这带来了以下两方面的好处。

（1）减少了 $+0$ 和 -0 之间的转换。

（2）少占用一个编码表示，使补码比原码能多表示一个最小负数。在 n 位原码表示的定点数中，$100\cdots0$ 用来表示 -0，但在 n 位补码表示中，-0 和 $+0$ 都用 $00\cdots0$ 表示。因此，正如例 2.12 所示，$100\cdots0$ 可用来表示最小负整数 -2^{n-1}。

4）补码与真值之间的转换方法

原码与真值之间的对应关系简单，只要对符号转换，数值部分不需改变。但对于补码来说，正数和负数的转换不同。根据定义，求一个正数的补码时，只要将正号转换为 0，数值部分无须改变；求一个负数的补码时，需要做减法运算，因而不太方便和直观。

例 2.15 设补码的位数为 8，求 110 1100 和 -110 1100 的补码表示。

解：补码的位数为 8，说明补码数值部分有 7 位，根据补码定义，知：

$$[110\ 1100]_{补} = 2^8 + 110\ 1100 = 1\ 0000\ 0000 + 110\ 1100(\bmod\ 2^8) = 0110\ 1100$$

$$[-110\ 1100]_{补} = 2^8 - 110\ 1100 = 1\ 0000\ 0000 - 110\ 1100$$

$$= 1000\ 0000 + 1000\ 0000 - 110\ 1100$$

$$= 1000\ 0000 + (111\ 1111 - 110\ 1100) + 1$$

$$= 1000\ 0000 + 001\ 0011 + 1(\bmod\ 2^8) = 1001\ 0100$$

本例中是两个绝对值相同、符号相反的数。其中,负数的补码计算过程中,第一个 1000 0000 用于产生最后的符号 1,第二个 1000 0000 拆为 111 1111+1,而(111 1111-110 1100)实际是将数值部分 110 1100 各位取反。模仿这个计算过程,不难从补码的定义推导出负数补码计算的一般步骤为:符号位为 1,数值部分"各位取反,末位加 1"。

因此,可以用以下简单方法求一个数的补码:对于正数,符号位取 0,其余同真值中相应各位;对于负数,符号位取 1,其余各位由数值部分"各位取反,末位加 1"得到。

例 2.16 假定补码位数为 8,用简便方法求 $X = -110\ 0011$ 的补码表示。

解: $[X]_{补} = 1\ 001\ 1100 + 0\ 000\ 0001 = 1\ 001\ 1101$。

对于由负数补码求真值的简便方法,可以通过以上求负数的补码的简便方法得到。可以对补码数值部分先减 1 然后再取反,得到真值的数值部分。也就是说,通过计算 111 1111-(001 1101-1)得到数值部分为 110 0011,该计算可以变为(111 1111-001 1101)+1,亦即进行"取反加 1"操作。

因此,由补码求真值的简便方法为:若符号位为 0,则真值的符号为正,其数值部分不变;若符号位为 1,则真值的符号为负,其数值部分由补码数值部分"各位取反,末位加 1"得到。

例 2.17 已知 $[X_T]_{补} = 1\ 011\ 0100$,求真值 X_T。

解: $X_T = -(100\ 1011 + 1) = -100\ 1100$。

根据上述有关补码和真值转换规则,不难发现,根据补码 $[X_T]_{补}$ 求 $[-X_T]_{补}$ 的方法是:对 $[X_T]_{补}$"各位取反,末位加 1"。这里要注意最小负数取负后会发生溢出。

例 2.18 已知 $[X_T]_{补} = 1\ 011\ 0100$,求 $[-X_T]_{补}$。

解: $[-X_T]_{补} = 0\ 100\ 1011 + 0\ 000\ 0001 = 0\ 100\ 1100$

例 2.19 已知 $[X_T]_{补} = 1\ 000\ 0000$,求 $[-X_T]_{补}$。

解: $[-X_T]_{补} = 0\ 111\ 1111 + 0\ 000\ 0001 = 1\ 000\ 0000$(结果溢出)

例 2.19 中出现了"两个正数相加,结果为负数"的情况,因此,结果是一个错误的值,称结果"溢出",该例中,8 位整数补码 1000 0000 对应的是最小负数 -2^7,对其取负后的值为 2^7(即 128)。因为 8 位整数补码能表示的最大正数为 $2^7 - 1 = 127$,显然,128 无法用 8 位补码表示,即结果溢出。

在结果溢出时,有的编译器不会作任何提示,因而可能会得到意想不到的结果。

5) 变形补码

为了便于判断运算结果是否溢出,某些计算机中还采用了一种双符号位的补码表示方式,称为变形补码,也称为模 4-补码。在双符号位中,左符是真正的符号位,右符用于判断"溢出"。

假定变形补码的位数为 $n+1$(其中符号占 2 位,数值部分占 $n-1$ 位),则变形补码可如下表示:

$$[X_T]_{变补} = 2^{n+1} + X_T \quad (-2^{n-1} \leqslant X_T < 2^{n-1}, \bmod\ 2^{n+1})$$

例 2.20   已知 $X_T = -1011$,分别求出变形补码取 6 位和 8 位时 $[X_T]_{变补}$。

解: $[X_T]_{变补} = 2^6 - 1011 = 100\ 0000 - 00\ 1011 = 11\ 0101$

$\qquad [X_T]_{变补} = 2^8 - 1011 = 100\ 000000 - 00\ 001011 = 11\ 110101$

3. 反码表示法

负数的补码可采用"各位取反,末位加 1"的方法得到,如果仅各位取反而末位不加 1,那么就可得到负数的反码表示,因此负数反码等于在相应的补码表示中末位减 1。

反码表示存在以下几方面的不足:0 的表示不唯一;表数范围比补码少一个最小负数;运算时必须考虑循环进位。因此,反码在计算机中很少被使用。

4. 移码表示法

浮点数实际上是用两个定点数来表示的,用定点小数表示浮点数的尾数,用定点整数表示浮点数的阶(即指数)。一般情况下,浮点数的阶用一种称之为"移码"的编码表示。通常,将阶的编码表示称为阶码。

为什么要用移码表示阶呢? 因为阶可以是正数,也可以是负数,当进行浮点数的加减运算时,必须先"对阶"(即比较两个数的阶的大小并使之相等)。为简化比较操作,使操作过程不涉及阶的符号,可以对每个阶都加上一个正的常数,称为偏置常数(bias),使所有阶都转换为正整数,这样,在对浮点数的阶进行比较时,就是对两个正整数进行比较,因而可以直观地将两个数按位从左到右进行比对,从而简化两个阶大小的比较过程。

假设用来表示阶 E 的移码的位数为 n,则 $[E]_移 =$ 偏置常数 $+E$,通常,偏置常数取 2^{n-1} 或 $2^{n-1} - 1$。

2.2   整数的表示

整数的小数点隐含在数的最右边,故无须表示小数点,因而也被称为定点整数。整数可分为无符号整数(unsigned integer)和带符号整数(signed integer)两种。

2.2.1   无符号整数的表示

当一个编码的所有二进位都用来表示数值而没有符号位时,该编码表示的就是无符号整数。此时,默认数的符号为正,所以无符号整数就是正整数或非负整数。

一般在全部是正数运算且不出现负值结果的场合下,使用无符号整数表示。例如,可用无符号整数进行地址运算,或用来表示指针。通常把无符号整数简单地说成无符号数。

由于无符号整数省略了一位符号位,所以在字长相同的情况下,它能表示的最大数比带符号整数所能表示的大,n 位无符号整数可表示的数的范围为 $0 \sim (2^n - 1)$。例如,8 位无符号整数的形式为 0000 0000B $\sim$ 1111 1111B,对应的表示范围为 $0 \sim (2^8 - 1)$,即最大数为 255,而 8 位带符号整数的最大数是 127。

2.2.2   带符号整数的表示

带符号整数也称为有符号整数,它必须用一个二进位来表示符号,虽然前面介绍的各种二进制定点数编码表示(包括原码、补码、反码和移码)都可以用来表示带符号整数,但是补码表示有其突出的优点,主要体现在以下几方面。

（1）与原码和反码相比，数 0 的补码表示形式唯一。

（2）与原码和移码相比，补码运算系统是一种模运算系统，因而可用加法实现减法运算，且符号位可以和数值位一起参加运算。

（3）与原码和反码相比，它比原码和反码多表示一个最小负数。

（4）与反码相比，不需要通过循环进位来调整结果。

现代计算机中带符号整数都用补码表示，故 n 位带符号整数可表示的数值范围为 $-2^{n-1} \sim (2^{n-1}-1)$。例如，8 位带符号整数的表示范围为 $-128 \sim +127$。

2.2.3 C 语言中的整数类型

C 语言中支持多种整数类型。无符号整数在 C 语言中对应 unsigned short、unsigned int(unsigned)、unsigned long 等类型，可在数的后面加一个 u 或 U 来表示无符号整数，例如，12345U、0x2B3Cu 等；带符号整数在 C 语言中对应 short、int、long 等类型。C 语言中允许无符号整数和带符号整数之间的转换，转换后数的真值是将原二进制机器数按转换后的数据类型重新解释得到。例如，考虑以下 C 代码：

```
1   int x=-1;
2   unsigned u=2147483648;
3
4   printf("x=%u=%d\n", x, x);
5   printf("u=%u=%d\n:, u, u);
```

上述 C 代码中，x 为带符号整数，u 为无符号整数，初值为 2 147 483 648（即 2^{31}）。函数 printf() 用来输出数值，指示符％u、％d 分别用来以无符号整数和带符号整数的形式输出十进制数的值。当在一个 32 位机器上运行上述代码时，它的输出结果如下：

```
x=4294967295=-1
u=2147483648=-2147483648
```

x 的输出结果说明如下：因为 -1 的补码表示为 $11\cdots 1$，所以当作为 32 位无符号数来解释（格式符为％u）时，其值为 $2^{32}-1=4\,294\,967\,296-1=4\,294\,967\,295$。

u 的输出结果说明如下：2^{31} 的无符号整数表示为 $100\cdots 0$，当这个数被解释为 32 位带符号整数（格式符为％d）时，其值为最小负数 $-2^{32-1}=-2^{31}=-2\,147\,483\,648$（参见例 2.12）。

在 C 语言中，如果执行一个运算时同时有无符号整数和带符号整数参加，那么，C 编译器会隐含地将带符号整数强制类型转换为无符号整数，因而会带来一些意想不到的结果。

例如，对于 32 位系统中的 C 语言表达式：

```
-2147483648<2147483647
```

若编译器按 ISO C90 标准规范进行处理，那么该表达式的结果为 false。但是，在 ISO C99 标准规范下编译，其结果则为 true。如果把上面的表达式转换为

```
-2147483647-1<2147483647
```

则在 C90 和 C99 标准下的结果都是 true。为什么会出现以上这种情况呢？

ISO C90 标准规定，在 $2^{31} \sim 2^{32}-1$ 范围内的整数常量为 unsigned int 型；C99 标准规

定,在 $2^{31} \sim 2^{63}-1$ 范围内的整数常量为 long long 型;对于在 $0 \sim 2^{31}-1$ 内的整数常量,C90 和 C99 标准都规定为 int 型。因此,2 147 483 648(2^{31})在 C90 中为无符号整型,在 C99 中为带符号整型,而 1 和 2 147 483 647($2^{31}-1$)在 C90 和 C99 中都是带符号整型。

对于 C 表达式"−2147483648<2147483647",由于运算符"−"比"<"优先级高,编译器会先处理"<"的左边部分,将−2147483648 分为"−"和数字串"2147483648"两部分进行处理。首先,编译器将 2 147 483 648 转换为二进制数 1000 0000 ⋯ 0000(31 个 0),然后,对"−"进行处理,将其转换为"取负"指令。对二进制数 1000 0000 ⋯ 0000 取负(各位取反,末位加 1)后结果不变。因而在处理条件表达式"−2147483648<2147483647"时,实际上是将 1000 0000 ⋯ 0000(31 个 0)和 0111 1111 ⋯ 1111(31 个 1)进行比较。

在 ISO C90 标准下,编译器将 2 147 483 648 标识为无符号整型,因此条件表达式按无符号整型进行比较,显然 1000 0000 ⋯ 0000(31 个 0)大于 0111 1111 ⋯ 1111(31 个 1),故比较结果为 false。在 C99 标准下,常数 2 147 483 648 和 2 147 483 647 都是带符号整型,因此条件表达式按带符号整型进行比较,显然 1000 0000 ⋯ 0000(31 个 0)小于 0111 1111 ⋯ 1111(31 个 1),故比较结果为 true。

对于 C 表达式"−2147483647−1<2147483647",因为其中的常数 2 147 483 647 和 1 在 C90 和 C99 中都是带符号整型,所以都按带符号整型进行比较。对于<的左部,编译器将 2 147 483 647 转换为二进制数 0111 1111 ⋯ 1111(31 个 1),然后对其取负,得到 1000 0000 ⋯ 0001(中间 30 个 0),再将其减 1,得到 1000 0000⋯ 0000(31 个 0),第一位是 1,显然是负数。对于>的右部 0111 1111 ⋯ 1111(31 个 1),第一位为 0,说明是正数。因为负数一定小于正数,因而比较结果在 C90 和 C99 中都是 true。

2.3 实数的表示

计算机内部进行数据存储、运算和传送的部件位数有限,因而用定点数表示数值数据时,其表示范围很小。n 位带符号整数表示范围为 $-2^{n-1} \sim (2^{n-1}-1)$,运算结果很容易溢出,此外,用定点数也无法表示大量带有小数点的实数。因此,计算机中专门用浮点数来表示实数。

2.3.1 浮点数的表示格式

对于任意一个实数 X,可以表示为

$$X = (-1)^S \times M \times R^E$$

其中,S 取值为 0 或 1,用来决定数 X 的符号,一般用 0 表示正,1 表示负;M 是一个二进制定点小数,称为数 X 的尾数;E 是一个二进制定点整数,称为数 X 的阶或指数;R 是基数,可以约定为 2、4、16 等。要确定一个实数的值,只要在默认基数 R 下,确定数符 S、尾数 M 和阶 E 就可以了。因此,浮点数格式只需规定 S、M 和 E 各自所用的位数、编码方式和所在的位置,而基数 R 与定点数的小数点位置一样,是默认的,不需要明显地表示出来。一般尾数用定点原码小数表示,指数用移码表示。

在 IEEE 754 浮点数标准被广泛使用之前,不同的计算机所用的浮点数表示格式各不相同。例如,IBM 370 的 32 位短浮点数格式如下:

0	1	7 8	31
数符	阶码		尾数

其中,第 0 位为数符 S;第 $1\sim7$ 位为 7 位移码表示的阶码 E(偏置常数＝64);第 $8\sim31$ 位为 6 位十六进制原码小数表示的尾数 M。基数 R 为 16,所以阶码变化 1 等于尾数移动 4 位。

例 2.21 将十进制数 65 798 转换为 IBM 370 的 32 位短浮点数格式。

解:因为 $(65\ 798)_{10}=(10106)_{16}=(0.101060)_{16}\times16^5$,所以数符 $S=0$,阶码 $E=(64+5)_{10}=(69)_{10}=(100\ 0101)_2$。

故用该浮点数形式表示如下:

0	100 0101	0001 0000 0001 0000 0110 0000

用十六进制表示为 45 10 10 60H。

例 2.22 将十进制数 65 798 转换为下述 32 位浮点数格式。

0	1	8 9	31
数符	阶码		尾数

其中,第 0 位为数符 S;第 $1\sim8$ 位为 8 位移码表示的阶码 E(偏置常数为 128);第 $9\sim31$ 位为 24 位二进制原码小数表示的尾数。基数为 2,规格化尾数形式为 $\pm0.1bb\cdots b$,其中第一位 1 不明显表示出来,这样可用 23 个数位表示 24 位尾数。

解:因为 $(65\ 798)_{10}=(1\ 0000\ 0001\ 0000\ 0110)_2=(0.1000\ 0000\ 1000\ 0011\ 0)_2\times2^{17}$,所以数符 $S=0$,阶码 $E=(128+17)_{10}=(145)_{10}=(1001\ 0001)_2$。

故用该浮点数形式表示为

0	100 1000 1	000 0000 1000 0011 0000 0000

用十六进制表示为 48 80 83 00H。

上述格式的规格化浮点数的表示范围如下。

正数最大值:$0.11\cdots1\times2^{11\cdots1}=(1-2^{-24})\times2^{127}$。

正数最小值:$0.10\cdots0\times2^{00\cdots0}=(1/2)\times2^{-128}=2^{-129}$。

因为原码是关于原点对称的,故该浮点格式的范围是关于原点对称的,如图 2.1 所示。

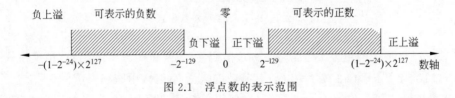

图 2.1 浮点数的表示范围

在图 2.1 中,数轴上有 4 个区间的数不能用浮点数表示。这些区间称为溢出区,接近 0 的区间为下溢区,向无穷大方向延伸的区间为上溢区。

根据浮点数的表示格式,只要尾数为 0,阶取任何值其值都为 0,这样的数被称为机器零,因此机器零不唯一。通常用阶码和尾数同时为 0 来唯一表示机器零。即当结果出现尾数为 0 时,不管阶码是什么,都将阶码取为 0。也有的计算机将下溢区(指数过小)的数近似成机器零。机器零有 $+0$ 和 -0 之分。

2.3.2 浮点数的规格化

浮点数尾数的位数决定浮点数的有效数位,有效数位越多,数据的精度越高。为了在浮点数运算过程中尽可能多地保留有效数字的位数,使有效数字尽量占满尾数数位,必须在运算过程中对浮点数进行"规格化"操作。对浮点数的尾数进行规格化,除了能得到尽量多的有效数位以外,还可以使浮点数的表示具有唯一性。

从理论上来讲,规格化数的标志是真值的尾数部分中最高位具有非零数字。也就是说,若基数为R,则规格化数的标志是,尾数部分真值的绝对值大于或等于$1/R$。若浮点数的基数为2,则尾数规格化的浮点数形式应为$\pm 0.1bb\cdots b\times 2^E$(这里$b$是0或1)。

规格化操作有两种:"左规"和"右规"。当有效数位进到小数点前面时,需要进行右规。右规时,尾数每右移一位,阶码加1,直到尾数变成规格化形式为止,右规时指数会增加,因此有可能溢出;当出现形如$\pm 0.0\cdots 0bb\cdots b\times 2^E$的运算结果时,需要进行左规,左规时,尾数每左移一位,阶码减1,直到尾数变成规格化形式为止。

2.3.3 IEEE 754 浮点数标准

直到20世纪80年代初,浮点数表示格式还没有统一标准,不同厂商计算机内部浮点数表示格式不同,在不同结构的计算机之间进行数据传送或程序移植时,必须进行数据格式的转换,而且,数据格式转换还会带来运算结果的不一致。因而,20世纪70年代后期,IEEE成立委员会着手制定浮点数标准,1985年完成了浮点数标准 IEEE 754 的制定。

目前,几乎所有计算机都采用 IEEE 754 标准表示浮点数。在这个标准中,提供了两种基本浮点格式:32位单精度和64位双精度格式,如图2.2所示。

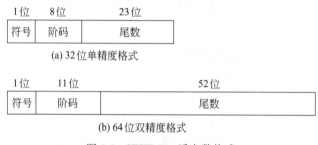

(a) 32位单精度格式

(b) 64位双精度格式

图 2.2　IEEE 754 浮点数格式

32位单精度格式中包含1位符号s、8位阶码e和23位尾数f;64位双精度格式包含1位符号s、11位阶码e和52位尾数f。其基数隐含为2;尾数用原码表示,第一位总为1,因而可在尾数中缺省第一位的1,称为隐藏位,使得单精度格式的23位尾数实际上表示了24位有效数字,双精度格式的52位尾数实际上表示了53位有效数字。IEEE 754规定隐藏位1的位置在小数点之前。

IEEE 754 标准格式中,指数用移码表示,偏置常数并不是通常n位移码所用的2^{n-1},而是$2^{n-1}-1$,因此,单精度和双精度浮点数的偏置常数分别为127和1023。IEEE 754 的这种"尾数带一个隐藏位,偏置常数用$2^{n-1}-1$"的做法,不仅没有改变传统做法的计算结果,还带来以下两个好处。

(1) 尾数可表示的位数多一位,因而使浮点数的精度更高。

(2) 指数的可表示范围更大,因而使浮点数范围更大。

对于 IEEE 754 标准格式的数,一些特殊的位序列(如阶码为全 0 或全 1)有其特别的解释。表 2.2 给出了对各种形式的数的解释。

表 2.2　IEEE 754 浮点数的解释

值的类型	单精度(32 位)				双精度(64 位)			
	符号	阶码	尾数	值	符号	阶码	尾数	值
正零	0	0	0	0	0	0	0	0
负零	1	0	0	-0	1	0	0	-0
正无穷大	0	255(全1)	0	∞	0	2047(全1)	0	∞
负无穷大	1	255(全1)	0	$-\infty$	1	2047(全1)	0	$-\infty$
无定义数	0 或 1	255(全1)	$\neq 0$	NaN	0 或 1	2047(全1)	$\neq 0$	NaN
规格化非零正数	0	$0 < e < 255$	f	$2^{e-127}(1.f)$	0	$0 < e < 2047$	f	$2^{e-1023}(1.f)$
规格化非零负数	1	$0 < e < 255$	f	$-2^{e-127}(1.f)$	1	$0 < e < 2047$	f	$-2^{e-1023}(1.f)$
非规格化正数	0	0	$f \neq 0$	$2^{-126}(0.f)$	0	0	$f \neq 0$	$2^{-1022}(0.f)$
非规格化负数	1	0	$f \neq 0$	$-2^{-126}(0.f)$	1	0	$f \neq 0$	$-2^{-1022}(0.f)$

在表 2.2 中,对 IEEE 754 中规定的数进行了以下分类。

1. 全 0 阶码全 0 尾数:+0/−0

IEEE 754 的零有两种表示:+0 和 −0。零的符号取决于数符 s。一般情况下,+0 和 −0 是等效的。

2. 全 0 阶码非 0 尾数:非规格化数

非规格化数的特点是阶码为全 0,尾数高位有一个或几个连续的 0,但不全为 0。因此非规格化数的隐藏位为 0,并且单精度和双精度浮点数的指数分别为 −126 或 −1022,故数值分别为 $(-1)^s \times 0.f \times 2^{-126}$ 和 $(-1)^s \times 0.f \times 2^{-1022}$。非规格化数可用于处理阶码下溢,使得出现比最小规格化数还小的数时程序也能继续进行下去。

3. 全 1 阶码全 0 尾数:+∞/−∞

引入无穷大数使得在计算过程出现异常的情况下程序能继续进行下去,并且可为程序提供错误检测功能。+∞ 在数值上大于所有有限数,−∞ 则小于所有有限数,无穷大数既可作为操作数,也可能是运算的结果。当操作数为无穷大时,系统可以有两种处理方式。

(1) 产生不发信号的非数 NaN。如 +∞+(−∞),+∞−(+∞),∞/∞ 等。

(2) 产生明确的结果。如 5+(+∞)=+∞,(+∞)+(+∞)=+∞,5−(+∞)= −∞,(−∞)−(+∞)=−∞ 等。

4. 全 1 阶码非 0 尾数:NaN

NaN(not a number)表示一个没有定义的数,称为非数。表 2.3 给出了能产生不发信号(静止的)NaN 的计算操作。

表 2.3   产生不发信号 NaN 的操作

运 算 类 型	产生不发信号 NaN 的计算操作
所有	对通知 NaN 的任何计算操作
加减	无穷大相减：$(+\infty)+(-\infty)$、$(+\infty)-(+\infty)$ 等
乘	$0 \times \infty$
除	$0/0$ 或 ∞/∞
求余	X MOD 0 或 ∞ MOD y
平方根	$\sqrt{x}$ 且 $x < 0$

可用尾数取值的不同来区分是"不发信号 NaN"还是"发信号 NaN"。当最高有效位为 1 时，为不发信号(静止的)NaN，当结果产生这种非数时，不发"异常"通知，即不进行异常处理；当最高有效位为 0 时为发信号(通知的)NaN，当结果产生这种非数时，则发一个异常操作通知，表示要进行异常处理。

5. 阶码非全 0 且非全 1：规格化非 0 数

对于阶码范围在 1～254(单精度)和 1～2046(双精度)的数，是一个正常的规格化非 0 数。根据 IEEE 754 的定义，这种数的指数的范围应该是 -126～$+127$(单精度)和 -1022～$+1023$(双精度)，其值的计算公式分别为

$$(-1)^s \times 1.f \times 2^{e-127} \quad \text{和} \quad (-1)^s \times 1.f \times 2^{e-1023}$$

例 2.23   将十进制数 -0.75 转换为 IEEE 754 的单精度浮点数格式表示。

解：$(-0.75)_{10} = (-0.11)_2 = (-1.1)_2 \times 2^{-1} = (-1)^s \times 1.f \times 2^{e-127}$，所以 $s=1$，$f=0.100 \cdots 0$，$e=(127-1)_{10}=(126)_{10}=(0111\ 1110)_2$，规格化浮点数表示为 1 0111 1110 1000 0000 $\cdots$ 0000 000，用十六进制表示为 BF40 0000H。

例 2.24   求 IEEE 754 单精度浮点数 C0A0 0000H 的值是多少。

解：求一个机器数的真值，就是将该数转换为十进制数。首先将 C0A0 0000H 展开为一个 32 位单精度浮点数：1 10000001 010 0000 $\cdots$ 0000。据 IEEE 754 单精度浮点数格式可知，符号 $s=1$，尾数 $f=(0.01)_2=(0.25)_{10}$，阶码 $e=(10000001)_2=(129)_{10}$，所以，其值为 $(-1)^s \times 1.f \times 2^{e-127} = (-1)^1 \times 1.25 \times 2^{129-127} = -1.25 \times 2^2 = -5.0$。

IEEE 754 标准的单精度和双精度格式的特征参数见表 2.4。

表 2.4   IEEE 754 浮点数格式参数

参 数	单精度浮点数	双精度浮点数
字宽(位数)	32	64
阶码宽度(位数)	8	11
阶码偏置常数	127	1023
最大指数	127	1023
最小指数	-126	-1022
尾数宽度	23	52

参　数	单精度浮点数	双精度浮点数
阶码个数	254	2046
尾数个数	2^{23}	2^{52}
值的个数	1.98×2^{31}	1.99×2^{63}
数的量级范围	$10^{-38} \sim 10^{+38}$	$10^{-308} \sim 10^{+308}$

IEEE 754 用全 0 阶码和全 1 阶码表示一些特殊值,如 0、∞ 和 NaN,因此,除去全 0 和全 1 阶码后,单精度和双精度格式的阶码个数分别为 254 和 2046,最大指数为 127 和 1023。单精度规格化数的个数为 $254 \times 2^{23} = 1.98 \times 2^{31}$,双精度规格化数的个数为 $2046 \times 2^{52} = 1.99 \times 2^{63}$。根据单精度和双精度格式的最大指数分别为 127 和 1023,可以得出数的量级范围分别为 $10^{-38} \sim 10^{+38}$ 和 $10^{-308} \sim 10^{+308}$。

IEEE 754 除了对上述单精度和双精度浮点数格式进行了具体的规定以外,还对单精度扩展和双精度扩展两种格式的最小长度和最小精度进行了规定。例如,IEEE 754 规定,双精度扩展格式必须至少具有 64 位有效数字,并总共占用至少 79 位,但没有规定其具体的格式,处理器厂商可以选择符合该规定的格式。

例如,Intel x87 FPU 采用 80 位双精度扩展格式,包含 4 个字段:1 位符号位 s、15 位阶码 e(偏置常数为 16383)、1 位显式首位有效位(explicit leading significand bit)j 和 63 位尾数 f。Intel 公司采用的这种扩展浮点数格式与 IEEE 754 规定的单精度和双精度浮点数格式的一个重要的区别是,它没有隐藏位,有效位数共 64 位。Intel 安腾 FPU 采用 82 位扩展精度。

又如,SPARC 和 PowerPC 处理器中采用 128 位扩展双精度浮点数格式,包含 1 位符号位 s、15 位阶码 e(偏置常数为 16383)和 112 位尾数 f,采用隐藏位,所以有效位数为 113 位。

2.3.4　C 语言中的浮点数类型

C 语言中有 float 和 double 两种不同浮点数类型,分别对应 IEEE 754 单精度浮点数格式和双精度浮点数格式,相应的十进制有效数字位数分别为 7 位和 17 位。

C 语言对于扩展双精度的相应类型是 long double,但是 long double 的长度和格式随编译器和处理器类型的不同而有所不同。例如,Microsoft Visual C++ 6.0 版本以下的编译器都不支持该类型,因此,用其编译出来的目标代码中 long double 和 double 一样,都是 64 位双精度;在 IA-32 上使用 GCC 编译器时,long double 类型数据采用 2.3.3 节中所述的 Intel x86 FPU 的 80 位双精度扩展格式表示;在 SPARC 和 PowerPC 处理器上使用 GCC 编译器时,long double 类型数据采用 2.3.3 节中所述的 128 位双精度扩展格式表示。

当在 int、float 和 double 等类型数据之间进行强制类型转换时,程序将得到以下数值转换结果(假定 int 为 32 位)。

(1) 从 int 转换为 float 时,不会发生溢出,但可能有数据被舍入。

(2) 从 int 或 float 转换为 double 时,因为 double 的有效位数更多,故能保留精确值。

(3) 从 double 转换为 float 时,因为 float 表示范围更小,故可能发生溢出,此外,由于有效位数变少,故可能被舍入。

(4) 从 float 或 double 转换为 int 时,因为 int 没有小数部分,所以数据可能会向 0 方向被截断。例如,1.9999 被转换为 1,−1.9999 被转换为−1。此外,因为 int 的表示范围更小,故可能发生溢出。将大的浮点数转换为整数可能会导致程序错误,这在历史上曾经有过惨痛的教训。

1996 年 6 月 4 日,Ariana 5 火箭初次航行,在发射仅仅 37s 后,偏离了飞行路线,然后解体爆炸,火箭上载有价值 5 亿美元的通信卫星。根据调查发现,原因是控制惯性导航系统的计算机向控制引擎喷嘴的计算机发送了一个无效数据。它没有发送飞行控制信息,而是发送了一个异常诊断位模式数据,表明在将一个 64 位浮点数转换为 16 位带符号整数时,产生了溢出异常。溢出的值是火箭的水平速率,这比原来的 Ariana 4 火箭所能达到的速率高出了 5 倍。在设计 Ariana 4 火箭软件时,设计者确认水平速率决不会超出一个 16 位的整数,但在设计 Ariana 5 时,他们没有重新检查这部分,而是直接使用了原来的设计。

在不同数据类型之间转换时,往往隐藏着一些不容易被察觉的错误,这种错误有时会带来重大损失,因此,编程时要非常小心。

例 2.25 假定变量 i、f、d 的类型分别是 int、float 和 double,它们可以取除$+\infty$、$-\infty$和 NaN 以外的任意值。请判断下列每个 C 语言关系表达式在 32 位机器上运行时是否永真。

A. i＝＝(int)(float) i

B. f＝＝(float)(int) f

C. i＝＝(int)(double) i

D. f＝＝(float)(double) f

E. d＝＝(float) d

F. f＝＝−(−f)

G. (d＋f)−d＝＝f

解:

A. 不是。int 精度比 float 高,当 i 转换为 float 后再到 int 时,有效位数可能丢失。

B. 不是。float 有小数部分,当 f 转换为 int 后再到 float 时,小数部分可能会丢失。

C. 是。double 比 int 有更大的精度和范围,当 i 转换为 double 后再到 int 时数值不变。

D. 是。double 比 float 有更大的精度和范围,当 f 转为 double 后再到 float 时数值不变。

E. 不是。double 比 float 有更大的精度和范围,当 d 转换为 float 后数值可能改变。

F. 是。浮点数取负就是简单将数符取反。

G. 不是。例如,当 $d=1.79\times10^{308}$、$f=1.0$ 时,左边为 0(因为 $d+f$ 时 f 需向 d 对阶,对阶后 f 的尾数有效数位被舍去而变为 0,故 $d+f$ 仍然等于 d,再减去 d 后结果为 0),而右边为 1。

2.4 非数值数据的编码表示

逻辑值、字符等数据都是非数值数据,在机器内部它们也用二进制表示。下面分别介绍这些非数值数据的编码表示。

2.4.1 逻辑值

通常每个字或其他可寻址单位(字节、半字等)作为一个整体数据进行处理。但在某些情况下也需要将一个 n 位数据看成是由 n 个 1 位数据组成,每个取值为 0 或 1。例如,有时需要存储一个二进制数据阵列,阵列中的每项只能取值 1 或 0;有时可能需要提取一个数据项中的某位进行诸如"置位"或"清 0"等操作。当数据以这种方式看待时,就被认为是逻辑数据。因此 n 位二进制数可表示 n 个逻辑值。逻辑数据只能进行按位逻辑运算,如按位"与"、按位"或"、逻辑左移、逻辑右移等。

逻辑数据和数值数据都是一串 0/1 序列,在形式上无任何差异,需要通过指令的操作码类型来识别它们。例如,逻辑运算指令处理的是逻辑数据,算术运算指令处理的是数值数据。

2.4.2 西文字符

西文由拉丁字母、数字、标点符号及一些特殊符号所组成,它们统称为字符(character)。所有字符的集合叫作字符集。字符集中每一个字符都有一个代码(即二进制编码的 0/1 序列),构成了该字符集的代码表,简称码表。码表中的代码具有唯一性。

字符主要用于外部设备和计算机之间交换信息。一旦确定了所使用的字符集和编码方法后,计算机内部所表示的二进制代码和外部设备输入、打印和显示的字符之间就有唯一的对应关系。

字符集有多种,每一个字符集的编码方法也多种多样。目前计算机中使用最广泛的西文字符集及其编码是 ASCII 码,即美国标准信息交换码(American Standard Code for Information Interchange),ASCII 字符编码见表 2.5。

表 2.5　ASCII 码表

$b_3b_2b_1b_0$	$b_6b_5b_4$							
	000	001	010	011	100	101	110	111
0000	NUL	DLE	SP	0	@	P	`	p
0001	SOH	DC1	!	1	A	Q	a	q
0010	STX	DC2	"	2	B	R	b	r
0011	ETX	DC3	#	3	C	S	c	s
0100	EOT	DC4	$	4	D	T	d	t
0101	ENQ	NAK	%	5	E	U	e	u
0110	ACK	SYN	&	6	F	V	f	v
0111	BEL	ETB	'	7	G	W	g	w
1000	BS	CAN	(	8	H	X	h	x
1001	HT	EM	)	9	I	Y	i	y
1010	LF	SUB	*	:	J	Z	j	z

$b_3b_2b_1b_0$	$b_6b_5b_4$							
	000	001	010	011	100	101	110	111
1011	VT	ESC	+	;	K	[	k	{
1100	FF	FS	,	<	L	\	l	|
1101	CR	GS	−	=	M	]	m	}
1110	SO	RS	.	>	N	ˆ	n	~
1111	SI	US	/	?	O	_	o	DEL

从表 2.5 中可看出每个字符都由 7 个二进位 $b_6b_5b_4b_3b_2b_1b_0$ 表示,其中 $b_6b_5b_4$ 是高位部分,$b_3b_2b_1b_0$ 是低位部分。一个字符在计算机中实际上是用 8 位表示的。一般情况下,最高一位 b_7 为 0。在需要奇偶校验时,这一位可用于存放奇偶校验位。从表 2.5 中可看出 ASCII 字符编码有以下两个规律。

(1) 字符 0~9 这 10 个数字字符的高 3 位编码为 011,低 4 位分别为 0000~1001。当去掉高 3 位时,低 4 位正好是 0~9 这 10 个数字的 8421 码。这样既满足了正常的排序关系,又有利于实现 ASCII 码与十进制数之间的转换。

(2) 英文字母字符的编码值也满足正常的字母排序关系,而且大、小写字母的编码之间有简单的对应关系,差别仅在 b_5 这一位上,若这一位为 0,则是大写字母;若为 1,则是小写字母。这使得大、小写字母之间的转换非常方便。

*2.4.3　汉字字符

西文是一种拼音文字,用有限的几个字母可以拼写出所有单词。因此西文中仅需要对有限个少量的字母和一些数学符号、标点符号等辅助字符进行编码,所有西文字符集的字符总数不超过 256 个,所以使用 7 个或 8 个二进位就可表示。中文信息的基本组成单位是汉字,汉字也是字符。但汉字是表意文字,一个字就是一个方块图形。计算机要对汉字信息进行处理,就必须对汉字本身进行编码,但汉字的总数超过 6 万字,数量巨大,给汉字在计算机内部的表示、汉字的传输与交换、汉字的输入和输出等带来了一系列问题。为了适应汉字系统各组成部分对汉字信息处理的不同需要,汉字系统必须处理以下几种汉字代码:输入码、内码、字模点阵码。

1. 汉字的输入码

由于计算机最早是由西方国家研制开发的,最重要的信息输入工具——键盘——是面向西文设计的,一个或两个西文字符对应着一个按键,非常方便。但汉字是大字符集,专门的汉字输入键盘由于键多、查找不便、成本高等原因而几乎无法采用。目前来说,最简便、最广泛采用的汉字输入方法是利用英文键盘输入汉字。由于汉字字数多,无法使每个汉字与西文键盘上的一个键相对应,因此必须使每个汉字用一个或几个键来表示,这种对每个汉字用相应的按键进行的编码表示就称为汉字的"输入码",又称外码。因此汉字的输入码的码元(即组成编码的基本元素)是西文键盘中的某个按键。

2. 字符集与汉字内码

汉字被输入到计算机内部后,就按照一种称为"内码"的编码形式在系统中进行存储、查找、传送等处理。对于西文字符,它的内码就是 ASCII 码。对于汉字内码的选择,必须考虑以下几个因素。

(1) 不能有二义性,即不能和 ASCII 码有相同的编码。

(2) 要与汉字在字库中的位置有关系,以便于汉字的处理、查找。

(3) 编码应尽量短。

为了适应计算机处理汉字信息的需要,1981 年我国颁布了《信息交换用汉字编码字符集·基本集》(GB 2312—80)。该标准选出 6763 个常用汉字,为每个汉字规定了标准代码,以供汉字信息在不同计算机系统之间交换使用。这个标准称为国标码,又称国标交换码。

GB 2312 国标字符集由 3 部分组成:第一部分是字母、数字和各种符号,包括英文、俄文、日文平假名与片假名、罗马字母、汉语拼音等共 687 个;第二部分为一级常用汉字,共 3755 个,按汉语拼音排列;第三部分为二级常用字,共 3008 个,因为不太常用,所以按偏旁部首排列。

GB 2312 国标字符集中为任意一个字符(汉字或其他字符)规定了一个唯一的二进制代码。码表由 94 行(十进制编号 0～93 行)、94 列(十进制编号 0～93 列)组成,行号称为区号,列号称为位号。每一个汉字或符号在码表中都有各自的位置,因此各有一个唯一的位置编码,该编码用字符所在的区号及位号的二进制代码表示,7 位区号在左,7 位位号在右,共 14 位,这 14 位代码就叫汉字的区位码。因此区位码指出了汉字在码表中的位置。

每个汉字的区号和位号各自加上 32(即十六进制的 20H)后的相应二进制代码是其国标码。在计算机内部,为了处理与存储的方便,汉字国标码的前后各 7 位分别用 1 字节来表示,所以共需 2 字节才能表示一个汉字。因为计算机中的中西文信息是混合在一起进行处理的,所以汉字信息如不予以特别标识,它与单字节的 ASCII 码就会混淆不清,无法识别。这就是前面给出的第一个要考虑的因素。

为了解决这个问题,采用的方法之一,就是使表示汉字的两个字节的最高位(b_7)总等于 1。这种双字节的汉字编码就是其中的一种汉字机内码(即汉字内码)。例如,汉字"大"的区号是 20,位号是 83,因此区位码为 14 53H(0001 0100 0101 0011B),国标码为 34 73H(0011 0100 0111 0011B),前面的 34H 和字符"4"的 ASCII 码相同,后面的 73H 和字符"s"的 ASCII 码相同,将每个字节的最高位各设为 1 后,就得到其机内码 B4 F3H(1011 0100 1111 0011B)。这样就不会和 ASCII 码混淆了。应当注意,汉字的区位码和国标码是唯一的、标准的,而汉字内码可能随系统的不同而有差别。

汉字输入码与汉字内码完全是不同范畴的概念,不能把它们混淆起来。使用不同的输入编码方法输入同一个汉字时,在计算机内部得到的汉字内码是一样的。

3. 汉字的字模点阵码和轮廓描述

经过计算机处理后的汉字,如果需要在屏幕上显示出来或用打印机打印出来,则必须把汉字机内码转换成人们可以阅读的方块字形式。

每一个汉字的字形都必须预先存放在计算机内,一套汉字(例如 GB 2312 国标汉字字符集)的所有字符的形状描述信息集合在一起称为字形信息库,简称字库(font)。不同的字体(如宋体、仿宋、楷体、黑体等)对应着不同的字库。在输出每一个汉字时,计算机都要先到字库中去找到它的字形描述信息,然后把字形信息送到相应的设备输出。

汉字的字形主要有两种描述方法:字模点阵描述和轮廓描述。字模点阵描述是将字库中的各个汉字或其他字符的字形(即字模),用一个其元素由 0 和 1 组成的方阵(如 16×16、24×24、32×32 甚至更大)来表示,汉字或字符中有黑点的地方用 1 表示,空白处用 0 表示,把这种用来描述汉字字模的二进制点阵数据称为汉字的字模点阵码。汉字的轮廓描述方法比较复杂,它把汉字笔画的轮廓用一组直线和曲线来勾画,记下每一直线和曲线的数学描述公式。这种用轮廓线描述字形的方式精度高,字形大小可以任意变化。

2.5 数据的宽度和存储

2.5.1 数据的宽度和单位

二进制数据的每一位(0 或 1)是组成计算机中信息的最小单位,称为一个比特(bit),或称位元,简称位。每个西文字符通常用 8 比特表示,而每个汉字用 16 比特表示。在计算机内部,二进制信息的计量单位是字节(byte),也称位组。1 字节等于 8 比特。

计算机中信息使用的单位除比特和字节外,还经常使用字(word)作为单位。不同的计算机,字的长度和组成不完全相同,有的由 2 字节组成,有的由 4、8 甚至 16 字节组成。

在考察计算机性能时,一个很重要的性能参数就是机器的字长。平时所说的"16 位"或是"32 位"机器中的 16、32 就是指字长。所谓字长通常是指 CPU 内部用于整数运算的数据通路的宽度。CPU 内部数据通路是指 CPU 内部的数据流经的路径以及路径上的部件,主要包括用于运算的 ALU 和用于存储中间结果的通用寄存器等,这些部件的宽度一致才能相互匹配。因此,字长等于 CPU 内部用于整数运算的运算器位数和通用寄存器宽度。

字和字长的概念不同,这一点请注意。字用来表示被处理信息的单位,用来度量各种数据类型的宽度。通常系统结构设计者必须考虑一台机器将提供哪些数据类型,每种数据类型提供哪几种宽度的数,这时就要给出一个基本的字的宽度。例如,Intel x86 微处理器中把一个字定义为 16 位。所提供的数据类型中,就有单字宽度的无符号数和带符号整数(16位)、双字宽度的无符号数和带符号整数(32 位)等。而字长表示进行数据运算、存储和传送的部件的宽度,它反映了计算机处理信息的一种能力。在绝大多数计算机中,字和字长的宽度一样,但有些也可能不同。例如,在 Intel 微处理器中,从 80386 开始就至少都是 32 位机器了,即字长至少为 32 位,但其字的宽度都定义为 16 位,32 位称为双字。

表示二进制信息所用的单位要比字节或字大得多。通常通过在字母 B(字节)或 b(位)之前加上前缀来表示单位,如 KB、MB、GB 等,这里的 K、M 和 G 等有两种度量方式,一种是日常使用的按 10 的幂次度量的方式;另一种是计算机系统中使用的按 2 的幂次度量的方式。

1. 主存容量使用的单位

在描述主存容量时,通常用以下按 2 的幂次进行度量的单位。

kilobyte	$1KB=2^{10}$ 字节 $=1024$ 字节
megabyte	$1MB=2^{20}$ 字节 $=1\ 048\ 576$ 字节
gigabyte	$1GB=2^{30}$ 字节 $=1\ 073\ 741\ 824$ 字节
terabyte	$1TB=2^{40}$ 字节 $=1\ 099\ 511\ 627\ 776$ 字节
petabyte	$1PB=2^{50}$ 字节 $=1\ 125\ 899\ 906\ 842\ 624$ 字节

exabyte   1EB＝2^{60}字节＝1 152 921 504 606 846 976 字节

zettabyte   1ZB＝2^{70}字节＝1 180 591 620 717 411 303 424 字节

yottabyte   1YB＝2^{80}字节＝1 208 925 819 614 629 174 706 176 字节

2. 主频和带宽使用的单位

在描述主频、总线或网络带宽时，通常用 10 的幂次表示。例如，网络带宽经常使用的单位如下。

比特/秒（b/s）   有时也写为 bps

千比特/秒（kb/s）   1kb/s＝10^3 b/s＝1000bps

兆比特/秒（Mb/s）   1Mb/s＝10^6 b/s＝1000kbps

吉比特/秒（Gb/s）   1Gb/s＝10^9 b/s＝1000Mbps

太比特/秒（Tb/s）   1Tb/s＝10^{12} b/s＝1000Gbps

从上面的描述可以看出，1M 可能是 2^{20}，也可能是 10^6，具体的值是多少，要看上下文描述的是主存容量还是主频或网络带宽来判断。其他的如 G、T、P 等字母的含义也同样要看上下文。

3. 硬盘和文件使用的单位

在计算硬盘容量或文件大小时，不同的硬盘制造商和操作系统用不同的度量方式，因而比较混乱。例如，所有版本的 Microsoft Windows 操作系统都使用二进制前缀（2 的幂次），在其文件属性对话框中，显示 2^{20} 字节的文件为 1MB 或 1024KB，显示 10^6 字节的文件为 976KB。而在 Mac OS X10.6 之前版本的操作系统上都使用了十进制前缀（10 的幂次），因此报告 10^6 字节的文件大小为 1MB。

显然，这种表示方式会导致混乱。在历史上，甚至引发了一些硬盘买家的诉讼，他们原本预计 1M 会是 2^{20}，1G 会是 2^{30}，但实际容量却远比自己预计的小。为了避免歧义，国际电工委员会（International Electrotechnical Commission，IEC）在 1998 年给出了表示 2 的幂次的二进制前缀字母定义，如表 2.6 所示，就是在原来的前缀字母后跟字母 i。

表 2.6   表示二进制信息大小的单位

十进制前缀			IEC 定义的二进制前缀			值差（％）
单词	前缀	值	单词	前缀	值	
kilobyte	KB	10^3	kibibyte	KiB	2^{10}	2％
megabyte	MB	10^6	mebibyte	MiB	2^{20}	5％
gigabyte	GB	10^9	gibibyte	GiB	2^{30}	7％
terabyte	TB	10^{12}	tebibyte	TiB	2^{40}	10％
petabyte	PB	10^{15}	pebibyte	PiB	2^{50}	13％
exabyte	EB	10^{18}	exbibyte	EiB	2^{60}	15％
zettabyte	ZB	10^{21}	zebibyte	ZiB	2^{70}	18％
yottabyte	YB	10^{24}	yobibyte	YiB	2^{80}	21％

C 语言支持多种格式的整数和浮点数表示。数据类型 char 表示单个字节，能用来表示

单个字符,也可用来表示 8 位整数。类型 int 之前可加上 long 和 short,以提供不同长度的整数表示。表 2.7 给出了在典型的 32 位机器和 64 位的 Compaq Alpha 机器上 C 语言中数值数据类型的宽度。大多数 32 位机器使用"典型"方式。从表 2.7 可以看出,短整数为 2 字节,普通 int 型整数为 4 字节,而长整数的长度与机器字长的宽度相同。指针(例如一个声明为类型 char * 的变量)和长整数的宽度一样,也等于机器字长的宽度。一般机器都支持 float 和 double 两种类型的浮点数,分别对应 IEEE 754 单精度和双精度格式。

表 2.7　C 语言中数值数据类型的宽度　　　　　　　　　　单位:字节

C 声明	典型的 32 位机器	Compaq Alpha 机器
char	1	1
short int	2	2
int	4	4
long int	4	8
char *	4	8
float	4	4
double	8	8

由此可见,同一类型的数据并不是所有机器都采用相同的数据宽度,分配的字节数随机器和编译器的不同而不同。

2.5.2　数据的存储和排列顺序

任何信息在计算机中用二进制编码后,得到的都是一串 0/1 序列,每 8 位构成一个字节,不同的数据类型具有不同的字节宽度。如果以字节为一个排列基本单位,那么 LSB 表示最低有效字节(least significant byte),MSB 表示最高有效字节(most significant byte)。现代计算机基本上都采用字节编址方式,即对存储空间中的存储单元进行编号时,每个地址编号中存放一个字节。计算机中许多类型数据由多个字节组成,例如,int 和 float 型变量占用 4 字节,double 型变量占用 8 字节等,程序中对每个变量给定一个最小的首地址作为变量的地址,多个字节存放在连续的存储单元中。例如,在一个按字节编址的计算机中,假定 int 型变量 i 的地址为 0800H,i 的机器数为 0123 4567H,则 01H、23H、45H、67H 这 4 个字节应该存放在地址为 0800H~0803H 这 4 个存储单元中。那么,0800H~0803H 这 4 个存储单元中各自存放哪个字节呢? 这就是字节排列顺序问题。

根据各字节在连续存储单元中排列顺序的不同,有两种排列方式:大端(big endian)和小端(little endian),如图 2.3 所示。

		0800H	0801H	0802H	0803H	
大端方式	…	01H	23H	45H	67H	…

		0800H	0801H	0802H	0803H	
小端方式	…	67H	45H	23H	01H	…

图 2.3　大端方式和小端方式

大端方式将数据的最高有效字节 MSB 存放在低地址单元中,即数据的地址就是 MSB 所在的地址。IBM 360/370、Motorola 68k、MIPS、Sparc、HP PA 等机器都采用大端方式。

小端方式将数据的最低有效字节 LSB 存放在低地址单元中,即数据的地址就是 LSB 所在的地址。Intel 80x86、DEC VAX 等都采用小端方式。

有些微处理器,如 Alpha 和 Motorola 的 PowerPC,能够运行在任意一种模式中,只要在加电启动时选择确定采用大端还是小端方式即可。每个计算机系统内部的数据排列顺序都是一致的,但在系统之间进行通信时可能会发生问题。在排列顺序不同的系统之间进行数据通信时,需要进行顺序转换。网络应用程序员必须遵守字节顺序的有关规则,以确保发送方机器将它的内部表示格式转换为网络标准,而接收方机器则将网络标准转换为自己的内部表示格式。

此外,像音频、视频和图像等文件格式或处理程序也都涉及字节顺序问题。如 GIF、PC Paintbrush、Microsoft RTF 等采用小端方式,Adobe Photoshop、JPEG、MacPaint 等采用大端方式。

例 2.26 以下是一段 C 程序,其中函数 show_int 和 show_float 分别用于显示 int 型和 float 型数据的值,show_pointer 用于显示指向 int 型数据的指针的值。显示的结果都用十六进制形式表示。

```
1  void test_show_bytes(int val)
2  {
3      int ival=val;
4      float fval=(float) ival;
5      int * pval=&ival;
6      show_int(ival);
7      show_float(fval);
8      show_pointer(pval);
9  }
```

上述程序在不同系统(Linux 和 NT 运行于 Intel Pentium Ⅱ)上运行的结果见表 2.8。

表 2.8 程序在不同系统中的运行结果

系　　　统	值	类　　型	字节(十六进制)
Linux	12345	int	39 30 00 00
NT	12345	int	39 30 00 00
Sun	12345	int	00 00 30 39
Alpha	12345	int	39 30 00 00
Linux	12345.0	float	00 E4 40 46
NT	12345.0	float	00 E4 40 46
Sun	12345.0	float	46 40 E4 00
Alpha	12345.0	float	00 E4 40 46
Linux	&ival	int*	3C FA FF BF
NT	&ival	int*	1C FF 44 02
Sun	&ival	int*	EF FF FC E4
Alpha	&ival	int*	80 FC FF 1F 01 00 00 00

请回答下列问题。

(1) 十进制数 12345 用 32 位补码整数和 32 位浮点数表示的结果各是什么?

(2) 十进制数 12345 的整数表示和浮点数表示中存在一段相同位序列,标记出这段位序列,并说明为什么会相同。对一个负数来说,其整数表示和浮点数表示中是否也一定会出现一段相同的位序列? 为什么?

(3) Intel Pentium Ⅱ采用的是小端方式还是大端方式?

(4) Sun 和 Alpha 之间能否直接进行数据传送? 为什么?

(5) 在 Alpha 上,表中数据字节 30H 所存放的地址是什么?

解: (1) 十进制数 12345 用 32 位补码整数表示为 0000 0000 0000 0000 001**1 0000 0011 1001**,用 32 位浮点数表示为 0100 0110 0**100 0000 1110 01**00 0000 0000。用十六进制表示分别为 00 00 30 39H 和 46 40 E4 00H。

(2) 十进制数 12345 的整数表示和浮点数表示中相同位序列为 1 0000 0011 1001(见(1)中粗体部分)。因为对正数来说,原码和补码的编码相同,所以其整数(补码表示)和浮点数尾数(原码表示)的有效数位一样。12345 的有效数位是 11 0000 0011 1001。有效数位在定点整数中位于低位数值部分,在浮点数的尾数中位于高位部分。因为尾数中有一个隐含的 1,所以第一个有效数位 1 在浮点数中不表示出来,因此,相同的位序列就是后面的 13 位。

因为 IEEE 754 浮点数的尾数用原码表示,而整数用补码表示,负数的原码和补码表示不同,所以,对某一个负数来说,其整数表示和浮点数表示中不一定会有相同的一段位序列。

(3) Linux 和 NT(运行在 Intel Pentium Ⅱ)的存放方式与书写习惯顺序相反,故 Intel Pentium Ⅱ采用的是小端方式。

(4) Sun 和 Alpha 之间不能直接进行数据传送。因为它们采用了不同的存放方式,Sun 是大端方式,这里 Alpha 设置的是小端方式。

(5) 在 Alpha 上数据字节 30H 存放在地址 00 00 00 01 1F FF FC 81H 中。因为从 Alpha 输出的 int 型指针结果来看,Alpha 的主存地址占 64 位,30H 是 int 型数据 12345 的次低有效字节,小端方式下数据地址取 LSB 的地址,所以 30H 存放的地址应该是数据地址随后的那个地址。根据小端方式下存放结果和书写习惯顺序相反的规律,可知数据 12345 的地址是 00 00 00 01 1F FF FC 80H,所以,随后的地址就是 00 00 00 01 1F FF FC 81H。

2.6 本 章 小 结

程序被转换为机器代码后,数据总是由指令来处理,对指令来说数据就是一串 0/1 序列。根据指令的类型,对应的 0/1 序列可能是一个无符号整数,或是带符号整数,或是浮点数,或是一个位串(即非数值数据,如逻辑值或 ASCII 码或汉字内码等)。无符号数是正整数,用来表示地址等;带符号整数用补码表示;浮点数表示实数,大多用 IEEE 754 标准表示。

数据的宽度通常以字节(byte)为基本单位表示,数据长度单位(如 MB、GB、TB 等)在表示容量和带宽等不同对象时所代表的大小不同。数据的排列有大端和小端两种排列方式。大端方式以 MSB 所在地址为变量的地址,即给定的变量地址处存放的是数据最高有效字节;小端方式以 LSB 所在地址为变量的地址,即给定地址处存放的是最低有效字节。

习　　题

1. 给出以下概念的解释说明。

真值	机器数	数值数据	非数值数据	无符号整数	带符号整数
定点数	原码	反码	补码	变形补码	浮点数
尾数	阶码	移码	溢出	下溢	上溢
规格化数	左规	右规	非规格化数	机器零	非数(NaN)
逻辑数	ASCII 码	汉字输入码	汉字内码	机器字长	大端方式
小端方式	最高有效字节	最低有效字节			

2. 简单回答下列问题。

(1) 为什么计算机内部采用二进制表示信息？既然计算机内部所有信息都用二进制表示，为什么还要学习十六进制表示？

(2) 常用的定点数编码方式有哪几种？通常它们各自用来表示什么信息？

(3) 为什么现代计算机中大多用补码表示带符号整数？

(4) 在浮点数的基数和总位数一定的情况下，浮点数的表示范围和精度分别由什么决定？两者如何相互制约？

(5) 为什么要对浮点数进行规格化？有哪两种规格化操作？

(6) 为什么计算机处理汉字时会涉及不同的编码(如输入码、内码、字模码)？说明这些编码中哪些用二进制编码，哪些不用二进制编码。为什么？

3. 实现下列各数的转换。

(1) $(25.8125)_{10} = (?)_2 = (?)_8 = (?)_{16}$

(2) $(101101.011)_2 = (?)_{10} = (?)_8 = (?)_{16}$

(3) $(4E.C)_{16} = (?)_{10} = (?)_2$

4. 假定机器数为 8 位(1 位符号，7 位数值)，写出下列各二进制小数的原码表示。

$+0.1001, -0.1001, +1.0, -1.0, +0.010100, -0.010100, +0.0, -0.0$

5. 假定机器数为 8 位(1 位符号，7 位数值)，写出下列各二进制整数的补码和移码(偏置常数为 128)表示。

$+1001, -1001, +1, -1, +10100, -10100, +0, -0$

6. 已知 $[x]_补$，求 x。

(1) $[x]_补 = 1.1100111$ (2) $[x]_补 = 10000000$

(3) $[x]_补 = 0.1010010$ (4) $[x]_补 = 11010011$

7. 假定一台 32 位字长的机器中带符号整数用补码表示，浮点数用 IEEE 754 标准表示，寄存器 R1 和 R2 的内容分别为 R1：0000 108BH，R2：8080 108BH。不同指令对寄存器内容进行不同的操作，因而，不同指令执行时寄存器内容对应的真值不同。假定执行下列运算指令时，操作数为寄存器 R1 和 R2 的内容，则 R1 和 R2 中操作数的真值分别为多少？

(1) 无符号整数加法指令。

(2) 带符号整数乘法指令。

(3) 单精度浮点数减法指令。

8. 假定机器 M 的字长为 32 位，用补码表示带符号整数。下表第一列给出了在机器 M 上执行的 C 语言程序中的关系表达式，请参照已有的表栏内容完成表中后三栏内容的填写。

50

关系表达式	运算类型	结果	说　明
0==0U −1<0 −1<0U 2147483647>−2147483647−1 2147483647U>−2147483647−1 2147483647>(int)2147483648U −1>−2 (unsigned)−1>−2	无符号整数 带符号整数	0 1	11…1B $(2^{32}−1)$>00…0B(0) 011…1B $(2^{31}−1)$>100…0B $(−2^{31})$

注:表中第 4 和第 5 行的−2147483647−1 没有写成−2147483648,因为编译器处理一个形如−x 的表达式时,通常会先读取表达式 x,然后对 x 取负。当 x=2147483648 时,因为用 32 位补码无法表示 x,所以,写成−2147483648 时可能会发生意想不到的结果。

9. 以下是一个 C 语言程序,用来计算一个数组 a 中每个元素的和。当参数 len 为 0 时,返回值应该是 0,但是在机器上执行时,却发生了存储器访问异常。请问这是什么原因造成的,并说明程序应该如何修改。

```
1  float sum_elements(float a[],unsigned len)
2  {
3      int i;
4      float result=0;
5
6      for (i=0; i<=len-1; i++)
7          result+=a[i];
8
9      return result;
10 }
```

10. 设某浮点数格式为

数符	阶码	尾数
1位	5位移码	6位补码数值部分

其中,移码的偏置常数为 16,补码采用一位符号位,基数为 4。

(1) 用这种格式表示下列十进制数:+1.75,+19,−1/8。

(2) 写出该格式浮点数的表示范围,并与 12 位定点补码整数和定点补码小数表示范围比较。

11. 下列几种情况所能表示的数的范围是什么?

(1) 16 位无符号整数。

(2) 16 位原码定点小数。

(3) 16 位补码定点小数。

(4) 16 位补码定点整数。

(5) 下述格式的浮点数(基数为 2,移码的偏置常数为 128):

数符	阶码	尾数
1位	8位移码	7位原码数值部分

12. 以 IEEE 754 单精度浮点数格式表示下列十进制数。

+1.75,+19,−1/8,258

13. 设一个变量的值为 4098,要求分别用 32 位补码整数和 IEEE 754 单精度浮点格式表示该变量(结果用十六进制表示),并说明哪段二进制序列在两种表示中完全相同,为什么会相同?

14. 设一个变量的值为 $-2\,147\,483\,647$，要求分别用 32 位补码整数和 IEEE 754 单精度浮点格式表示该变量(结果用十六进制表示)，并说明哪种表示其值完全精确，哪种表示的是近似值。

15. 下表给出了有关 IEEE 754 浮点格式表示中一些重要的非负数的取值，表中已经有最大规格化数的相应内容，要求填入其他浮点数格式的相应内容。

项　　目	阶码	尾数	单　精　度		双　精　度	
			以 2 的幂次表示的值	以 10 的幂次表示的值	以 2 的幂次表示的值	以 10 的幂次表示的值
0						
1						
最大规格化数	11111110	1…11	$(2-2^{-23})\times 2^{127}$	3.4×10^{38}	$(2-2^{-52})\times 2^{1023}$	1.8×10^{308}
最小规格化数						
最大非规格化数						
最小非规格化数						
$+\infty$						
NaN						

16. 已知下列字符编码：$A=100\,0001$，$a=110\,0001$，$0=011\,0000$，求 E、e、f、7、G、Z、5 的 7 位 ASCII 码和第一位前加入奇校验位后的 8 位编码。

17. 假定在一个程序中定义了变量 x、y 和 i，其中，x 和 y 是 float 型变量(用 IEEE 754 单精度浮点数表示)，i 是 16 位 short 型变量(用补码表示)。程序执行到某一时刻，$x=-0.125$、$y=7.5$、$i=100$，它们都被写到了主存(按字节编址)，其地址分别是 100、108 和 112。请分别画出在大端机器和小端机器上变量 x、y 和 i 在内存的存放位置。

第 3 章

运算方法和运算部件

计算机完成的功能通过执行程序来实现,任何程序最终都要转换为机器指令。指令中包含的各种算术逻辑运算能直接在硬件上执行,执行这些运算的硬件称为运算部件。

本章首先分析高级语言和机器指令中涉及的各类运算,然后介绍这些运算用到的核心部件——算术逻辑单元(ALU)的组成与工作原理,在此基础上,对这些运算在计算机内部的实现算法和过程进行详细说明,最后介绍实现这些运算的运算部件。

3.1　高级语言和机器指令中的运算

计算机硬件的设计目标来源于软件需求,高级语言中用到的各种运算,通过编译成底层的算术运算指令和逻辑运算指令实现,这些底层运算指令能在机器硬件上直接被执行。因此,在介绍运算部件的设计之前,有必要先了解一下高级语言程序和机器指令所涉及的一些运算。所有高级语言的运算功能大同小异,一种语言能代表高级语言的总体情况,因此,本书以 C 语言中的运算为例进行说明。同样,指令中涉及的运算也可用某个特定的指令系统来说明,本书主要介绍 MIPS 指令系统中的运算。

3.1.1　C 语言程序中涉及的运算

加、减、乘、除等算术运算是高级语言中必须提供的基本运算。C 语言中除算术运算外,还有以下几类基本运算:按位、逻辑、移位、位扩展和位截断等运算。

1. 按位运算

C 语言中的按位运算包括按位或运算(|)、按位与运算(&)、按位取反运算(~)、按位异或运算(^)等。按位运算的一个重要运用就是实现掩码(masking)操作,通过与给定的一个位模式进行按位与,可以提取所需要的位,然后可以对这些位进行"置1""清0""1 测试"或"0 测试"等。这里位模式被称为掩码。例如,表达式 0x0F&0x8C 的运算结果为 00001100,即 0x0C。这里通过掩码 0x0F 提取了 0x8C 的低 4 位。

2. 逻辑运算

C 语言中的逻辑运算包括或运算(||)、与运算(&&)、非运算(!)。这些逻辑运算很容易和按位运算混淆,事实上它们的功能完全不同。逻辑运算是非数值计算,其操作数只有两个逻辑值:True 和 False。通常用非 0 表示 True,全 0 表示 False。

3. 移位运算

C 语言中提供了一组移位运算,有逻辑移位和算术移位两种。

逻辑移位不考虑符号位,总是把高(低)位移出,低(高)位补 0。对于无符号整数应采用逻辑移位,逻辑左移时,若最高位移出的是 1,则发生溢出。

因为带符号整数都用补码表示,所以其移位操作应采用算术移位方式。左移时,高位移出,低位补 0,如果移出的高位不同于移位后的符号位,即左移前、后符号位不同,则发生溢出;右移时,低位移出,高位补符号。

虽然 C 语言没有明确规定应该采用逻辑移位还是算术移位。但是,实际上许多机器和编译器都对无符号整数采用逻辑移位方式,而对带符号整数采用算术移位方式。表达式 x<<k 表示对数 x 左移 k 位。事实上,对于左移来说,逻辑移位和算术移位的结果都一样,都是丢弃 k 个最高位,并在低位补 k 个 0。表达式 x>>k 表示对数 x 右移 k 位。

每左移一位,相当于数值扩大一倍,所以左移可能会发生溢出,左移 k 位,相当于数值乘以 2^k;每右移一位,相当于数值缩小一半,右移 k 位,相当于数值除以 2^k。

4. 位扩展和位截断运算

C 语言中没有明确的位扩展运算符,但是在进行数据类型转换时,如果遇到一个短数向长数转换,就要进行位扩展运算了。进行位扩展时,扩展后的数值应保持不变。有两种位扩展方式:0 扩展和符号扩展。0 扩展用于无符号数,只要在短的无符号数前面添加足够的 0 即可。符号扩展用于补码表示的带符号整数。通过在短的带符号整数前添加足够多的符号位来扩展。

考虑以下 C 语言程序代码:

```
1  short si=-32768;
2  unsigned short usi=si;
3  int i=si;
4  unsigned ui=usi;
```

执行上述程序段,并在 32 位大端方式机器上输出变量 si、usi、i、ui 的十进制和十六进制值,可得到各变量的输出结果为:

```
si=-32768    80 00
usi=32768    80 00
i=-32768     FF FF 80 00
ui=32768     00 00 80 00
```

由此可见,-32768 的补码表示和 32768 的无符号整数表示具有相同的 16 位 0/1 序列,分别将它们扩展为 32 位后,得到的 32 位位序列的高位不同。因为前者是符号扩展,高 16 位补符号 1,后者是 0 扩展,高 16 位补 0。

位截断发生在将长数转换为短数时,例如,对于下列代码:

```
1  int i=32768;
2  short si=(short)i;
3  int j=si;
```

在一台 32 位大端方式机器上执行上述代码段时,第 2 行要求强行将一个 32 位带符号整数截断为 16 位带符号整数，32768 的 32 位补码表示为 00 00 80 00H，截断为 16 位后变成 80 00H，它是 -32768 的 16 位补码表示。再将该 16 位带符号整数扩展为 32 位时，就变成了 FF FF 80 00H，它是 -32768 的 32 位补码表示，因此 j 为 -32768。也就是说，原来的 i（值为 32768）经过截断、再扩展后，其值变成了 -32768，不等于原来的值了。

从上述例子可以看出，截断一个数可能会因为溢出而改变它的值。因为长数的表示范围远远大于短数的表示范围，所以当一个长数足够大到短数无法表示的程度，则截断时就会发生溢出。上述例子中的 32768 大于 16 位补码能表示的最大数 32767，所以就发生了截断错误。这里所说的截断溢出和截断错误只会导致程序出现意外的计算结果，并不导致任何异常或错误报告，因此，错误的隐蔽性很强，需要引起注意。

3.1.2 MIPS 指令中涉及的运算

高级语言中的所有运算通过运算指令实现，一个指令系统中涉及运算的指令有很多，表 3.1 列出了 MIPS 指令系统中大部分涉及运算的指令。

表 3.1 MIPS 指令系统中涉及运算的部分指令

指令类型	指令名称	汇编形式举例	含 义	所 需 运 算
逻辑运算	and	and $1,$2,$3	$1=$2 & $3	按位与
	or	or $1,$2,$3	$1=$2|$3	按位或
	nor	nor $1,$2,$3	$1=\sim($2|$3)	按位或非
	and immediate	andi $1,$2,100	$1=$2&100	按位与
	or immediate	ori $1,$2,100	$1=$2|100	按位或
	shift left logical	sll $1,$2,10	$1=$2<<10	逻辑左移
	shift right logical	srl $1,$2,10	$1=$2>>10	逻辑右移
定点算术运算*	shift right arithmetic	sra $1,$2,10	$1=$2>>10	算术右移
	add	add $1,$2,$3	$1=$2+$3	整数加(判溢出)
	subtract	sub $1,$2,$3	$1=$2-$3	整数减(判溢出)
	add immediate	addi $1,$2,100	$1=$2+100	符号扩展、整数加(判溢出)
	sub immediate	subi $1,$2,100	$1=$2-100	符号扩展、整数减(判溢出)
	add unsigned	addu $1,$2,$3	$1=$2+$3	整数加(不判溢出)
	subtract unsigned	subu $1,$2,$3	$1=$2-$3	整数减(不判溢出)
	add immediate unsigned	addiu $1,$2,100	$1=$2+100	0 扩展、整数加(不判溢出)
	multiply	mult $2,$3	Hi, Lo= $2×$3	带符号整数乘
	multiply unsigned	multu $2,$3	Hi, Lo= $2×$3	无符号整数乘
	divide	div $2,$3	Lo= $2÷$3 Hi= $2 mod $3	带符号整数除 Lo=商, Hi=余数
	divide unsigned	divu $2,$3	Lo= $2÷$3 Hi= $2 mod $3	无符号整数除 Lo=商, Hi=余数
定点数据传送	load word	lw $1,100($2)	$1=mem[$2+100]	符号扩展并整数加
	store word	sw $1,100($2)	mem[$2+100]=$1	符号扩展并整数加
	load half unsigned	lhu $1,100($2)	$1=mem[$2+100]	符号扩展并整数加,0 扩展
	store half	sh $1,100($2)	mem[$2+100]=$1	符号扩展并整数加,符号扩展
	load byte unsigned	lbu $1,100($2)	$1=mem[$2+100]	符号扩展并整数加,0 扩展
	store byte	sb $1,100($2)	mem[$2+100]=$1	符号扩展并整数加,符号扩展
	load upper immediate	lui $1,100	$1=100×2^{16}	逻辑左移 16 位

指令类型	指 令 名 称	汇编形式举例	含 义	所 需 运 算
浮点算术运算	FP add single	add.s $f2, $f4, $f6	$f2 = $f4 + $f6	单精度浮点加
	FP subtract single	sub.s $f2, $f4, $f6	$f2 = $f4 - $f6	单精度浮点减
	FP multiply single	mul.s $f2, $f4, $f6	$f2 = $f4 × $f6	单精度浮点乘
	FP divide single	div.s $f2, $f4, $f6	$f2 = $f4 ÷ $f6	单精度浮点除
	FP add double	add.d $f2, $f4, $f6	$f2 = $f4 + $f6	双精度浮点加
	FP subtract double	sub.d $f2, $f4, $f6	$f2 = $f4 - $f6	双精度浮点减
	FP multiply double	mul.d $f2, $f4, $f6	$f2 = $f4 × $f6	双精度浮点乘
	FP divide double	div.d $f2, $f4, $f6	$f2 = $f4 ÷ $f6	双精度浮点除
浮点数据传送	load word corp.1	lwcl $f1,100($2)	$f1 = mem[$2+100]	符号扩展并整数加
	store word corp.1	swcl $f1,100($2)	mem[$2+100] = $f1	符号扩展并整数加

注 * ：add 和 addu 指令的执行结果相同，只是 add 指令需要检测是否发生溢出，而 addu 指令无须判断溢出。addi 和 addiu 除了在溢出判断上有差别外，立即数的扩展也有差别，addi 中的立即数被看成带符号整数，采用符号扩展，而 addiu 中的立即数被看成无符号整数，采用 0 扩展。减法的情况与加法一样，而乘、除法指令都不判断溢出（通过新增的伪指令来实现溢出判断）。

从表 3.1 可以看出，MIPS 指令系统涉及的运算有按位逻辑运算、逻辑移位、算术移位、带符号整数的加减乘除、无符号整数加减乘除、带符号整数的符号扩展、无符号数的 0 扩展、单精度浮点数加减乘除、双精度浮点数加减乘除等。MIPS 指令中没有专门的算术左移指令。因为对于左移来说，逻辑移位和算术移位的结果都一样，都是丢弃 k 个最高位，并在低位补 k 个 0，所以，带符号整数和无符号整数的左移都可用逻辑左移指令实现。很明显，利用 MIPS 提供的这些运算指令完全能够实现 C 语言所需的各种运算要求。

3.2 基本运算部件

一般情况下，用一个专门的算术逻辑部件（arithmetic and logic unit，ALU）来完成基本逻辑运算和定点数加减运算，各类定点乘除运算和浮点数运算则可利用加法器或 ALU 和移位器来实现，因此基本的运算部件是加法器、ALU 和移位器，而 ALU 的核心部件是加法器。

3.2.1 全加器和加法器

全加器用来实现两个本位数加上低位进位生成一位本位和以及一位向高位的进位。第 i 位的加法运算是指第 i 位的加数 X_i、Y_i 和低位来的进位 C_{i-1} 三者相加，得到本位和 F_i 和第 i 位的进位输出 C_i。

F_i 和 C_i 的逻辑表达式如下：

$$\left. \begin{array}{l} F_i = X_i \oplus Y_i \oplus C_{i-1} \\ C_i = X_i C_{i-1} + Y_i C_{i-1} + X_i Y_i \end{array} \right\} \tag{3-1}$$

式中，F_i、C_i 被分别称为"全加和"和"全加进位"。图 3.1 和图 3.2 分别是"全加和"和"全加进位"生成电路。从图 3.2 可看出，进位 C_{i-1} 到 C_i 的延迟是两级门。

图 3.1 全加和 F_i 的生成

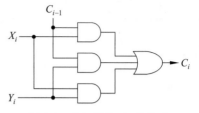

图 3.2 全加进位 C_i 的生成

图 3.3 是全加器的符号表示。将 n 个全加器相连可得 n 位加法器,如图 3.4 所示的加法器实现了两个 n 位二进制数 $X=X_n X_{n-1} \cdots X_1$ 和 $Y=Y_n Y_{n-1} \cdots Y_1$ 逐位相加的功能,得到的二进制和为 $F=F_n F_{n-1} \cdots F_1$,进位输出为 C_n。例如,当 $X=11\cdots11$,$Y=00\cdots01$ 时,最后的输出为 $F=00\cdots00$ 且 $C_n=1$。由于只有有限位数,高位自动丢失,所以实际上是在模 2^n 运算系统下的加法运算,可以实现 n 位无符号整数加法和 n 位补码加法。

对于图 3.4 所示的 n 位加法器,X 与 Y 逐位相加,位间进位串行传送,因此称为串行进位方式。众所周知,一块小石头扔进平静的水中,泛起的波纹会向外一圈一圈逐步扩散,串行进位加法器中最低进位 C_0 就像一块小石头,它把进位逐步从低位扩展到最高位,所以,这种串行进位加法器也被称为行波进位加法器(carry ripple adder,CRA)。

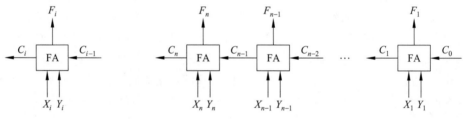

图 3.3 全加器符号   图 3.4 n 位串行进位加法器

这种结构所用元件较少,但进位传递时间较长。从图 3.2 可以看出,全加器内从进位输入到进位输出,共经过 2 级门延迟,所以,n 位串行加法器从 C_0 到 C_n 的延迟时间为 $2n$ 级门延迟。假定一个异或门为 3 级门延迟,则最后一位和数 F_n 的延迟时间为 $2n+1$ 级门延迟。加法运算时间随两个加数位数 n 的增加而增加。当 n 较大时,串行进位的加法器速度将显著变慢。

前面说过,几乎所有的算术运算都要用到 ALU 或加法器,ALU 的核心还是加法器,因此要提高运算速度,加法器的速度非常关键。由于串行进位加法器速度慢的主要原因是进位按串行方式传递,高位进位依赖低位进位。为了提高加法器的速度,必须尽量避免进位之间的依赖关系。

3.2.2 并行进位加法器

由全加器公式(3-1)可知,对于一个 4 位加法器,其进位 C_1、C_2、C_3 和 C_4 的产生条件为
$$C_1 = X_1 Y_1 + (X_1 + Y_1) C_0$$
$$C_2 = X_2 Y_2 + (X_2 + Y_2) C_1$$
$$= X_2 Y_2 + (X_2 + Y_2) X_1 Y_1 + (X_2 + Y_2)(X_1 + Y_1) C_0$$

$$C_3 = X_3 Y_3 + (X_3 + Y_3) C_2$$
$$= X_3 Y_3 + (X_3 + Y_3)[X_2 Y_2 + (X_2 + Y_2)X_1 Y_1 + (X_2 + Y_2)(X_1 + Y_1)C_0]$$
$$= X_3 Y_3 + (X_3 + Y_3)X_2 Y_2 + (X_3 + Y_3)(X_2 + Y_2)X_1 Y_1 +$$
$$(X_3 + Y_3)(X_2 + Y_2)(X_1 + Y_1)C_0$$

$$C_4 = X_4 Y_4 + (X_4 + Y_4) C_3$$
$$= X_4 Y_4 + (X_4 + Y_4)[X_3 Y_3 + (X_3 + Y_3)X_2 Y_2 + (X_3 + Y_3)(X_2 + Y_2)X_1 Y_1 +$$
$$(X_3 + Y_3)(X_2 + Y_2)(X_1 + Y_1)C_0]$$
$$= X_4 Y_4 + (X_4 + Y_4)X_3 Y_3 + (X_4 + Y_4)(X_3 + Y_3)X_2 Y_2 + (X_4 + Y_4)(X_3 + Y_3)$$
$$(X_2 + Y_2)X_1 Y_1 + (X_4 + Y_4)(X_3 + Y_3)(X_2 + Y_2)(X_1 + Y_1)C_0$$

从以上公式来看,每个进位表达式中都含有$(X_i + Y_i)$和$X_i Y_i$,所以,定义两个辅助函数如下:

$$\left. \begin{array}{l} P_i = X_i + Y_i \\ G_i = X_i Y_i \end{array} \right\} \tag{3-2}$$

P_i称为进位传递函数,其含义是:当X_i、Y_i中有一个为1时,若有低位进位输入,则一定被传递到高位。这个进位可看作低位进位越过本位直接向高位传递。G_i称为进位生成函数,其含义是:当X_i、Y_i均为1时,不管有无低位进位输入,本位一定向高位产生进位输出。

将P_i、G_i代入前面$C_1 \sim C_4$式中,可得:

$$\left. \begin{array}{l} C_1 = G_1 + P_1 C_0 \\ C_2 = G_2 + P_2 G_1 + P_2 P_1 C_0 \\ C_3 = G_3 + P_3 G_2 + P_3 P_2 G_1 + P_3 P_2 P_1 C_0 \\ C_4 = G_4 + P_4 G_3 + P_4 P_3 G_2 + P_4 P_3 P_2 G_1 + P_4 P_3 P_2 P_1 C_0 \end{array} \right\} \tag{3-3}$$

从上述表达式可以看出,C_i仅与X_i、Y_i和C_0有关,相互间的进位没有依赖关系。只要$X_1 \sim X_4$、$Y_1 \sim Y_4$和C_0同时到达,就可几乎同时形成$C_1 \sim C_4$,并同时生成各位的和。

实现上述逻辑表达式(3-3)的电路称为先行进位部件(carry lookahead unit,CLU)。通过这种进位方式实现的加法器称为全先行进位加法器(carry lookahead adder,CLA)。因为各个进位是并行产生的,所以是一种并行进位加法器。图3.5为4位CLU和4位CLA示意图。

由图3.5可看出,从X_i、Y_i到产生P_i、G_i需要1级门延迟,从P_i、G_i、C_0到产生所有进位$C_1 \sim C_4$需要2级门延迟,产生全部和需要1+2+3=6级门延迟(假定一个异或门等于3级门延迟)。所以4位全先行进位加法器的关键路径长度为6级门延迟。

从式(3-3)可知,更多位数的CLA只会增加逻辑门的输入端个数,而不会增加门的级数,因此,如果用全先行进位方式构建更多位数加法器,从理论上讲,应该还是6级门延迟。但是由于CLA部件中连线数量和输入端个数的增多,使得实现电路中需要具有大驱动信号和大扇入门。因而,当位数较多时,全先行进位实现方式不太现实。例如,对于一个32位全先行进位加法器,其生成C_{32}的与门和或门有多达30多个输入端。

更多位数的加法器可通过将CLU或全先行进位加法器串接起来实现,例如,对于16位加法器,可以分成4位一组,组内为4位先行进位,组间串行进位。为了进一步提高加法器的运算速度,也可以进一步采用组内和组间都并行的进位方式。因为两级先行进位加法器组内和组间都采用先行进位方式,其延迟和加法器的位数没有关系,不会随着位数的增加而

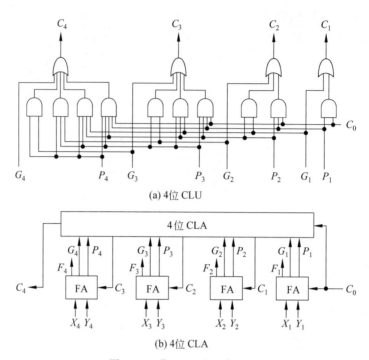

(a) 4位 CLU

(b) 4位 CLA

图 3.5　4 位 CLU 和 4 位 CLA

延长时间。所以,计算机内部大多采用两级或多级先行进位加法器。

3.2.3　带标志加法器

n 位无符号数加法器只能用于两个 n 位二进制数相加,不能进行无符号整数的减运算,也不能进行带符号整数的加/减运算。要能够进行无符号整数的加/减运算和带符号整数的加/减运算,还需要在无符号数加法器的基础上增加相应的逻辑门电路,使得加法器不仅能计算和/差,还要能够生成相应的标志信息。图 3.6 是带标志加法器实现电路示意图,其中图 3.6(a)中是符号表示,图 3.6(b)中给出用全加器构成的实现电路。

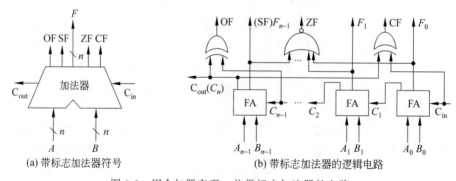

(a) 带标志加法器符号　　　　(b) 带标志加法器的逻辑电路

图 3.6　用全加器实现 n 位带标志加法器的电路

如图 3.6 所示,溢出标志的逻辑表达式为 $OF = C_n \oplus C_{n-1}$;符号标志就是和的符号,即 $SF = F_{n-1}$;零标志 $ZF = 1$,当且仅当 $F = 0$;进位/借位标志 $CF = C_{out} \oplus C_{in}$,即当 $C_{in} = 0$ 时, CF 为进位 C_{out},当 $C_{in} = 1$ 时,CF 为进位 C_{out} 取反。

需要说明的是,为了加快加法运算的速度,真正的电路一定使用多级先行进位方式,图 3.6(b)主要是为了说明如何从加法运算结果中获得标志信息,因而使用全加器简化了加法器电路。

3.2.4 算术逻辑部件

ALU 是一种能进行多种算术运算与逻辑运算的组合逻辑电路,其核心部件是带标志加法器,多采用先行进位方式。通常用图 3.7 所示的符号来表示。其中 A 和 B 是两个 n 位操作数输入端,C_{in} 是进位输入端,ALUop 是操作控制端,用来决定 ALU 所执行的处理功能。例如,ALUop 选择 add 运算,ALU 就执行加法运算,输出的结果就是 A 加 B 之和。ALUop 的位数决定了操作的种类,例如,当位数为 3 时,ALU 最多只有 8 种操作。

图 3.8 给出了能够完成 3 种运算"与""或"和"加法"的一位 ALU 结构图。其中,一位加法用一个全加器实现,在 ALUop 的控制下,由一个多路选择器(MUX)选择输出 3 种操作结果之一。这里有 3 种操作,所以 ALUop 至少要有两位。

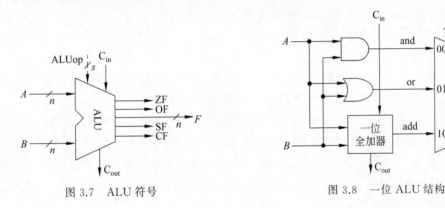

图 3.7　ALU 符号　　　　　　　图 3.8　一位 ALU 结构

ALU 中也可实现左(右)移一位和两位的操作,当然也可用一个移位寄存器实现移位。但这两种方式每次都只能固定移动一位或两位,有时移位指令要求一次移动若干位,对于这种一次左移或右移多位的操作,通常用一个在 ALU 之外的桶型移位器实现。桶形移位器不同于普通移位寄存器,它利用大量多路选择器来实现数据的快速移位,移位操作能够一次完成。在 ALU 外单独设置桶型移位器,还可简化 ALU 的控制逻辑,并实现移位和 ALU 运算的并行操作。

3.3　定点数运算

从 3.1 节介绍的有关高级语言和机器指令涉及的运算来看,定点运算主要包括按位逻辑运算、逻辑移位运算、无符号整数的位扩展和截断运算、无符号整数的加减乘除运算、带符号整数的算术移位运算、带符号整数的扩展和截断运算、带符号整数的加减乘除运算等。

按位逻辑运算可用逻辑门电路实现,无符号整数的逻辑移位运算可用专门的移位器实现,带符号整数的移位运算、无符号整数和带符号整数的位扩展运算和截断运算也可用简单电路较容易地实现。

因此,对于无符号整数和带符号整数的运算,主要是加、减、乘、除运算方法以及对应的运算部件。计算机内部带符号整数用补码表示,所以带符号整数的运算就是补码运算。

浮点数由一个定点小数和一个定点整数表示,大多数机器采用 IEEE 754 标准来表示浮点数,IEEE 754 标准用定点原码小数表示尾数,因而浮点数运算涉及原码定点小数的加、减、乘、除运算。

3.3.1 补码加减运算

若两个补码表示的 n 位定点整数为$[x]_补 = X_{n-1}X_{n-2}\cdots X_0$,$[y]_补 = Y_{n-1}Y_{n-2}\cdots Y_0$,则$[x+y]_补$和$[x-y]_补$的运算表达式如下:

$$\left.\begin{aligned}[x+y]_补 &= [x]_补 + [y]_补 \quad (\bmod\ 2^n)\\ [x-y]_补 &= [x]_补 + [-y]_补 \quad (\bmod\ 2^n)\end{aligned}\right\} \tag{3-4}$$

式(3-4)的正确性可以从补码的编码规则得到证明。从式(3-4)中可看出,在补码表示方式下,无论 x、y 是正数还是负数,加、减运算统一采用加法来处理,而且$[x]_补$和$[y]_补$的符号位(最高有效位)可以和数值位一起参与运算,加、减运算结果的符号位也在求和运算中直接得出,这样,可以直接用 3.2 节介绍的加法器实现$[x]_补 + [y]_补 (\bmod\ 2^n)$和$[x]_补 + [-y]_补$ $(\bmod\ 2^n)$。最终运算结果的高位丢弃,保留低 n 位,相当于对和数取模 2^n。因此,实现减法的主要工作在于求$[-y]_补$。

根据第 2 章介绍的补码运算的特点可知,一个数的负数的补码可以由其补码"各位取反,末位加 1"得到。即已知一个数的补码表示为 Y,则这个数负数的补码为 $\overline{Y}+1$,因此,只要在原加法器的 Y 输入端,加 n 个反向器以实现各位取反的功能,然后加一个 2 选 1 多路选择器,用一个控制端 Sub 来控制选择将原码 Y 输入到加法器还是将 $\overline{Y}$ 输入到加法器,并将控制端 Sub 同时作为低位进位送到加法器,如图 3.9 所示。该电路可实现补码加减运算。当控制端 Sub 为 1 时,做减法,实现 $X + \overline{Y} + 1 = [x]_补 + [-y]_补$;当控制端 Sub 为 0 时,做加法,实现 $X + Y = [x]_补 + [y]_补$。

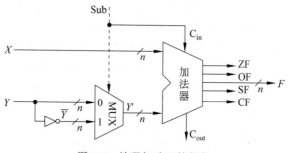

图 3.9 补码加减运算部件

图 3.9 所示电路可以实现整数加、减运算,其中的加法器就是图 3.6 所示的带标志加法器。因为无符号整数相当于正整数,而正整数的补码表示等于其二进制表示本身,所以,无符号整数的二进制表示相当于正整数的补码表示,因此,该电路同时也能实现无符号整数的加/减运算。对于带符号整数 x 和 y 来说,图中 X 和 Y 就是 x 和 y 的补码表示;对于无符号整数 x 和 y 来说,图中 X 和 Y 就是 x 和 y 的二进制表示。

可通过标志信息来区分带符号整数运算结果和无符号整数运算结果。

零标志 ZF=1 表示结果 F 为 0。不管作为无符号整数还是带符号整数来运算,ZF 都有意义。

符号标志 SF 表示结果的符号,即 F 的最高位。对于无符号数运算,SF 没有意义。

进/借位标志 CF 表示无符号数加/减运算时的进/借位。加法时,若 CF=1 则表示无符号数加法溢出;减法时,若 CF=1 则表示有借位,即不够减。因此,加法时 CF 就应等于进位输出 C_{out};减法时 CF 就应将进位输出 C_{out} 取反来作为借位标志。综合起来,可得 CF=$Sub \oplus C_{out}$。对于带符号整数运算,CF 没有意义。

溢出标志 OF=1 表示带符号整数运算时结果发生了溢出。对于无符号整数运算,OF 没有意义。

对于 n 位补码整数,它可表示的数值范围为 $-2^{n-1} \sim 2^{n-1}-1$。当运算结果超出该范围,则结果溢出。补码溢出判断方法有多种,先看两个例子。

例 3.1 用 4 位补码计算 $-7-6$ 和 $-3-5$ 的值。

解: $[-7]_{补}=1001$ $[-6]_{补}=1010$ $[-3]_{补}=1101$ $[-5]_{补}=1011$

$[-7-6]_{补}=[-7]_{补}+[-6]_{补}=1001+1010=0011(+3)$

$[-3-5]_{补}=[-3]_{补}+[-5]_{补}=1101+1011=1000(-8)$

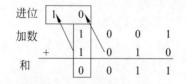 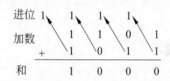

因为 4 位补码的可表示范围为 $-8 \sim +7$,而 $-7-6=-13<-8$,所以,结果 0011(+3) 一定发生了溢出,是一个错误的值。考查 $-7-6$ 的例子后,发现以下两种现象:

(1) 最高位和次高位的进位不同;

(2) 和的符号位和加数的符号位不同。

对于例子 $-3-5$,结果 1000(-8) 没有超出范围,因而没有发生溢出,是一个正确的值。此时,最高位的进位和次高位的进位都是 1,没有发生第(1)种现象,而且和的符号和加数的符号都是 1,因而也没有发生第(2)种现象。

通常根据上述两种现象是否发生来判断有无溢出。因此,有以下两种溢出判断逻辑表达式。

(1) 若符号位产生的进位 C_n 与最高数值位向符号位的进位 C_{n-1} 不同,则产生溢出,即

$$OF = C_{n-1} \oplus C_n$$

(2) 若两个加数的符号位 X_{n-1} 和 Y_{n-1} 相同,且与和的符号位 F_{n-1} 不同,则产生溢出,即

$$OF = X_{n-1}Y_{n-1}\overline{F_{n-1}} + \overline{X_{n-1}}\,\overline{Y_{n-1}}F_{n-1}$$

根据上述溢出判断逻辑表达式,可以很容易实现溢出判断电路。图 3.6(b)中 OF 的生成采用了上述第(1)种方法。

*3.3.2 原码加减运算

浮点数多采用 IEEE 754 标准,其尾数用原码表示,故在浮点数加减运算中涉及原码加减运算。原码加减运算规则如下。

(1) 比较两个操作数的符号,对加法实行"同号求和,异号求差",对减法实行"异号求

和,同号求差"。

(2)求和时,数值位相加,若最高位产生进位则结果溢出。和的符号位取被加数(或被减数)的符号。

(3)求差时,被加数(或被减数)数值位加上加数(或减数)数值位的补码。若最高数值位产生进位,则说明加法结果为正,所得数值位正确,差的符号位取被加数(被减数)的符号;若最高数值位没有产生进位,则说明加法结果为负,得到的是数值位的补码形式,需要对结果求补,还原为绝对值形式的数值位。

3.3.3　原码乘法运算

原码作为浮点数尾数的表示形式,需要计算机能实现定点原码小数的乘法运算。根据每次部分积是一位相乘得到还是两位相乘得到,可以有原码一位乘法和原码两位乘法,根据原码两位乘法的原理推广,可以有原码多位乘法。

1. 原码一位乘法

用原码实现乘法运算时,符号位与数值位分开计算,因此,原码乘法运算分为两步。

(1)确定乘积的符号位。由两个乘数的符号异或得到。

(2)计算乘积的数值位。乘积的数值部分为两个乘数的数值部分之积。

原码乘法算法描述如下:已知 $[x]_原=X_0.X_1\cdots X_n$,$[y]_原=Y_0.Y_1\cdots Y_n$,则 $[x\times y]_原=Z_0.Z_1\cdots Z_{2n}$,其中 $Z_0=X_0\oplus Y_0$,$Z_1\cdots Z_{2n}=(0.X_1\cdots X_n)\times(0.Y_1\cdots Y_n)$。

可以不管小数点,事实上在机器内部也没有小数点,只是约定了一个小数点的位置,小数点约定在最左边就是定点小数乘法,约定在右边就是定点整数乘法。因此,两个定点小数的数值部分之积可以看成是两个无符号数的乘积。

下面是一个手算乘法的例子,以此可以推导出两个无符号数相乘的计算过程。

$$
\begin{array}{r}
0.1011 \\
\times 0.1101 \\
\hline
1011 \quad\cdots\cdots X\times Y_4\times 2^{-4}\\
0000 \quad\cdots\cdots X\times Y_3\times 2^{-3}\\
1011 \quad\cdots\cdots X\times Y_2\times 2^{-2}\\
1011 \quad\cdots\cdots X\times Y_1\times 2^{-1}\\
\hline
0.10001111
\end{array}
$$

被乘数 $X=0.X_1X_2X_3X_4=0.1011$
乘数 $Y=0.Y_1Y_2Y_3Y_4=0.1101$

由此可知,$X\times Y=\sum_{i=1}^{4}(X\times Y_i\times 2^{-i})=0.10001111$。

从上述手算乘法过程可以看出,两个无符号数相乘具有以下几个特点。

(1)用乘数 Y 的每一位依次去乘以被乘数得 $X\times Y_i$,$i=4,3,2,1$。若 $Y_i=0$,则得 0;若 $Y_i=1$,则得 X。

(2)把(1)中求得的各项结果 $X\times Y_i$ 在空间上向左错位排列,即逐次左移,可以表示为 $X\times Y_i\times 2^{-i}$。

(3)对(2)中求得的结果求和,这就是两个无符号数的乘积。

计算机中两个无符号数相乘,类似于手算乘法。但为了提高效率,作了相应改进。主要的改进措施有以下几方面。

(1) 每将乘数 Y 的一位乘以被乘数得 $X \times Y_i$ 后,就将该结果与前面所得的结果累加,得到 P_i,称之为部分积。因为没有等到全部计算后一次求和,所以减少了保存每次相乘结果 $X \times Y_i$ 的开销。

(2) 在每次求得 $X \times Y_i$ 后,不是将它左移与前次部分积 P_i 相加,而是将部分积 P_i 右移一位与 $X \times Y_i$ 相加。

(3) 对乘数中为 1 的位执行加法和右移运算;对为 0 的位只执行右移运算,而不需执行加法运算。

因为每次进行加法运算时,只需要将 $X \times Y_i$ 与部分积中的高 n 位进行相加,低 n 位不会改变,因此,只需用 n 位加法器就可实现两个 n 位数的相乘。

上述思想可以写成如下数学推导过程:

$$X \times Y = X \times (0.Y_1 Y_2 \cdots Y_n)$$
$$= X \times Y_1 \times 2^{-1} + X \times Y_2 \times 2^{-2} + X \times Y_3 \times 2^{-3} + \cdots + X \times Y_n \times 2^{-n}$$
$$= \underbrace{2^{-1}(2^{-1}(2^{-1} \cdots 2^{-1}}_{n \text{个} 2^{-1}}(2^{-1}(0 + X \times Y_n) + X \times Y_{n-1}) + \cdots + X \times Y_2) + X \times Y_1)$$

上述推导过程具有明显的递归性质,其递推公式为

$$P_{i+1} = 2^{-1}(P_i + X \times Y_{n-i}) \quad (i = 0, 1, 2, 3, \cdots, n-1) \tag{3-5}$$

设 $P_0 = 0$,无符号数乘法过程可以归结为循环地计算下列算式的过程。

$$P_1 = 2^{-1}(P_0 + X \times Y_n)$$
$$P_2 = 2^{-1}(P_1 + X \times Y_{n-1})$$
$$\vdots$$
$$P_n = 2^{-1}(P_{n-1} + X \times Y_1)$$

上述推导过程中的 P_i 称为部分积,每一步迭代过程如下。

(1) 取乘数的最低位 Y_{n-i} 判断。

(2) 若 Y_{n-i} 为 1,则将上一步迭代部分积 P_i 与 X 相加;若 Y_{n-i} 为 0,则什么也不做。

(3) 右移一位,产生本次部分积 P_{i+1}。

部分积 P_i 和 X 进行无符号数相加,可能会产生进位,因而需要有一个专门的进位位 C。整个迭代过程从乘数最低位 Y_n 和 $P_0 = 0$ 开始,经过 n 次"判断—加法—右移"循环,直到求出 P_n 为止。P_n 就是最终的乘积。假定每次循环在一个时钟周期内完成,则 n 位乘法需要用 n 个时钟周期来完成。图 3.10 是实现两个 32 位无符号数乘法的逻辑结构图。

图 3.10 中被乘数寄存器 X 用于存放被乘数;乘积寄存器 P 开始时置初始部分积 $P_0 = 0$,结束时存放的是 64 位乘积的高 32 位;乘数寄存器 Y 开始时置乘数,结束时存放的是 64 位乘积的低 32 位;进位触发器 C 保存加法器的进位信号;计数器 C_n 存放循环次数,初值是 32,每循环一次,C_n 减 1,当 $C_n = 0$ 时,乘法运算结束;ALU 是乘法器核心部件,在控制逻辑的控制下,对乘积寄存器 P 和被乘数寄存器 X 的内容进行"加"运算,在"写使能"控制下运算结果被送回乘积寄存器 P,进位位存放在 C 中。

每次循环都要对进位位 C、乘积寄存器 P 和乘数寄存器 Y 实现同步"右移",此时,进位信号 C 移入寄存器 P 的最高位,寄存器 P 的最低位移出到寄存器 Y 的最高位,寄存器 Y 的最低位移出,0 移入进位位 C 中。从最低位 Y_n 开始,逐次把乘数的各个数位 Y_{n-i} 移到寄存器 Y

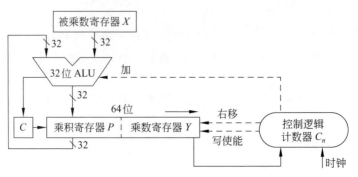

图 3.10　实现 32 位无符号数乘法运算的逻辑结构

的最低位上。因此,寄存器 Y 的最低位被送到控制逻辑以决定被乘数是否"加"到部分积上。

对于原码定点小数的乘法运算,只要根据上述无符号数的乘法运算得到乘积的数值部分,然后再加上符号位,就可以得到最终原码表示的乘积。需要补充说明一点,当被乘数或乘数中至少有一个为全 0 时,结果直接得 0,不需要再进行乘法运算。

例 3.2　已知 $[x]_原=0.1101$,$[y]_原=0.1011$,用原码一位乘法计算 $[x \times y]_原$。

解:先采用无符号数乘法计算 1101×1011 的乘积,原码一位乘法过程如下。

C	P	Y	说明
0	0000	1011	$P_0 = 0$
	$+1101$		$Y_4 = 1, +X$
0	1101		C, P 和 Y 同时右移一位
0	0110	1101	得 P_1
	$+1101$		$Y_3 = 1, +X$
1	0011		C, P 和 Y 同时右移一位
0	1001	1110	得 P_2
	$+0000$		$Y_2 = 0$, 不做加法 (加 0)
0	1001	1110	C, P 和 Y 同时右移一位
0	0100	1111	得 P_3
	$+1101$		$Y_1 = 1, +X$
1	0001		C, P 和 Y 同时右移一位
0	1000	1111	得 P_4

符号位为 $0 \oplus 0 = 0$,因此,$[x \times y]_原 = 0.10001111$。

2. 原码两位乘法

对于 n 位原码一位乘法来说,需要经过 n 次"判断—加法—右移"循环,运算速度较慢。如果对乘数的每两位取值情况进行判断,使每步求出对应于该两位的部分积,则可将乘法速度提高一倍。这种方法被称为原码两位乘法,只需在原码一位乘法的基础上增加少量的逻辑线路,就可实现原码两位乘法。

考查乘数每两位的组合以及对应的求部分积的操作情况,归纳如下:

$$若 Y_{i-1}Y_i = 00,则 P_{i+1} = 2^{-2}(P_i + 0)$$
$$若 Y_{i-1}Y_i = 01,则 P_{i+1} = 2^{-2}(P_i + X)$$
$$若 Y_{i-1}Y_i = 10,则 P_{i+1} = 2^{-2}(P_i + 2X)$$
$$若 Y_{i-1}Y_i = 11,则 P_{i+1} = 2^{-2}(P_i + 3X)$$

对于上述"+0"和"+X"的情况,与前面原码一位乘法一样计算即可;对于"+2X",可通过 X 左移 1 位来实现;对于"+3X",则以 $4X-X$ 代替 $3X$,在本次运算中只执行 $-X$,而 $+4X$ 则延迟到下一次执行。因此,这种情况下,部分积可以由下式得到: $P_{i+1}=2^{-2}(P_i+3X)=$ $2^{-2}(P_i-X+4X)=2^{-2}(P_i-X)+X$。"$-X$"用 $+[-X]_{补}$ 实现。因为下一次部分积已右移了两位,所以,上次未完成的"$+4X$"已变成"$+X$"。可用一个触发器 T 记录是否需要下次执行"$+X$",若是,则 $1 \rightarrow T$。因此,实际操作中用 Y_{i-1}、Y_i 和 T 三位来控制乘法操作。

3.3.4 补码乘法运算

补码作为机器中带符号整数的表示形式,需要计算机能实现定点补码整数的乘法运算。根据每次部分积是一位相乘得到还是两位相乘得到,有补码一位乘法和补码两位乘法。

1. 补码一位乘法

A.D.Booth 提出了一种补码相乘算法,可以将符号位与数值位合在一起参与运算,直接得出用补码表示的乘积,且正数和负数同等对待。这种算法被称为布斯(Booth)乘法。

因为补码用来表示带符号整数,机器字长都是字节的倍数,所以考查偶数位的补码定点整数的乘法运算。即假定 $[x]_{补}$ 和 $[y]_{补}$ 是两个偶数位补码定点整数,$[x \times y]_{补}$ 的布斯乘法递推公式推导如下。

设:$[x]_{补}=X_{n-1} \cdots X_1 X_0$,$[y]_{补}=Y_{n-1} \cdots Y_1 Y_0$,根据补码定义,可得到真值 y 的计算公式如下。

$$\begin{aligned} y &= -Y_{n-1}2^{n-1} + \sum_{i=0}^{n-2} Y_i 2^i \\ &= -Y_{n-1}2^{n-1} + Y_{n-2}2^{n-2} + \cdots + Y_1 2^1 + Y_0 2^0 \\ &= -Y_{n-1}2^{n-1} + Y_{n-2}2^{n-1} - Y_{n-2}2^{n-2} + \cdots + Y_1 2^2 - Y_1 2^1 + Y_0 2^1 - Y_0 2^0 \\ &= (Y_{n-2} - Y_{n-1})2^{n-1} + (Y_{n-3} - Y_{n-2})2^{n-2} + \cdots + (Y_0 - Y_1)2^1 + (0 - Y_0)2^0 \\ &= \sum_{i=0}^{n-1} (Y_{i-1} - Y_i)2^i \end{aligned}$$

这里假设 $Y_{-1}=0$。因此,

$$[x \times y]_{补} = \left[x \times \sum_{i=0}^{n-1} (Y_{i-1} - Y_i)2^i \right]_{补} \tag{3-6}$$

与推导无符号数乘法算法一样,可以不考虑小数点位置,只要最终的乘积约定好小数点位置就可以了。因此,式(3-6)的右边可以通过乘以 2^{-n} 来变换成以下形式:

$$\left[x \times \sum_{i=0}^{n-1} (Y_{i-1} - Y_i)2^{-(n-i)} \right]_{补} \tag{3-7}$$

将式(3-7)展开后,得到如下递推公式:

$$[P_{i+1}]_{补} = [2^{-1}(P_i + (Y_{i-1} - Y_i)x)]_{补} \quad (i=0,1,2,\cdots,n-1) \tag{3-8}$$

此公式中 P_i 为上次部分积,P_{i+1} 为本次部分积。令 $[P_0]_{补}=0$,则有:

$$\begin{aligned} [P_1]_{补} &= [2^{-1}(P_0 + (Y_{-1} - Y_0) \times x)]_{补} \\ &\vdots \\ [P_{n-1}]_{补} &= [2^{-1}(P_{n-2} + (Y_{n-3} - Y_{n-2}) \times x)]_{补} \\ [P_n]_{补} &= [2^{-1}(P_{n-1} + (Y_{n-2} - Y_{n-1}) \times x)]_{补} \end{aligned} \tag{3-9}$$

比较式(3-6)和式(3-9),可以得出结论:$[x \times y]_补 = 2^n[P_n]_补$,因此,只要将最终部分积$[P_n]_补$的小数点约定到最右边就行了。

由递推公式(3-8)可知,在求得$[P_i]_补$后,根据对乘数中连续两位$Y_i Y_{i-1}$的判断,就可求得$[P_{i+1}]_补$。

若$Y_i Y_{i-1} = 01$,则$[P_{i+1}]_补 = [2^{-1}(P_i + x)]_补$。

若$Y_i Y_{i-1} = 10$,则$[P_{i+1}]_补 = [2^{-1}(P_i - x)]_补$。

若$Y_i Y_{i-1} = 00$ 或 11,则$[P_{i+1}]_补 = [2^{-1}(P_i + 0)]_补$。

上述式子$[2^{-1}(P_i \pm x)]_补$可通过执行$[P_i]_补 + [\pm x]_补$后右移一位实现。此时,采用的是补码右移方式,即带符号整数的算术右移。

根据上述分析,归纳出补码乘法运算规则如下:

(1) 乘数最低位增加一位辅助位$Y_{-1} = 0$;

(2) 根据$Y_i Y_{i-1}$的值,决定是"$+[x]_补$""$-[x]_补$"还是"$+0$";

(3) 每次加减后,算术右移一位,得到部分积;

(4) 重复第(2)和第(3)步 n 次,结果得$[x \times y]_补$。

图 3.11 是实现 32 位补码一位乘法的逻辑结构图,和图 3.10 所示的无符号数乘法电路的逻辑结构很类似,只是部分控制逻辑不同。

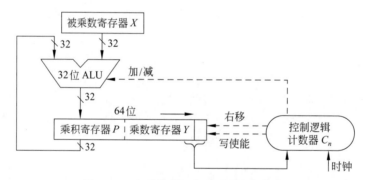

图 3.11　实现补码一位乘法的逻辑结构

例 3.3　已知 $[x]_补 = 1\,101$,$[y]_补 = 0\,110$,要求用布斯乘法计算$[x \times y]_补$。

解:$[-x]_补 = 0\,011$,布斯乘法过程如下。

P	Y	Y_{-1}	说　明
0000	0110	0	设$Y_{-1}=0$, $[P_0]_补=0$
0000	0011	0	$Y_0 Y_{-1}=00$, P、Y直接右移一位　得$[P_1]_补$
$+0011$			$Y_1 Y_0=10$, $+[-x]_补$
0011			P、Y同时右移一位
0001	1001	1	得$[P_2]_补$
0000	1100	1	$Y_2 Y_1=11$, P、Y直接右移一位　得$[P_3]_补$
$+1101$			$Y_3 Y_2=01$, $+[x]_补$
1101			P、Y同时右移一位
1110	1110	0	得$[P_4]_补$

因此,$[x \times y]_补 = 1110\,1110$。

验证：$x=-011B=-3$，$y=+110B=6$，$x\times y=-001\ 0010B=-18$，结果正确。

布斯乘法的算法过程为 n 次"判断－加减－右移"循环，从流程图可以看出，在布斯乘法中，遇到连续的 1 或连续的 0 时，可跳过加法运算直接进行右移操作，因此，布斯算法的运算效率较高。

2. 补码两位乘法

补码乘法也可以采用两位乘的方法，把乘数分成两位一组，根据两位代码的组合决定加或减被乘数的倍数，形成的部分积每次右移两位。补码两位乘的方法可以用布斯乘法过程来推导。

假设用布斯乘法已经求得部分积$[P_i]_{补}$，则部分积$[P_{i+1}]_{补}$和$[P_{i+2}]_{补}$可分别写为

$$[P_{i+1}]_{补}=2^{-1}([P_i]_{补}+(Y_{i-1}-Y_i)[x]_{补}) \tag{3-10}$$

$$[P_{i+2}]_{补}=2^{-1}([P_{i+1}]_{补}+(Y_i-Y_{i+1})[x]_{补}) \tag{3-11}$$

把式(3-10)代入式(3-11)中，可以得到：

$$\begin{aligned}[P_{i+2}]_{补}&=2^{-1}(2^{-1}([P_i]_{补}+(Y_{i-1}-Y_i)[x]_{补})+(Y_i-Y_{i+1})[x]_{补})\\&=2^{-2}([P_i]_{补}+(Y_{i-1}+Y_i-2Y_{i+1})[x]_{补})\end{aligned} \tag{3-12}$$

从式(3-12)可看出，由乘数中相邻 3 位 Y_{i+1}、Y_i、Y_{i-1} 的组合作为判断依据，可以跳过$[P_{i+1}]_{补}$的计算步骤，即从$[P_i]_{补}$直接求得$[P_{i+2}]_{补}$。补码两位乘法运算过程与布斯乘法相似，因此称为改进布斯算法(modified booth algorithm，MBA)，也称为基 4 布斯算法。因为字长总是 8 的倍数，所以补码的位数 n 应是偶数，因此，总循环次数为 $n/2$。该算法可将部分积数目压缩一半，从而提高运算速度。

*3.3.5　快速乘法器

乘法是数字信号处理中重要的基本运算。在图像、语音、加密等数字信号处理领域，乘法器扮演着重要的角色，并在很大程度上决定着系统性能。乘法器也是处理器中进行数据处理的关键部件，大约 1/3 是乘法运算。因此，有必要考虑实现高速乘法运算。前面介绍的原码两位乘法和补码两位乘法(MBA)，通过一次判断两位乘数来提高乘法速度。同理，可以采用一次判断更多位乘数的乘法，但是多位乘法运算的控制复杂度呈几何级数增长，实现难度很大。随着大规模集成电路技术的飞速发展，出现了采用硬件叠加或流水处理的快速乘法器件，如阵列乘法器就是其中之一。

图 3.12 是用手算进行两个 4 位无符号数相乘的示意图。在手算算式中，每个 X_iY_j($i=1\sim4$，$j=1\sim4$)都是由两个 1 位的二进制数相乘得到的。第一行为 X_iY_4($i=1\sim4$)；第二行为 X_iY_3($i=1\sim4$)；第三行为 X_iY_2($i=1\sim4$)；第四行为 X_iY_1($i=1\sim4$)。所以，每个 X_iY_j($i=1\sim4$，$j=1\sim4$)可以用一个"与"门实现。每行都向左错一位，最终将权相等的位的积相加，形成最终的乘积 $P=P_7P_6P_5P_4P_3P_2P_1P_0$。

在计算机内，用组合逻辑线路可以构成一个实现上述执行过程的乘法器。如图 3.13 所示，该乘法器为阵列结构形式，故称为阵列乘法器(array multiplier)。图中实现了 $X\times Y$，其中 $X=X_1X_2X_3X_4$，$Y=Y_1Y_2Y_3Y_4$。X 和 Y 是无符号数。一位乘积 X_iY_j 可以用一个两输入端的"与"门实现。每一次加法操作用一个全加器实现。2^i 和 2^j 的因子所蕴含的移位由全加器的空间错位来实现。与门和全加器的功能可用一个单元组合起来，称为一个细胞模块，在图中用一个方框来表示。

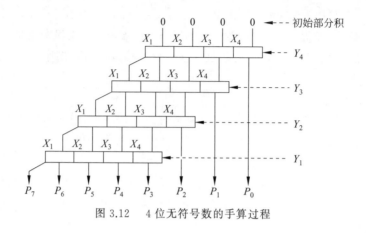

图 3.12　4 位无符号数的手算过程

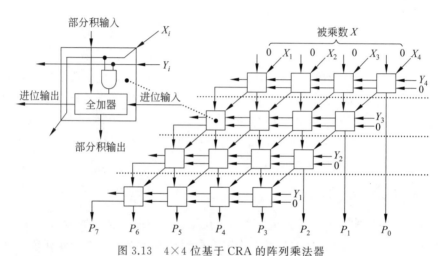

图 3.13　4×4 位基于 CRA 的阵列乘法器

阵列乘法器基于移位与求和算法,每一行中被乘数与乘数中的某一位相乘,产生一组部分积。即每一行由乘数的每一数位 $Y_j(j=1,2,3,4)$ 控制得到本级的部分积 $X_i 2^{(4-i)} \times Y_j(i=1,2,3,4)$。而每一斜列则由被乘数的每一数位 $X_i(i=1,2,3,4)$ 控制,即为 $X_i \times Y_j 2^{(4-j)}(j=1,2,3,4)$。如此求出全部部分积,最后对所有部分积求和得到乘积,整个电路的延迟取决于用于求和的加法阵列结构。

图 3.13 中采用的是基于行波进位加法器(carry ripple adder,CRA)的阵列乘法器,采用串行进位,每一级部分积的生成不仅依赖上一级的部分积,还依赖于上一级的最终进位,因而运算速度慢。为加快运算速度,加法阵列可改用基于进位保留加法器(carry save adder,CSA)方式的结构,如图 3.14 所示。CSA 将本级进位与本级和一样同时输出至下一级,而不是向前传递到本级的下一位,因而求和速度快,且向下级传递的速度与字长无关。

阵列乘法器结构规范,标准化程度高,有利于布局布线,适合用超大规模集成电路实现,且能获得较高的运算速度,其乘法速度仅取决于逻辑门和加法器的传输延迟。随着集成电路价格的不断下降,阵列乘法器在某些数字系统中也被大量使用,例如在数字信号处理系统中受到重视。

阵列乘法器至少要做 $O(N)$ 次加法,速度较慢。为了进一步提高速度,部分积求和电路

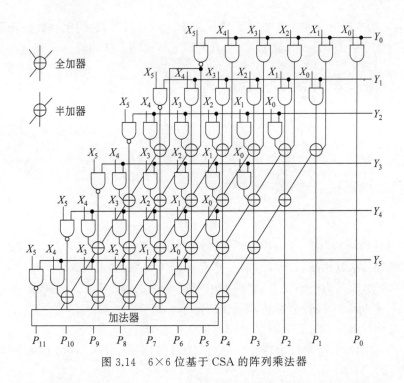

图 3.14　6×6 位基于 CSA 的阵列乘法器

可采用树形结构。树形结构可以减少求和级数,是提高乘法运算速度的一种方法。1961 年 C.S.Wallac 提出的华莱士树(Wallace tree,WT)结构是其中最著名的一种,它对 16 位以上的乘法运算尤其适用。WT 结构将全部部分积按列分组,每列对应一组加法器,各列同时相加,前一列进位传至后一列,生成新的部分积阵列;按同样的方法化简新的阵列,直至只剩两行部分积,最后用高速加法器求和得到最终乘积。WT 结构只需做 $O(\log N)$ 次加法,因而运算速度快。可将 MBA 和 WT 结合起来进一步加快乘法速度,MBA 用来减少部分积个数,而 WT 用来缩短部分积求和时间。

3.3.6　原码除法运算

在进行定点数除法运算前,首先要对被除数和除数的取值和大小进行相应的判断,以确定除数是否为 0、商是否为 0、是否溢出或为不确定的值 NaN。通常的判断操作如下。

(1) 若被除数为 0、除数不为 0,或者定点整数除法时|被除数|<|除数|,则说明商为 0,余数为被除数,不再继续执行。

(2) 若被除数不为 0、除数为 0,对于整数,则发生“除数为 0”异常;对于浮点数,则结果为无穷大。

(3) 若被除数和除数都为 0,对于整数,则发生除法错异常;对于浮点数,则有些机器产生一个不发信号的 NaN,即 quiet NaN。

只有当被除数和除数都不为 0,并且商也不可能溢出(如补码中最大负数除以 −1)时,才进一步进行除法运算。

原码作为浮点数尾数的表示形式,需要计算机能实现定点原码小数的除法运算。因此,本节接下来介绍原码除法运算。除法运算与乘法运算很相似,都是一种移位和加减运算的迭代过程,但比乘法运算更加复杂。下面以两个定点正数为例,说明手算除法步骤。

假定被除数 $X=10011101$,除数 $Y=1011$,以下是这两个数相除的手算过程:

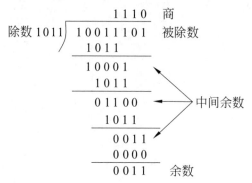

从上述过程和结果来看,手算除法的基本要点如下。

(1) 被除数与除数相减,若够减,则上商为1;若不够减,则上商为0。

(2) 每次得到的差为中间余数,将除数右移后与上次的中间余数比较。用中间余数减除数,若够减,则上商为1;若不够减,则上商为0。

(3) 重复执行第(2)步,直到求得的商的位数足够为止。

计算机内部的除法运算与手算算法一样,通过被除数(中间余数)减除数来得到每一位商。

原码除法运算与原码乘法运算一样,要将符号位和数值位分开来处理。商的符号为相除两数符号的"异或"值,商的数值为两数绝对值之商。因此,以下考虑定点正整数和定点正小数的除法运算。如图3.15所示是一个32位除法逻辑结构示意图。

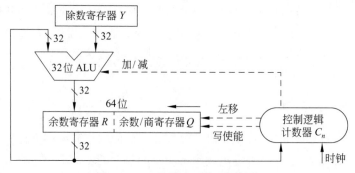

图 3.15   32 位除法运算逻辑结构

图 3.15 中除数寄存器 Y 存放除数;余数寄存器 R 开始时置被除数的高 32 位,作为初始中间余数 R_0 的高位部分,结束时存放的是余数;余数/商寄存器 Q 开始时置被除数的低 32 位,作为初始中间余数 R_0 的低位部分,结束时存放的是 32 位商,在运算过程中,Q 中存放的并不是商的全部位数,而是部分为被除数或中间余数,部分为商,只有到最后一步才是商的全部位数;计数器 C_n 存放循环次数,初值是 32,每循环一次,C_n 减 1,当 $C_n=0$ 时,除法运算结束;ALU 是除法器核心部件,在控制逻辑控制下,对于余数寄存器 R 和除数寄存器 Y 的内容进行"加/减"运算,在"写使能"控制下运算结果被送回寄存器 R。

每次循环都要对寄存器 R 和 Q 实现同步"左移",左移时,Q 的最高位移入 R 的最低位,Q 中空出的最低位上被上"商"。从低位开始,逐次把商的各个数位左移到 Q 中。每次由控制逻辑根据 ALU 运算结果的符号位来决定上商为 0 还是 1。

由图 3.15 可知,两个 32 位数相除,必须把被除数扩展成一个 64 位数。推而广之,n 位定点数的除法,实际上是用一个 $2n$ 位的数去除以一个 n 位的数,得到一个 n 位的商。因此需要进行被除数的扩展。

定点正整数和定点正小数的除法运算,都可以用图 3.15 所示的除法逻辑来实现。只是被除数扩展的方法不太一样,此外,导致溢出的情况也有所不同。

(1) 对于两个 n 位定点正整数相除的情况,即当两个 n 位无符号数相除时,只要将被除数 X 的高位添 n 个 0 即可。即 $X=X_{n-1}X_{n-2}\cdots X_0$ 变成 $X=0\cdots0\ X_{n-1}X_{n-2}\cdots X_0$。显然,对被除数预置时,$R$ 寄存器中为全 0,Q 寄存器中为被除数 X。这种方式通常称为单精度除法,其商的位数一定不会超过 n 位,因此不会发生溢出。

(2) 对于两个 n 位定点正小数相除的情况,即当两个作为浮点数尾数的 n 位原码小数相除时,只要在被除数 X 的低位添加 n 个 0 即可。即将 $X=0.X_{n-1}X_{n-2}\cdots X_0$ 变成 $X=0.X_{n-1}X_{n-2}\cdots X_0 0\cdots0$,显然,扩展为 $2n$ 位后,R 寄存器中为被除数 X,Q 寄存器中为全 0。

(3) 对于一个 $2n$ 位的数与一个 n 位的数相除的情况,则无须对被除数 X 进行扩展,这种情况下,商的位数可能多于 n 位,因此,有可能发生溢出。采用这种方式的机器,其除法指令给出的被除数在两个寄存器或一个双倍字长寄存器中,这种方式通常称为双精度除法。

综合上述几种情况,可把定点正整数和定点正小数归结在统一的假设下,并将其统称为无符号数的除法。因而,可以假定:除法运算时,被除数 X 为 $2n$ 位,除数 Y 和商 Q 都为 n 位。本书后续对无符号数除法和原码定点小数除法的算法描述也都基于这个假设。

参考手工除法过程,得到计算机中两个无符号数除法的运算步骤和算法要点如下。

(1) 操作数预置。在确认被除数和除数都不为 0 后,将被除数(必要时进行 0 扩展)置于余数寄存器 R 和余数/商寄存器 Q 中,除数置于除数寄存器 Y 中。

(2) 做减法试商。根据 $R-Y$ 的符号来判断两数大小。若为正,则上商 1;若为负,则上商 0。

(3) 上商为 0 时恢复余数。把减掉的除数再加回来,恢复原来的中间余数。

(4) 中间余数左移,以便继续试商。手算除法中,每次试商前,除数右移后,与中间余数进行比较。在计算机内部进行除法运算时,除数在除数寄存器中不动,因此,需要将中间余数左移,将左移结果与除数相减以进行比较。左移时中间余数和商一起左移,Q 的最低位空出,以备上商。

上述算法要点(3)中,采用了"上商为 0 时恢复余数"的方式,所以,把上述这种方法称为"恢复余数法"。也可以不这样做,而是在下一步运算时把当前多减的除数补回来。这种方法称为"不恢复余数法",又称"加减交替法"。根据余数恢复方式的不同,有"恢复余数除法"和"不恢复余数除法"两种。

1. 恢复余数除法

假定被除数 X 为 $2n$ 位,除数 Y 和商 Q 都为 n 位,X、Y 和 Q 分别表示为:$X=X_{2n-1}X_{2n-2}\cdots X_n X_{n-1}\cdots X_0,Y=Y_{n-1}Y_{n-2}\cdots Y_0,Q=Q_{n-1}Q_{n-2}\cdots Q_0$,则恢复余数除法的算法步骤如下。

第 1 步,$R_1=X-Y$,若 $R_1<0$,则上商 $Q_n=0$,同时恢复余数,即 $R_1=R_1+Y$;若 $R_1\geqslant$

0,则上商 $Q_n=1$。这里求得的商 Q_n 是商的第 n 位数值。显然,若 $Q_n=1$,则商将会有 $n+1$ 位数。这对于以下不同的情况,意味着不同的结果。

(1) 对于无符号整数除法来说,如果被除数为 $2n$ 位,则商有可能会超出 n 位无符号整数范围,所以,若 $Q_n=1$,则发生溢出。

(2) 对于原码定点小数除法来说,若 $Q_n=1$,则相除结果的数值从小数部分溢出到了整数部分,按道理两个定点小数相除,结果也应是定点小数,故应当作溢出处理。但浮点数尾数溢出时,可通过右规来消除,最终只要阶码不溢出,结果仍然正确。所以,这种情况下,保留最高位的商 $Q_n=1$,继续执行下去。

第 2 步,若已求得第 i 次的中间余数为 R_i,则第 $i+1$ 次的中间余数为 $R_{i+1}=2R_i-Y$。若 $R_{i+1}<0$,则上商 $Q_{n-i}=0$,同时恢复余数,即 $R_{i+1}=R_{i+1}+Y$;若 $R_{i+1}\geqslant0$,则上商 $Q_{n-i}=1$。

第 3 步,循环执行第 2 步 n 次,直到求出所有 n 位商 $Q_{n-1}\sim Q_0$ 为止。

最终商在 Q 寄存器中、余数在 R 寄存器中。

例 3.4 已知 $[x]_原=0.1011$,$[y]_原=1.1101$,用恢复余数法计算 $[x/y]_原$。

解:分符号位和数值位两部分进行。

商的符号位:$0\oplus1=1$。

商的数值位采用恢复余数法。减法操作用补码加法实现,是否够减通过中间余数的符号来判断,所以中间余数要加一位符号位。因此,需先计算出 $[|x|]_补=0.1011$,$[|y|]_补=0.1101$,$[-|y|]_补=1.0011$。

因为是原码定点小数,所以在低位扩展 0。虽然实际参加运算的是 $[|x|]_补$ 和 $[|y|]_补$,但为简单起见,以下说明中分别标识为 X 和 Y。

运算过程如下:

余数寄存器 R	余数/商寄存器 Q	说　明
01011	0000□	开始 $R_0=X$
+10011		$R_1=X-Y$
11110	00000	$R_1<0$,则 $Q_4=0$
+01101		恢复余数:$R_1=R_1+Y$
01011		得 R_1
10110	0000□	$2R_1$(R 和 Q 同时左移,空出一位商)
+10011		$R_2=2R_1-Y$
01001	00001	$R_2>0$,则 $Q_3=1$
10010	0001□	$2R_2$(R 和 Q 同时左移,空出一位商)
+10011		$R_3=2R_2-Y$
00101	00011	$R_3>0$,则 $Q_2=1$
01010	0011□	$2R_3$(R 和 Q 同时左移,空出一位商)
+10011		$R_4=2R_3-Y$
11101	00110	$R_4<0$,则 $Q_1=0$
+01101		恢复余数:$R_4=R_4+Y$
01010	00110	得 R_4
10100	0110□	$2R_4$(R 和 Q 同时左移,空出一位商)
+10011		$R_5=2R_4-Y$
00111	01101	$R_5>0$,则 $Q_0=1$

商的最高位为 0,说明没有溢出,商的数值部分为 1101。所以,$[x/y]_原 = 1.1101$ （最高位为符号位）,余数为 0.0111×2^{-4}。

2. 不恢复余数除法

在恢复余数除法运算中,当中间余数与除数相减结果为负时,要多做一次 $+Y$ 操作,因而降低了算法执行速度,又使控制线路变得复杂。在计算机中很少采用恢复余数除法,而普遍采用不恢复余数除法。其实现原理如下。

在恢复余数除法中,第 i 次余数为 $R_i = 2R_{i-1} - Y$。根据下次中间余数的计算方法,有以下两种不同情况:

(1) 若 $R_i \geqslant 0$,则上商 1,不需恢复余数,直接左移一位后试商,得下次余数 R_{i+1},即 $R_{i+1} = 2R_i - Y$;

(2) 若 $R_i < 0$,则上商 0,且需恢复余数后左移一位再试商,得下次余数 R_{i+1},即 $R_{i+1} = 2(R_i + Y) - Y = 2R_i + Y$。

当第 i 次中间余数为负时,可以跳过恢复余数这一步,直接求第 $i+1$ 次中间余数。这种算法称为不恢复余数法。从上述推导可以发现,不恢复余数法的算法要点就是 6 个字:"正、1、减,负、0、加"。其含义就是:若中间余数为正数,则上商为 1,下次做减法;若中间余数为负数,则上商为 0,下次做加法。这样运算中每次循环内的步骤都是规整的,差别仅在做加法还是减法,所以,这种方法也称为"加减交替法"。采用这种方法有一点要注意,即如果在最后一步上商为 0,则必须恢复余数,把试商时减掉的除数加回去。

例 3.5 已知 $[x]_原 = 0.1011,[y]_原 = 1.1101$,用不恢复余数法计算 $[x/y]_原$。

解:分符号位和数值位两部分进行。

商的符号位:$0 \oplus 1 = 1$。

商的数值位采用不恢复余数法。减法操作用补码加法实现,是否够减通过中间余数的符号来判断,所以中间余数要加一位符号位。先计算出 $X = [|x|]_补 = 0.1011, Y = [|y|]_补 = 0.1101, -Y = [-|y|]_补 = 1.0011$。

运算过程如下:

余数寄存器 R	余数/商寄存器 Q	说　明
01011	0000□	开始 $R_0 = X$
+10011		$R_1 = X - Y$
11110	00000	$R_1 < 0$, 则 $Q_4 = 0$, 没有溢出
11100	0000□	$2R_1$(R 和 Q 同时左移, 空出一位商)
+01101		$R_2 = 2R_1 + Y$
01001	00001	$R_2 > 0$, 则 $Q_3 = 1$
10010	0001□	$2R_2$(R 和 Q 同时左移, 空出一位商)
+10011		$R_3 = 2R_2 - Y$
00101	00011	$R_3 > 0$, 则 $Q_2 = 1$
01010	0011□	$2R_3$(R 和 Q 同时左移, 空出一位商)
+10011		$R_4 = 2R_3 - Y$
11101	00110	$R_4 < 0$, 则 $Q_1 = 0$
11010	0110□	$2R_4$(R 和 Q 同时左移, 空出一位商)
+01101		$R_5 = 2R_4 + Y$
00111	01101	$R_5 > 0$, 则 $Q_0 = 1$

商的最高位为 0,说明没有溢出,商的数值部分为 1101。所以,$[x/y]_原 = 1.1101$(最高位为符号位),余数为 0.0111×2^{-4}。

从上述几个除法例子以及有关恢复余数法和不恢复余数法的算法流程可以看出,要得到 n 位无符号数的商,需要循环 $n+1$ 次,其中第一次得到的不是真正的商,而是用来判断溢出的。为了节省运算时间,第一次可以不试商而直接左移,这样只要 n 次循环。因为对于两个 n 位定点整数除法来说,其商一定不会超过 n 位,所以不会发生溢出,因而 n 位定点整数除法第一次无须试商来判断溢出。

3.3.7 补码除法运算

补码作为带符号整数的表示形式,需要计算机能实现定点补码整数的除法运算。与补码加减运算、补码乘法运算一样,补码除法也可以将符号位和数值位合在一起进行运算,而且商符直接在除法运算中产生。对于两个 n 位补码除法,被除数需要进行符号扩展。若被除数为 $2n$ 位,除数为 n 位,则被除数无须扩展。

同样,首先要对被除数和除数的取值、大小等进行相应的判断,以确定除数是否为 0,商是否为 0、是否溢出等。

因为补码除法中被除数、中间余数和除数都是有符号的,所以,不像无符号除法和原码除法那样可以直接用做减法来判断是否够减,而应该根据被除数(中间余数)与除数之间符号的异同或差值的正负来确定下次做减法还是加法,再根据加或减运算的结果来判断是否够减。表 3.2 给出了判断是否够减的规则。

表 3.2 补码除法根据符号判断是否够减的规则

中间余数 R	除数 Y	新中间余数: $R-Y$		新中间余数: $R+Y$	
		0	1	0	1
0	0	够减	不够减		
0	1			够减	不够减
1	0			不够减	够减
1	1	不够减	够减		

从表 3.2 可看出,当被除数(中间余数)与除数同号时做减法;异号时,做加法。若加减运算后得到的新余数与原余数符号一致(余数符号未变)则够减;否则不够减。

根据是否立即恢复余数,补码除法也分为恢复余数法和不恢复余数法两种。

1. 补码恢复余数除法

根据补码除法判断是否够减的判断规则,可以得到如下补码恢复余数除法的算法要点。

(1) 操作数的预置。除数装入除数寄存器 Y,被除数符号扩展后装入余数寄存器 R 和余数/商寄存器 Q。

(2) R 和 Q 同步串行左移一位。

(3) 若 R 与 Y 同号,则做减法,即 $R=R-Y$;否则,做加法,即 $R=R+Y$,并按以下规则确定第 i 次循环得到的商 Q_{n-i}。

① 若 R 和 Q 中的余数 $=0$ 或 R 操作前后符号未变,则表示够减,Q_{n-i} 置 1,转第(4)步。

② 若 R 操作前后符号已变,表示不够减,则 Q_{n-i} 置 0,恢复 R 值后转第(4)步。

(4) 重复第(2)和第(3)步,直到取得 n 位商为止。

(5) 若被除数与除数同号,则 Q 中是真正的商;否则,将 Q 中的数值求补后作为商。

(6) 余数在 R 中。

从上述算法要点可以看出,在进行置商时,采用了"够减则上商为 1,不够减则上商为 0"的上商方式,因此,若商为负值,则需要通过"各位取反,末位加 1"来得到真正的商。

例 3.6 用 4 位补码恢复余数法计算 $-7/3$ 的值。

解:-7 的 8 位补码表示为 $X=[x]_{\nleftarrow}=1111\ 1001$,3 的 4 位补码表示为 $Y=[y]_{\nleftarrow}=0011$,$-Y=[-y]_{\nleftarrow}=1101$。

余数寄存器 R	余数/商寄存器 Q	说　明
1111	1001	开始 $R_0=X$
1111	001□	$2R_0(R$ 和 Q 同时左移,空出一位商)
+0011		R 与 Y 异号,加
0010	001□	R 符号已变
+1101		恢复(减)
1111	0010	Q_3 置 0,得 R_1
1110	010□	$2R_1(R$ 和 Q 同时左移,空出一位商)
+0011		R 与 Y 异号,加
0001	010□	R 符号已变
+1101		恢复(减)
1110	010□	Q_2 置 0,得 R_2
1100	100□	$2R_2(R$ 和 Q 同时左移,空出一位商)
+0011		R 与 Y 异号,加
1111	1001	R 符号未变,Q_1 置 1,得 R_3
1111	001□	$2R_3(R$ 和 Q 同时左移,空出一位商)
+0011		R 与 Y 异号,加
0010	001□	R 符号已变
+1101		恢复(减)
1111	0010	Q_0 置 0,得 R_4

因为被除数与除数异号,故商取补为 1110,余数为 1111,即 $-7/3=-2$,余数为 -1。

2. 补码不恢复余数除法

根据补码除法判断是否够减的判断规则,可以得到如下补码不恢复余数除法的算法要点。

(1) 操作数的预置。除数装入除数寄存器 Y,被除数符号扩展后装入余数寄存器 R 和余数/商寄存器 Q。

(2) 根据以下规则求第一位商 Q_n。若 X 与 Y 同号,则做减法,即 $R_1=X-Y$;否则,做加法,即 $R_1=X+Y$,并按以下规则确定商值 Q_n。

① 若新的中间余数 R_1 与 Y 同号,则 Q_n 置 1,转第(3)步。

② 若新的中间余数 R_1 与 Y 异号,则 Q_n 置 0,转第(3)步。

Q_n 用来判断是否溢出,而不是真正的商。以下情况下会发生溢出:X 与 Y 同号且上商 $Q_n=1$,或者,X 与 Y 异号且上商 $Q_n=0$。

(3) 对于 $i=1$ 到 n,按以下规则求出相应商。

① 若 R_i 与 Y 同号,则 Q_{n-i} 置 1,$R_{i+1}=2R_i-Y$,$i=i+1$。

② 若 R_i 与 Y 异号,则 Q_{n-i} 置 0,$R_{i+1}=2R_i+Y$,$i=i+1$。

(4) 商的修正。最后一次 Q 寄存器左移一位,将最高位 Q_n 移出,并在最低位置上商 Q_0。若被除数与除数同号,则 Q 中就是真正的商;否则,将 Q 中的商的末位加 1。

(5) 余数的修正。若余数符号同被除数符号,则不需修正,余数在 R 中;否则,按下列规则进行修正:当被除数和除数符号相同时,最后余数加除数;否则,最后余数减除数。

与无符号数的不恢复余数法一样,补码不恢复余数法也有一个六字口诀“同、1、减,异、0、加”,运算过程也是呈加/减交替的方式,因此也称为“加减交替法”。

例 3.7 已知 $x=-9,y=2$,要求用补码除法计算 $[x/y]_{\uparrow}$。

解:$X=[x]_{\uparrow}=1\ 0111$,$Y=[y]_{\uparrow}=0\ 0010$,计算过程如下:

先对被除数进行符号扩展,即 $X=11111\ 10111$,$-Y=[-y]_{\uparrow}=1\ 1110$。

余数寄存器 R	余数/商寄存器 Q	说　明
11111	10111	开始 $R_0=X$
+00010		$R_1=X+Y$
00001	10111	R_1 与 Y 同号, 故 $Q_5=1$
00011	01111	$2R_1(R$ 和 Q 同时左移,空出一位上商 1)
+11110		$R_2=2R_1-Y$
00001	01111	R_2 与 Y 同号, 故 $Q_4=1$
00010	11111	$2R_2(R$ 和 Q 同时左移,空出一位上商 1)
+11110		$R_3=2R_2-Y$
00000	11111	R_3 与 Y 同号, 故 $Q_3=1$
00001	11111	$2R_3(R$ 和 Q 同时左移,空出一位上商 1)
+11110		$R_4=2R_3-Y$
11111	11111	R_4 与 Y 异号, 故 $Q_2=0$
11111	11110	$2R_4(R$ 和 Q 同时左移,空出一位上商 0)
+00010		$R_5=2R_4+Y$
00001	11110	R_5 与 Y 同号, 故 $Q_1=1$
00011	11101	$2R_5(R$ 和 Q 同时左移,空出一位上商 1)
+11110		$R_6=2R_5-Y$
00001	11011	Q 左移, 空出一位上商。
+11110	+　　1	R_6 与 Y 同号, 故 $Q_0=1$
11111	11100	商为负数, 末位加 1;减除数以修正余数

所以,$[x/y]_{\uparrow}=11100$,余数为 11111。

即 $x/y=-0100B=-4$,余数为 $-0001B=-1$。

将各数代入公式“除数×商+余数=被除数”进行验证,得 $2\times(-4)+(-1)=-9$。

3.4　整数乘除运算

高级语言中两个 n 位整数相乘得到的结果通常也是一个 n 位整数,即结果只取 $2n$ 位乘积中的低 n 位。例如,在 C 语言中,参加运算的两个操作数的类型和结果的类型必须一致,如果不一致则会先转换为一致的数据类型再进行计算。

3.4.1　乘除运算溢出判断

根据二进制运算规则,在计算机算术中存在以下结论:假定两个 n 位无符号整数 x_U 和 y_U 对应的机器数为 X_U 和 Y_U,$p_U=x_U\times y_U$,p_U 为 n 位无符号整数且对应的机器数为 P_U;

两个 n 位带符号整数 x_S 和 y_S 对应的机器数为 X_S 和 Y_S，$p_S = x_S \times y_S$，p_S 为 n 位带符号整数且对应的机器数为 P_S。若 $X_U = X_S$ 且 $Y_U = Y_S$，则 $P_U = P_S$。表 3.3 中给出了 4 位无符号整数和 4 位带符号整数乘法的例子，显然这些例子符合上述结论。

表 3.3　4 位无符号整数和 4 位带符号整数乘法示例

序号	运算	x	X	y	Y	$x \times y$	$X \times Y$	p	P	是否溢出
1	无符号乘	6	0110	10	1010	60	0011 1100	12	1100	溢出
2	带符号乘	6	0110	-6	1010	-36	1101 1100	-4	1100	溢出
3	无符号乘	8	1000	2	0010	16	0001 0000	0	0000	溢出
4	带符号乘	-8	1000	2	0010	-16	1111 0000	0	0000	溢出
5	无符号乘	13	1101	14	1110	182	1011 0110	6	0110	溢出
6	带符号乘	-3	1101	-2	1110	6	0000 0110	6	0110	不溢出
7	无符号乘	2	0010	12	1100	24	0001 1000	8	1000	溢出
8	带符号乘	2	0010	-4	1100	-8	1111 1000	-8	1000	不溢出

因为无符号整数和带符号整数的乘积低 n 位完全一样，因此，在有些架构中，当取低 n 位乘积时，无符号整数和带符号整数的乘法运算是同一条指令。例如，在 RISC-V 架构中，无符号整数和带符号整数的乘法指令都是 mul，结果取低 n 位乘积。不过，多数处理器架构都是将无符号整数和带符号整数的乘法指令完全区分开来的，例如，Intel x86 的无符号整数乘指令为 mul，带符号整数乘指令为 imul。MIPS 的无符号整数乘指令为 multu，带符号整数乘指令为 mult。

1. 无符号整数乘的溢出判断

对于 n 位无符号整数 x 和 y 的乘法运算，若取 $2n$ 位乘积中的低 n 位为乘积，则相当于取模 2^n。若丢弃的高 n 位乘积为非 0，则发生溢出。例如，对于表 3.3 中序号 1 的情况，0110 与 1010 相乘得到的 8 位乘积为 0011 1100，高 4 位为非 0，因而发生了溢出，说明低 4 位 1100 不是正确的乘积。

无符号整数乘运算可用如下公式表示，式中 p 是指取低 n 位乘积时对应的值。

$$p = \begin{cases} x \times y & (x \times y < 2^n) & \text{正常} \\ x \times y \bmod 2^n & (x \times y \geqslant 2^n) & \text{溢出} \end{cases}$$

如果无符号数乘法指令能够将高 n 位保存到一个寄存器中，则编译器可以根据该寄存器的内容采用相应的比较指令来进行溢出判断。例如，在 MIPS 架构中，无符号数乘法指令 multu 会将两个 32 位无符号数相乘得到的 64 位乘积置于两个 32 位内部寄存器 Hi 和 Lo 中，编译器可以根据 Hi 寄存器是否为全 0 来进行溢出判断。在 RISC-V 架构中，无符号整数相乘得到的高 n 位乘积可用乘法指令 mulhu 得到，编译器根据该指令得到的结果是否为 0，来判断 mul 指令的执行结果是否发生无符号整数乘溢出。

2. 带符号整数乘的溢出判断

补码乘法器实现带符号整数运算时，得到的结果是 $2n$ 位乘积的补码表示。例如，对于表 3.3 中序号为 2 的情况，$x = 6$，$y = -6$，得到乘积的 $2n$ 位补码表示为 1101 1100。

对于带符号整数相乘,可以通过乘积的高 n 位和低 n 位之间的关系进行溢出判断。判断规则是:若高 n 位中每一位都与低 n 位的最高位相同,则不溢出;否则溢出。例如,对于表 3.3 中序号 4 的情况,$x=-8$,$y=2$,得到 8 位乘积为 1111 0000,高 4 位全 1,与低 4 位的最高位不同,因而发生了溢出,说明低 4 位 0000 不是正确的乘积。对于序号为 6 的情况,$x=-3$,$y=-2$,得到 8 位乘积为 0000 0110,高 4 位全 0,且与低 4 位的最高位相同,因而没有发生溢出,说明低 4 位 0110 是正确的乘积。

如果带符号整数乘法指令能够将高 n 位保存到一个寄存器中,则编译器可以根据该寄存器的内容与低 n 位乘积的关系进行溢出判断。例如,在 MIPS 架构中,带符号整数乘法指令 mult 会将两个 32 位带符号整数相乘,得到的 64 位乘积置于两个 32 位内部寄存器 Hi 和 Lo 中,因此,编译器可以根据 Hi 寄存器中的每一位是否等于 Lo 寄存器中的第一位来进行溢出判断。在 RISC-V 架构中,带符号整数相乘得到的高 n 位乘积可用专门的指令 mulh 得到,编译器根据该指令得到的结果中的每一位是否等于 mul 指令得到的结果中的第一位,来判断是否发生带符号整数乘溢出。

有些指令系统中乘法指令并不保留高 n 位,也不生成溢出标志 OF,此时,编译器就无法进行溢出判断,甚至有些编译器根本不考虑溢出判断处理。这种情况下,程序就可能在发生溢出的情况下得到错误的结果。例如,在 C 程序中,若 x 和 y 为 int 型,$x=65\ 535$,机器数为 0000 FFFFH,则 $y=x\times x=-131\ 071$,y 的机器数为 FFFE 0001H,因而出现 $x^2<0$ 的奇怪结论。

如果要保证程序不会因编译器没有处理溢出而发生错误,那么,程序员就需要在程序中加入进行溢出判断的语句。无论是带符号整数还是无符号整数,都可根据两个乘数 x、y 与结果 $p=x\times y$ 的关系来判断是否溢出。判断规则为:若满足 $x\neq 0$ 且 $p/x=y$,则没有发生溢出;否则溢出。

例如,对于表 3.3 中序号 7 的例子,$x=2$,$y=12$,$p=8$,显然 $8/2\neq 12$,因此,发生了溢出。对于序号 8 的例子,$x=2$,$y=-4$,$p=-8$,显然 $2\neq 0$ 且 $-8/2=-4$,因此,没有发生溢出。

3. 整数除法的溢出判断

对于整数除法,只有当 $-2\ 147\ 483\ 648/-1$ 时会发生溢出,其他情况下,因为商的绝对值不可能比被除数的绝对值更大,因而肯定不会发生溢出。但是,在不能整除时需要进行舍入,通常按照朝 0 方向舍入,即正数商取比自身小的最接近整数,负数商取比自身大的最接近整数。除数不能为 0,否则根据 C 语言标准,其结果是未定义的。

3.4.2 常量的乘除运算

从 3.3 节介绍的定点运算部件可以看出,乘法比移位和加法慢很多,除法比乘法慢很多。因此,编译器在处理变量与常数相乘或相除时,往往以移位、加法和减法的组合运算来代替乘除运算。例如,对于 C 程序中的表达式 $x\times 20$,编译器可以利用 $20=16+4=2^4+2^2$,将 $x\times 20$ 转换为 $(x<<4)+(x<<2)$,这样,一次乘法转换成了两次移位和一次加法。不管是无符号整数还是带符号整数的乘法,即使乘积溢出,利用移位和加减运算组合方式得到的结果都和直接相乘结果一样。

对于整数除法运算,由于计算机中除运算比较复杂,而且难以用流水线方式实现,所以一次除法运算大致需要几十个时钟周期。为了缩短除法运算时间,编译器在处理一个变量与一个 2 的幂次形式的整数相除时,常用右移实现。无符号整数除用逻辑右移,带符号整数除用算术右移。两个整数相除,结果也一定是整数,不能整除时采用朝 0 舍入,即截断方式,将小数点后的数直接去掉,例如,$7/3=2$,$-7/3=-2$。

对于无符号整数,采用逻辑右移时,高位补 0,低位移出,因此,移位后得到的商的值只可能变小而不会变大,即商朝 0 方向舍入。由此可见,不管是否整除,采用移位方式和直接相除得到的商完全一样。

对于带符号整数,采用算术右移时,高位补符号,低位移出。因此,当符号为 0 时,与无符号整数相同,采用移位方式和直接相除得到的商完全一样。当符号为 1 时,若低位移出的是全 0,则说明能够整除,移位后得到的商与直接相除得到的商完全一样;若低位移出的是非全 0,则说明不能整除,移出一个非 0 数相当于把商中小数点后面的值舍去。因为符号是 1,所以商是负数,一个补码表示的负数舍去小数部分的值后变得更小,因此移位后的结果是更小的负数商。例如,对于 $-3/2$,假定补码位数为 4,则进行算术右移操作 $1101>>1=1110.1B$(小数点后面部分移出)后得到的商为 -2,而精确商是 -1.5(整数商应为 -1)。算术右移后得到的商比精确商少了 0.5,显然朝 $-\infty$ 方向进行了舍入,而不是朝 0 方向舍入。因此,这种情况下,移位得到的商与直接相除得到的商不一样,需要进行校正。

校正的方法是,对于带符号整数除运算 $x/2^k$,若 $x<0$,则在右移前,先将 x 加上偏移量 (2^k-1),然后再右移 k 位。例如,对于 $-3/2$,在对 -3 右移 1 位之前,先将 -3 加上 1,即先得到 $1101+0001=1110$,然后再算术右移,即 $1110>>1=1111$,此时商为 -1。

例 3.8 已知 32 位变量 x 的机器数为 8000 0005H,对于 C 语言程序回答下列问题。

(1) 当 x 是 unsigned int 类型时,$x/2$ 和 $x>>1$ 的值分别是多少?$2 \times x$ 和 $x<<1$ 的值分别是多少?$2 \times x$ 和 $x<<1$ 结果是否发生溢出?

(2) 当 x 是 int 类型时,$x/2$ 和 $x>>1$ 的值分别是多少?如何用右移操作实现 $x/2$?$2 \times x$ 和 $x<<1$ 的值分别是多少?$2 \times x$ 和 $x<<1$ 结果是否发生溢出?

解: (1) 当 x 是 unsigned int 类型时,x 是无符号整数,机器数 80000005H 的真值是 1000 0000 0000 0000 0000 0000 0000 0101B$=2^{31}+5$。

$x/2$ 的值为 $(2^{31}+5)/2 \pmod{2^{32}}=2^{30}+2$。

$x>>1$ 的值为 01000 0000 0000 0000 0000 0000 0000 010B$=2^{30}+2$。

$2 \times x$ 的值为 $(2^{31}+5) \times 2 \pmod{2^{32}}=10$,因为 $10/2 \neq (2^{31}+5)$ 说明 $2 \times x$ 发生了溢出。

$x<<1$ 的值为 0000 0000 0000 0000 0000 0000 0000 1010B$=10$,无符号整数左移时,移出的是非 0,故 $x<<1$ 发生溢出。

(2) 当 x 是 int 类型时,x 是带符号整数,机器数是

$$80\ 00\ 00\ 05H=1000\ 0000\ 0000\ 0000\ 0000\ 0000\ 0000\ 0101B$$

根据由补码求真值的简便方法"若符号位为 1,则真值的符号为负,其数值部分的各位由补码中相应各位取反后末位加 1 所得",得到 x 的真值为

$$-0111\ 1111\ 1111\ 1111\ 1111\ 1111\ 1111\ 1011B=-(2^{31}-1-4)=-(2^{31}-5)。$$

$x/2$ 的值为 $-(2^{31}-5)/2 \pmod{2^{32}}=-2^{30}+3$。

$x>>1$ 的机器数是 1100 0000 0000 0000 0000 0000 0000 0010B,真值为

$$-011\ 1111\ 1111\ 1111\ 1111\ 1111\ 1111\ 1110B=-(2^{30}-1-1)=-2^{30}+2。$$

这里因为 $x/2$ 为负数且不能整除,因而其结果与 $x\!\gg\!1$ 的结果不同,如果要用右移实现除法,必须在右移前先加偏移量 1,即 $x/2$ 的机器数为

(1000 0000 0000 0000 0000 0000 0000 0101+1)$\gg$1=11000 0000 0000 0000 0000 0000 0000 011

其真值为 $-011\ 1111\ 1111\ 1111\ 1111\ 1111\ 1111\ 101B=-(2^{30}-1-2)=-2^{30}+3$。

$2\times x$ 的值为 $-(2^{31}-5)\times2(\bmod\ 2^{32})=10$,因为 $10/2\ne-2^{31}+5$,说明 $2\times x$ 发生了溢出。

$x\!<\!<\!1$ 的值是 0000 0000 0000 0000 0000 0000 0000 1010=10,带符号整数左移时,移位后数的符号发生变化,故 $x\!<\!<\!1$ 发生溢出。

3.5　浮点数运算

从 3.1 节介绍的有关高级语言和机器指令涉及的运算来看,浮点运算主要包括浮点数的加、减、乘、除运算。一般有单精度浮点数和双精度浮点数运算,有些机器还支持 80 位或 128 位扩展浮点数运算。

3.5.1　浮点数加减运算

先看一个十进制数加法运算的例子:$0.123\times10^5+0.456\times10^2$。显然,不可以把 0.123 和 0.456 直接相加,必须把指数调整为相等后才可实现两数相加。其计算过程如下:

$$0.123\times10^5+0.456\times10^2=0.123\times10^5+0.000\ 456\times10^5$$
$$=(0.123+0.000\ 456)\times10^5$$
$$=0.123\ 456\times10^5$$

从上面的例子不难理解实现浮点数加减法的运算规则。

设两个规格化浮点数 x 和 y 表示为 $x=M_x\times2^{E_x}$,$y=M_y\times2^{E_y}$,M_x、M_y 分别是浮点数 x 和 y 的尾数,E_x、E_y 分别是浮点数 x 和 y 的指数,不失一般性,设 $E_x\leqslant E_y$,那么

$$x+y=(M_x\times2^{E_x-E_y}+M_y)\times2^{E_y}$$
$$x-y=(M_x\times2^{E_x-E_y}-M_y)\times2^{E_y}$$

计算机中实现上述计算过程需要经过对阶、尾数加减、规格化和舍入 4 个步骤,此外,还必须考虑溢出判断和溢出处理问题。

1. 对阶

对阶的目的是使 x 和 y 的阶码相等,以使尾数可以相加减。对阶的原则是:小阶向大阶看齐,阶小的那个数的尾数右移,右移的位数等于两个阶的差的绝对值。大多数机器采用 IEEE 754 标准来表示浮点数,因此,对阶时需要进行移码减法运算,并且尾数右移时按原码小数方式右移,符号位不参加移位,数值位要将隐含的一位 1 右移到小数部分,空出位补 0。为了保证运算的精度,尾数右移时,低位移出的位不要丢掉,应保留并参加尾数部分的运算。

可以通过计算两个阶的差的补码来判断两个阶的大小。对于 IEEE 754 单精度格式来说,其计算公式如下:

$$[E_x-E_y]_{\textrm{补}}=256+E_x-E_y=256+127+E_x-(127+E_y)$$
$$=256+[E_x]_{\textrm{移}}-[E_y]_{\textrm{移}}=[E_x]_{\textrm{移}}+[-[E_y]_{\textrm{移}}]_{\textrm{补}}(\bmod\ 256)$$

2. 尾数加减

对阶后两个浮点数的阶码相等,此时,可以进行对阶后的尾数相加减。因为 IEEE 754 采用定点原码小数表示尾数,所以,尾数加减实际上是定点原码小数的加减运算,可根据 3.3.2 节介绍的定点原码小数加减运算进行。因为 IEEE 754 浮点数尾数中有一个隐藏位,所以,在进行尾数加减时,必须把隐藏位还原到尾数部分。此外,对阶过程中在尾数右移时保留的附加位也要参加尾数加减运算。

3. 尾数规格化

IEEE 754 的规格化尾数形式为 $\pm 1.bb\cdots b$。在进行尾数相加减后可能会得到各种形式的结果,例如:

$$1.bb\cdots b + 1.bb\cdots b = \pm 1b.bb\cdots b$$

$$1.bb\cdots b - 1.bb\cdots b = \pm 0.00\cdots 01b\cdots b$$

对于上述结果为 $\pm 1b.bb\cdots b$ 的情况,需要进行右规:尾数右移一位,阶码加 1。最后一位移出时,要考虑舍入。对于上述结果为 $\pm 0.0\cdots 01b\cdots b$ 的情况,需要进行左规:数值位逐次左移,阶码逐次减 1,直到将第一位 1 移到小数点左边。

4. 尾数的舍入处理

在对阶和尾数右规时,可能会对尾数进行右移,为保证运算精度,一般将低位移出的位保留下来,并让其参与中间过程的运算,最后再将运算结果进行舍入,以还原表示成 IEEE 754 格式。

5. 溢出判断

在进行尾数规格化和尾数舍入时,可能会对结果的阶码执行加、减运算。因此,必须考虑结果的指数溢出问题。若一个正指数超过了最大允许值(127 或 1023),则发生指数上溢,机器产生异常,也有的机器把结果置为 $+\infty$(数符为 0 时)或 $-\infty$(数符为 1 时)后,继续执行下去。若一个负指数超过了最小允许值(-149 或 -1074),则发生指数下溢,此时,一般把结果置为 $+0$(数符为 0 时)或 -0(数符为 1 时),也有的机器引起异常。

溢出判断实际上是在上述尾数规格化和尾数舍入过程中进行的,只要涉及阶码求和/差,就可以在阶码运算部件中直接用溢出判断电路来实现。在上述运算过程中,涉及阶码求和/差的情况有以下两种情况。

(1) 右规和尾数舍入。一个数值很大的尾数舍入时,可能因为末位加 1 而发生尾数溢出,此时,可以通过右规来调整尾数和阶码。右规前应先判断阶码是否为全 1,若是,则不需右规,直接置结果为指数上溢;否则,阶码加 1,然后判断阶码是否为全 1 来确定是否指数上溢。

(2) 左规。左规时数值位逐次左移,阶码逐次减 1,所以左规使阶码减小,故需判断是否发生指数下溢。其判断规则与指数上溢类似,首先判断阶码是否为全 0,若是,则直接置结果为指数下溢;否则,阶码减 1,然后判断阶码是否为全 0 来确定是否指数下溢。

从浮点数加减运算过程可以看出,浮点数的溢出并不以尾数溢出来判断,尾数溢出可以通过右规操作得到纠正。运算结果是否溢出主要看结果的指数是否发生了上溢,因此是由指数上溢来判断的。

图 3.16 是浮点数加减运算部件的逻辑结构示意图(虚线表示控制信号,图中省略了对两个 ALU 的控制信号线)。

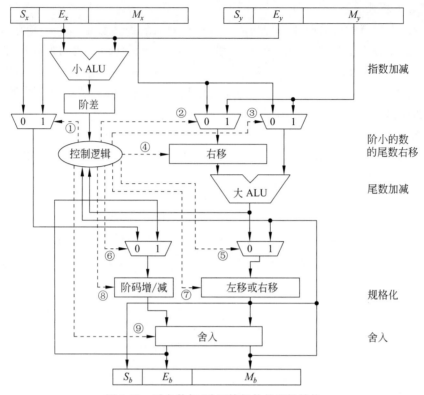

图 3.16 浮点数加/减运算部件的逻辑结构

从图 3.16 看出,主要部件有一个大 ALU 和一个小 ALU,分别执行尾数加减和指数相减。每一步动作都由控制逻辑进行控制。

第一步,由控制逻辑控制小 ALU 实现指数相减的操作,得到的阶差被送到控制逻辑。

第二步,由控制逻辑根据阶差的符号和绝对值来确定如何进行对阶。其中,控制信号①确定结果的指数是 E_x 还是 E_y,控制信号②和③确定是对 M_x 还是 M_y 进行右移,控制信号④确定右移多少位。

第三步,由控制逻辑控制用对阶后的尾数在大 ALU 中进行加减,运算结果被送到控制逻辑,用于产生用于规格化的控制信号。

第四步,根据大 ALU 运算结果进行规格化。控制信号⑤和⑥确定是对大 ALU 的运算结果进行规格化还是对舍入结果进行规格化,控制信号⑦确定尾数是左移还是右移,控制信号⑧确定阶码是增加还是减少。规格化后的结果被送到舍入部件和控制逻辑。

第五步,由控制信号⑨根据规格化后的结果进行舍入,并将舍入的结果再次送到控制逻辑,以确定舍入后是否还是规格化形式,若不是,则需继续进行一次规格化。

从上述执行过程来看,浮点运算可以用流水线形式进行。目前 CPU 中的浮点运算大多采用流水线执行方式。只要将图 3.16 所示的逻辑结构稍作调整就可以实现流水线方式的浮点运算。

由于浮点加减运算中需要对阶并最终进行舍入,因而可能导致"大数吃小数"的问题,使得浮点数运算不能满足加法结合律。

例如,在 x 和 y 是单精度浮点类型时,当 $x=-1.5\times10^{30}$,$y=1.5\times10^{30}$,$z=1.0$,则:

$$(x+y)+z=(-1.5\times10^{30}+1.5\times10^{30})+1.0=1.0$$
$$x+(y+z)=-1.5\times10^{30}+(1.5\times10^{30}+1.0)=0.0$$

根据上述计算可知,$(x+y)+z\neq x+(y+z)$,其原因是,当一个"大数"和一个"小数"相加时,因为对阶使得"小数"尾数中的有效数字右移后被丢弃,从而使"小数"变为 0。

例 3.9 若 x 和 y 为 float 型变量,$x=10.5$,$y=-120.625$,请给出 $x+y$ 的计算过程。

解:$x=10.5=1010.1\text{B}=1.0101\text{B}\times2^3$,机器数为 0 1000 0010 010 1000 0000 0000 0000 0000。$y=-120.625=-111\ 1000.101\text{B}=-1.1110\ 0010\ 1\text{B}\times2^6$,机器数为 1 1000 0101 111 0001 0100 0000 0000 0000。

(1) 对阶。$[E_x]_{移}=1000\ 0010$,$[E_y]_{移}=1000\ 0101$。因此,$[E_x-E_y]_{补}=[E_x]_{移}+[-[E_y]_{移}]_{补}=1000\ 0010+0111\ 1011=1111\ 1101$,即 $E_x-E_y=-11\text{B}=-3$。因此,应对 x 的尾数右移 3 位,对阶后,x 的阶码为 1000 0101,尾数为 0.00**1** 0 1010 0000 0000 0000 000**0 00**。这里,粗体的"1"为隐藏位,最低几位粗体数字为保留的附加位。

(2) 尾数相加。0.00**1**0 1010 0000 0000 0000 000**0 00**+(-**1**.1110 0010 1000 0000 0000 000)=-1.1011 1000 1000 0000 0000 000**0 00**。

(3) 尾数规格化。尾数相加后的结果已是规格化结果。

(4) 舍入。针对第(3)步得到的结果,根据确定的舍入方式,对小数点右边第 23 位后的数字进行舍入,得到最终的尾数部分。此例中,舍去的三位数字为全 0,因而直接丢弃即可。

$x+y$ 的机器数为 1 1000 0101 1011 1000 1000 0000 0000 000。

$x+y$ 的真值为 $-1.1011\ 1000\ 1\text{B}\times2^6=-11011\ 10.001\text{B}=-110.125$。

3.5.2　浮点运算的精度和舍入

在浮点数加减运算过程中,为了保证运算结果尽量精确,必须考虑以下两个问题。

(1) 保留多少附加位才能保证运算的精度?

(2) 最终如何对保留的附加位进行舍入?

对于第(1)个问题,可能无法给出一个准确的答案。但是不管怎么说,保留附加位应该可以得到比不保留附加位更高的精度。IEEE 754 标准规定,浮点数运算的中间结果右边必须至少额外保留两位附加位。这两位附加位中,紧跟在浮点数尾数右边那一位为保护位或警戒位(guard),用以保护尾数右移的位,紧跟保护位右边的是舍入位(round),左规时可以根据其值进行舍入。在 IEEE 754 标准中,为了更进一步提高计算精度,在保护位和舍入位后面还可以引入额外的一个数位,称为粘位(sticky),只要舍入位的右边有任何非 0 数字,粘位就被置 1;否则,粘位被置为 0。

对于第(2)个问题,IEEE 754 提供了 4 种可选模式:就近舍入(中间值舍入到偶数)、朝 $+\infty$ 方向舍入、朝 $-\infty$ 方向舍入、朝 0 方向舍入。

1. 就近舍入到偶数

这是 IEEE 754 标准采用的默认舍入方式。当结果是两个可表示数的非中间值时,实际上是"0 舍 1 入"方式;当结果正好在两个可表示数中间时,根据"就近舍入"的原则无法操作。此时结果强迫为偶数。

使用粘位可以减少运算结果正好在两个可表示数中间的情况。为了不失一般性,用一个十进制数计算的例子来说明这样做的好处。假设计算 $1.24\times10^4+5.03\times10^1$(假定科学记数法的精度保留两位小数),若只使用保护位和舍入位而不使用粘位,即仅保留两位附加位,则结果为 $1.2400 \times 10^4 + 0.0050 \times 10^4 = 1.2450 \times 10^4$。这个结果位于两个相邻可表示数 1.24×10^4 和 1.25×10^4 的中间,采用就近舍入到偶数时,结果为 1.24×10^4;若同时使用保护位、舍入位和粘位,则结果为 $1.24000 \times 10^4 + 0.00503 \times 10^4 = 1.24503 \times 10^4$。这个结果就不在 1.24×10^4 和 1.25×10^4 的中间,而更接近于 1.25×10^4,采用就近舍入方式,结果为 1.25×10^4。显然,后者更精确。

2. 朝 $+\infty$ 方向舍入

总是取数轴上右边的最近可表示数,也称为正向舍入或朝上舍入。

3. 朝 $-\infty$ 方向舍入

总是取数轴上左边的最近可表示数,也称为负向舍入或朝下舍入。

4. 朝 0 方向舍入

直接截取所需位数,丢弃后面所有位,也称为截取、截断或恒舍法。这种舍入处理最简单。对正数或负数来说,都是取数轴上更靠近原点的那个可表示数,是一种趋向原点的舍入,因此,又称为趋向 0 舍入。

表 3.4 以十进制小数为例给出了若干示例,以说明这 4 种舍入方式,表中假定结果保留小数点后面三位数,最后两位(加粗的数字)为附加位,需要舍去。

表 3.4   以十进制小数为例对 4 种舍入方式举例

原 始 数 字	2.05**240**	2.05**250**	2.05**260**	-2.05**340**	-2.05**350**	-2.05**360**
就近舍入到偶数	2.052	2.052	2.053	-2.053	-2.054	-2.054
朝 $+\infty$ 方向舍入	2.053	2.053	2.053	-2.053	-2.053	-2.053
朝 $-\infty$ 方向舍入	2.052	2.052	2.052	-2.054	-2.054	-2.054
朝 0 方向舍入	2.052	2.052	2.052	-2.053	-2.053	-2.053

例 3.10   将同一实数 123456.789e4 分别赋值给单精度和双精度类型变量,然后打印输出,结果相差 46,请说明为何打印结果不同。

```
1  #include<stdio.h>
2  main()
3  {
4      float a;
5      double b;
6      a=123456.789e4;
7      b=123456.789e4;
8      printf("%f/n%f/n", a, b);
9  }
```

运行结果如下:

```
1234567936.000000
1234567890.000000
```

解:float 和 double 型各自采用 IEEE 754 单精度和双精度格式,可分别精确表示 7 个和 17 个十进制有效数位。实数 123456.789e4 一共有 10 个有效数位,所以,对于 float 类型来说,用 printf 显示出来的后面 3 位是舍入后的结果,因为是就近舍入到偶数,所以舍入后的值可能会更大,也可能更小。

舍入误差随着数值的增大而变大。因为数值越大,越远离原点,相邻可表示数之间的间隔也越大。如图 3.17(a)所示,对于 float 类型,规格化数相邻指数间的最小间隔区间为 $[2^{-126}, 2^{-125}]$,因此,相邻可表示数之间的间隔最小,是 $(2^{-125} - 2^{-126})/2^{23} = 2^{-149}$,而最大间隔区间为 $[2^{126}, 2^{127}]$,因此,相邻可表示数之间的间隔最大,是 $(2^{127} - 2^{126})/2^{23} = 2^{103}$。图 3.17(b)显示了可表示的相邻非规格化数之间的间隔,其大小为 $2^{-126}/2^{23} = 2^{-149}$。

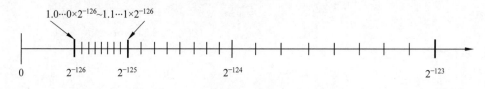

(a) 32 位规格化数的密度

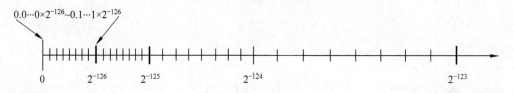

(b) 32 位非规格化数的密度

图 3.17　IEEE 754 单精度浮点数之间的间隔

*3.5.3　浮点数乘/除运算

在进行浮点数乘除运算前,首先应对参加运算的操作数进行判 0 处理、规格化操作和溢出判断,确定参加运算的两个操作数是正常的规格化浮点数。

浮点数乘、除运算步骤类似于浮点数加、减运算步骤,两者主要区别是:加、减运算需要对阶,而对乘、除运算来说,无须这一步。两者对结果的后处理步骤也一样,都包括规格化、舍入和阶码溢出处理。

已知两个浮点数 $x = M_x \times 2^{E_x}$,$y = M_y \times 2^{E_y}$,则乘、除运算的结果如下:

$$x \times y = (M_x \times 2^{E_x}) \times (M_y \times 2^{E_y}) = (M_x \times M_y) \times 2^{E_x + E_y}$$

$$x / y = (M_x \times 2^{E_x}) / (M_y \times 2^{E_y}) = (M_x / M_y) \times 2^{E_x - E_y}$$

下面分别给出浮点数乘法和浮点数除法的运算步骤。

1. 浮点数乘法运算

假定 x 和 y 是两个 IEEE 754 标准规格化浮点数,其相乘结果为 $M_b \times 2^{E_b}$,则求 M_b 和 E_b 的过程如下。

(1) 尾数相乘、指数相加。

尾数的乘法运算 $M_b = M_x \times M_y$ 可以采用 3.3.3 节中介绍的定点原码小数乘法算法。在运算时,需要将隐藏位 1 还原到尾数中,并注意乘积的小数点位置。因为 x 和 y 是规格化浮点数,所以其尾数 M_x 和 M_y 的真值形式都是 $\pm 1.bb\cdots b$。进行尾数相乘时,符号和数值部分分开运算,符号由 x 和 y 两数符号异或得到,数值部分将两个形为 $1.bb\cdots b$ 的定点无

符号数进行 n 位数乘法运算,其结果为 $2n$ 位乘积:$bb.bb\cdots b$,小数点应该默认在第二位和第三位之间(这里的 n 取决于机器所设定的运算精度)。

指数的相加运算 $E_b=E_x+E_y$ 采用移码相加运算算法。假设 E 为指数,因为 IEEE 754 单精度格式浮点数的偏置常数为 127,所以,$[E]_移=127+E$。根据 IEEE 754 标准的阶码的定义,得到指数的加法运算规则如下:

$$[E_x+E_y]_移=127+E_x+E_y=127+E_x+127+E_y-127$$
$$=[E_x]_移+[E_y]_移-127$$
$$=[E_x]_移+[E_y]_移+[-127]_补$$
$$=[E_x]_移+[E_y]_移+10000001B\,(\bmod\ 2^8)$$

所以,得到指数加法运算公式为

$$[E_b]_移 \leftarrow [E_x]_移+[E_y]_移+129\,(\bmod\ 2^8)$$

例如,对于指数为 10 和 -5 的两个数,计算其和的过程如下:$[E_x]_移=127+10=137=$ 1000 1001B,$[E_y]_移=127+(-5)=122=0111\ 1010B$,将 $[E_x]_移$ 和 $[E_y]_移$ 代入上述公式,得 $[E_b]_移=[E_x]_移+[E_y]_移+129=1000\ 1001B+0111\ 1010+1000\ 0001B\,(\bmod\ 2^8)=$ 1000 0100B,对应十进制数为 132,因此,指数的和为 $132-127=5$,正好等于 $10+(-5)=5$。

(2) 尾数规格化。

对于 IEEE 754 标准的规格化尾数 M_x 和 M_y 来说,一定满足以下条件:$|M_x|\geqslant1$,$|M_y|\geqslant1$,因此,两数乘积的绝对值应该满足:$1\leqslant|M_x\times M_y|<4$。

也就是说,在得到的 $2n$ 位乘积数值部分 $bb.bb\cdots b$ 中,小数点左边一定至少有一个 1,可能是 01、10、11 三种情况。若是 01,则不需要规格化;若是 10 或 11,则需要右规一次,此时,尾数 M_b 右移一位,阶码 $[E_b]_移$ 加 1。规格化后得到的尾数数值部分的形式为 $01.bb\cdots b$,小数点左边的 1 就是隐藏位。对于 IEEE 754 浮点数的乘法运算不需要进行左规处理。

(3) 尾数舍入处理。

对 $M_x\times M_y$ 规格化后得到的尾数形式为 $\pm01.bb\cdots b$,其中小数点后面有 $2n-2$ 位尾数积,最终的结果肯定只能有 24 位尾数(单精度)或 53 位尾数(双精度)。因此,需要对乘积的低位部分进行舍入,其处理方法同浮点数加减运算中的舍入操作。

(4) 溢出判断。

在进行指数相加、右规和舍入时,要对指数进行溢出判断。右规和舍入时的溢出判断与浮点数加减运算中的溢出判断方法相同。而在进行指数相加时的溢出判断,则要根据 $[E_x]_移$、$[E_y]_移$ 和 $[E_b]_移$ 最高位的取值情况来进行。

2. 浮点数除法运算

假定 x 和 y 是两个 IEEE 754 标准规格化浮点数,其相除结果为 $M_b\times2^{E_b}$,则求 M_b 和 E_b 的过程如下。

(1) 尾数相除、指数相减。

尾数的除法运算 $M_b=M_x/M_y$ 可以采用 3.3.6 节中介绍的定点原码小数除法算法。运算时需将隐藏位 1 还原到尾数中。因为 x 和 y 是规格化浮点数,所以 M_x 和 M_y 的真值形式都是 $\pm1.bb\cdots b$,进行尾数相除时,符号和数值部分分开运算,符号由 x 和 y 两数符号异或得到,数值部分将两个形为 $1.bb\cdots b$ 的定点无符号数在 n 位无符号数除法运算部件中进行运算,其结果为 n 位商 $b.bb\cdots b$,小数点应该默认在第一位和第二位之间(这里的 n 取决于机器所设定的运算精度)。

指数的相减运算 $E_b = E_x - E_y$ 采用移码相减运算算法。根据 IEEE 754 单精度格式浮点数的阶码的定义,其指数的减法运算规则如下:

$$[E_x - E_y]_移 = 127 + E_x - E_y = 127 + E_x - (127 + E_y) + 127$$
$$= [E_x]_移 - [E_y]_移 + 127$$
$$= [E_x]_移 + [-[E_y]_移]_补 + 01111111B (\bmod 2^8)$$

所以,得到指数的减法运算公式为

$$[E_b]_移 \leftarrow [E_x]_移 + [-[E_y]_移]_补 + 127 (\bmod 2^8)$$

例如,对于两个指数 10 和 -5,计算其差的过程如下:$[E_x]_移 = 127 + 10 = 137 = 1000\ 1001B$,$[E_y]_移 = 127 + (-5) = 122 = 0111\ 1010B$,$[-[E_y]_移]_补 = 1000\ 0110B$,将 $[E_x]_移$ 和 $[E_y]_移$ 代入上述公式,得 $[E_b]_移 = [E_x]_移 + [-[E_y]_移]_补 + 127 = 1000\ 1001B + 1000\ 0110B + 0111\ 1111B (\bmod 2^8) = 1000\ 1110B$,对应十进制数为 142,因此,两个指数的差为 $142 - 127 = 15$,正好等于 $10 - (-5) = 15$。

(2) 尾数规格化。

对于 IEEE 754 标准的规格化尾数 M_x 和 M_y 来说,一定满足以下条件:$|M_x| \geqslant 1$,$|M_y| \geqslant 1$。因此,两数相除的绝对值应该满足:$1/2 \leqslant |M_x/M_y| < 2$。

也就是说,数值部分得到的 n 位商 $b.bb \cdots b$ 中小数点左边的数可能是 0,也可能是 1。若是 0,则小数点右边的第一位一定是 1,此时,需要左规一次,即 M_b 左移一位,阶码 $[E_b]_移$ 减 1;若是 1,则结果就是规格化形式。规格化后得到的尾数数值部分的形式为 $1.bb \cdots b$,小数点左边的 1 就是隐藏位。对于 IEEE 754 浮点数的除法运算不需要进行右规处理。

(3) 尾数舍入处理。

对 M_x/M_y 规格化后得到的尾数形式为 $\pm 1.bb \cdots b$,其中小数点后面有 $n-1$ 位尾数商,因此,可能需要对商的低位部分进行舍入,其处理方法同浮点数加减运算中的舍入操作。

(4) 溢出判断。

在进行指数相减、左规和舍入时,要对指数进行溢出判断。左规和舍入时的溢出判断与浮点数加/减运算中的溢出判断方法相同。而指数相减时的溢出判断,则要根据 $[E_x]_移$、$[E_y]_移$ 和 $[E_b]_移$ 最高位的取值情况来进行。

3.6 本章小结

定点数和浮点数各自用不同的运算部件实现,其中都要用到具有基本算术运算和逻辑运算功能的 ALU,而 ALU 的核心是加法器,因而快速加法器的实现非常重要。

定点数运算包括移位运算、扩展运算和加/减/乘/除运算。逻辑移位对无符号数进行;算术移位对带符号整数进行,移位前后若符号位发生变化则溢出。零扩展对无符号整数进行;符号扩展对带符号整数进行。补码加减用于整数加减运算,符号位和数值位一起运算,减法用加法实现。原码加减用于浮点数尾数的加减运算。乘法运算用重复进行加法和右移实现。补码乘法用于带符号整数乘法运算,符号位和数值位一起运算,采用布斯算法或 MBA 算法;原码乘法的符号位和数值位分开运算,数值部分用无符号数乘法实现。快速乘法器可用基于 CSA 的阵列乘法器、MBA＋WT 乘法器等实现。除法运算用重复进行加/减和左移实现。

浮点数运算由专门的浮点运算器实现。浮点加减运算需要经过对阶、尾数相加减、规格化、尾数舍入和溢出判断等步骤；浮点数乘除运算时，尾数用定点数乘除运算实现，阶码用定点数加减运算实现。

习　　题

1. 给出以下概念的解释说明。

算术逻辑部件(ALU)	行波进位加法器	零标志(ZF)
溢出标志(OF)	进位/借位标志(CF)	符号标志(SF)
布斯乘法	改进布斯算法(MBA)(基4布斯算法)	阵列乘法器
进位保存加法器(CSA)	对阶	舍入
保护位	舍入位	粘位
规格化浮点数	右规	左规
非规格化浮点数	指数上溢	指数下溢

2. 简单回答下列问题。

(1) 为何在高级语言和机器语言中都要提供"按位运算"？为何高级语言需要提供逻辑运算？按位运算和逻辑运算的差别是什么？

(2) 如何进行逻辑移位和算术移位？它们各用于哪种类型的数据？

(3) 移位运算和乘除运算具有什么关系？

(4) 高级语言中的运算和机器语言(即指令)中的运算是什么关系？假定某一个高级语言源程序 P 中有乘、除运算，但机器 M 中不提供乘、除运算指令，则程序 P 能否在机器 M 上运行？为什么？

(5) 为什么用 ALU 和移位器就能实现定点数和浮点数的所有加、减、乘、除运算？

(6) 影响加法运算速度的关键问题有哪些？可采取什么措施？对于乘法运算呢？

3. 考虑以下 C 语言程序代码：

```
int func1(unsigned word)
{
    return (int)((word<<24)>>24);
}
int func2(unsigned word)
{
    return ((int) word<<24)>>24;
}
```

假设在一个 32 位机器上执行这些函数，该机器使用二进制补码表示带符号整数。无符号数采用逻辑移位，带符号整数采用算术移位。请填写下表，并说明函数 func1 和 func2 的功能。

w		func1(w)		func2(w)	
机器数	值	机器数	值	机器数	值
	127				
	128				
	255				
	256				

4. 填写下表，注意对比无符号整数和带符号整数(用补码表示)的乘法结果，包括截断操作前后的

结果。

模 式	x		y		$x \times y$（截断前）		$x \times y$（截断后）	
	机器数	值	机器数	值	机器数	值	机器数	值
无符号整数	110		010					
带符号整数	110		010					
无符号整数	001		111					
带符号整数	001		111					
无符号整数	111		111					
带符号整数	111		111					

5. 以下是两段 C 语言代码，函数 arith()是直接用 C 语言写的，而 optarith()是对 arith()函数以某个确定的 M 和 N 编译生成的机器代码反编译生成的。根据 optarith()推断函数 arith()中 M 和 N 的值各是多少？

```
#define M
#define N
int arith(int x, int y)
{
    int result=0;
    result=x*M+y/N;
    return result;
}

int optarith(int x, int y)
{
    int t=x;
    x<<=4;
    x-=t;
    if(y<0) y+=3;
    y>>=2;
    return x+y;
}
```

6. 设 $A_4 \sim A_1$ 和 $B_4 \sim B_1$ 分别是 4 位加法器的两组输入，C_0 为低位来的进位。当加法器分别采用串行进位和先行进位时，写出 4 个进位 C_4、C_3、C_2 和 C_1 的逻辑表达式。

7. 已知 $x=10, y=-6$，采用 6 位机器数表示。请按如下要求计算，并把结果还原成真值。

(1) 求$[x+y]_补$，$[x-y]_补$。

(2) 用原码一位乘法计算$[x \times y]_原$。

(3) 用 MBA(基 4 布斯算法)计算$[x \times y]_补$。

(4) 用不恢复余数法计算$[x/y]_原$的商和余数。

(5) 用不恢复余数法计算$[x/y]_补$的商和余数。

8. 若一次加法需要 1ns，一次移位需要 0.5ns。请分别给出用一位乘法、两位乘法、基于 CRA 的阵列乘法、基于 CSA 的阵列乘法 4 种方式计算两个 8 位无符号二进制数乘积时所需的时间。

9. 在 IEEE 754 浮点数运算中，当结果的尾数出现什么形式时需要进行左规，什么形式时需要进行右规？如何进行左规，如何进行右规？

10. 在 IEEE 754 浮点数运算中，如何判断浮点运算的结果是否溢出？

11. 假设浮点数格式为:阶码是 4 位移码,偏置常数为 8,尾数是 6 位补码(采用双符号位),用浮点运算规则分别计算以下表达式在不采用任何附加位和采用 2 位附加位(保护位、舍入位)两种情况下的值(假定采用就近舍入到偶数方式)。

(1) $(15/16) \times 2^7 + (2/16) \times 2^5$ (2) $(15/16) \times 2^7 - (2/16) \times 2^5$

(3) $(15/16) \times 2^5 + (2/16) \times 2^7$ (4) $(15/16) \times 2^5 - (2/16) \times 2^7$

12. 采用 IEEE 754 单精度浮点数格式计算下列表达式的值。

(1) $0.75 + (-65.25)$ (2) $0.75 - (-65.25)$

第 **4** 章

指令系统

第 1 章提到,计算机硬件只能识别和理解机器语言程序,用各种高级语言编写的源程序最后都要翻译(汇编、解释或编译)成以指令形式表示的机器语言才能在计算机上执行。一台计算机能执行的机器指令的集合称为该机的指令集,它是构成程序的基本元素,也是硬件设计的依据,它衡量机器硬件的功能,反映硬件对软件支持的程度。系统软件直接建立在硬件支持的指令基础上,系统程序员感觉到的计算机的功能特性和概念性结构就是指令集体系结构(instruction set architecture,ISA),简称指令系统,因此,ISA 设计的好坏直接决定计算机的性能和成本。

本章介绍指令系统设计中涉及的各个方面,主要有指令格式、操作类型、操作数类型、寻址方式、操作码编码、指令系统的风格以及程序的机器级表示等。

4.1 指令格式设计

4.1.1 指令地址码的个数

冯·诺依曼结构计算机采用"存储程序"工作方式。计算机中的程序一旦被启动运行,必须能自动地逐条从主存取出指令执行。一条指令中必须明显或隐含地包含以下信息。

(1) 操作码。指定操作类型,如移位、加、减、乘、除、传送等。

(2) 源操作数或其地址。指出一个或多个源操作数或其所在的地址,可以是主(虚)存地址、寄存器编号或 I/O 端口,也可在指令中直接给出一个立即数。

(3) 结果的地址。结果所存放的地址,可以是存储单元地址、寄存器编号或 I/O 端口。

(4) 下条指令地址。下条指令存放的存储单元地址。

通常,下条指令地址不需在指令中明显给出,而是隐含在 PC 中。指令按顺序执行时,只要自动将 PC 的值加上指令长度,就可得到下条指令的地址,当遇到转移指令而不按顺序执行时,需由指令给出转移到的目标地址。

综上所述可知,一条指令由一个操作码和几个地址码构成。根据指令显式给出的地址个数,指令可分为三地址指令、二地址指令、单地址指令和零地址指令。

三地址指令中的 3 个地址分别作为双目运算中两个源操作数的地址和一个结果的地址;二地址指令中给出的两个地址分别存放双目运算中两个操作数,并将其中一个地址作为结果的地址;对于一地址指令,如果是单目运算(如取反/取负等)指令,则其地址既是操作数的地址,也是结果的地址,如果是双目运算,则另一个操作数和结果可以默认存放在累加器中;零地址指令可能本身就无操作数,所以也无须地址码,例如空操作指令、停机指令等,对于栈型指令,因为操作数默认在栈顶,所以也可以是零地址指令。

4.1.2 指令格式设计原则

指令格式的选择应遵循如下几条基本原则。

(1) 指令应尽量短。每条指令长度短,使得程序占用存储空间小,降低空间开销。

(2) 要有足够的操作码位数。向后兼容使指令操作类型不断增加,因此必须预留足够的操作码位数。

(3) 操作码的编码必须有唯一的解释。操作码最终需送到指令译码器进行译码,因此,指令操作码要么是一个唯一的合法编码,要么是不合法的 0/1 序列。当译码器发现是不合法操作码时,出现"非法指令"异常。

(4) 指令长度应是字节的整数倍。指令执行前存放在内存,而内存往往按字节编址,因此,指令长度为字节的整数倍,便于指令的读取和指令地址的计算。

(5) 合理选择地址字段的个数。地址字段个数涉及指令的长度和指令的规整性问题,它是空间开销和时间开销权衡的结果。

(6) 指令应尽量规整。指令的规整性体现在许多方面,如指令长度是否固定、操作码位数是否固定、地址码格式是否一致、指令字中各字段的划分位置是否一致等。规整的指令格式会大大简化硬件的实现。

4.2 指令系统设计

在设计指令系统时,必须遵循以下基本原则。

(1) 完备性或完整性。指令的操作类型应尽量完备,应能足够编制任何可计算程序。但是,如果指令系统太复杂,也会给硬件实现增加困难。因此,较复杂的功能可以通过伪指令实现。

(2) 兼容性。在考虑系列机设计实现时,高档机的指令系统应兼容以前低档机的指令系统,这给软件资源重复利用带来方便。

(3) 均匀性。运算指令应能对多种类型的数据进行处理,包括三种整数(字节、字、双字)和两种浮点数(单精度和双精度浮点数)类型。

(4) 可扩充性。操作码字段要预留一定的编码空间,以便需要时进行扩充。

4.2.1 基本设计问题

在设计一个指令系统时,需要考虑以下一些基本问题。

(1) 操作码的个数、种类、复杂度如何选择?

如果指令系统中共包含 4 条指令:取数指令(load)、存数指令(store)、自增指令(INC)、分支指令(BRN),则用这 4 条指令足以编制任何可计算程序。不过,虽然这 4 条指令是完备的,但会导致大多数程序变得很长,既占空间又花时间。

（2）运算指令能对哪几种数据类型进行操作？

高级语言源程序中需要对 int、short 和 char 等类型的整型数据，以及 float、double 等浮点类型数据，甚至是位串、字符串等进行操作，因此指令设计时需要考虑指令能对这些数据类型进行相应的操作。

（3）采用什么样的指令格式？

规整型指令采用定长指令字和定长操作码，使得取指令、指令译码、指令地址计算等变得简单，从而能减少时间开销，但是，规整型指令在空间上会增加开销。因此，应根据设计目标选择采用规整型还是紧凑型指令格式。

（4）通用寄存器的个数、功能、长度等如何规定？

用户进程的指令中能用的寄存器是用户可见寄存器，也称为通用寄存器。通用寄存器多，则编译器可以尽量多地把高级语言源程序中的变量分配到通用寄存器中，因而减少指令执行时访问内存的次数，加快程序运行。但是，通用寄存器过多会使寄存器存取延迟变长，因而影响指令执行速度。此外，还可能使寄存器编码变长，从而使指令长度变长，通用寄存器多还会增大 CPU 成本，占用更多硅片面积。

通用寄存器的功能分配也很重要，例如，要考虑是否要有专门的栈指针寄存器、栈帧指针寄存器、过程调用的参数寄存器、过程调用的返回参数寄存器、过程调用的返回地址寄存器等。

此外，还要考虑每个寄存器的长度，以及寄存器的设计如何满足多种不同长度的数据类型。例如，Intel 体系结构 IA-32 中，用寄存器扩展的方式提供了存放 8 位、16 位、32 位等多种长度操作数的寄存器；MIPS 等体系结构中采用的是固定寄存器宽度的设计方案，通过提供不同的指令来区分操作数的长度。

（5）如何设计寻址方式的种类和编码以及各种寻址方式下有效地址如何计算？

寻址方式字段可以和操作码一起编码，由操作码确定每个操作数的寻址方式，例如，MIPS 体系结构由操作码确定指令类型，指令类型确定后，每个操作数的寻址方式就确定了。寻址方式字段也可单独编码，例如，IA-32 指令中有专门的寻址方式字段。

（6）下条指令的地址如何确定？

几乎所有指令系统都通过一个专门的寄存器来存放下条指令的地址，这个寄存器为 PC 或指令指针（instruction pointer，IP）。顺序执行时，指令中无须显式地给出下条指令地址，默认由 PC 指出。通过将当前 PC 的值加上本条指令的长度即可得到下条指令地址；转移指令等可能会改变程序执行顺序，此时，这些指令中必须有相应的地址码和寻址方式来给出下条指令地址或下条指令地址的计算方式。

当然，指令系统的设计所涉及的远远不限于上述所列问题，在具体设计过程中，还需要考虑很多细节问题。

4.2.2 操作数类型

操作数是指令处理的对象，从高级语言程序所用数据类型来看，指令涉及的基本操作数类型应该包括以下几类。

（1）指针或地址。指针或主（虚）存地址通常用无符号整数来表示。

（2）数值数据。数值数据主要是带符号整数和浮点数。带符号整数用二进制补码表示，浮点数大多用 IEEE 754 标准表示。有些指令系统也提供十进制数运算指令，一般用

NBCD 码(8421 码)表示十进制数。

（3）位、位串、字符和字符串。位和位串数据一般用来表示一些标志、控制和状态等信息。字符和字符串数据用来表示文本等。

例如,IA-32 架构提供的定点数类型有字节、字(16 位)、双字(32 位)、四字(64 位)。对于整数,有 16 位、32 位、64 位三种补码表示的整数和 18 位压缩 BCD 码表示的十进制整数;对于序数(即地址、指针等),有字节、字或双字长的无符号整数;对于浮点数,有用 IEEE 754 表示的 32 位单精度浮点数、64 位双精度浮点数和 80 位扩展精度浮点数。另外,还提供了专门的近指针类型数据,用于表示不分段存储器的地址,或用来表示段内偏移的 32 位有效地址,以进行分段式存储器的段内访问。

有关以上各类数据的表示、存放和运算已在第 2 章和第 3 章中详细介绍。

4.2.3 寻址方式

指令不仅要规定所执行的操作,还要给出操作数或操作数地址。操作数可能是一个常数,或一个简单变量,或是数组和结构中的某个元素,也可能是栈(stack)中的数据,还可能是外设 I/O 接口中的状态字或控制字等。从指令的角度来看,操作数存放位置可以是 CPU 中的通用寄存器、存储单元和 I/O 端口。通常把指令中给出的操作数所在存储单元的地址称为有效地址,存储单元地址可能是主存物理地址,也可能是虚拟地址。若不采用虚拟存储机制,有效地址就是主存物理地址;若采用虚拟存储机制,则有效地址就是虚拟地址。

指令给出操作数或操作数地址的方式称为寻址方式。地址字段长度直接影响指令长度,因而指令的地址码要尽量短,但操作数的存放位置又必须灵活,存放空间也应尽量大。因此,指令系统应能提供灵活的寻址方式,并使用尽量短的地址码访问尽可能大的寻址空间。此外,为加快指令执行速度,有效地址计算过程也应尽量简单。

常用的寻址方式有以下几种。

1. 立即寻址

在指令中直接给出操作数本身,这种操作数称为立即数。

2. 直接寻址

指令中给出的地址码是操作数的有效地址,这种地址称为直接地址或绝对地址。

3. 间接寻址

指令中给出的地址码是存放操作数有效地址的存储单元地址。图 4.1 所示的是单级间接寻址过程,指令格式中的@是间接寻址标志,还可有多重间接寻址。

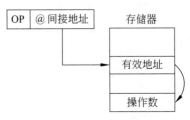

图 4.1 单级间接寻址

4. 寄存器寻址

寄存器寻址方式也称为寄存器直接寻址方式,其指令中给出的地址码是操作数所在寄存器的编号。寄存器寻址有以下优点:①寄存器数量远小于存储单元数,故寄存器编号比存储地址短,因而寄存器寻址方式的指令较短。②操作数已在 CPU 中,不用访存,因而指令执行速度快。

5. 寄存器间接寻址

指令中给出的地址码是一个寄存器编号,该寄存器中存放的是操作数的有效地址。例如,Intel 8086 指令"MOV AX,[BX]"中,寄存器 BX 内容为有效地址,有效地址处所在的内容是操作数。寄存器间接寻址指令较短,因为只要给出一个寄存器编号而不必给出有效地址。地址码长度和寄存器直接寻址方式相同,但由于要访存,所以寄存器间接寻址指令的执行时间比寄存器直接寻址指令的执行时间更长。

6. 变址寻址

变址寻址方式主要用于对线性表之类的数组元素进行访问。采用变址寻址方式时,指令中的地址码字段 A 给出一个基准地址,如数组的起始地址,而数组元素相对于基准地址的偏移量在指令中明显或隐含地由变址寄存器 I 给出,这样,变址寄存器 I 的内容实际上就相当于数组元素的下标,每个数据元素的有效地址为变址寄存器的内容加基准地址,即操作数的有效地址 EA=(I)+A。其中(I)表示变址寄存器 I 的内容。

如果任何一个通用寄存器都可作为变址寄存器,则必须在指令中明确地给出一个通用寄存器的编号,并标明作为变址寄存器使用;若处理器中有一个专门的变址寄存器,则无须在指令中明确给出。指令中的地址码字段称为形式地址,这里的形式地址是基准地址 A,而变址寄存器中存放的是偏移量。

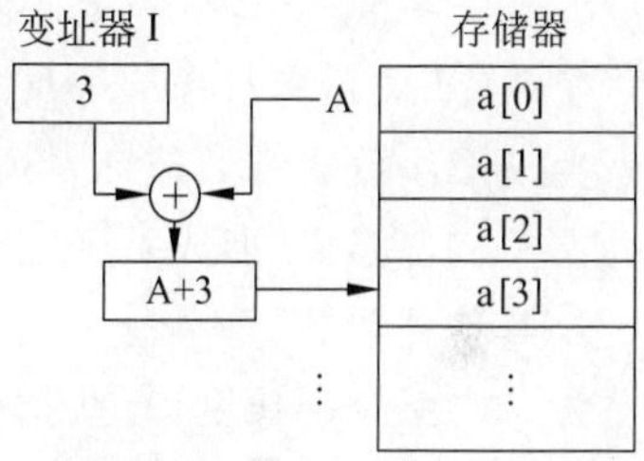

例如,在 Intel 8086 指令"MOV AL,[SI+1000H]"中,右边的操作数采用的就是变址寻址方式,其中,SI 为变址寄存器;1000H 为形式地址;SI 的内容加上 1000H 形成操作数的有效地址。

如图 4.2 所示,指令中的地址码 A 给定数组在存储器中的首地址,变址器 I 中存放的是数组元素的下标。若存储器按字节编址,且数组元素占 1 字节,则 C 语句 for(i=0;i<N;i++){x=a[i];…}对应的循环体中,第一次变址寄存器 I 的值为 0,执行取数指令取出 a[0]后,寄存器 I 的内容加 1,第二次执行循环体时,取数指令就能取出 a[1],…,如此循环,以实现高级语言对应语句的功能。如果数组元素占 4 字节,则每次变址寄存器 I 的内容就应该加 4。

图 4.2　数组元素的变址寻址

某些计算机中还允许变址寻址与间接寻址结合使用。假定指令中给出的变址寄存器为 I,形式地址为 A,则先变址寻址后间接寻址时,操作数的有效地址为 EA=(A+(I)),称为前变址;先间接寻址后变址寻址时,则 EA=(A)+(I),称为后变址。

7. 相对寻址

如果某指令的操作数的有效地址或转移目标地址位于该指令所在位置的前、后某个固定位置上,则该操作数或转移目标可用相对寻址方式。采用相对寻址方式时,指令中的地址码字段 A 给出一个偏移量,基准地址隐含由 PC 给出。即操作数有效地址或转移目标地址 EA=(PC)+A。这里的偏移量 A 是形式地址,有效地址或目标地址可以在当前指令之前或之后,因而偏移量 A 是一个带符号整数。相对寻址方式可用于实现共享代码的浮动或实现程序的跳转执行。

8. 基址寻址

基址寻址方式下,指令中的地址码字段 A 给出一个偏移量,基准地址可以明显或隐含地由基址寄存器 B 给出。操作数有效地址 EA=(B)+A。与变址方式一样,若任意一个通用寄存器都可用作基址寄存器,则指令中必须明确给出通用寄存器编号 R,并标明用作基址寄存器。

基址寻址过程如图4.3所示,其中,基址寄存器R可以指定为任何一个通用寄存器。寄存器R的内容是基准地址,加上形式地址A,形成操作数有效地址。

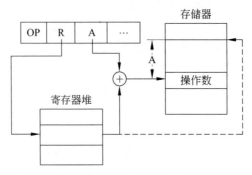

图4.3 基址寻址过程

变址、基址和相对3种寻址方式非常类似,都是将某个寄存器的内容与一个形式地址相加来生成操作数的有效地址。通常把它们统称为偏移寻址。有些指令系统还将变址和基址两种方式结合起来,形成基址加变址的寻址方式。

9. 其他寻址方式

为缩短指令字长度,有些指令采用隐含地址码方式。即在指令中不明显给出操作数地址或变址寄存器和基址寄存器编号,而是由操作码隐含指出。例如,单地址指令中只给出一个操作数地址,另一个操作数隐含规定为累加器中的内容;此外,还有栈操作指令,其操作数隐含为栈顶元素,指令中无须明显指出操作数地址。

4.2.4 操作类型

指令系统的完备性要求在设计指令系统时必须考虑应提供哪些操作类型。通常操作类型分为以下几种。

1. 算术和逻辑运算指令

算术和逻辑运算指令有加(add)、减(sub)、比较(cmp)、乘(mul)、除(div)、与(and)、或(or)、取反(not)、取负(neg)、异或(xor)、加1(inc)、减1(dec)等。

2. 移位指令

移位指令有算术移位、逻辑移位、循环移位、半字交换等。有的指令系统中,一条移位指令可以移动多位,此时通常用一个桶形移位器实现移位指令。

3. 传送指令

传送指令通常有寄存器之间的传送(mov)、从内存单元读取数据到通用寄存器(load)、从通用寄存器写数据到内存单元(store)等。

4. 串指令

串指令是对字符串进行操作的指令。如串传送、串比较、检索和传送转换等指令。

5. 顺序控制指令

顺序控制指令用来控制程序执行的顺序。有条件转移(branch)、无条件转移(jmp)、跳步(skip)、调用(call)、返回(ret)等指令。

顺序控制类指令的功能通过将转移目标地址送到 PC 中来实现。转移目标地址可用直接寻址方式给出(又称绝对转移),或由相对寻址方式给出(又称相对转移)。有的机器还可以用寄存器直接或寄存器间接寻址方式给出转移目标地址。

无条件转移指令在任何情况下都执行跳转执行,而条件转移指令(或称分支指令)仅在特定条件满足时才跳转执行。转移条件一般是某个标志位的值,或者由两个或两个以上的标志位组合而成,例如,CF=1、CF=0、CF=1 或 ZF=1 等。这里 CF 为进位/借位标志,ZF 为零标志。

调用指令也称转子指令,和转移指令的根本区别在于执行调用指令时必须保存下条指令的地址(称为返回地址)。调用指令用于子程序调用(即过程调用或函数调用),当子程序(被调用过程)执行结束时,根据返回地址返回到主程序(调用过程)继续执行;而转移指令则不返回执行,因而无须保存返回地址。

返回指令的功能是在子程序执行完毕时,将事先保存的返回地址送到 PC,这样处理器就能回到原来的主程序继续执行。

6. CPU 控制指令

CPU 控制指令有停机、开中断、关中断、系统模式切换以及进入特殊处理程序等指令。大多数机器将这类指令划为"特权"指令(也称为管态指令),只能在内核代码执行时使用,以防止因用户使用不当而对系统运行造成危害。

7. 输入输出指令

输入输出指令用于完成 CPU 与外部设备交换数据或传送控制命令及状态信息。大多数机器都设置了这类指令,但是它们的寻址方式一般较少,常见的只有寄存器寻址、直接寻址和寄存器间接寻址等。当外设中的 I/O 地址空间和主存地址空间统一编址时,可以不设置这类指令,而用访存指令完成 I/O 操作。

4.2.5 操作码编码

指令的操作码字段可以是固定长度,也可以是可变长度。选择定长操作码还是可变长操作码,是时间和空间之间的开销权衡问题。希望降低空间开销时,缩短代码长度更重要,应采用紧凑的变长操作码和变长指令字;希望降低时间开销以取得更好性能时,应采用定长操作码和定长指令字。

1. 定长操作码编码

定长操作码编码方式的操作码长度固定,译码方便,指令执行速度快,但有信息冗余。例如,IBM 360/370 采用 8 位定长操作码,最多可有 256 条指令,但指令系统中只提供了 183 条指令,有 73 种为冗余编码。如图 4.4 所示,其指令格式有 RR 型、RX 型、RS 型、SI 型、SS 型等。操作码 OP 中前两位用于指定 4 种不同指令格式:00 为 RR 型,01 为 RX 型,10 为 RS 和 SI 型,11 为 SS 型。

其中,RR 型的两个操作数和结果都在寄存器中;RX 型和 RS 型都是寄存器-存储器型,RX 型是二地址指令,第一个操作数和结果放在 R1 中,另一个操作数在存储器中,采用基址加变址寻址,有效地址 EA=(X)+(B)+D;RS 型是三地址指令,R1 存放结果,R3 存放一个源操作数,另一源操作数的有效地址 EA=(B)+D;SI 型是存储器-立即数型,结果和其中一个操作数的地址共用同一个存储单元;SS 型是存储器-存储器型指令,即两个操作数都是

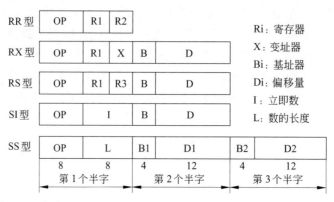

图 4.4　IBM 360/370 指令格式

存储器中的内容,用于字符串处理,L 为字符串长度。

2. 扩展操作码编码

扩展操作码编码方式将操作码的编码长度分成几种固定长度的格式。可以采用等长扩展法,例如,按 4-8-12、3-6-9 这种等步长方式扩展,也可采用不等长扩展法。扩展编码方式的操作码长度不固定,是可变的。这种编码方式被大多数非规整型指令集采用。

下面用一个例子来说明如何进行扩展操作码编码。

例 4.1　设某指令系统的指令字为 16 位,每个地址码为 6 位。若二地址指令 15 条,单地址指令 34 条,则剩下的零地址指令最多有多少条?

解:扩展编码的基本思想就是操作码按短到长进行扩展编码。二地址指令操作码最短,零地址指令的操作码最长,所以,按照二地址→单地址→零地址的顺序进行编码。

二地址指令的地址码部分占 12 位,故操作码只有 4 位,最多有 16 种编码,用去 15 种编码(0000～1110)分别表示 15 条指令,还剩一种编码 1111 未使用。

单地址指令的地址码部分占 6 位,故操作码有 10 位,最高 4 位为 1111,还剩 6 位,最多可有 $2^6 = 64$ 种编码,用其中的 32+2=34 种编码(11110 00000～11110 11111 和 11111 00000～11111 00001)分别表示 34 条单地址指令。

剩下的零地址指令共有 16 位操作码,编码范围为 11111(00010～11111)(000000～111111),即高 5 位固定为 11111,次 5 位为 00010～11111,低 6 位为 000000～111111。因此,零地址指令最多有 30×2^6 种编码可用。

4.2.6　标志信息的生成与使用

条件转移指令(也称分支指令)通常根据程序当前生成的标志信息进行转移。标志信息也称为条件码(condition codes,CC)或状态位(status)。常用的标志有零标志 ZF、溢出标志 OF、符号标志 SF 和进位/借位标志 CF。对于不同数据类型的运算指令,这些标志信息的含义有一些差别。

对于带符号整数加、减运算和无符号整数加、减运算,这 4 个标志的含义在 3.3.1 节中进行了详细说明,并在图 3.6(b)中给出了每个标志信息的生成电路。在执行定点整数加、减运算指令和比较指令(通过做减法进行比较)时,CPU 在 ALU 中进行相应的加或减运算,得到运算结果以及相应的标志信息。

对于逻辑运算指令,通常只有零标志 ZF 才有意义。可通过判断是否 ZF=1 来确定与、或、非等操作的结果是否为 0。对于移位指令,因为左移一位,数值扩大一倍,所以左移指令的结果可能会发生溢出。因此,有些机器的左移指令会生成 OF 标志。还有的机器在算术左移时将操作数的最高位移入进位标志,通过判断符号标志和进位标志是否相等来判断是否发生了溢出。

生成的标志位可由专门的条件码寄存器(或称状态寄存器、标志寄存器、程序状态字寄存器[①])来存放,也可由指定的通用寄存器来存放。有些机器不用专门的标志寄存器存放标志位,而是用通用寄存器来保存。不同机器的说法和做法类似,但不一定完全相同。

表 4.1 列出了 IA-32 指令系统中部分条件转移指令的转移条件。

表 4.1　IA-32 中部分条件转移指令

序 号	指 令	转移条件	说 明
1	ja/jnbe label	CF=0 AND ZF=0	无符号整数 A>B
2	jae/jnb label	CF=0 OR ZF=1	无符号整数 A≥B
3	jb/jnae label	CF=1 AND ZF=0	无符号整数 A<B
4	jbe/jna label	CF=1 OR ZF=1	无符号整数 A≤B
5	jg/jnle label	SF=OF AND ZF=0	带符号整数 A>B
6	jge/jnl label	SF=OF OR ZF=1	带符号整数 A≥B
7	jl/jnge label	SF≠OF AND ZF=0	带符号整数 A<B
8	jle/jng label	SF≠OF OR ZF=1	带符号整数 A≤B

IA-32 中某些运算类指令执行后,CPU 会根据运算结果产生相应的进/借位标志 CF、符号标志 SF、溢出标志 OF 和零标志 ZF 等,并保存到标志寄存器(EFLAGS)中。对于比较大小后进行分支转移的情况,通过减法来获得标志信息,然后再根据标志信息来判定两个数的大小,从而决定转移到何处执行指令。

对于无符号整数,ZF=1 说明两数相等,CF=1 说明有借位,是"小于"的关系,通过对 ZF 和 CF 的组合,得到表 4.1 中前 4 条指令中的结论;对于带符号整数,ZF=1 说明两数相等,SF=OF 说明结果是以下两种情况之一:①两数之差为正数(SF=0)且结果未溢出(OF=0);②两数之差为负数(SF=1)且结果溢出(OF=1),这两种情况显然反映的是"大于"关系。若 SF≠OF,则反映"小于"关系,因而带符号整数比较时对应表 4.1 中后面 4 条指令中的条件。

4.2.7　指令系统设计风格

1. 按操作数位置指定风格来分

按操作数位置指定风格来分,可分为以下 4 种不同类型的指令系统。

---

① 程序状态字寄存器用来存放条件码 CC 和自陷允许标志(trap enable flag)等状态信息。不同计算机对程序状态的描述以及程序状态存放位置可能不一样。但在概念上应该有一个程序状态字(program status word,PSW)。

1) 累加器(accumulator)型指令系统

累加器型指令系统中,总是把其中一个操作数隐含在累加器中,结果也在累加器中。虽然其指令字短,但每次运算都要通过累加器,因而,对于复杂表达式,编译器需生成许多移入/移出累加器的指令,从而使程序变长,影响程序执行效率。这种设计风格的指令系统只在早期机器中使用过,现在一般不采用。

2) 栈(stack)型指令系统

Java 虚拟机采用的是栈型指令系统。栈是一种采用先进后出(FILO)存取方式的特定存储区。栈型指令系统中,规定指令的操作数总是来自栈顶。往栈里存数称为入栈或压栈,从栈里取数叫出栈或弹出。

栈型指令系统中的指令都是零地址或单地址指令,因此,指令字很短。但是,由于指令所用操作数只能来自栈顶,所以,在对表达式进行编译时,所生成的指令顺序以及操作数在栈中的排列都有严格的顺序规定,因而不灵活,带来指令条数的增加。因此,栈型指令系统很少被通用计算机使用。

3) 通用寄存器(general purpose register)型指令系统

通用寄存器型指令系统的特点是,使用通用寄存器而不是累加器来存放临时数据,其指令操作数可以是立即数,或来自通用寄存器,或来自存储单元。

4) Load/Store 型指令系统

Load/Store 型指令系统也使用通用寄存器而不是累加器来存放临时数据。因此,它也是一种通用寄存器型指令系统。同时,它有一个显著的特点,就是只有取数(load)指令和存数(store)指令才可以访问存储器,运算类指令不能访存。Load/Store 型指令系统中的指令比较规整,体现在指令的长度和指令执行时间等能够比较一致。

2. 按指令格式的复杂度来分

按指令格式的复杂度来分,可分为 CISC 与 RISC 两种类型指令系统。

1) CISC 风格指令系统

随着 VLSI 技术的迅速发展,计算机硬件成本不断下降,软件成本不断上升。为此,人们在设计指令系统时增加了越来越多功能强大的复杂指令,以使指令功能接近高级语言语句的功能,给软件提供较好的支持。例如,VAX-11/780 指令系统包含了 16 种寻址方式,9 种数据格式,303 条指令,而且一条指令包含 1~2 字节的操作码和下续 N 个操作数说明符,而一个操作数说明符的长度可达 1~10 字节。称这类计算机为复杂指令集计算机(complex instruction set computer,CISC)。

复杂的指令系统使得计算机的结构变得复杂,不仅增加了研制周期和成本,而且难以保证其正确性,甚至降低了系统性能。对大量典型的 CISC 程序进行了调查,结果表明,各种指令的使用频率相当悬殊,最常使用的是只占指令系统 20% 的一些简单指令,它们占程序代码的 80% 以上,而需要大量硬件支持的复杂指令在程序中的出现频率却很低,这造成了硬件资源的大量浪费。因此,20 世纪 70 年代中期,一些高校和公司开始研究指令系统的合理性问题,提出了精简指令集计算机(reduced instruction set computer,RISC)的概念。

2) RISC 风格指令系统

RISC 的着眼点不是简单地放在简化指令系统上,而是通过简化指令使计算机结构更加简单合理,从而提高机器的性能。与 CISC 相比,RISC 指令系统的主要特点如下。

（1）指令数目少。只包含使用频度高的简单指令。

（2）指令格式规整。寻址方式少、指令格式少、指令长度一致。

（3）采用 Load/Store 型指令设计风格。

（4）采用流水线方式执行指令。规整的指令格式有利于采用流水线方式执行。

（5）采用大量通用寄存器。编译器可将变量分配到通用寄存器中，以减少访存次数。

（6）采用硬连线控制器。指令少而规整使得控制器的实现变得简单，可以不用或少用微程序控制。

（7）采用优化的编译系统。指令数少有利于编译器的优化。

采用 RISC 技术后，由于指令系统简单，CPU 的控制逻辑大大简化，芯片上可设置更多的通用寄存器，指令也可以采用速度较快的硬连线控制器来控制，且更适合于采用指令流水技术，这些都可以使指令的执行速度进一步提高。

虽然 RISC 技术在性能上有优势，但最终 RISC 机并没有在个人计算机和服务器市场上占优势，反而 Intel 公司一直保持较大份额，其原因主要有两点：第一，因为软件的向后兼容性，许多用户先期花了很多钱投资购买了在 Intel 系列机上开发的软件，如果换成 RISC 机，就意味着所有软件要重新投资；其次，随着处理器速度和芯片密度等的不断提高，RISC 系统也日趋复杂，而 CISC 由于采用了部分 RISC 技术（如 Intel 微架构中将简单指令直接转换为类 RISC 指令，复杂指令用微码实现），使其性能更加提高。虽然这种混合方案不如纯 RISC 方案速度快，但它却能在保证软件兼容的前提下达到具有较强竞争力的整体性能。

不过，随着后个人计算机时代的到来，个人移动设备的使用和嵌入式系统的应用越来越广泛，像 ARM 处理器等这些采用 RICS 技术的产品又迎来了新的机遇，在嵌入式系统中占有绝对优势，因而被更广泛使用。

4.2.8 异常和中断处理机制

异常和中断并不是指令，但异常和中断处理机制是指令系统必须考虑的重要内容。在程序正常执行过程中，某些指令的执行会遇到一些异常或特殊情况而无法继续，这种中断 CPU 中程序正常执行的情况主要有"异常"和"中断"两大类。

在早期的 Intel 8086/8088 系统中，并不区分异常和中断，两者统称为中断，由 CPU 内部产生的意外事件称为"内中断"；从 CPU 外部通过中断请求引脚 INTR 和 NMI 向 CPU 发出的中断请求为"外中断"。

从 Intel 80286 开始，Intel 公司统一把"内中断"称为异常，而把"外中断"称为中断。在 IA-32 架构说明文档中，Intel 公司对异常和中断进行了如下描述：处理器提供了异常和中断这两种打断程序正常执行的机制。中断是一种典型的由 I/O 设备触发的、与当前正在执行的指令无关的异步事件；而异常是处理器执行一条指令时，由处理器在其内部检测到的、与正在执行的指令相关的同步事件。

实际上，异常和中断两者的处理过程基本上是相同的，这也是在有些系统架构或教科书中将两者统称为"中断"或统称为"异常"的原因。

1. 异常

异常（exception）也称为例外，是指处理器在执行某条指令时发生在 CPU 内部的事件。如整除 0、溢出、断点设置、单步跟踪、访问超时、非法操作码、栈溢出、缺页、保护错等。内部异常分为故障(fault)、自陷(trap)和终止(abort)三类。

1) 故障

故障也称为失效,它是引起故障的指令在执行过程中被检测到的一类异常事件。例如,指令译码时,遇到"非法操作码";取指令或数据时,发生"缺页"或"保护错";执行整数除法指令时,发现"除数为 0"等。显然,"缺页"这类异常处理后,操作系统已将需要的页从外存调到主存,因此可继续返回到发生故障的指令继续执行;对于"非法操作码""保护错""整数除0"等异常,因为无法通过异常处理程序恢复故障,因此不能回到原断点继续执行,必须终止进程的执行。有关"缺页"和"保护错"等存储器访问异常的概念参见第 7 章相关内容。

2) 自陷

自陷也称为陷阱或陷入,与故障等其他异常事件不同,它是预先安排的一种"异常"事件,就像预先设定的"陷阱"一样。通常的做法是,事先在程序中用一条特殊指令或通过某种方式设定特殊控制标志来人为设置一个"陷阱",当执行到满足条件的自陷指令时,CPU 自动根据不同"陷阱"类型进行相应的处理,自陷异常处理结束后,将返回到自陷指令的下条指令执行。

通常,用于程序调试的"单步跟踪"和"断点设置"功能都通过"自陷"方式来实现。此外,还有系统调用指令、条件自陷指令等都属于自陷指令。执行到这些指令时,将无条件或有条件地自动调出操作系统内核程序或陷入特定的异常处理程序进行处理。

3) 终止

如果在执行指令过程中发生了严重错误,例如,访问指令或数据时,DRAM 或 SRAM 发生校验错,则程序将无法继续执行,只能终止发生问题的进程,在有些严重的情况下,甚至要重启系统。

2. 中断

程序执行过程中,若外设完成任务或发生某些特殊事件(如打印机缺纸、定时采样计数时间到、键盘缓冲满等),会向 CPU 发中断(interrupt)请求,要求 CPU 对这些情况进行处理。通常,每条指令执行完后,CPU 都会主动去查询有没有中断请求,有的话,则将下条指令地址作为返回地址(断点)保存,然后转到相应的中断服务程序执行,结束后回到断点继续执行。

中断事件与执行的指令无关,由 CPU 外部的 I/O 部件发出,因此,称为 I/O 中断或外部中断,需要通过专门的中断请求线向 CPU 请求。

指令集架构(ISA)必须对以上所述的异常和中断类型的定义、自陷指令、中断允许位、异常/中断原因的识别和记录、断点信息的保存、异常/中断整个处理过程中软硬件之间的协同等各个方面给出相应的规定。

4.3　程序的机器级表示

不管用什么高级语言编写的源程序最终都必须翻译(汇编、解释或编译)成以指令形式表示的机器语言,才能在计算机上运行。本节简单介绍高级语言源程序转换为机器代码过程中涉及的一些基本问题。为方便起见,本节选择具体语言进行说明,高级语言和机器语言分别选用 C 语言和 MIPS 指令系统。其他情况下,其基本原理不变。

4.3.1 MIPS 汇编语言和机器语言

机器语言程序是一个由若干条指令组成的序列。从前面对指令格式的介绍可以知道，每条指令由若干字段组成，每个字段都是一串由 0、1 组成的二进制数字序列。因此，程序员要读懂一个机器语言程序很费劲，也很难用机器语言直接编写程序。

为了能直观地表示机器语言程序，引入了一种与机器语言一一对应的符号化表示语言，称为汇编语言。汇编语言中，用容易记忆的英文单词或缩写来表示指令操作码的含义，用标号、变量名称、寄存器名称、常数等表示操作数或地址码。这些英文单词或其缩写、标号、变量名称等都被称为助记符。以下简要介绍 32 位 MIPS 指令系统和 MIPS 汇编语言。

1. MIPS 指令中数据的表示

MIPS 提供了 32 个 32 位通用寄存器，寄存器编号占 5 位，各寄存器的名称、编号和功能见表 4.2。

表 4.2　MIPS 通用寄存器

名　　称	编　　号	功　　能
zero	0	恒为 0
at	1	为汇编程序保留
v0～v1	2～3	过程调用返回值
a0～a3	4～7	过程调用参数
t0～t7	8～15	临时变量，在被调用过程无须保存
s0～s7	16～23	在被调用过程需保存
t8～t9	24～25	临时变量，在被调用过程无须保存
k0～k1	26～27	为 OS 保留
gp	28	全局指针
sp	29	栈指针
fp	30	帧指针
ra	31	过程调用返回地址

寄存器的汇编表示以 $ 符号开始，可以使用名称（如 $a0），也可以使用编号（如 $4）。

MIPS 还提供了 32 个 32 位的单精度浮点寄存器，用汇编符号 $f0～$f31 表示。它们可配对成 16 个 64 位浮点寄存器，用来表示 64 位双精度浮点数。

另外，MIPS 中提供了两个乘商寄存器 Hi 和 Lo，它们无须程序员在指令中显式给出。用 32 位的 Hi 和 Lo 可实现 64 位寄存器。在执行乘法运算时，Hi 和 Lo 联合用来存放 64 位乘积，而在执行除法运算时，最终的余数存放在 Hi 中，商在 Lo 中。

MIPS 中用程序计数器 PC 指出下条指令的地址。

MIPS 的存储器按字节编址。对于存储器数据，其操作数有效地址为 32 位，通过一个 32 位寄存器的内容加 16 位偏移量得到，16 位偏移量是带符号整数，故可访问的地址空间大小为 2^{32} 字节。采用大端方式（big endian）存放数据，数据要求按字边界对齐。只能通过

load/store 指令访问存储器数据。

对于立即操作数,指令中给出的位数为 16 位,指令执行时,需要将其进行符号扩展或 0 扩展,变成 32 位操作数后才能参加运算。

2. MIPS 指令格式和寻址方式

MIPS 是典型的 RISC 处理器,采用 32 位定长指令字,操作码字段也是固定长度,没有专门的寻址方式字段,由指令格式确定各操作数的寻址方式。

指令格式只有 3 种,如图 4.5 所示。

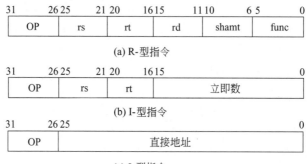

(a) R-型指令

(b) I-型指令

(c) J-型指令

图 4.5 MIPS 指令格式

R-型指令属于 RR 型指令,即操作数和结果都存放在寄存器中,这里 R 表示寄存器 (register)。其操作码 OP 为 000000,操作类型由 func 字段指定,若是双目运算类指令,则 rs 和 rt 的内容分别作为第一和第二源操作数,结果送 rd;若是移位指令,则对 rt 的内容进行移位,结果送 rd,所移位数由 shamt 字段给出。因为一条指令需要左移或右移若干位,所以 MIPS 中移位指令多用桶形移位器实现以提高速度。R-型指令的寻址方式只有一种,就是寄存器寻址。

I-型指令是立即数型指令,这里 I 表示立即数(immediate operand)。若是双目运算类指令,则将 rs 的内容和立即数分别作为第一和第二源操作数,结果送 rt;若 load/store 指令,则将 rs 的内容和立即数符号扩展后的内容相加作为内存单元地址,load 指令将内存单元内容送 rt,store 指令将 rt 内容送内存单元;若是条件转移(分支)指令,则对 rs 和 rt 内容进行指定的运算,根据运算的结果,决定是否转到转移目标地址处执行,转移目标地址通过相对寻址方式得到,即将 PC 的内容和立即数符号扩展后的内容相加得到。由此可知,I-型指令的寻址方式有 4 种,就是寄存器寻址、立即数寻址、相对寻址、基址或变址寻址。

J-型指令主要是无条件跳转指令,这里 J 表示跳转(jump)。指令中给出的是 26 位直接地址,只要将当前 PC 的高 4 位拼上 26 位直接地址,最后添两个 0 就可以得到 32 位的跳转目标地址。J-型指令的寻址方式只有一种,就是变通的直接寻址。

例 4.2 为什么 J-型指令中的跳转目标地址最后两位要添 0?如何实现该功能?

解:因为 MIPS 机器采用 32 位定长指令字,其存储单元采用字节编址,所以一条指令占 4 个存储单元,因而指令地址总是 4 的倍数,即地址最后两位总是 0,无须在指令中显式给出,只要在实现指令功能的数据通路中具有添加 00 的电路即可。

3. MIPS 汇编语言

表 4.3 和表 4.4 分别是 MIPS 汇编语言和机器代码示例列表。表 4.3 中列出了常用的 5

类指令：算术运算、存储访问、逻辑运算、条件分支、无条件跳转。每类中给出最具代表性的指令的名称、汇编形式示例、含义和文字说明。表 4.4 中给出了常用指令的机器代码示例，分别包括操作码汇编助记符、指令格式类型、指令各字段的十进制值和对应的汇编表示。

表 4.3　MIPS 汇编语言示例列表

类别	指令名称	汇编举例	含义	备注
算术运算	add	add $s1, $s2, $s3	$s1＝$s2＋$s3	三个寄存器操作数
	subtract	sub $s1, $s2, $s3	$s1＝$s2－$s3	三个寄存器操作数
存储访问	load word	lw $s1,100($s2)	$s1＝Memory[$s2＋100]	从内存取一个字到寄存器
	store word	sw $s1,100($s2)	Memory[$s2＋100]＝$s1	从寄存器存一个字到内存
逻辑运算	and	and $s1, $s2, $s3	$s1＝$s2 & $s3	三个寄存器操作数,按位与
	or	or $s1, $s2, $s3	$s1＝$s2｜$s3	三个寄存器操作数,按位或
	nor	nor $s1, $s2, $s3	$s1＝~($s2｜$s3)	三个寄存器操作数,按位或非
	and immediate	andi $s1, $s2,100	$s1＝$s2 & 100	寄存器和常数,按位与
	or immediate	ori $s1, $s2,100	$s1＝$s2｜100	寄存器和常数,按位或
	shift left logical	sll $s1, $s2,10	$s1＝$s2≪10	按常数对寄存器逻辑左移
	shift right logical	srl $s1, $s2,10	$s1＝$s2≫10	按常数对寄存器逻辑右移
条件分支	branch on equal	beq $s1, $s2,L	if($s1＝＝$s2) go to L	相等则转移
	branch on not equal	bne $s1, $s2,L	if($s1!＝$s2) go to L	不相等则转移
	set on less than	slt $s1, $s2, $s3	if($s2<$s3) $s1=1; else $s1=0	小于则置寄存器为 1,否则为 0,用于后续指令判 0
	set on less than immediate	slt $s1, $s2,100	if($s2<100) $s1=1; else $s1=0	小于常数则置寄存器为 1,否则为 0,用于后续指令判 0
无条件跳转	jump	j L	go to L	直接跳转至目标地址
	jump register	jr $ra	go to $ra	过程返回
	jump and link	jal L	$ra＝PC＋4; go to L	过程调用

表 4.4　MIPS 机器代码示例列表

指令	格式	指令举例						备注
add	R	0	18	19	17	0	32	add $s1, $s2, $s3
sub	R	0	18	19	17	0	34	sub $s1, $s2, $s3
lw	I	35	18	17	100			lw $s1,100($s2)
sw	I	43	18	17	100			sw $s1,100($s2)
and	R	0	18	19	17	0	36	and $s1, $s2, $s3
or	R	0	18	19	17	0	37	or $s1, $s2, $s3

指　令	格式			指　令　举　例				备　注
nor	R	0	18	19	17	0	39	nor　$s1,$s2,$s3
andi	I	12	18	17	100			andi　$s1,$s2,100
ori	I	13	18	17	100			ori　$s1,$s2,100
sll	R	0	0	18	17	10	0	sll　$s1,$s2,10
srl	R	0	0	18	17	10	2	srl　$s1,$s2,10
beq	I	4	17	18	25			beq　$s1,$s2,100
bne	I	5	17	18	25			bne　$s1,$s2,100
slt	R	0	18	19	17	0	42	slt　$s1,$s2,$s3
j	J	2	2500					j　10000
jr	R	0	31	0	0	0	8	jr　$ra
jal	J	3	2500					jal　10000
字段大小		6 位	5 位	5 位	5 位	5 位	6 位	
R-型指令	R	OP	rs	rt	rd	shamt	func	
I-型指令	I	OP	rs	rt	address			

从这两个表中可明显看出机器代码和汇编表示的一一对应关系。根据机器代码和汇编表示之间的对应表(称为指令解码表),可以很容易地实现两者的转换。从汇编表示转换为机器代码的过程称为汇编,从机器代码转换为汇编表示的过程称为反汇编。

例 4.3　若从 MIPS 指令机器代码与汇编表示对应表中查出操作码(OP 字段)000000 对应 R-型指令,又从 R-型指令解码表中查到功能码(func 字段)100000 对应 add 指令。回答下列问题。

(1) 汇编表示"add $t0,$s1,$s2"对应的 MIPS 指令的机器代码是什么?

(2) 假定一条 MIPS 指令的二进制机器代码表示为 0000 0000 1010 1111 1000 0000 0010 0000,则该指令对应的 MIPS 汇编表示形式是什么?

解:汇编和反汇编过程依赖于解码表进行,只要通过查表就可实现指令的机器代码和汇编表示之间的转换。

(1) 由表 4.4 可知,add 指令是 R-型指令,对应的 OP 字段为 0,即二进制 000000,func 字段为 32,即二进制 100000,shamt 字段为 0;由表 4.2 可知,$t0、$s1 和 $s2 的编号分别为 8、17 和 18。因此,得到该指令各字段的值如图 4.6 所示。

31　　　26	25　　21	20　　16	15　　11	10　　6	5　　　0
000000	10001	10010	01000	00000	100000
OP	rs	rt	rd	shamt	func

图 4.6　指令各字段分解

即汇编表示"add $t0,$s1,$s2"对应的指令机器代码是 0000 0010 0011 0010 0100

0000 0010 0000。

（2）指令的前 6 位操作码为 000000，是一条 R-型指令，按照 R-型指令的格式，指令分解为如图 4.7 所示的 6 个字段，从而得到 rs＝00101，rt＝01111，rd＝10000，shamt＝00000，func＝100000。

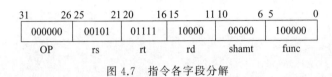

图 4.7　指令各字段分解

由表 4.4 可知是 add 操作。rs、rt、rd 的十进制值分别为 5、15、16，从表 4.2 可知，rs、rt 和 rd 分别为 \$a1、\$t7 和 \$s0。故对应汇编形式为"add \$s0，\$a1，\$t7"或"add \$16，\$5，\$15"。

4.3.2　选择结构的机器代码表示

选择结构根据判定条件来控制一些语句是否被执行。对应高级语言中的选择语句，在机器语言中提供了各种条件码（标志位）的设置功能以及各种分支（条件转移）指令和无条件转移指令。编译器通过条件码设置指令和各类转移指令来实现选择结构语句。

例 4.4　假定 C 语言赋值语句"f＝(g＋h)－(i＋j)；"中变量 i、j、f、g、h 由编译器分别分配给 MIPS 寄存器 \$t0～\$t4。要求给出编译后的 MIPS 机器代码和汇编表示。

解：只要用 3 条 R-型指令即可，其中，有两条是 add 指令，有一条是 sub 指令。3 条指令的 OP 字段都为 000000，根据表 4.4 可知，add 指令 func 字段为 32＝100000B，sub 指令 func 字段为 34＝100010B。从表 4.2 可知，寄存器 \$t0～\$t7 对应 8～15。因此该赋值语句对应的 MIPS 机器代码和汇编表示（♯后为注释）如下。

```
000000 01011 01100 01101 00000 100000      add $t5, $t3, $t4    #g+h
000000 01000 01001 01110 00000 100000      add $t6, $t0, $t1    #i+j
000000 01101 01110 01010 00000 100010      sub $t2, $t5, $t6    #f=(g+h)-(i+j)
```

例 4.5　对于 C 程序段"if(i＝＝j)f＝g＋h；else f＝g－h；"，假定 i、j、f、g、h 由编译器分别分配给 MIPS 寄存器 \$s1～\$s5。要求给出编译后的 MIPS 汇编表示。

解：首先要有一条分支指令能根据 i、j 是否相等进行转移，可选用表 4.3 中 beq 或 bne 指令。此外，还要有一条无条件转移指令，可选用表 4.3 中的 j 指令。上述程序段对应的 MIPS 汇编表示如下：

```
        bne $s1, $s2, else     #if(i≠j), jump to else
        add $s3, $s4, $s5      #f=g+h
        j exit                 #jump to exit
else:   sub $s3, $s4, $s5      #f=g-h
exit:
```

例 4.6　对于 C 程序段"if(i＜j)f＝g＋h；else f＝g－h；"，假定 i、j、f、g、h 由编译器分别分配给 MIPS 寄存器 \$s1～\$s5。要求给出编译后的 MIPS 汇编表示。

解：首先要有一条比较 i、j 大小的指令，该指令能根据比较结果设置标志位，然后分支指令根据标志位的值进行转移,因此,应选用表 4.3 中的 slt 指令、beq 或 bne 指令。在比较标志位的值时,需要判断是否为 0,此时,用 0 号寄存器 $zero 表示 0。上述程序段对应的 MIPS 汇编表示如下:

```
        slt   $s6, $s1, $s2      #if (i<j) $s6=1 else $s6=0
        beq   $s6, $zero, else   #if $s6=0, jump to else
        add   $s3, $s4, $s5      #f=g+h
        j     exit               #jump to exit
else:   sub   $s3, $s4, $s       #f=g-h
exit:
```

4.3.3　循环结构的机器代码表示

循环结构是指可重复执行的一组语句,如 while 语句、for 语句等。分支指令在循环结构中起重要作用,主要用来判断循环结束条件是否满足。此外,大多数循环体内需要对数组元素进行处理,因此,需要用到自动变址寻址,如果指令系统不提供自动变址,则编译器需要选用对变址寄存器进行增量的指令来使每次循环能按顺序取不同的数组元素。

例 4.7　以下是一个 C 程序段:

```
while (i!=k) {
    x=x+A[i];
    i=i+1;
}
```

假定 x、i、k 由编译器分别分配给 MIPS 寄存器 $s1,$s2,$s3,数组 A 的每个元素为一个 32 位,首地址存放在 $s5 中,要求给出编译后的 MIPS 汇编表示。

解:循环体内有一个数组元素的访问,首先要计算每次循环中数组元素 $A[i]$ 的地址,它应等于 A 的首地址加上偏移量。因为数组元素是一个 32 位的字,而 MIPS 按字节编址,所以偏移量等于 $i \times 4$,可以用乘法指令实现,也可以用加法指令(两次加倍)或移位指令(左移 2 位)来实现 $\times 4$。从第 3 章介绍的运算算法来看,乘法指令所需的时间最长,所以一般不用乘法指令实现 $\times 4$ 操作。从内存读取数组元素的功能用 lw 指令实现。

循环开始时,先用分支指令 beq 判断循环结束条件,以便在循环结束条件满足时跳出循环体。循环结束后的第一条指令用一个标号 Exit 标识;循环最后要有一条无条件转移指令 j,以转到循环体的开始,循环体内第一条指令的标号为 Loop。

MIPS 没有自动变址寻址方式,因此用一条显式的加法指令 addi 实现数组下标增量。

编译后的 MIPS 汇编表示如下:

```
Loop:   beq   $s3, $s2, Exit
        sll   $s7, $s2, 2        #i×4
        add   $s7, $s7, $s5      #$7= A[i]的地址
        lw    $s6, 0($s7)        #$6= A[i]
        add   $s1, $s1, $s6      #x=x+A[i]
        addi  $s2, $s2, 1        #i+1
        j     Loop
Exit:
```

4.3.4 过程调用的机器代码表示

子程序的使用有助于提高程序的可读性,并有利于代码重用,它是程序员进行模块化编程的重要手段。子程序的使用主要是通过过程或函数调用实现,为叙述方便,本书将过程(调用)和函数(调用)统称为过程(调用)。过程允许程序员使用参数将过程与其他程序和数据分离,调用过程只要传送输入参数给被调用过程,最后再由被调用过程返回结果给调用过程即可。为了彼此统一,并能配合操作系统工作,编译的过程代码之间必须遵循一定的调用接口约定,编译器和汇编程序员强制按照这些约定生成或编写机器级代码,包括寄存器的使用、栈帧的建立和参数传递等。

1. MIPS 中用于过程调用的指令

调用指令是一种无条件转移指令,在 MIPS 中称为跳转并链接(jump and link)指令,指令名称为 jal,采用 J-型格式,具有两个功能: ①保存下条指令地址(即返回地址)到 31 号寄存器; ②跳转到指定地址处执行。其汇编形式和指令格式分别参见表 4.3 和表 4.4。例如,指令 jal 10000 的功能为"$ 31 = PC + 4$; go to 10000"。

返回指令也是一种无条件转移指令,在 MIPS 中称为寄存器跳转(jump register)指令,指令名称为 jr,采用 R-型格式,其功能为跳转到寄存器指定的地址处执行。其汇编形式和指令格式分别参见表 4.3 和表 4.4。例如,指令 jr $ 31$ 的功能为转到调用程序的返回地址(在 $ 31$ 中保存)处执行,jr 指令中的寄存器也可以是除 $ 31$ 以外的其他寄存器,所以,jr 指令也可用于 switch case 语句中的跳转执行。

2. 过程调用时 MIPS 寄存器的使用约定

假定过程 P 调用过程 Q,则过程调用的执行步骤如下。

(1) P 将入口参数放到 Q 能访问到的地方。

(2) P 将返回地址存到特定的地方,然后将控制转移到 Q。

(3) Q 为 P 保存现场,并为自己的局部变量分配空间。

(4) 执行过程 Q。

(5) Q 将返回结果放到 P 能访问到的地方。

(6) Q 取出返回地址,将控制转移到 P。

从上述执行步骤来看,在过程调用中,需要为入口参数、返回地址、调用过程执行时用到的寄存器、被调用过程中的局部变量、过程返回时的结果等数据找到存放空间。如果有足够的寄存器,最好把这些数据都保存在寄存器中,这样,CPU 执行指令时,可以快速地从寄存器取得这些数据进行处理。但是,用户可见寄存器数量有限;并且它们是所有过程共享的,给定时刻只能被一个过程使用;此外,对于过程中使用的一些局部变量(如数组和结构等复杂类型数据)也不可能保存在寄存器中。因此,除了寄存器外,还需要有一个专门的存储区域来保存这些数据,这个存储区域就是栈(stack)。那么,上述数据中哪些存放在寄存器,哪些存放在栈中呢? 寄存器和栈的使用又有哪些规定呢?

尽管硬件对寄存器的用法几乎没有任何规定,但在软件实际使用寄存器时还要遵循一定的惯例,使程序员、编译器和操作系统等都按照统一的约定处理。

假定过程 P 调用过程 Q,则 MIPS 程序中对过程调用时寄存器的使用规定如下(参见表 4.2)。

(1) $a0～$a3 用于传递前 4 个非浮点数入口参数。因此在过程 P 中应先将入口参数送入 $a0～$a3,然后调用 Q。若入口参数超过 4 个,则其余参数保存到栈中。

(2) $v0～$v1 用于传递从 Q 返回的非浮点数返回参数。因此在过程 Q 中应先将返回参数送入 $v0～$v1 再返回 P。

(3) $ra 用于存放返回地址,由调用指令(jal)自动将返回地址送入 $ra(即 $31)。

(4) $s0～$s7 在过程 P 中原来的值从过程 Q 返回后可被 P 继续使用,因此,若在过程 Q 中使用这些寄存器,则必须先将其内容保存到栈后才能使用,并在返回 P 前恢复,因此,它们被称为保存寄存器。

(5) $t0～$t9 的值从过程 Q 返回后在 P 中不再需要使用,若需要则由 P 自己保存,因此,在过程 Q 中不需对其内容保存,可以自由使用,所以,它们被称为临时寄存器。

(6) $a0～$a3 的值从过程 Q 返回后在 P 中也不再需要使用,若需要,也由 P 自己保存,因此,过程 Q 不需要为过程 P 对其内容进行保存。

3. MIPS 中的栈和栈帧

上文提到,过程调用时的一些数据除了可存放到寄存器外,还有一些数据被存放到栈中。MIPS 中有一个专门的栈指针寄存器 $sp,用来指示栈顶元素,栈中每个元素的长度为 32 位,没有专门的入栈指令(push)和出栈指令(pop)。入栈、出栈操作分别用 sw、lw 指令实现,因而不能自动进行栈指针调整,需用 addi 指令调整 $sp 的值。

MIPS 中,栈从高地址向低地址方向增长,而取数、存数则从低地址向高地址方向进行,MIPS 采用大端方式,每入栈 1 个字,则 sp-4→$sp,每出栈 1 个字,则 sp+4→$sp。

例 4.8 假定将返回地址 $ra 和参数 $a0 保存到栈中,写出其指令序列,并画图说明 $ra 和 $a0 在栈中的位置。

解: 假定栈指针寄存器 $sp 指向栈顶,返回地址 $ra 和参数 $a0 从栈顶处开始存放,其存放位置如图 4.8 所示。

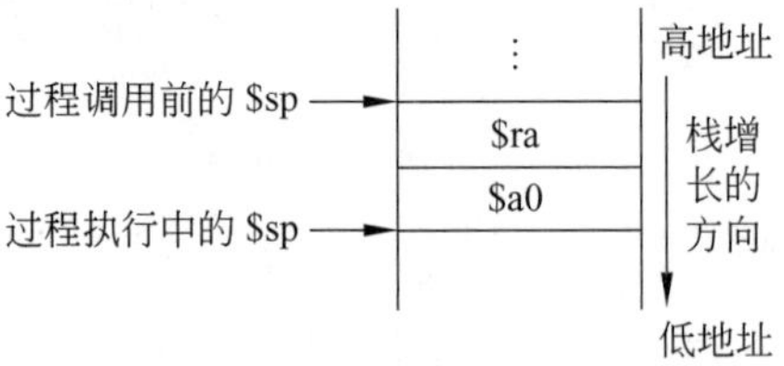

在栈中保存信息的指令序列如下:

```
addi    $sp, $sp, -8
sw      $ra, 4($sp)
sw      $a0, 0($sp)
```

图 4.8 栈中数据的存放

每个过程都有自己的栈区,称为栈帧(stack frame),因此,一个栈由若干栈帧组成,每个栈帧用专门的帧指针寄存器指定起始位置,MIPS 中的帧指针寄存器是 $fp。当前栈帧范围在帧指针 $fp 和栈指针 $sp 指向区域之间。过程执行时,由于不断有数据入栈,所以栈指针会动态移动,而帧指针固定不变。对程序来说,用固定的帧指针来访问变量要比用变化的栈指针方便多,也不易出错,因此,在一个过程内对栈中信息的访问大多通过帧指针进行。但是,如果当前过程的栈帧(即当前栈帧)中没有局部变量,则编译器大多不设置和恢复帧指针,以减少时空开销。当需要使用帧指针 $fp 时,通常以过程调用时的栈指针 $sp 或 sp-4 作为其初始值,这样,$fp 总是指向当前栈帧前一个字或当前栈帧第一个字的起始位置。

假定过程 P 调用过程 Q,则在调用过程 P 中入栈保存的信息称为调用者保存信息,存放在过程 P 的栈帧中;在被调用过程 Q 中入栈保存的信息称为被调用者保存信息,存放在

Q 的栈帧中。图 4.9 给出了在过程调用前、调用中和调用后的 MIPS 用户栈的变化状态。

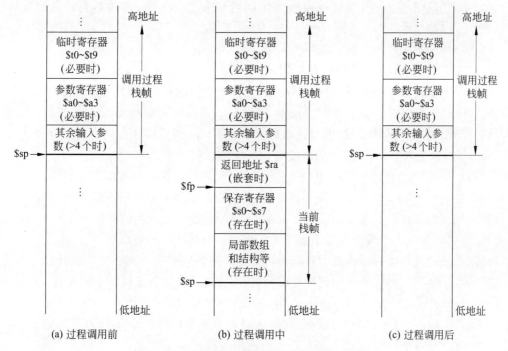

图 4.9　过程调用时 MIPS 中的栈和栈帧的变化

如图 4.9(a)所示,在调用过程中遇到新的一个过程调用时,调用过程根据需要确定是否将临时寄存器或参数寄存器保存到自己的栈帧(调用过程栈帧)中,同时,对于浮点数参数和超过 4 个的其余非浮点数参数也要保存到自己的栈帧中,然后转入被调用过程。如图 4.9 (b)所示,在被调用过程中,需要时需将帧指针 $fp 设置为 $sp,在 $fp 和 $sp 指向的区间之间的是当前栈帧。如果当前过程是非叶子过程(叶子过程指不再调用其他过程的过程),则返回地址入栈保存;若在过程中用到保存寄存器,则将它们入栈保存;然后根据过程中局部数组或结构等情况,对局部变量进行入栈保存;若 $fp 有被破坏的情况(如嵌套调用)发生,还需将 $fp 保留到当前栈帧中;如果是递归调用,则所有输入参数都需要入栈保存。被调用过程执行结束返回前,必须释放局部变量占用的栈区,并恢复保存的各个寄存器,最后可根据 $fp 的值恢复进入被调用过程时的栈指针 $sp。这样,在回到调用程序后,栈中状态和过程调用前一样,如图 4.9(c)所示。

4. MIPS 过程调用协议

在程序执行过程中,每调用一次过程,都会在栈中生成一个对应的新栈帧,而在执行返回指令前对应的栈帧在栈中都已被释放。栈帧的生成和释放方式可以有多种,但不管采用什么方式,调用过程和被调用过程都必须遵循一定的步骤。

以下步骤是大多数 MIPS 系统上采用的过程调用协议。

1) 调用过程 P 在过程调用前的执行步骤

(1) 若 P 在返回后还要用到 $a0~$a3 和 $t0~$t9 中某些寄存器,则需将这些寄存器压到当前栈帧。

（2）将前 4 个参数送到 $a0～$a3,其他参数压到当前栈帧。

（3）执行 jal 指令,该指令将返回地址保存到 $ra($31)中,并将控制转移到被调用过程。

2）被调用过程 Q 中的执行步骤

由三段组成:开始段、本体段(过程体)和结尾段。本体段进行具体处理。

开始段主要进行栈帧生成、寄存器保存和局部变量空间申请,其处理步骤如下。

（1）通过调整栈指针 $sp 来申请栈帧,即将 $sp 的值减去栈帧大小。

（2）若 Q 需调用其他过程,则将返回地址寄存器 $ra 和帧指针 $fp 压入当前栈帧。

（3）设置帧指针 $fp,其值为当前栈指针 $sp 加栈帧大小。

（4）若 Q 中用到 $s0～$s7 中的某些寄存器,则需将这些寄存器压入当前栈帧。

（5）若 Q 中的局部变量发生寄存器溢出(即寄存器不够分配),则局部变量在 Q 的栈帧中分配空间。若有像数组和结构之类的复杂类型局部变量,则在当前栈帧中分配空间。

由此可见,栈帧大小应至少等于上述步骤中用到的存储单元的总和。

结尾段主要进行寄存器恢复、栈帧释放,并返回到调用程序。其处理步骤如下。

（1）若保存了 $s0～$s7 中某些寄存器值,则将这些值从当前栈帧中恢复到寄存器。

（2）若保存了返回地址和帧指针,则将它们分别恢复到寄存器 $ra 和 $fp 中。

（3）调整栈指针 $sp 以释放栈帧,即将 $sp 的值加栈帧大小,或将 $fp 的值送 $sp。

（4）用返回指令 jr $ra 将控制权返还给调用过程。

例 4.9 写出以下 C 语言过程对应的 MIPS 汇编表示。

```
void swap(int v[], int k)
{
    int temp;
    temp=v[k];
    v[k]=v[k+1];
    v[k+1]=temp;
}
```

解:swap 不是主程序(main 函数),是一个被调用过程,但它不再调用其他过程,所以是个叶子过程。

按照调用协议,swap 过程的调用过程已将参数 v 和 k 分别放在参数寄存器 $a0 和 $a1 中。参数 v 是一个数组的首地址。假定在 swap 过程体中先使用临时寄存器 $t0～$t9,不够时再使用保存寄存器 $s0～$s7,局部变量 temp 分配在寄存器 $t0 中。如果临时寄存器够用的话,则不需要在栈帧中保存调用过程的现场,即不需将 $s0～$s7 的值保存在栈帧中。

按照上述 MIPS 过程调用协议,开始段无须保存任何寄存器的值,也无须在栈中分配局部变量。因为 swap 是叶子过程,故无须保存返回地址和帧指针,由此可见,swap 对应的栈帧为空,结尾段直接返回即可。swap 的汇编表示如下:

```
swap:   sll    $t1, $a1, 2      #k<<2, multiply k by 4
        add    $t1, $t1, $a0    #address of v[k]
        lw     $t0, 0($t1)      #load v[k]
        lw     $t2, 4($t1)      #load v[k+1]
```

```
    sw      $t2, 0($t1)        #store v[k+1] into v[k]
    sw      $t0, 4($t1)        #store old v[k] into v[k+1]
    jr      $31                #return to caller
```

例 4.10 要求写出以下 3 个 C 语言函数对应的 MIPS 汇编表示。

```
void set_array(int num)
{
    int i, array[10];
    for(i=0; i<10; i++) {
        array[i]=compare(num, i);
    }
}

int compare(int a, int b)
{
    if(sub(a, b)>=0)
        return 1;
    else
        return 0;
}

int sub(int a, int b)
{
    return a-b;
}
```

解：为了尽量减少指令条数，并减少访问内存次数。在每个过程的过程体中总是先使用临时寄存器 $t0～$t9，临时寄存器不够或者某个值在调用过程返回后还需要用，就使用保存寄存器 $s0～$s7。

MIPS 指令系统中没有寄存器传送指令，为了提高汇编表示的可读性，引入一条伪指令 move 来表示寄存器传送，汇编器将其转换为具有相同功能的机器指令。伪指令"move $t0，$s0"对应的机器指令为"add $t0，$zero，$s0"。

（1）过程 set_array。入口参数为 num，没有返回参数，有一个局部简单变量 i 和局部数组，被调用过程为 compare。假定 i 分配在临时寄存器 $t2 中，这样无须在栈帧中为 i 分配空间，也无须在栈帧中保存 $t2。栈帧中除保留所用的保存寄存器外，必须保留返回地址 $ra，是否保存 $fp 要看具体情况。如果确保后面都不用到 $fp，则可以不保存，但为了保证 $fp 的值不被后面的过程覆盖，通常情况下，应该保存 $fp 的值，此外，需要在栈帧中为局部数组分配 $4×10＝40$ 字节的空间。从过程体来看，从 compare 返回后还需要用到数组基地址，故将其分配给保存寄存器 $s1。因此，$s1 需保存在栈帧中，另外加上返回地址、帧指针和局部数组，其栈帧空间最少为 $4×3＋40＝52$ 字节。

过程 set_array 的汇编表示如下：

```
set-array: addi    $sp, $sp, -52      #generate stack frame
           sw      $ra, 48($sp)       #save $ra on stack
           sw      $fp, 44($sp)       #save $fp on stack
           sw      $s1, 40($sp)       #save $s1 on stack
```

```
                 addi     $fp, $sp, 48          #set $fp
                 move     $s1, $sp              #$s1=base address of array
                 move     $t0, $a0              #$t0=num
                 move     $t2, $zero            #i=0
for-loop:        slti     $t1, $t2, 10          #if i<10 $t1=1 else $t1=0
                 beq      $t1, $zero, exit1     #if $t1=0, jump to exit1
                 move     $a0, $t0              #$a0=num
                 move     $a1, $t2              #$a1=i
                 jal      compare              #call compare
                 sll      $t1, $t2, 2           #i×4
                 add      $t1, $s1, $t1         #$t1=array[i]
                 sw       $v0, 0($t1)           #store result to array[i]
                 addi     $t2, $t2, 1           #i=i+1
                 j        for-loop
exit1:           lw       $ra, 48($sp)          #restore $ra
                 lw       $fp, 44($sp)          #restore $fp
                 lw       $s1, 40($sp)          #restore $s1
                 addi     $sp, $sp, 52          #free stack frame
                 jr       $ra                   #return to caller
```

（2）过程 compare。入口参数为 a 和 b，有一个返回参数，没有局部变量，被调用过程为 sub。所以其栈帧中除了保留所用的保存寄存器外，还必须保留返回地址 $ra 和旧 $fp 的值；因为 compare 过程的参数和 sub 过程的入口参数一样，所以在调用 sub 前没有对 $a0 和 $a1 寄存器送参数。

```
compare: addi     $sp, $sp, -8
         sw       $ra, 4($sp)
         sw       $fp, 0($sp)          #save $fp on stack
         addi     $fp, $sp, 4          #set $fp
         jal      sub
         slt      $t1, $v0, $zero      #if $v0<0 $t1=1 else $t1=0
         beq      $t1, $zero, else     #if $t1=0, jump to else
         move     $v0, $zero           #return 0
         j        exit2
else:    ori      $v0, $zero, 1        #return 1
exit2:   lw       $fp, 0($sp)
         lw       $ra, 4($sp)
         addi     $sp, $sp, 8
         jr       $ra
```

（3）过程 sub。入口参数为 a 和 b，有一个返回参数，没有局部变量，是叶子过程，且过程体中没有用到任何保存寄存器。所以栈帧中不需要保留任何信息。

```
sub: sub     $v0, $a0, $a1
     jr      $ra
```

需要说明的是，上例给出的程序是示意性的，实际上该程序没有任何意义。因为过程 set_array 所做的工作就是把比较的结果写到数组 array 中，没有任何返回值，而数组 array 是局部变量，当从过程 set_array 返回后，该过程的栈帧全部被释放，array 中的值也全部无效，所以程序没有做任何有结果的工作。此外，从上述例子可以看出，如果全部利用栈指针

$sp 来访问栈帧是可以实现的,所以,MIPS 中的 30 号寄存器 $30 可以作为帧指针 $fp,也可以在不想利用它来访问栈帧时把它作为保留寄存器 $s8 使用。

*4.4　指令系统实例:RISC-V 架构

历史上曾出现过许多指令系统,如 Intel x86、AMD Am29000、Digital Alpha、Digital VAX、HP PA-RISC、Intel i860、Intel i960、Motorola 88000 及 Zilog Z8000 等,但绝大多数都因为不适应新的要求而被弃用。目前 Intel x86 架构在 PC/服务器市场一直保持较大份额,而 ARM 架构则在个人移动设备和嵌入式系统中占有绝对优势。

包括 Intel x86 和 ARM 在内的传统指令集架构都诞生于 20 世纪 70 到 80 年代,都属于增量型 ISA,为保证软件的兼容,新处理器采用的指令集中一定要包含老的指令,而新技术、新功能的出现又需要不断地增加新的指令,因而导致 ISA 中的指令数量越来越多。例如,Intel x86 指令集在 1978 年诞生时仅有 80 条指令,到 2015 年达到了 1338 条指令,实际上应该更多。很多新指令已经涵盖了一些老指令的功能,还有一些老指令在实际程序中已很少使用,早已失效,但它们却占用着宝贵的操作码编码空间。显然,这种增量 ISA 随着时间的推移,其复杂度越来越高,导致处理器及其运行的各类系统软件的设计与开发越来越困难,成本也越来越高。

由美国加州大学伯克利分校在 2011 年推出的具有典型 RISC 特征的 RISC-V(RISC five)是一个最新提出的、开放的指令集架构。它与以前的增量 ISA 不同,它遵循“大道至简”的设计哲学,采用模块化设计方法,既保持基础指令集的稳定,也保证扩展指令集的灵活配置,因此,RISC-V 指令集具有模块化特点和非常好的稳定性和可扩展性,在简洁性、实现成本、功耗、性能和程序代码量等各方面都有较显著的优势。本节将 RISC-V 架构作为指令系统实例,详细介绍指令系统所涵盖的各个方面。

*4.4.1　RISC-V 指令系统概述

RISC-V 的设计者以史为鉴,针对传统增量 ISA 存在的各种问题,采用模块化设计思想,着重在芯片制造成本、指令集的简洁性和扩展性、程序性能、指令集架构与其实现之间的独立性、程序代码量,以及易于编程/编译/链接等方面进行权衡,提出了一种全新的指令集体系结构。

1. RISC-V 的设计目标

RISC-V 设计者深入分析了 40 年间推出的各种指令集的优缺点,期望通过“取其精华、去其糟粕”,设计出一个全新的通用指令集体系结构。

RISC-V 的设计目标是,它能适应从最袖珍的嵌入式控制器,到最快的高性能计算机的实现;能兼容目前各种流行软件栈和各种编程语言;适用于所有实现技术,包括现场可编程门阵列(FPGA)、专用集成电路(ASIC)、全定制芯片,甚至是未来的实现技术;适合于各类微架构技术,如微码和硬连线控制器、单发射和超标量流水线、顺序和乱序执行等;支持广泛的异构处理架构,成为定制加速器的基础。此外,它还应该具有稳定的基础指令集架构,能够保证在扩展新功能时不影响基础部分,这样就可避免像以前那些传统指令集架构那样,一旦不适应新的要求就只能被弃用。

2. RISC-V 的开源理念和设计原则

RISC-V 设计者本着"指令集应自由"(instruction set want to be free)的理念,将 RISC-V 完全公开,希望在全世界范围内得到广泛的支持,任何公司、大学、研究机构和个人都可以开发兼容 RISC-V 指令集的处理器芯片,都可以融入基于 RISC-V 构建的软硬件生态系统中,而无须为指令集付一分钱。

RISC-V 是一个开放指令集架构。它由一个开放的、非营利性质的基金会管理,因而它的未来不受任何单一公司的浮沉或一时兴起的影响。RISC-V 基金会创立于 2015 年,基金会致力于为 RISC-V ISA 的未来发展提供指导意见,积极推动 RISC-V ISA 的应用,RISC-V 基金会成员参与制定并可使用 RISC-V ISA 规范,并参与相关软/硬件生态系统的开发。基金会的目标之一就是保持 RISC-V 的稳定性,并力图让它之于硬件就像 Linux 之于操作系统一样受欢迎。

3. RISC-V 的模块化结构

RISC-V 采用模块化设计思想,将整个指令集分成稳定不变的基础指令集和可选的标准扩展指令集。它的核心是基础的 32 位整数指令集 RV32I,在其之上可以运行一个完整的软件栈。RV32I 是一个简洁、完备的固定指令集,永远不会发生变化。不同的系统可以根据应用的需要,在基础指令集 RV32I 之外,添加相应的扩展指令集模块,例如,可以添加整数乘除(RV32M)、单精度浮点(RV32F)、双精度浮点(RV32D)3 个指令集模块,以形成 RV32IMFD 指令集。

RISC-V 还包含一个原子操作扩展指令集(RV32A),它和指令集 RV32MFD 合在一起,成为 32 位 RISC-V 标准扩展集,添加到基础指令集 RV32I 后,形成通用 32 位指令集 RV32G。因此,RV32G 代表 RV32IMAFD 指令集。

为了缩短程序的二进制代码的长度,RISC-V 提供了 RV32G 对应的压缩指令集 RV32C,它是指令集 RV32G 的 16 位版本,RV32G 中每条指令都是 32 位,而 RV32C 中每条指令都压缩为 16 位。

对于字长为 64 位的处理器架构,通用寄存器和定点运算器的位数都是 64 位。因为上述指令集 RV32G 和 RV32C 无法实现 64 位运算,因而,需要对相应的 32 位指令集的行为进行调整,将处理的数据从 32 位调整为 64 位,并重新添加少量的 32 位处理指令,以形成对应的 RV64G(即 RV64IMAFD);对于 RV32C,则是对部分指令进行了替换和调整,从而形成 RV64C。

为了支持数据级并行,RISC-V 提供了扩展的向量计算指令集 RV32V 和 RV64V。此外,为了进一步减少芯片面积,RISC-V 架构还提供了一种"嵌入式"架构 RV32E,它是 RV32I 的子集,仅支持 16 个 32 位通用寄存器。该架构主要用于追求极少面积和极低功耗的深嵌入式场景。基于 RISC-V 架构规定的各种指令集模块,芯片设计者可以选择不同的组合来满足不同的应用场景。例如,嵌入式应用场景下可以采用 RV32EC 架构,高性能服务器场景下可以采用 RV64G 架构。

*4.4.2　RISC-V 指令参考卡

RISC-V 的一个主要特点是模块化和简洁性,因此,所有指令用两张指令参考卡就可以概述。图 4.10 为指令参考卡 1。其中,给出了 RISC-V 基础整数指令集(Base Integer

Instructions)RV32I 和 RV64I、RV 特权指令集（RV Privileged Instructions）、可选的压缩指令扩展（Optional Compressed Instruction Extension）RV32C 和 RV64C 中的指令列表以及 RV 伪指令举例（Examples of the 60 RV Pseudoinstructions）。

Base Integer Instructions: RV32I and RV64I

Category	Name	Fmt	RV32I Base	+RV64I
Shifts	Shift Left Logical	R	SLL rd,rs1,rs2	SLLW rd,rs1,rs2
	Shift Left Log. Imm.	I	SLLI rd,rs1,shamt	SLLIW rd,rs1,shamt
	Shift Right Logical	R	SRL rd,rs1,rs2	SRLW rd,rs1,rs2
	Shift Right Log. Imm.	I	SRLI rd,rs1,shamt	SRLIW rd,rs1,shamt
	Shift Right Arithmetic	R	SRA rd,rs1,rs2	SRAW rd,rs1,rs2
	Shift Right Arith. Imm.	I	SRAI rd,rs1,shamt	SRAIW rd,rs1,shamt
Arithmetic	ADD	R	ADD rd,rs1,rs2	ADDW rd,rs1,rs2
	ADD Immediate	I	ADDI rd,rs1,imm	ADDIW rd,rs1,imm
	SUBtract	R	SUB rd,rs1,rs2	SUBW rd,rs1,rs2
	Load Upper Imm	U	LUI rd,imm	
	Add Upper Imm to PC	U	AUIPC rd,imm	
Logical	XOR	R	XOR rd,rs1,rs2	
	XOR Immediate	I	XORI rd,rs1,imm	
	OR	R	OR rd,rs1,rs2	
	OR Immediate	I	ORI rd,rs1,imm	
	AND	R	AND rd,rs1,rs2	
	AND Immediate	I	ANDI rd,rs1,imm	
Compare	Set <	R	SLT rd,rs1,rs2	
	Set < Immediate	I	SLTI rd,rs1,imm	
	Set < Unsigned	R	SLTU rd,rs1,rs2	
	Set < Imm Unsigned	I	SLTIU rd,rs1,imm	
Branches	Branch =	B	BEQ rs1,rs2,imm	
	Branch ≠	B	BNE rs1,rs2,imm	
	Branch <	B	BLT rs1,rs2,imm	
	Branch ≥	B	BGE rs1,rs2,imm	
	Branch < Unsigned	B	BLTU rs1,rs2,imm	
	Branch ≥ Unsigned	B	BGEU rs1,rs2,imm	
Jump & Link	J&L	J	JAL rd,imm	
	Jump & Link Register	I	JALR rd,rs1,imm	
Synch	Synch thread	I	FENCE	
	Synch Instr & Data	I	FENCE.I	
Environment	CALL	I	ECALL	
	BREAK	I	EBREAK	

Control Status Register (CSR)

	Name	Fmt	
	Read/Write	I	CSRRW rd,csr,rs1
	Read & Set Bit	I	CSRRS rd,csr,rs1
	Read & Clear Bit	I	CSRRC rd,csr,rs1
	Read/Write Imm	I	CSRRWI rd,csr,imm
	Read & Set Bit Imm	I	CSRRSI rd,csr,imm
	Read & Clear Bit Imm	I	CSRRCI rd,csr,imm

Category	Name	Fmt	RV32I Base	+RV64I
Loads	Load Byte	I	LB rd,rs1,imm	
	Load Halfword	I	LH rd,rs1,imm	
	Load Byte Unsigned	I	LBU rd,rs1,imm	
	Load Half Unsigned	I	LHU rd,rs1,imm	LWU rd,rs1,imm
	Load Word	I	LW rd,rs1,imm	LD rd,rs1,imm
Stores	Store Byte	S	SB rs1,rs2,imm	
	Store Halfword	S	SH rs1,rs2,imm	
	Store Word	S	SW rs1,rs2,imm	SD rs1,rs2,imm

RV Privileged Instructions

Category	Name	Fmt	RV mnemonic
Trap	Mach-mode trap return	R	MRET
	Supervisor-mode trap return	R	SRET
Interrupt	Wait for Interrupt	R	WFI
MMU	Virtual Memory FENCE	R	SFENCE.VMA rs1,rs2

Examples of the 60 RV Pseudoinstructions

	Fmt	
Branch = 0 (BEQ rs,x0,imm)	B	BEQZ rs,imm
Jump (uses JAL x0,imm)	J	J imm
MoVe (uses ADDI rd,rs,0)	R	MV rd,rs
RETurn (uses JALR x0,0,ra)	I	RET

Optional Compressed (16-bit) Instruction Extension: RV32C

Category	Name	Fmt	RVC	RISC-V equivalent
Loads	Load Word	CL	C.LW rd',rs1',imm	LW rd',rs1',imm*4
	Load Word SP	CI	C.LWSP rd,imm	LW rd,sp,imm*4
	Float Load Word SP	CL	C.FLW rd',rs1',imm	FLW rd',rs1',imm*8
	Float Load Word	CI	C.FLWSP rd,imm	FLW rd,sp,imm*8
	Float Load Double	CL	C.FLD rd',rs1',imm	FLD rd',rs1',imm*16
	Float Load Double SP	CI	C.FLDSP rd,imm	FLD rd,sp,imm*16
Stores	Store Word	CS	C.SW rs1',rs2',imm	SW rs1',rs2',imm*4
	Store Word SP	CSS	C.SWSP rs2,imm	SW rs2,sp,imm*4
	Float Store Word	CS	C.FSW rs1',rs2',imm	FSW rs1',rs2',imm*8
	Float Store Word SP	CSS	C.FSWSP rs2,imm	FSW rs2,sp,imm*8
	Float Store Double	CS	C.FSD rs1',rs2',imm	FSD rs1',rs2',imm*16
	Float Store Double SP	CSS	C.FSDSP rs2,imm	FSD rs2,sp,imm*16
Arithmetic	ADD	CR	C.ADD rd,rs1	ADD rd,rd,rs1
	ADD Immediate	CI	C.ADDI rd,imm	ADDI rd,rd,imm
	ADD SP Imm * 16	CI	C.ADDI16SP x0,imm	ADDI sp,sp,imm*16
	ADD SP Imm * 4	CIW	C.ADDI4SPN rd',imm	ADDI rd',sp,imm*4
	SUB	CR	C.SUB rd,rs1	SUB rd,rd,rs1
	AND	CR	C.AND rd,rs1	AND rd,rd,rs1
	AND Immediate	CI	C.ANDI rd,imm	ANDI rd,rd,imm
	OR	CR	C.OR rd,rs1	OR rd,rd,rs1
	eXclusive OR	CR	C.XOR rd,rs1	AND rd,rd,rs1
	MoVe	CR	C.MV rd,rs1	ADD rd,rs1,x0
	Load Immediate	CI	C.LI rd,imm	ADDI rd,x0,imm
	Load Upper Imm	CI	C.LUI rd,imm	LUI rd,imm
Shifts	Shift Left Imm	CI	C.SLLI rd,imm	SLLI rd,rd,imm
	Shift Right Ari. Imm.	CI	C.SRAI rd,imm	SRAI rd,rd,imm
	Shift Right Log. Imm.	CI	C.SRLI rd,imm	SRLI rd,rd,imm
Branches	Branch=0	CB	C.BEQZ rs1',imm	BEQ rs1',x0,imm
	Branch≠0	CB	C.BNEZ rs1',imm	BNE rs1',x0,imm
Jump	Jump	CJ	C.J imm	JAL x0,imm
	Jump Register	CR	C.JR rd,rs1	JALR x0,rs1,0
Jump & Link	J&L	CJ	C.JAL imm	JAL ra,imm
	Jump & Link Register	CR	C.JALR rs1	JALR ra,rs1,0
System	Env. BREAK	CI	C.EBREAK	EBREAK

Optional Compressed Extension: RV64C

All RV32C (except C.JAL, 4 word loads, 4 word strores) plus:

ADD Word (C.ADDW)	Load Doubleword (C.LD)
ADD Imm. Word (C.ADDIW)	Load Doubleword SP (C.LDSP)
SUBtract Word (C.SUBW)	Store Doubleword (C.SD)
	Store Doubleword SP (C.SDSP)

图 4.10　RISC-V 指令参考卡 1

RV32I 基础指令集中，包含移位（Shifts）、算术运算（Arithmetic）、逻辑运算（Logical）、比较（Compare）、分支（Branch）、跳转链接（Jump & Link）、同步（Synch）、环境（Environment）、控制状态寄存器（Control Status Register）、取数（Load）、存数（Store）等类别。

　　RISC-V 在基础指令集 RV32I 和 RV64I 的基础上,提供了一组可选扩展指令集,如图 4.11 给出的 RISC-V 指令参考卡 2 中所示,可选扩展指令集包括乘除指令扩展(Multiply-Divide Instruction Extension)RVM、原子指令扩展(Atomic Instruction Extension)RVA、浮点指令扩展(Floating-Point Instruction Extension)RVF 和 RVD、向量指令扩展(Vector Extension)RVV。此外,图 4.11 中还给出了 32 个定点通用寄存器 x0~x31 和 32 个浮点寄存器 f0~f31 的过程调用约定(Calling Convention)。

Optional Multiply-Divide Instruction Extension: RVM

Category	Name	Fmt	RV32M (Multiply-Divide)		+RV64M	
Multiply	MULtiply	R	MUL	rd,rs1,rs2	MULW	rd,rs1,rs2
	MULtiply High	R	MULH	rd,rs1,rs2		
	MULtiply High Sign/Uns	R	MULHSU	rd,rs1,rs2		
	MULtiply High Uns	R	MULHU	rd,rs1,rs2		
Divide	DIVide	R	DIV	rd,rs1,rs2	DIVW	rd,rs1,rs2
	DIVide Unsigned	R	DIVU	rd,rs1,rs2		
Remainder	REMainder	R	REM	rd,rs1,rs2	REMW	rd,rs1,rs2
	REMainder Unsigned	R	REMU	rd,rs1,rs2	REMUW	rd,rs1,rs2

Optional Atomic Instruction Extension: RVA

Category	Name	Fmt	RV32A (Atomic)		+RV64A	
Load	Load Reserved	R	LR.W	rd,rs1	LR.D	rd,rs1
Store	Store Conditional	R	SC.W	rd,rs1,rs2	SC.D	rd,rs1,rs2
Swap	SWAP	R	AMOSWAP.W	rd,rs1,rs2	AMOSWAP.D	rd,rs1,rs2
Add	ADD	R	AMOADD.W	rd,rs1,rs2	AMOADD.D	rd,rs1,rs2
Logical	XOR	R	AMOXOR.W	rd,rs1,rs2	AMOXOR.D	rd,rs1,rs2
	AND	R	AMOAND.W	rd,rs1,rs2	AMOAND.D	rd,rs1,rs2
	OR	R	AMOOR.W	rd,rs1,rs2	AMOOR.D	rd,rs1,rs2
Min/Max	MINimum	R	AMOMIN.W	rd,rs1,rs2	AMOMIN.D	rd,rs1,rs2
	MAXimum	R	AMOMAX.W	rd,rs1,rs2	AMOMAX.D	rd,rs1,rs2
	MINimum Unsigned	R	AMOMINU.W	rd,rs1,rs2	AMOMINU.D	rd,rs1,rs2
	MAXimum Unsigned	R	AMOMAXU.W	rd,rs1,rs2	AMOMAXU.D	rd,rs1,rs2

Two Optional Floating-Point Instruction Extensions: RVF & RVD

Category	Name	Fmt	RV32{F|D} (SP,DP Fl. Pt.)		+RV64{F|D}	
Move	Move from Integer	R	FMV.W.X	rd,rs1	FMV.D.X	rd,rs1
	Move to Integer	R	FMV.X.W	rd,rs1	FMV.X.D	rd,rs1
Convert	ConVerT from Int	R	FCVT.{S|D}.W	rd,rs1	FCVT.{S|D}.L	rd,rs1
	ConVerT from Int Unsigned	R	FCVT.{S|D}.WU	rd,rs1	FCVT.{S|D}.LU	rd,rs1
	ConVerT to Int	R	FCVT.W.{S|D}	rd,rs1	FCVT.L.{S|D}	rd,rs1
	ConVerT to Int Unsigned	R	FCVT.WU.{S|D}	rd,rs1	FCVT.LU.{S|D}	rd,rs1
Load	Load	I	FL{W,D}	rd,rs1,imm		
Store	Store	S	FS{W,D}	rs1,rs2,imm		
Arithmetic	ADD	R	FADD.{S|D}	rd,rs1,rs2		
	SUBtract	R	FSUB.{S|D}	rd,rs1,rs2		
	MULtiply	R	FMUL.{S|D}	rd,rs1,rs2		
	DIVide	R	FDIV.{S|D}	rd,rs1,rs2		
	SQuare RooT	R	FSQRT.{S|D}	rd,rs1		
Mul-Add	Multiply-ADD	R	FMADD.{S|D}	rd,rs1,rs2,rs3		
	Multiply-SUBtract	R	FMSUB.{S|D}	rd,rs1,rs2,rs3		
	Negative Multiply-SUBtract	R	FNMSUB.{S|D}	rd,rs1,rs2,rs3		
	Negative Multiply-ADD	R	FNMADD.{S|D}	rd,rs1,rs2,rs3		
Sign Inject	SiGN source	R	FSGNJ.{S|D}	rd,rs1,rs2		
	Negative SiGN source	R	FSGNJN.{S|D}	rd,rs1,rs2		
	Xor SiGN source	R	FSGNJX.{S|D}	rd,rs1,rs2		
Min/Max	MINimum	R	FMIN.{S|D}	rd,rs1,rs2		
	MAXimum	R	FMAX.{S|D}	rd,rs1,rs2		
Compare	compare Float =	R	FEQ.{S|D}	rd,rs1,rs2		
	compare Float <	R	FLT.{S|D}	rd,rs1,rs2		
	compare Float ≤	R	FLE.{S|D}	rd,rs1,rs2		
Categorize	CLASSify type	R	FCLASS.{S|D}	rd,rs1		
Configure	Read Status	R	FRCSR	rd		
	Read Rounding Mode	R	FRRM	rd		
	Read Flags	R	FRFLAGS	rd		
	Swap Status Reg	R	FSCSR	rd,rs1		
	Swap Rounding Mode	R	FSRM	rd,rs1		
	Swap Flags	R	FSFLAGS	rd,rs1		
	Swap Rounding Mode Imm	I	FSRMI	rd,imm		
	Swap Flags Imm	I	FSFLAGSI	rd,imm		

Optional Vector Extension: RVV

Category	Name	Fmt	RV32V/R64V	
	SET Vector Len.	R	SETVL	rd,rs1
	MULtiply High	R	VMULH	rd,rs1,rs2
	REMainder	R	VREM	rd,rs1,rs2
	Shift Left Log.	R	VSLL	rd,rs1,rs2
	Shift Right Log.	R	VSRL	rd,rs1,rs2
	Shift R. Arith.	R	VSRA	rd,rs1,rs2
	LoaD	I	VLD	rd,rs1,imm
	LoaD Strided	R	VLDS	rd,rs1,rs2
	LoaD indeXed	R	VLDX	rd,rs1,rs2
	STore	S	VST	rd,rs1,imm
	STore Strided	R	VSTS	rd,rs1,rs2
	STore indeXed	R	VSTX	rd,rs1,rs2
	AMO SWAP	R	AMOSWAP	rd,rs1,rs2
	AMO ADD	R	AMOADD	rd,rs1,rs2
	AMO XOR	R	AMOXOR	rd,rs1,rs2
	AMO AND	R	AMOAND	rd,rs1,rs2
	AMO OR	R	AMOOR	rd,rs1,rs2
	AMO MINimum	R	AMOMIN	rd,rs1,rs2
	AMO MAXimum	R	AMOMAX	rd,rs1,rs2
	Predicate =	R	VPEQ	rd,rs1,rs2
	Predicate ≠	R	VPNE	rd,rs1,rs2
	Predicate <	R	VPLT	rd,rs1,rs2
	Predicate ≥	R	VPGE	rd,rs1,rs2
	Predicate AND	R	VPAND	rd,rs1,rs2
	Pred. AND NOT	R	VPANDN	rd,rs1,rs2
	Predicate OR	R	VPOR	rd,rs1,rs2
	Predicate XOR	R	VPXOR	rd,rs1,rs2
	Predicate NOT	R	VPNOT	rd,rs1
	Pred. SWAP	R	VPSWAP	rd,rs1
	MOVe	R	VMOV	rd,rs1
	ConVerT	R	VCVT	rd,rs1
	ADD	R	VADD	rd,rs1,rs2
	SUBtract	R	VSUB	rd,rs1,rs2
	MULtiply	R	VMUL	rd,rs1,rs2
	DIVide	R	VDIV	rd,rs1,rs2
	SQuare RooT	R	VSQRT	rd,rs1,rs2
	Multiply-ADD	R	VFMADD	rd,rs1,rs2,rs3
	Multiply-SUB	R	VFMSUB	rd,rs1,rs2,rs3
	Neg. Mul.-SUB	R	VFNMSUB	rd,rs1,rs2,rs3
	Neg. Mul.-ADD	R	VFNMADD	rd,rs1,rs2,rs3
	SiGN inJect	R	VSGNJ	rd,rs1,rs2
	Neg SiGN inJect	R	VSGNJN	rd,rs1,rs2
	Xor SiGN inJect	R	VSGNJX	rd,rs1,rs2
	MINimum	R	VMIN	rd,rs1,rs2
	MAXimum	R	VMAX	rd,rs1,rs2
	XOR	R	VXOR	rd,rs1,rs2
	OR	R	VOR	rd,rs1,rs2
	AND	R	VAND	rd,rs1,rs2
	CLASS	R	VCLASS	rd,rs1
	SET Data Conf.	R	VSETDCFG	rd,rs1
	EXTRACT	R	VEXTRACT	rd,rs1,rs2
	MERGE	R	VMERGE	rd,rs1,rs2
	SELECT	R	VSELECT	rd,rs1,rs2

Calling Convention

Register	ABI Name	Saver
x0	zero	---
x1	ra	Caller
x2	sp	Callee
x3	gp	---
x4	tp	---
x5-7	t0-2	Caller
x8	s0/fp	Callee
x9	s1	Callee
x10-11	a0-1	Caller
x12-17	a2-7	Caller
x18-27	s2-11	Callee
x28-31	t3-t6	Caller
f0-7	ft0-7	Caller
f8-9	fs0-1	Callee
f10-17	fa0-7	Caller
f12-17	fa2-7	Caller
f18-27	fs2-11	Callee
f28-31	ft8-11	Caller
zero	Hardwired zero	
ra	Return address	
sp	Stack pointer	
gp	Global pointer	
tp	Thread pointer	
t0-0,ft0-7	Temporaries	
s0-11,fs0-11	Saved registers	
a0-7,fa0-7	Function args	

图 4.11　RISC-V 指令参考卡 2

RISC-V 采用 32 位定长指令字格式。如图 4.12 所示，共有 6 种指令格式：R-型为寄存器操作数指令；I-型为短立即数操作或装入（Load）指令；S-型为存储（Store）指令；B-型为条件跳转指令；U-型为长立即数操作指令；J-型为无条件跳转指令。

	31	27 26 25	24	20 19	15 14 12	11	7 6	0
R	funct7		rs2	rs1	funct3	rd	opcode	
I	imm[11:0]			rs1	funct3	rd	opcode	
S	imm[11:5]		rs2	rs1	funct3	imm[4:0]	opcode	
B	imm[12|10:5]		rs2	rs1	funct3	imm[4:1|11]	opcode	
U	imm[31:12]					rd	opcode	
J	imm[20|10:1|11|19:12]					rd	opcode	

图 4.12　32 位 RISC-V 指令格式

从图 4.12 可看出，所有格式中低 7 位都是操作码字段 opcode；字段 rd、rs1 和 rs2 给出的是通用寄存器编号。因为 32 位 RISC-V 架构共有 32 个 32 位通用寄存器 x0～x31（编号为 0～31），因而通用寄存器编号占 5 位，0 号寄存器 x0 的内容永远是 0；imm 字段给出的是一个立即数，其位数在中括号（[]）中表示；字段 funct3 和 funct7 分别表示 3 位功能码和 7 位功能码，它们和 opcode 字段一起定义指令的操作功能。

为了缩短程序的二进制代码的长度，RISC-V 提供了压缩指令集 RVC，其中，每条指令的长度都是 16 位。与 32 位指令相比，16 位指令中的一部分寄存器编号还是占 5 位，但操作码、功能码、立即数和部分寄存器编号的位数都减少了。

*4.4.3　基础整数指令集

为简化对指令功能的说明，本节将采用寄存器传送级（register transfer level，RTL）语言描述指令功能。这里 RTL 语言约定：R[r]表示通用寄存器 r 的内容，M[addr]表示存储单元 addr 的内容；M[R[r]]表示寄存器 r 的内容所指存储单元的内容；PC 表示 PC 的内容，M[PC]表示 PC 所指存储单元的内容；SEXT[imm]表示对 imm 进行符号扩展，ZEXT[imm]表示对 imm 进行零扩展；传送方向用←表示，即传送源在右，传送目的在左。

RISC-V 基础整数指令集 RV32I 中包含整数运算、控制转移、存储器访问和系统控制几大类指令。

1. 整数运算类指令

指令集 RV32I 中的整数运算类指令包括移位、算术运算、逻辑运算和比较指令，共 21 条。图 4.13 给出了这些整数运算指令的格式以及操作码及功能码的编码。

U-型指令共有两条，一条是"lui rd, imm20"指令，其功能为将立即数 imm20 存到 rd 寄存器的高 20 位，并使 rd 低 12 位为 0。该指令和"addi rd, rs1, imm12"指令结合，可以实现对一个 32 位变量赋初值。另一条 U-型指令为"auipc rd, imm20"，其功能为将 20 位立即数 imm20 加到 PC 的高 20 位上，结果存 rd。可用指令"auipc x10，0"将当前 PC 的内容存入寄存器 x10 中。该指令采用相对寻址方式，可用于生成动态链接所需的共享库中的位置无关代码（PIC），实现动态库代码等公共子程序的浮动。

I-型指令助记符都带 i，表示一个操作数为立即数。例如，I-型加法指令"addi rd, rs1, imm12"的功能为将 12 位立即数 imm12 符号扩展到 32 位，再与 rs1 寄存器内容相加，结果存 rd，用 RTL 语言描述为 R[rd]←R[rs1]＋SEXT[imm12]。因为 addi 指令可以直接加一

31	25	24	20	19	15	14	12	11	7	6	0	
imm[31:12]								rd		0110111		U lui
imm[31:12]								rd		0010111		U auipc
imm[11:0]				rs1		000		rd		0010011		I addi
imm[11:0]				rs1		010		rd		0010011		I slti
imm[11:0]				rs1		011		rd		0010011		I sltiu
imm[11:0]				rs1		100		rd		0010011		I xori
imm[11:0]				rs1		110		rd		0010011		I ori
imm[11:0]				rs1		111		rd		0010011		I andi
0000000		shamt		rs1		001		rd		0010011		I slli
0000000		shamt		rs1		101		rd		0010011		I srli
0100000		shamt		rs1		101		rd		0010011		I srai
0000000		rs2		rs1		000		rd		0110011		R add
0100000		rs2		rs1		000		rd		0110011		R sub
0000000		rs2		rs1		001		rd		0110011		R sll
0000000		rs2		rs1		010		rd		0110011		R slt
0000000		rs2		rs1		011		rd		0110011		R sltu
0000000		rs2		rs1		100		rd		0110011		R xor
0000000		rs2		rs1		101		rd		0110011		R srl
0100000		rs2		rs1		101		rd		0110011		R sra
0000000		rs2		rs1		110		rd		0110011		R or
0000000		rs2		rs1		111		rd		0110011		R and

图 4.13　整数运算类指令

个负数,因而无须提供 subi 指令。

R-型指令的两个操作数所在寄存器总是 rs1 和 rs2,结果寄存器为 rd。例如,减法指令"sub rd, rs1, rs2"的功能为:R[rd]←R[rs1]−R[rs2]。

例 4.11　假定变量 x 分配在寄存器 x5 中,请给出 C 语句"int x=−8191;"所对应的 RISC-V 机器级代码。

解：因为无法在 RISC-V 指令中直接给出一个 32 位立即数,所以需要将常数−8191 分解为两个立即数。−8191 对应的 32 位机器数为 1111 1111 1111 1111 1110 0000 0000 0001,因此,可以先将其高 20 位 1111 1111 1111 1111 1110 装入 x5 的高 20 位(低 12 位清 0),再在 x5 中加上低 12 位 0000 0000 0001。

C 语句"int x=−8191;"对应的 RISC-V 机器指令和汇编指令为

```
1111 1111 1111 1111 1110 00101 0110111  lui  x5,1048574  #R[x5]←FFFF E000H
0000 0000 0001 00101 000 00101 0010011  addi x5, x5, 1   #R[x5]←R[x5]+SEXT[001H]
```

RV32I 指令集提供了与(and、andi)、或(or、ori)和异或(xor、xori)三种共 6 条逻辑运算指令。

移位指令"sll rd, rs1, rs2"和"slli rd, rs1, shamt"的 opcode 字段编码不同,前者属于 R-型格式,指令的 24～20 位为 5 位寄存器编号;而后者为 I-型格式,指令的 24～20 位为 5 位立即数。两条指令的功能都是将 rs1 的内容左移若干位后存到 rd 中。前者用 rs2 存放左移位数,后者用立即数 shamt 指定左移位数。

因为逻辑左移和算术左移的结果完全相同,因而 RV32I 中没有算术左移指令。而逻辑右移和算术右移分别采用高位补 0 和高位补符号方式,移位后结果不同,因而需分别提供两种右移指令。右移位数的指定和左移位数一样,可用寄存器或立即数两种方式指定。

例 4.12 假定变量 x 分配在寄存器 x5 中,请给出 C 语句"int x=8191;"所对应的 RISC-V 机器级代码。

解:8191 对应的 32 位机器数为 0000 0000 0000 0000 0001 1111 1111 1111,这里,低 12 位中最高位为 1,是一个负数,addi 指令按符号扩展进行立即数相加,若采用以下两条指令实现,则 x5 中的结果为 4095,而不是 8191。

```
0000 0000 0000 0000 0001 00101 0110111  lui  x5, 1    #R[x5]←0000 1000H
1111 1111 1111 00101 000 00101 0010011  addi x5, x5, -1  #R[x5]←R[x5]+SEXT[FFFH]
```

事实上,可以利用 addi 进行符号扩展的特性来完成该立即数的分配。先通过 lui 指令装入一个距离目标常数小于 2048 的数,然后通过 addi 的符号扩展特性,对结果进行加法或减法操作来修正。由于需要修正的范围小于 2048,位于 12 位立即数的范围内,因此总是可以修正成功。在本例中,由于 8191=8192-1,因此可以先将 8192(其高 20 位为 00002H)装入 x5,再通过 addi 对 x5 减 1 即可。

C 语句"int x=8191;"对应的 RISC-V 机器指令和汇编指令为

```
0000 0000 0000 0000 0010 00101 0110111  lui  x5, 2    #R[x5]←0000 2000H
1111 1111 1111 00101 000 00101 0010011  addi x5, x5, -1  #R[x5]←R[x5]+SEXT[FFFH]
```

RV32I 提供了 4 条比较指令,它们是带符号整数小于(slt、slti)和无符号整数小于(sltu、sltiu)指令。这里,slti 和 sltiu 指令中的 12 位立即数 imm12 都按符号扩展。例如,"sltiu rd,rs1,imm12"的功能为将 rs1 寄存器中的内容与 imm12 的符号扩展结果按无符号整数比较,若小于,则 1 存入 rd 中;否则,0 存入 rd 中。因此,sltiu 指令中 imm12 的值应小于 2048。若需比较的数据大于或等于 2048,则应先将该数存入某寄存器,然后用 sltu 指令实现比较。

例 4.13 假定变量 x、y 和 z 都是 long long 型,占 64 位,x 的高、低 32 位分别存放在寄存器 x13、x12 中;y 的高、低 32 位分别存放在寄存器 x15、x14 中;z 的高、低 32 位分别存放在寄存器 x11、x10 中,请写出 C 语句"z=x+y;"所对应的 32 位字长 RISC-V 机器级代码。

解:可通过 sltu 指令将低 32 位的进位加入到高 32 位中。"z=x+y;"所对应的机器级代码如下:

```
0000000 01110 01100 000 01010 0110011  add x10, x12, x14 #R[x10]←R[x12]+R[x14]
0000000 01100 01010 011 01011 0110011  sltu x11, x10, x12 #若 R[x10]<R[x12]则 R[x11]←1
0000000 01111 01101 000 10000 0110011  add x16, x13, x15 #R[x16]←R[x13]+R[x15]
0000000 10000 01011 000 01011 0110011  add x11, x11, x16 #R[x11]←R[x11]+R[x16]
```

2. 控制转移类指令

RV32I 中的控制转移(也称顺序控制)类指令包括 6 条分支指令和两条无条件跳转并链接指令。图 4.14 给出了控制转移类指令的格式以及操作码的编码。

从图 4.14 可看出,控制转移类指令中,6 条分支指令采用 B-型格式,其功能如下:若 rs1 和 rs2 两个寄存器内容比较的结果满足条件,则跳转到转移目标地址处执行;否则执行下条

imm[20|10:1|11|19:12]				rd	1101111	J jal
imm[11:0]		rs1	000	rd	1100111	I jalr
imm[12|10:5]	rs2	rs1	000	imm[4:1|11]	1100011	B beq
imm[12|10:5]	rs2	rs1	001	imm[4:1|11]	1100011	B bne
imm[12|10:5]	rs2	rs1	100	imm[4:1|11]	1100011	B blt
imm[12|10:5]	rs2	rs1	101	imm[4:1|11]	1100011	B bge
imm[12|10:5]	rs2	rs1	110	imm[4:1|11]	1100011	B bltu
imm[12|10:5]	rs2	rs1	111	imm[4:1|11]	1100011	B bgeu

图 4.14 控制转移类指令

指令。比较条件包括相等(beq)、不等(bne)、带符号整数小于(blt)、带符号整数大于或等于(bge)、无符号整数小于(bltu)、无符号整数大于或等于(bgeu)。因为指令的宽度总是 4 字节(对于 RV32G)或 2 字节(对于 RV32C),因而总是 2 的倍数,即指令地址最低位总是 0。转移目标地址采用相对寻址方式,其偏移量为 imm[12:1]乘 2,相当于在 imm[12:1]后面添一个 0,再符号扩展为 32 位,因此,转移目标地址=PC+SEXT[imm[12:1]<<1。

RISC-V 硬件不包含整数算术运算的溢出检测电路,因而也不会生成溢出标志 OF,需由编译器确定是否检测溢出,并生成溢出检测的机器级代码。

例 4.14 假定变量 x、y、z 分别存放在寄存器 x5、x6、x7 中,写出 x、y、z 都为 int 类型时,C 语句"z=x+y;"所对应的 RISC-V 机器级代码,要求检测是否溢出。

解:当 x、y 为 int 类型时,若 $y<0$ 且 $x+y \geq x$ 或者 $y \geq 0$ 且 $x+y<x$,则 $x+y$ 溢出。实现"z=x+y;"并判溢出的 RISC-V 机器指令、汇编指令及注释如下:

```
0000000 00110 00101 000 00111 0110011  add   x7, x5, x6    #R[x7]←R[x5]+R[x6]
0000 0000 0000 00110 010 11100 0010011  slti  x28, x6, 0    #若 R[x6]<0,则 R[x28]←1
0000000 00101 00111 010 11101 0110011  slt   x29, x7, x5   #若 R[x7]<R[x5],则 R[x29]←1
0000010 11101 11100 001 10000 1100011  bne   x28,x29,overflew
                                                            #若 R[x28]≠R[x29],则转溢出处理
......

overflew:
```

这里,假定标号为 overflew 的指令与"bne x28,x29,overflew"之间相距 20 条指令,每条指令为 32 位,则"bne x28,x29,overflew"指令中的偏移量应为 80,因此,指令中的立即数为 40=0000 0010 1000B,按照 B-型格式,该指令的机器码为 0000010 11101 11100 001 10000 1100011。

RV32I 中的两条跳转并链接(jump and link)指令 jal 和 jalr 分别采用 J-型和 I-型格式。

指令"jal rd,imm20"的功能如下:PC←PC+SEXT[imm[20:1]<<1;R[rd]←PC+4。它具有双重功能:①若将返回地址(PC+4)保存到寄存器 x1,则可实现过程调用;②若目的寄存器 rd 指定为 x0,则可实现无条件跳转,因为 x0 不能更改。过程调用或无条件跳转的转移目标地址为 PC+SEXT[imm[20:1]<<1。

指令"jalr rd,rs1,imm12"的功能如下:PC←R[rs1]+SEXT[imm12];R[rd]←PC+4。指令"jalr x0,x1,0"可以实现过程调用的返回。将目的寄存器 rd 设为 x0 时,可以用 jalr 指令实现 switch-case 语句的地址跳转。若先通过 U-型指令装入 rs1,则可实现 32 位地址空间的绝对或相对跳转。

3. 存储器访问指令

RV32I 中的存储器访问类指令包括 5 条取数(load)指令和 3 条存数(store)指令。图 4.15 给出了存储器访问类指令的格式以及操作码的编码。

31	25 24	20 19	15 14	12 11	7 6	0	
imm[11:0]		rs1	000	rd	0000011		I 1b
imm[11:0]		rs1	001	rd	0000011		I 1h
imm[11:0]		rs1	010	rd	0000011		I 1w
imm[11:0]		rs1	100	rd	0000011		I 1bu
imm[11:0]		rs1	101	rd	0000011		I 1hu
imm[11:5]	rs2	rs1	000	imm[4:0]	0100011		S sb
imm[11:5]	rs2	rs1	001	imm[4:0]	0100011		S sh
imm[11:5]	rs2	rs1	010	imm[4:0]	0100011		S sw

图 4.15　存储器访问类指令

RV32I 除了提供 32 位字的取数(lw)和存数(sw)指令外,还支持带符号整数的字节、半字取数(lb、lh)和无符号整数的字节、半字取数(lbu、lhu)指令,以及字节、半字存数(sb、sh)指令。对于 64 位架构,RISC-V 还具有支持 64 位双字为单位的存储器读写操作。

取数指令的功能如下: $R[rd] \leftarrow M[R[rs1] + SEXT[imm12]]$。带符号整数的字节、半字取数指令,对取出数据按符号扩展为 32 位后,再写入目的寄存器 rd 中;无符号整数的字节、半字取数指令,对取出数据按 0 扩展为 32 位后,再写入目的寄存器 rd 中。

存数指令的功能如下: $M[R[rs1] + SEXT[imm12]] \leftarrow R[rs2]$。字节、半字存数指令分别将源寄存器 rs2 中的低 8 位、低 16 位写入存储单元中。采用小端方式存放。

取数指令和存数指令的汇编形式中,存储器操作数的存储地址可以写成 imm12(rs1),例如,指令"lw rd, rs1, imm12"的汇编形式也可以写成"lw rd, imm12(rs1)";指令"sw rs1, rs2, imm12"的汇编形式也可以写成"sw rs2, imm12(rs1)"。

与 ARM 和 MIPS 内存数据按自然边界对齐的要求不同,RISC-V 没有边界对齐要求,处理器可以根据性能要求选择是否支持按边界对齐。

此外,为了不增加 ISA 的复杂性,与 x86 不同,RISC-V 没有专门的入栈(push)和出栈(pop)指令,而是使用普通的取数(相当于出栈)和存数(相当于入栈)指令实现栈操作。为了降低处理器设计难度,RISC-V 的 load 和 store 指令不支持地址自增和自减模式。

4. 系统控制类指令

RV32I 提供了相应的系统控制类指令,用于指令执行流和数据流的同步、控制从用户程序陷入调试环境或操作系统内核执行,以及对控制状态寄存器(control and status register,CSR)的读写等方面。

RISC-V 架构支持多核(multi-core)及多线程(multi-threading)技术。一个 CPU 芯片中可以有多个 RISC-V 处理器核(core),每个处理器核中可设计多个硬件线程(hardware thread,hart),每个 hart 有自己独立的程序计数器、通用寄存器组等用于存放现场信息的资源,运算资源是核内所有 hart 共享,而主存储器则是所有处理器核共享。因此,对于这种共享存储器的硬件多线程处理器,就存在与多核系统和多处理器系统相同的存储器一致性模型(memory consistency model)问题。所以需要有支持同步等机制的指令。

控制状态寄存器 CSR 用于配置或记录程序性能和状态信息,是处理器核的内部寄存器,使用内部地址编码空间,和主存地址的编码没有关系,也与通用寄存器的编码没有关系。程序可以通过执行 6 条专用的 CSR 指令(csrrw、csrrs、csrrc、csrrwi、csrrsi、csrrci),设置相应的控制信息或读取状态信息。对这些系统控制类指令的理解涉及机器特权级、硬件线程、异常、中断、存储管理和输入/输出等与操作系统相关的概念。有关系统控制类指令涉及的概念已超出本书涵盖的范围,感兴趣的读者可以查阅相关资料。

4.5 本 章 小 结

指令系统设计包括指令格式、操作数类型、数据在存储器中的存放方式、寻址方式、操作类型和操作码编码、异常和中断处理机制、指令系统风格等内容。采用定长指令字和定长操作码,可以方便指令地址计算、取指和译码操作,而采用变长指令字和变长操作码,则指令各字段编码紧凑,且程序占空间少。

指令类型主要包括数据传送、算术逻辑运算、字符串处理、I/O 操作、程序流控制和系统控制等;指令涉及的操作数类型主要有无符号整数、带符号整数、浮点数、位串等;常用指令寻址方式有立即、直接、间接、寄存器直接、寄存器间接、栈寻址和偏移(包括相对、变址和基址)寻址方式。

对应高级语言程序中的选择结构和循环结构,相应的机器代码中需要有条件转移(分支)指令,它们根据不同的标志信息来改变程序的执行顺序。常用的标志有 CF(进/借位标志)、ZF(零标志)、OF(溢出标志)、SF(符号标志)等。实现过程调用需要指令系统提供调用指令和返回指令,并要确定过程之间如何传递参数,哪些寄存器为调用者保存寄存器,哪些是被调用者保存寄存器等。

习   题

1. 给出以下概念的解释说明。

指令	指令集体系结构(ISA)	操作码	地址码	程序计数器(PC)
指令指针(IP)	程序状态字(PSW)	程序状态字寄存器	标志寄存器	寻址方式
有效地址	立即寻址	直接寻址	间接寻址	寄存器寻址
寄存器间接寻址	变址寻址	变址寄存器	相对寻址	基址寻址
基址寄存器	通用寄存器(GPR)	CISC	RISC	内部异常
外部中断	故障	陷阱	断点	中断请求
伪指令	叶子过程	栈指针寄存器	帧指针寄存器	栈帧

2. 简单回答下列问题。

(1) 一条指令中应该显式或隐式地给出哪些信息?

(2) 什么是汇编过程? 什么是反汇编过程? 这两个操作都需要用到什么信息?

(3) CPU 如何确定指令中各个操作数的类型、长度以及所在地址?

(4) 哪些寻址方式下的操作数在寄存器中? 哪些寻址方式下的操作数在存储器中?

(5) 基址寻址方式和变址寻址方式有何相同点和不同点?

(6) 为何分支指令的转移目标地址通常用相对寻址方式?

（7）RISC 处理器的特点有哪些？

（8）CPU 中标志寄存器的功能是什么？有哪几种基本标志？

（9）转移指令和转子（调用）指令的区别是什么？返回指令是否需要有地址码字段？

3. 假定某计算机中有一条转移指令，采用相对寻址方式，共占两字节，第一字节是操作码，第二字节是相对位移量（用补码表示），CPU 每次从内存只取一字节。假设执行到某转移指令时 PC 的内容为 200，执行该转移指令后要求转移到 100 开始的一段程序执行，则该转移指令第二字节的内容应该是多少？

4. 假设地址为 1200H 的内存单元中的内容为 12FCH，地址为 12FCH 的内存单元中的内容为 38B8H，而 38B8H 单元的内容为 88F9H。说明以下各情况下操作数的有效地址是多少？

（1）操作数采用变址寻址，变址寄存器的内容为 252，指令中给出的形式地址为 1200H。

（2）操作数采用一次间接寻址，指令中给出的地址码为 1200H。

（3）操作数采用寄存器间接寻址，指令中给出的寄存器编号为 8，8 号寄存器的内容为 1200H。

5. 通过查资料了解 Intel 80x86 微处理器和 MIPS 处理器中各自提供了哪些加法指令，说明每条加法指令的汇编形式、指令格式和功能，并比较加、减运算指令在这两种指令系统中不同的设计方式，包括不同的溢出处理方式。

6. 某计算机指令系统采用定长指令字格式，指令字长 16 位，每个操作数的地址码长 6 位。指令分二地址、单地址和零地址 3 类。若二地址指令有 k2 条，零地址指令有 k0 条，则单地址指令最多有多少条？

7. 某计算机字长 16 位，每次存储器访问宽度 16 位，CPU 中有 8 个 16 位通用寄存器。现为该机设计指令系统，要求指令长度为字长的整数倍，至多支持 64 种不同操作，每个操作数都支持 4 种寻址方式：立即（I）、寄存器直接（R）、寄存器间接（S）和变址（X），存储器地址位数和立即数均为 16 位，任何一个通用寄存器都可作变址寄存器，支持以下 7 种二地址指令格式：RR 型、RI 型、RS 型、RX 型、XI 型、SI 型、SS 型。请设计该指令系统的 7 种指令格式，给出每种格式的指令长度、各字段所占位数和含义，并说明每种格式指令需要几次存储器访问。

8. 某计算机字长为 16 位，主存地址空间大小为 128KB，按字编址。采用单字长定长指令格式，指令各字段定义如下：

15　　　12	11	6	5	0
OP	Ms	Rs	Md	Rd
	源操作数		目的操作数	

转移指令采用相对寻址方式，相对位移量用补码表示，寻址方式定义如下表所示。

Ms/Md	寻 址 方 式	助记符	含　　　义
000B	寄存器直接	Rn	操作数＝R[Rn]
001B	寄存器间接	(Rn)	操作数＝M[R[Rn]]
010B	寄存器间接、自增	(Rn)＋	操作数＝M[R[Rn]]，R[Rn]←R[Rn]+1
011B	相对	D(Rn)	转移目标地址＝PC+R[Rn]

注：M[x]表示存储器地址 x 中的内容，R[x]表示寄存器 x 中的内容。

请回答下列问题：

（1）该指令系统最多可有多少条指令？最多有多少个通用寄存器？存储器地址寄存器（MAR）和存储器数据寄存器（MDR）至少各需要多少位？

（2）转移指令的目标地址范围是多少？

（3）若操作码 0010B 表示加法操作（助记符为 add），寄存器 R4 和 R5 的编号分别为 100B 和 101B，R4 的内容为 1234H，R5 的内容为 5678H，地址 1234H 中的内容为 5678H，地址 5678H 中的内容为 1234H，则汇编语句"add(R4)，(R5)＋"（逗号前为第一源操作数，逗号后为第二源操作数和目的操作数）对应的机器码是什么(用十六进制表示)? 该指令执行后,哪些寄存器和存储单元的内容会改变? 改变后的内容是什么?

9. 有些计算机提供了专门的指令,能从一个 32 位寄存器中抽取其中任意一个位串置于另一个寄存器的低位有效位上,并在高位补 0,如下图所示。MIPS 指令系统中没有这样的指令,请写出最短的一个 MIPS 指令序列来实现这个功能,要求 $i=5, j=22$,操作前后的寄存器分别为 $ s0 和 $ s2。

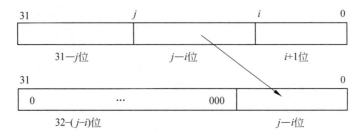

10. 以下程序段是某个过程对应的指令序列。入口参数 int a 和 int b 分别置于 $ a0 和 $ a1 中,返回参数是该过程的结果,置于 $ v0 中。要求为以下 MIPS 指令序列加注释,并简单说明该过程的功能。

```
        add    $t0, $zero, $zero
loop:   beq    $a1, $zero, finish
        add    $t0, $t0, $a0
        sub    $a1, $a1, 1
        j      loop
finish: addi   $t0, $t0, 100
        add    $v0, $t0, $zero
```

11. 下列指令序列用来对两个数组进行处理,并产生结果存放在 $ v0 中,两个数组的基地址分别存放在 $ a0 和 $ a1 中,数组长度分别存放在 $ a2 和 $ a3 中。要求为以下 MIPS 指令序列加注释,并简单说明该过程的功能。假定每个数组有 2500 个字,其数组下标为 0~2499,该指令序列运行在一个时钟频率为 2GHz 的处理器上,add、addi 和 sll 指令的 CPI 为 1;lw 和 bne 指令的 CPI 为 2,则最坏情况下运行所需时间是多少秒?

```
        sll    $a2, $a2, 2
        sll    $a3, $a3, 2
        add    $v0, $zero, $zero
        add    $t0, $zero, $zero
outer:  add    $t4, $a0, $t0
        lw     $t4, 0($t4)
        add    $t1, $zero, $zero
inner:  add    $t3, $a1, $t1
        lw     $t3, 0($t3)
        bne    $t3, $t4, skip
        addi   $v0, $v0, 1
skip:   addi   $t1, $t1, 4
        bne    $t1, $a3, inner
        addi   $t0, $t0, 4
        bne    $t0, $a2, outer
```

12. 用一条 MIPS 指令或最短的 MIPS 指令序列实现以下 C 语言语句:b=25|a。假定编译器将 a 和 b 分别分配到 $ t0 和 $ t1 中。如果把 25 换成 65536,即 b=65536|a,则用 MIPS 指令或指令序列如何实现?

13. 以下程序段是某个过程对应的 MIPS 指令序列,其功能为复制一个存储块数据到另一个存储块中,存储块中每个数据的类型为 float,源数据块和目的数据块的首地址分别存放在 $ a0 和 $ a1 中,复制的数据个数存放在 $ v0 中,作为返回参数返回给调用过程。假定在复制过程中遇到 0 就停止复制,最后一个

0 也需要复制,但不被计数。已知程序段中有多个错误,请找出它们并修改之。

```
        addi    $v0, $zero, 0
loop:   lw      $v1, 0($a0)
        sw      $v1, 0($a1)
        addi    $a0, $a0, 4
        addi    $a1, $a1, 4
        beq     $v1, $zero, loop
```

14. 说明 beq 指令的含义,并解释为什么汇编程序在对下列汇编源程序中的 beq 指令进行汇编时会遇到问题,应该如何修改该程序段?

```
here:   beq     $s0, $s2, there
        ...
there:  addi    $s1, $s0, 4
```

15. 以下 C 语言程序段中有两个函数 sum_array 和 compare,假定 sum_array 函数先被调用,全局变量 sum 分配在寄存器 $ s0 中。要求按照 MIPS 过程调用协议写出每个函数对应的 MIPS 汇编语言程序,并画出每个函数调用前、后栈中的状态、帧指针和栈指针的位置。

```
int sum=0;

int sum_array(int array[], int num)
{
    int i;
    for(i=0; i<num; i++)
        if compare(num, i+1) sum+=array[i];
    return sum;
}

int compare(int a, int b)
{
    if (a>b)
        return 1;
    else
        return 0;
}
```

16. 以下是一个计算阶乘的 C 语言递归过程,请按照 MIPS 过程调用协议写出该递归过程对应的 MIPS 汇编语言程序,要求目标代码尽量短(提示:乘法运算可用乘法指令"mul rd, rs, rt"来实现,功能为 rd←(rs)×(rt))。

```
int fact (int n)
{
    if(n<1)
        return(1);
    else
        return(n * fact(n-1));
}
```

17. 假定编译器将 a 和 b 分别分配到 t0 和 t1 中,用一条 RV32I 指令或最短的 RV32I 指令序列实现以下 C 语言语句:b=31&a。如果把 31 换成 65535,即 b=65535&a,则用 RV32I 指令或指令序列如何实现?对比第 12 题 RV32I 与 MIPS 之间在立即数处理上有何不同?

18. 某 C 语言源程序中的一个 while 语句为"while (save[i]==k) i+=1;",若对其编译时,编译器将 i 和 k 分别分配在寄存器 s3 和 s5 中,数组 save 的基址存放在 s6 中,则生成的 RV32I 汇编代码段如下。

```
loop:   slli    t1, s3, 2       #R[t1]←R[s3]< < 2,即 R[t1]=i×4
        add     t1, t1, s6      #R[t1]←R[t1]+R[s6],即 R[t1]=address of save[i]
        lw      t0, 0(t1)       #R[t0]←M[R[t1]+0],即 R[t0]=save[i]
        bne     t0, s5, exit    #if R[t0]≠R[s5]=k then goto exit
        addi    s3, s3, 1       #R[s3]←R[s3]+1,即 i=i+1
        j       loop            #goto loop
exit:
```

假设从 loop 处开始的指令存放在内存 40 000 处,上述循环对应的 RV32I 机器码如下图所示。

	7位	5位	5位	3位	5位	7位
40000	0	2	19	1	6	19
40004	0	22	6	0	6	51
40008	0		6	2	5	3
40012	0	21	5	1	12	99
40016	1		19	0	19	19
40020	1043967				0	111
40024	...					

根据上述叙述,回答下列问题,要求说明理由或给出计算过程。

(1) RISC-V 的编址单位是多少? 数组 save 每个元素占多少字节?

(2) 为什么指令"slli t1, s3, 2"能实现 4×i 的功能?

(3) 该指令序列中,哪些指令是 R-型? 哪些是 I-型? 哪些是 B-型? 哪些是 J-型?

(4) t0 和 s6 的编号各为多少?

(5) 指令 j loop 是哪条指令的伪指令? 其操作码的二进位表示是什么?

(6) 标号 exit 的值是多少? 如何根据 40012 处的指令计算得到?

(7) 标号 loop 的值是多少? 如何根据 40020 处的指令计算得到?

提示:1 043 967＝1024×1024－1－512－4096。

第 5 章

中央处理器

计算机所有功能通过执行程序完成,程序由指令序列构成。计算机采用"存储程序"的工作方式,即计算机必须能够自动地从主存取出一条条指令执行,而专门用来执行指令的部件就是中央处理器(central processing unit,CPU)。在 CPU 中控制指令执行的部件是控制器,控制器可采用硬连线路方式实现,也可采用微程序设计方式实现,也有一些 CPU 采用硬连线路和微程序控制相结合的方式实现。

本章主要介绍 CPU 的基本功能和基本组成,以及单周期和多周期处理器的工作原理和设计方法。有关流水线处理器的基本设计原理在第 6 章介绍。

5.1　CPU 概述

5.1.1　CPU 的基本功能

CPU 的基本职能是周而复始地执行指令。CPU 在执行指令过程中可能会遇到一些异常情况和外部中断。例如,对指令操作码译码时,可能会发现有不存在的"非法操作码";在访问指令或数据时可能发现"缺页"(即要访问的信息不在主存);外部设备可能会请求中断CPU 的执行等。因此,CPU 除了执行指令外,还要能够发现和处理异常情况和中断请求。

程序由指令序列和所处理的数据组成。指令按顺序存放在内存连续单元中,将要执行的指令的地址由 PC 给出。CPU 取出并执行一条指令的时间称为指令周期,不同指令的指令周期可能不同。

通常,CPU 执行一条指令的大致过程如下。

(1) 取指令。从 PC 指出的内存单元中取出指令送到指令寄存器(IR)。

(2) 对 IR 中的指令操作码译码并计算下条指令地址。不同指令的功能不同,即指令涉及的操作过程不同,因而需要不同的操作控制信号。

(3) 计算源操作数地址并取源操作数。根据寻址方式确定源操作数地址计算方式,若源操作数是存储器数据,则需要一次或多次访存,例如,对于间接寻址或两个操作数都在存储器的指令,需要多次访存;若源操作数是寄存器数据,则直接从寄存器取数,无须访存。

(4) 对操作数进行相应的运算。在 ALU 或加法器等运算部件中对取出的操作数进行运算。

(5) 目的操作数地址计算并存结果。根据寻址方式确定目的操作数的地址计算方式,将运算结果存入存储单元中,或存入通用寄存器中。

对于上述过程的第(1)步和第(2)步,所有指令的操作都一样,都是取指令、指令译码并修改 PC;而对于第(3)~(5)步,不同指令的操作可能不同,它们完全由第(2)步译码得到的控制信号控制,即每条指令的功能由第(2)步译码得到的控制信号决定。

上述这些基本操作可以用形式化的方式来描述,所用的描述语言称为寄存器传送级(register transfer level,RTL)语言。本书 RTL 语言规定:R[r]表示通用寄存器 r 的内容,M[addr]表示存储单元 addr 的内容;M[R[r]]表示寄存器 r 的内容所指存储单元的内容;PC 表示 PC 的内容,M[PC]表示 PC 所指存储单元的内容;SEXT[imm]表示对 imm 进行符号扩展,ZEXT[imm]表示对 imm 进行零扩展;传送方向用←表示,即传送源在右,传送目的在左。

5.1.2 CPU 的基本组成

随着超大规模集成电路技术的发展,更多的功能模块被集成到 CPU 芯片中,包括 cache、MMU、浮点运算逻辑、异常和中断处理逻辑等,因而 CPU 的内部组成越来越复杂,甚至在一个 CPU 芯片中集成了多个处理器核。但是,不管 CPU 多复杂,数据通路(datapath)和控制器(control unit)是其两大基本组成部分。控制器也称为控制部件。

通常把数据通路中专门进行数据运算的部件称为执行部件(execution unit)。指令执行所用到的元件有两类:组合逻辑元件(也称操作元件)和存储元件(也称状态元件)。连接这些元件的方式有两种:总线方式和分散连接方式。数据通路就是由操作元件和状态元件通过总线或分散方式连接而成的进行数据存储、处理和传送的路径。

1. 操作元件

操作元件属于组合逻辑元件,其输出只取决于当前的输入。如图 5.1 所示,数据通路中最常用的操作元件有多路选择器(MUX)、加法器(Adder)、算术逻辑部件(ALU)等。

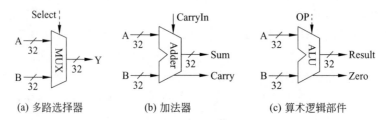

(a) 多路选择器　　　　(b) 加法器　　　　(c) 算术逻辑部件

图 5.1　数据通路中的常用组合逻辑元件

图中虚线表示控制信号,多路选择器需要控制信号 Select 确定选择哪个输入被输出;加法器不需要控制信号控制,因为它的操作是确定的;ALU 需要有操作控制信号 OP,由它确定 ALU 进行哪种操作。

2. 状态元件

状态元件属于时序逻辑电路,具有存储功能,输入状态在时钟控制下被写到电路中,并保持电路的输出值不变,直到下一个时钟到达。输入端状态由时钟信号决定何时被写入,输出端状态随时可以读出。最简单的状态元件是 D 触发器,有时钟输入 CLK、状态输入端 D 和状态输出端 Q。图 5.2 是 D 触发器的定时示意图。

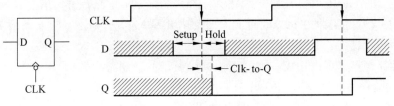

图 5.2　D 触发器定时示意

图 5.2 所示 D 触发器采用下降沿触发,要使输出状态能正确随输入状态改变,必须满足以下时间约束。

(1) 在时钟下降沿到达前一段时间内,输入端 D 必须稳定有效,这段时间称为建立时间 (setup time)。

(2) 在时钟下降沿到达后一段时间内,输入端 D 必须继续保持稳定不变,这段时间称为保持时间(hold time)。

在满足上述两个约束条件的情况下,经过时钟下降沿到来后的一段锁存延迟(Clk-to-Q 时间),输出端 Q 的状态改变为输入端 D 的状态,并一直保持不变,直到下个时钟到来。

数据通路中的寄存器是一种典型的状态存储元件,n 个 D 触发器可构成一个 n 位寄存器。根据功能和实现方式的不同,有各种不同类型的寄存器。例如:①带"写使能"输入的暂存寄存器,可用于实现指令寄存器、通用寄存器组(general purpose register set,GPRs)[①]等;②输出端带一个三态门的寄存器,通常用于与总线相连的寄存器,可通过三态门来控制信息是否打到总线上;③带复位(即清 0)功能的寄存器;④带计数(自增)功能的寄存器;⑤带移位功能的寄存器。

这些不同类型的寄存器都在时钟信号和相应控制信号(如"写使能""三态门开启""清0""自增""左移/右移")的控制下完成信息存储功能。图 5.3 是数据通路中的暂存寄存器和通用寄存器组的外部结构示意图。

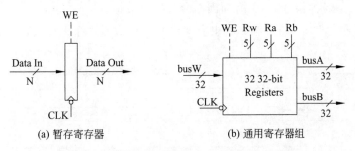

(a) 暂存寄存器　　　　(b) 通用寄存器组

图 5.3　暂存寄存器和通用寄存器组的外部结构

1) 暂存寄存器

如图 5.3(a)所示,暂存寄存器有一个写使能(write enable)信号 WE,当 WE=0 时,时钟信号(CLK)边沿到来不会改变输出值;当 WE=1 时,时钟边沿到来后,经过 Clk-to-Q 时

---

① 通用寄存器组(general purpose register set,GPRs),有的英文原版教材用 register files 表示,可译为寄存器组或寄存器堆。

间的延迟,输出端(DataOut)开始变为输入端(DataIn)的值,表示输入信息被写入寄存器。若数据通路中某个寄存器在每个时钟到来时都需要写入信息,则该寄存器无须 WE 信号。

2) 通用寄存器组

32 个暂存寄存器可以构成一个如图 5.3(b)所示的通用寄存器组,每个寄存器地址是一个 5 位的二进制编码。它有以下两个读口: busA 和 busB,分别由 Ra 和 Rb 给出地址。读操作属于组合逻辑操作,无须时钟信号控制,当地址 Ra 和 Rb 到达后,经过一个"取数时间"的延迟,在 busA 和 busB 上的信息开始有效。它还有一个写口: busW 上的信息写入的地址由 Rw 指定。写操作属于时序逻辑操作,需要时钟信号 CLK 的控制。在 WE 为 1 的情况下,时钟触发边沿到来后经过 Clk-to-Q 时间延迟,从 busW 传来的值开始写入 Rw 指定的寄存器中。

5.1.3 数据通路与时序控制

指令执行过程中的每个操作步骤都有先后顺序,为了使计算机能正确执行指令,CPU 必须按正确的时序产生操作控制信号。由于不同指令对应的操作序列长短不一,序列中各操作执行时间也不相同,因此,需要考虑用怎样的时序方式来控制。

1. 早期计算机的三级时序系统

早期计算机通常采用机器周期、节拍和脉冲三级时序对数据通路操作进行定时控制。一个指令周期可分为取指令、读操作数、执行并写结果等多个基本工作周期,称为机器周期。

一个机器周期内要进行若干步操作。例如,存储器读周期有送主存地址、发送读写命令、检测数据有无准备好、取数等步骤。因此,有必要将一个机器周期再划分成若干节拍,每个动作在一个节拍内完成。为了产生操作控制信号并使某些操作能在一拍时间内配合工作,常在一个节拍内再设置一个或多个工作脉冲。

2. 现代计算机的时钟信号

现代计算机中,已不再采用三级时序系统,机器周期的概念已逐渐消失。整个数据通路中的定时信号就是时钟信号,一个时钟周期就是一个节拍。

如图 5.4 所示,数据通路可看成由组合逻辑元件和状态元件交替组合而成,即数据通路的基本结构为"… — 状态元件 — 组合逻辑元件 — 状态元件 — …"。

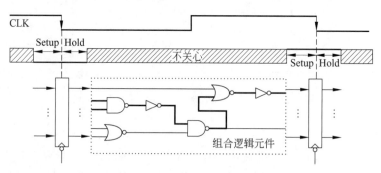

图 5.4 数据通路和时钟周期

图 5.4 所示的数据通路中,虚线框内是组合逻辑元件,所有组合逻辑电路都从状态元件接收输入,并将输出写入状态元件中。所有状态元件在同一时钟信号控制下写入信息。假

定采用下降沿(负跳变)触发,则所有状态元件在时钟下降沿到来时开始写入信息,经过触发器的锁存延迟(即 Clk-to-Q)后输出开始有效。假定每个时钟的下降沿是一个时钟周期的开始时刻,则一个时钟周期内整个处理过程如下:经过 Clk-to-Q 时间,前一个时钟周期内组合逻辑生成的信号被写入状态元件,并输出到随后的组合逻辑电路进行处理,经过若干级门延迟,得到的处理结果被送到下一级状态元件的输入端,然后必须稳定一段时间(setup time)才能开始下个时钟周期,并在时钟信号到达后还要保持一段时间(hold time)。

假定各级组合逻辑电路的传输延迟(即最长延迟)为 longest delay,考虑时钟偏移(clock skew)[①],根据上述分析可知,数据通路的时钟周期(cycle time)应为 cycle time=Clk-to-Q+longest delay+setup time+clock skew。假定各级组合逻辑电路中最短延迟为 shortest delay,为了使数据通路能正常工作,则应满足以下时间约束:Clk-to-Q+shortest delay>hold time。

5.2 单周期处理器设计

处理器设计涉及数据通路和控制电路的设计,其设计过程如下。

第 1 步:分析每条指令的功能。

第 2 步:根据指令的功能给出所需的元件,并考虑如何将它们互连。

第 3 步:确定每个元件所需控制信号的取值。

第 4 步:汇总所有指令涉及的控制信号,生成反映指令与控制信号之间关系表。

第 5 步:根据关系表,得到每个控制信号的逻辑表达式,据此设计控制电路。

一个指令系统常常有几十到几百条指令,实现一个完整指令系统的处理器是一项非常复杂、烦琐的任务。为了能清楚说明处理器设计过程和基本原理,本节以实际的 MIPS 指令系统为例来说明。有关 MIPS 指令系统参见 4.3.1 节,图 5.5 再次给出了 MIPS 的 3 种指令格式。由于篇幅的限制,不可能介绍所有指令的实现,为此,选择了具有代表性的若干条指令作为实现目标。

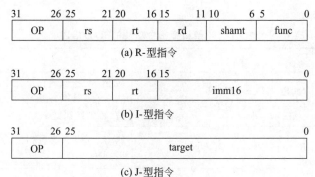

图 5.5　MIPS 指令格式

本节选择以下 11 条 MIPS 指令作为实现目标。

5 条 R-型指令：

```
add     rd, rs, rt
sub     rd, rs, rt
subu    rd, rs, rt
slt     rd, rs, rt
sltu    rd, rs, rt
```

5 条 I-型指令：

```
ori     rt, rs, imm16
addiu   rt, rs, imm16
lw      rt, rs, imm16
sw      rt, rs, imm16
beq     rs, rt, imm16
```

1 条 J-型指令：

```
j       target
```

这些指令比较具有代表性,包含了 R-型、I-型和 J-型 3 种类型指令;既有算术/逻辑运算指令,又有取数/存数指令;既有条件转移指令,又有无条件转移指令;既有需要考虑溢出判断的指令,又有无须考虑溢出的指令;既有对带符号数判断大小的指令,又有对无符号数判断大小的指令。关于这些指令的介绍内容,涵盖了大部分指令的基本实现技术。

5.2.1 指令功能的描述

设计处理器的第一步先要确认每条指令的功能,表 5.1 给出了上述 11 条 MIPS 指令功能的 RTL 描述。其 RTL 描述采用 5.1.1 节的规定。因为每条指令的第一步都是取指令并 PC 加 4,使 PC 指向下条指令,所以表中除第一条 add 指令外,其余指令都省略了对第一步的描述。

表 5.1　11 条目标指令功能的 RTL 描述

指　令	功　能	说　明
add rd, rs, rt sub rd, rs, rt	$M[PC]$,$PC \leftarrow PC + 4$ $R[rd] \leftarrow R[rs] \pm R[rt]$	从 PC 所指的内存单元中取指令,并 PC 加 4 从 rs、rt 中取数后相加减,若溢出则异常处理,否则结果送 rd
subu rd, rs, rt	$R[rd] \leftarrow R[rs] - R[rt]$	从 rs、rt 中取数后相减,结果送 rd(不进行溢出判断)
slt rd, rs, rt	if $(R[rs] < R[rt])$ $R[rd] \leftarrow 1$ else $R[rd] \leftarrow 0$	从 rs、rt 中取数后按带符号整数来判断两数大小,小于则 rd 中置 1,否则,rd 中清 0(不进行溢出判断)
sltu rd, rs, rt	if $(R[rs] < R[rt])$ $R[rd] \leftarrow 1$ else $R[rd] \leftarrow 0$	从 rs、rt 中取数后按无符号数来判断两数大小,小于则 rd 中置 1,否则,rd 中清 0(不进行溢出判断)

指　　令	功　　能	说　　明
ori rt，rs，imm16	R[rt]←R[rs]｜ZEXT(imm16)	从 rs 取数、将 imm16 进行零扩展，然后两者按位或，结果送 rt
addiu rt，rs，imm16	R[rt]←R[rs]＋SEXT(imm16)	从 rs 取数、将 imm16 进行符号扩展，然后两者相加，结果送 rt(不进行溢出判断)
lw rt，rs，imm16	Addr←R[rs]＋SEXT(imm16) R[rt]←M[Addr]	从 rs 取数、将 imm16 进行符号扩展，然后两者相加，结果作为访存地址 Addr，从 Addr 中取数并送 rt
sw rt，rs，imm16	Addr←R[rs]＋SEXT(imm16) M[Addr]←R[rt]	从 rs 取数、将 imm16 进行符号扩展，然后两者相加，结果作为访存地址 Addr，将 rt 送 Addr 中
beq rs，rt，imm16	Cond←R[rs]－R[rt] if (Cond eq 0) PC←PC＋4＋(SEXT(imm16)×4)	做减法以比较 rs 和 rt 中内容的大小，并计算下条指令地址，然后根据比较结果修改 PC。转移目标地址采用相对寻址，基准地址为下条指令地址(即 PC＋4)，位移量为立即数 imm16 经符号扩展后的值的 4 倍。因此，转移目标指令的范围为相对于当前指令的前32767 到后 32768 条指令
j target	PC←PC<31:28>‖target<25:0>‖00	第一步无须进行 PC＋4 而直接计算目标地址，符号‖表示"拼接"，PC 最后两位为 00

5.2.2　数据通路的设计

在对所有指令进行功能分析的基础上，可以进行数据通路的设计。为简化数据通路设计，假定所用的数据存储器和指令存储器皆为一种理想存储器。如图 5.6 所示，理想存储器有一个 32 位数据输入端DataIn，一个 32 位数据输出端 DataOut，还有一个读写公用的地址输入端 Address。控制信号有一个写使能信号 WE，写操作受时钟信号 CLK 的控制，假定采用下降沿触发，即在时钟下降沿开始写入信息。

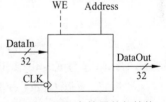

图 5.6　理想存储器外部结构

该理想存储器的读操作是组合逻辑操作，即在地址Address 有效后，经过一个"取数时间"，数据输出端 DataOut 上数据有效；写操作是时序逻辑操作，即在 WE 为 1 的情况下，当时钟 CLK 边沿到来时，DataIn 开始写入存储单元中。

1. 算术逻辑部件的设计

上述 11 条指令涉及带溢出判断的加法和减法、带符号整数的大小判断、无符号整数的大小判断、相等判断以及各种逻辑运算等。为了支持这 11 条指令包含的运算，ALU 必须具有相应的功能。

图 5.7 给出了一个实现上述 11 条指令中运算的 ALU。该 ALU 的输入为两个 32 位操作数 A 和 B，其中，核心部件是加法器，加法器的输出除两个数的和 Add-Result 以外，还有

进位标志 Add-carry、零标志 Zero、溢出标志 Add-Overflow 和符号标志 Add-Sign。有关加法器的实现可参见第 3 章内容。在操作控制端 ALUctr 的控制下,在 ALU 中执行加、减、按位或、带符号整数比较小于置 1 和无符号数比较小于置 1 等运算,Result 作为 ALU 运算的结果被输出,同时,零标志 Zero 和溢出标志 Overflow 也被作为 ALU 的结果标志信息输出。

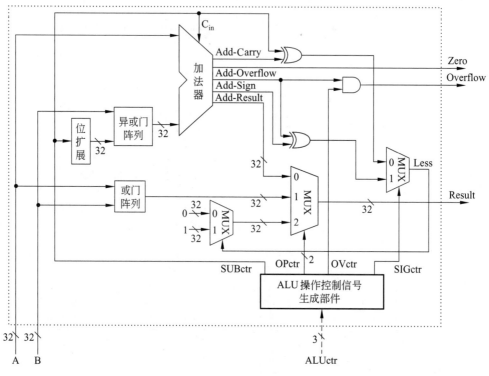

图 5.7　11 条目标指令的 ALU 实现

从图 5.7 可以看出,ALU 的操作由一个"ALU 操作控制信号生成部件"产生的控制信号来控制,其输入是 ALUctr,输出有 4 个控制信号:① SUBctr 用来控制 ALU 执行加法还是减法运算,当 SUBctr=1 时,做减法,当 SUBctr=0 时,做加法;②OPctr 用来控制选择哪种运算的结果作为 Result 输出,因为所实现的 11 条指令中只可能有加/减、按位或、小于置1 这 3 种运算,所以 OPctr 有两位;③OVctr 用来控制是否要进行溢出判断,当 OVctr=1时,进行溢出判断,此时,若结果发生溢出,则溢出标志 Overflow 为 1,当 OVctr=0 时,无须溢出判断,此时,即使结果发生溢出,溢出标志 Overflow 也不为 1;④SIGctr 信号控制 ALU是执行"带符号整数比较小于置1"还是"无符号数比较小于置1"功能,当 SIGctr=0,则执行"无符号数比较小于置 1",当 SIGctr=1 时,则执行"带符号整数比较小于置 1"。

根据表 5.1 列出的每条指令的功能,可以了解到各条指令在 ALU 中所进行的运算,由此可列出各条指令对应的 4 种 ALU 操作控制信号取值,如表 5.2 所示。

从表 5.2 可知,指令 addiu、lw、sw 和 beq 转移目标地址计算的 ALU 控制信号取值一样,都是进行加法运算并不判溢出,记为 addu 操作;指令 subu 和 beq 判 0 操作的 ALU 控制信号可看成一样,都做减法运算并不判溢出,记为 subu 操作。因此,这 11 条指令可以归纳为以下 7 种操作:addu、add、or、subu、sub、sltu、slt,需要 3 位对其进行编码,因而 ALU 的

表 5.2　11 条目标指令对应的 4 种 ALU 操作控制信号取值

指　令	功　　能	运 算 类 型	SUBctr	OPctr	OVctr	SIGctr
add rd，rs，rt	R[rd]←R[rs]＋R[rt]	加（判溢出）	0	00	1	×
sub rd，rs，rt	R[rd]←R[rs]－R[rt]	减（判溢出）	1	00	1	×
subu rd，rs，rt	R[rd]←R[rs]－R[rt]	减（不判溢出）	1	00	0	×
slt rd，rs，rt	if（R[rs]＜R[rt]） R[rd]←1 else R[rd]←0	减（不判溢出） 带符号整数比 较大小	1	10	0	1
sltu rd，rs，rt	if（R[rs]＜R[rt]） R[rd]←1 else R[rd]←0	减（不判溢出） 无符号数比较 大小	1	10	0	0
ori rt，rs，imm16	R[rt]←R[rs]｜ZEXT(imm16)	按位或（不判 溢出）	×	01	0	×
addiu rt，rs，imm16	R[rt]←R[rs]＋SEXT(imm16)	加（不判溢出）	0	00	0	×
lw rt，rs，imm16	Addr←R[rs]＋SEXT(imm16) R[rt]←M[Addr]	加（不判溢出）	0	00	0	×
sw rt，rs，imm16	Addr←R[rs]＋SEXT(imm16) M[Addr]←R[rt]	加（不判溢出）	0	00	0	×
beq rs，rt，imm16	Cond←R[rs]－R[rt]	减（判 0）	1	××	0	×
	if（Cond eq 0） PC←PC＋(SEXT(imm16)×4)	加（不判溢出）	0	00	0	×
j target	PC<31:2>←PC<31:28>‖ target<25:0>	无须 ALU 运算	×	××	×	×

注：×表示无论取什么值都不影响运算结果。

操作控制输入端 ALUctr 至少有三位。

在对 ALUctr 进行编码时，可以根据这些 ALU 操作和 4 种 ALU 操作控制信号的对应关系进行优化，例如，把加减控制（SUBctr）、溢出判断（OVctr）和符号控制（SIGctr）等信号分别对应到不同的位来进行控制。表 5.3 给出了 ALUctr 的一种三位编码方案。

表 5.3　ALUctr 的三位编码及其对应的操作类型和 ALU 控制信号

ALUctr<2:0>	操作类型	SUBctr	OVctr	SIGctr	OPctr<1:0>	OPctr 的含义
0 0 0	addu	0	0	×	0 0	选择加法器的结果输出
0 0 1	add	0	1	×	0 0	选择加法器的结果输出
0 1 0	or	×	0	×	0 1	选择"按位或"结果输出
0 1 1	（未用）					
1 0 0	subu	1	0	×	0 0	选择加法器的结果输出
1 0 1	sub	1	1	×	0 0	选择加法器的结果输出
1 1 0	sltu	1	0	0	1 0	选择小于置位结果输出
1 1 1	slt	1	0	1	1 0	选择小于置位结果输出

根据表 5.3 得到各输出控制信号的逻辑表达式如下：

```
SUBctr=ALUctr<2>
OVctr=!ALUctr<1>&ALUctr<0>
SIGctr=ALUctr<0>
OPctr<1>=ALUctr<2>& ALUctr<1>
OPctr<0>=!ALUctr<2>ALUctr<1>& !ALUctr<0>
```

根据上述逻辑表达式,不难实现图 5.7 中的"ALU 操作控制信号生成部件"。

如果要实现更多指令,则 ALU 必须支持更多的运算,如取负(neg)、取反(not)、与(and)、异或(xor)、或非(nor)等,如果在 ALU 中考虑所有这些情况的话,需在图 5.7 所示的ALU 中增加相应的取负、按位取反、按位与、按位异或、按位或非等逻辑电路,同时 ALU 输出结果选择控制信号 OPctr 的位数需扩充到至少 3 位,ALUctr 的位数需扩充到 4 位。

2. 取指令部件的设计

从上述指令功能的 RTL 描述中,可以看出,每条指令的第一步都是完成取指令并计算下条指令地址的功能。因此,在数据通路中,需要专门设计一个取指令部件来完成上述功能。

图 5.8 是取指令部件的示意图。假定指令专门存放在指令存储器中,它只有读操作,读指令操作可看成组合逻辑操作,因此无须控制信号的控制,只要给出指令地址,经过一定的"取数时间"后,指令被送出。指令的地址来自 PC,有专门的下地址逻辑来计算下条指令的地址,然后送 PC。因为是单周期处理器,每个时钟周期执行一条指令,所以每来一个时钟,PC 的值都会被更新一次,因而,PC

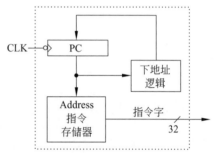

图 5.8 取指令部件示意图

无须"写使能"信号控制。下地址逻辑中,要区分是顺序执行还是转移执行。若是顺序执行,则执行 PC+4;若是转移执行,则要根据当前指令是分支指令还是跳转指令来计算转移目标地址。

3. R-型指令的数据通路

图 5.9 是 R-型指令相关的数据通路示意图,用它可以完成对两个寄存器 Rs 和 Rt 内容的运算并将结果写入 Rd 寄存器。像 add 和 sub 等指令还要判断结果是否溢出,只有不溢出时才写结果到 Rd,否则转异常处理程序执行。

指令中 Rs 和 Rt 是两个源操作数寄存器编号,Rd 是目的寄存器编号,因此,寄存器堆的两个读地址端 Ra 和 Rb 应分别与 Rs 和 Rt 相连,写地址端 Rw 与 Rd 相连。ALU 运算结果连到寄存器堆的写数据端 busW,控制信号 RegWr 为"写使能"信号,只有在 RegWr 信号为 1 且不溢出的情况下,运算结果才写入寄存器堆,显然 R-型指令执行时,RegWr 信号应该为 1。

11 条目标指令中有 5 条 R-型指令:add、sub、subu、slt 和 sltu,根据表 5.2 可知,它们分别对应 ALU 的 5 种操作:add、sub、subu、slt 和 sltu,因此,可根据不同的指令,控制将不同的操作编码送到 ALU 操作控制端 ALUctr,以便在 ALU 中进行不同指令所对应的运算。

当前时钟周期内执行的运算结果总是在下一个时钟到来时,开始写到寄存器堆中。为

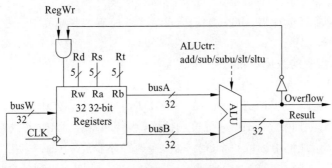

图 5.9　支持 R-型指令功能的数据通路

了能写入正确的稳定结果,ALU 操作控制信号必须稳定一段时间保持不变。

4. 立即数运算指令的数据通路

I-型带立即数的运算类指令都涉及对 16 位立即数进行符号扩展或零扩展,然后和 Rs 的内容进行运算,最终把 ALU 的运算结果送目的寄存器 Rt。

11 条目标指令中 ori 指令和 addiu 是 I-型带立即数的运算类指令,涉及的操作有 or 和 addu。图 5.10 是在图 5.9 的基础上增加了 I-型立即数运算类指令功能而得到的数据通路示意图,因此,它同时也能完成 R-型指令的执行。

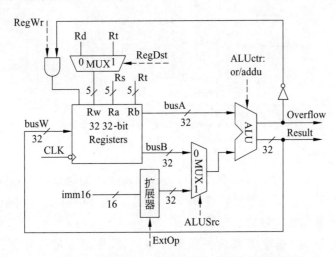

图 5.10　支持 I-型带立即数运算指令功能的数据通路

与图 5.9 相比,有以下 3 处变动。

(1) 因为 R-型指令和 I-型指令的目的寄存器不同,所以在寄存器堆的写地址端 Rw 处,增加了一个多路选择器,由控制信号 RegDst 控制选择 Rd 为目的寄存器还是 Rt 为目的寄存器。

(2) 因为 I-型指令的立即数只有 16 位,需要对其扩展为 32 位才能送到 32 位 ALU 运算。对于按位逻辑运算,应采用零扩展,对于算术运算,应采用符号扩展。因此,在数据通路中应增加一个扩展器,由控制信号 ExtOp 控制进行符号扩展还是零扩展,其输入端连到指令中的 imm16。

（3）因为 R-型指令和 I-型指令在 ALU 的 B 口的操作数来源不同，所以，在 ALU 的 B 输入端增加了一个多路选择器，由控制信号 ALUSrc 控制选择 busB 还是扩展器输出作为 ALU 的 B 口操作数。

5. load/store 指令的数据通路

lw/sw 指令是 I-型指令，lw 指令的功能为 $R[Rt] \leftarrow M[R[Rs] + SEXT(imm16)]$；sw 指令的功能为 $M[R[Rs] + SEXT(imm16)] \leftarrow R[Rt]$。load 指令和 store 指令的地址计算过程一样，都要先对立即数 imm16 进行符号扩展，然后和寄存器 Rs 的内容相加，得到访存地址。load 指令从该地址中读取一个 32 位数，送到寄存器 Rt 中；store 指令则相反。

图 5.11 是在图 5.10 的基础上增加了 load/store 指令功能而得到的数据通路示意图，因此，它同时也能完成 R-型和 I-型运算类指令的执行。

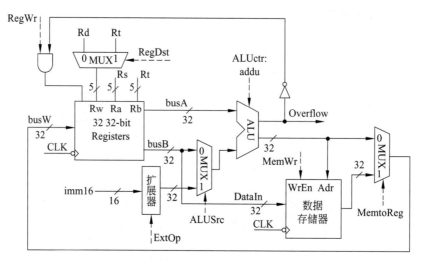

图 5.11　支持 load/store 指令功能的数据通路

与图 5.10 相比，有以下两处变动。

（1）因为运算类指令和 load 指令写入目的寄存器的结果的来源不同，所以在寄存器堆的写数据端 busW 处增加了一个多路选择器，由控制信号 MemtoReg 控制选择将 ALU 结果还是存储器读出数据写入目的寄存器。

（2）因为 load/store 指令需要读写数据存储器，故增加了数据存储器。访存地址在 ALU 中计算，因此数据存储器的地址端 Adr 连到 ALU 的输出。store 指令将 Rt 内容送存储器，所以直接将 busB 连到数据存储器的 DataIn 输入端，而将输出端连到 busW 端的多路选择器上。控制信号 MemWr 用作"写使能"信号。load/store 指令的地址运算对立即数 imm16 进行符号扩展，ALUctr 输入端的操作类型是不判溢出的加法 addu。

6. 分支指令的数据通路

分支指令也是 I-型指令，能根据不同的条件选择是否跳转执行。例如，相等转移指令 beq 的功能为 $if(R[Rs] = R[Rt]) PC \leftarrow PC + 4 + (SEXT(imm16) \times 4)$ else $PC \leftarrow PC + 4$。图 5.12 是在图 5.11 基础上增加 beq 指令功能而得到的数据通路。与图 5.11 相比，主要增加了取指令部件，转移目标地址的计算在下地址逻辑中实现，在 ALU 中执行的是不判溢出的减法操作 subu。

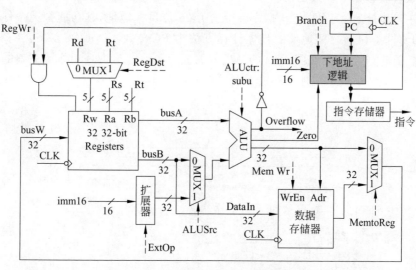

图 5.12　支持分支指令功能的数据通路

下地址逻辑的输出是下条指令地址,4 个输入是 PC、Zero 标志、立即数 imm16 和控制信号 Branch。在 ALU 中对 R[Rs] 和 R[Rt]做减法得到一个 Zero 标志,根据 Zero 标志可判断是否转移。对于转移目标地址的计算,需要先对立即数 imm16 进行符号扩展再乘 4,然后和基准地址 PC+4 相加。所以,ALU 的输出 Zero 标志需送到下地址逻辑,立即数 imm16 和 PC 也要送到下地址逻辑,控制信号 Branch 表示当前指令是否是分支指令,也应送到下地址逻辑,以决定是否按分支指令方式计算下条指令地址。

因为指令长度为 32 位,主存按字节编址,所以指令地址总是 4 的倍数,即最后两位总是 00,因此,PC 中只需存放前 30 位地址,即 PC<31:2>。这样,下条指令地址的计算方法如下。

顺序执行时: $PC<31:2> \leftarrow PC<31:2> + 1$。

跳转执行时: $PC<31:2> \leftarrow PC<31:2> + 1 + SEXT[imm16]$。

取指令时: 指令地址 = $PC<31:2> \| 00$。

图 5.13 是下地址计算逻辑,从图中可看出,每来一个时钟 CLK,当前 PC 作为指令地址被送到指令存储器去取指令的同时,下地址逻辑计算下条指令地址并送 PC 的输入端,在下个时钟到来后写入 PC。

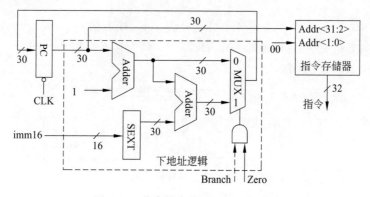

图 5.13　分支指令的下地址逻辑设计

7. 无条件转移指令的数据通路

无条件转移指令是 J-型指令,指令中给出了 26 位目标地址,其功能是无条件将目标地址设置到 PC 中。跳转目标地址的具体计算方法为 PC$<$31:2$>$←PC$<$31:28$>$‖target $<$25:0$>$。图 5.14 给出了在图 5.13 的基础上加上无条件转移指令功能的完整的取指令部件示意图。下地址逻辑中增加了跳转目标地址的计算功能,并通过控制信号 Jump 来选择作为下条指令的 PC 值。

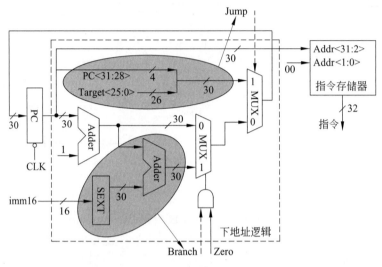

图 5.14　完整的取指令部件

取指令阶段开始时,新指令还未被取出和译码,因此取指令部件中的控制信号(Branch、Jump)的值还是上条指令产生的旧值,此外,新指令还未被执行,因而标志(Zero)也为旧值。不过,由这些旧控制信号值确定的地址只被送到 PC 输入端,并不会写入 PC,因此不会影响取指令功能。只要保证在下个时钟 CLK 到来之前能产生正确的下条指令地址即可。单周期方式下,所有指令都在单个时钟周期内完成执行,因而下个时钟会在足够长的时间(最长的指令周期)后到来,此时,控制信号早就是新取出的当前指令对应的控制信号了,因而,取指令部件能得到正确的下条指令地址,并在下个时钟到来前被送到 PC 的输入端,一旦下个时钟到来后,该地址开始写入 PC,并作为下一条新指令的地址从指令存储器中取出新的指令。

取指令部件的输出是指令,输入有 3 个:标志 Zero、控制信号 Branch 和 Jump。下地址逻辑中的立即数 imm16 和目标地址 target$<$25:0$>$都直接来自取出的指令。因此,取指令部件的外部结构如图 5.15 所示。

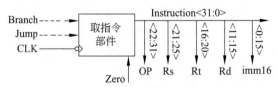

图 5.15　取指令部件的外部结构

8. 综合 11 条指令的完整数据通路

综合考虑上述所有数据通路的结构，可得到如图 5.16 所示的完整单周期数据通路。图中所有加下画线的都是控制信号，用虚线表示。指令执行结果总是在下个时钟到来时开始保存在寄存器、数据存储器或 PC 中。

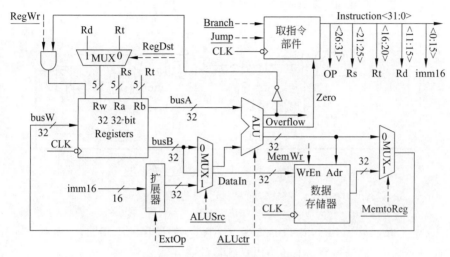

图 5.16　完整的单周期数据通路

至此，已完成了所有 11 条指令所用到的数据通路，包括所用元件及其互连，并给出了控制信号。下一步应考虑如何产生控制信号，这就是控制逻辑单元的设计问题。

5.2.3　控制器的设计

控制器（控制单元）主要包含指令译码器，其输入的是指令操作码 OP（R-型指令还包括功能码 func），输出的是控制信号。控制单元设计过程如下。

（1）根据每条指令的功能，分析控制信号的取值，并在表中列出。

（2）根据列出的指令和控制信号的关系，写出每个控制信号的逻辑表达式。

1. 控制信号取值分析

根据对取指令阶段执行情况的分析可知，CLK 信号到来后，经锁存延迟（Clk-to-Q）时间，PC 的值作为访存地址被送到指令存储器，经过"取数时间"后，指令被取出，后送控制单元，经指令译码器译码，送出控制信号。随后，每条指令便在控制信号的控制下，完成相应的功能。

以下分析每条指令执行阶段控制信号的取值情况。

1）R-型指令执行阶段

图 5.17 是 R-型指令执行过程示意图，其中的粗线描述了 R-型指令的数据在数据通路中的执行路径：Register File(Rs,Rt)→busA,busB→ALU→Register File(Rd)。

控制信号的取值分析如下。

Branch＝Jump＝0：因为不是分支指令和无条件跳转指令。

RegDst＝1：因为 R-型指令的目的寄存器为 Rd。

ALUSrc＝0：保证选择 busB 作为 ALU 的 B 口操作数。

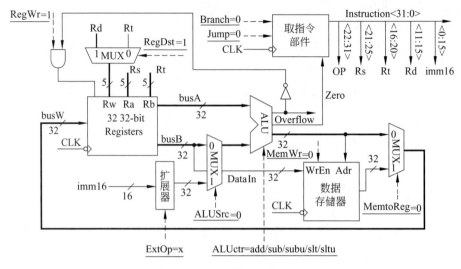

图 5.17　R-型指令执行过程

ALUctr＝add/sub/subu/slt/sltu：5 条 R-型指令的操作各不相同,因而对应 5 种类型。

MemtoReg＝0：保证选择 ALU 输出送到目的寄存器。

RegWr＝1：保证在下个时钟到来时,在不发生溢出的情况下结果被写到目的寄存器。

MemWr＝0：保证在下个时钟到来时,不会有信息写到数据存储器。

ExtOp＝x：因为 ALUSrc＝0,所以扩展器的输出不会影响执行结果,故 ExtOp 取 0 或 1 都无所谓。

图 5.18 给出了 R-型指令的操作定时过程。从图中可以看出,下条指令地址 PC＋4 将在下个 CLK 到来时开始写入 PC,指令执行结果(ALU 输出)也将在下个 CLK 到来时开始写入目的寄存器 Rd。

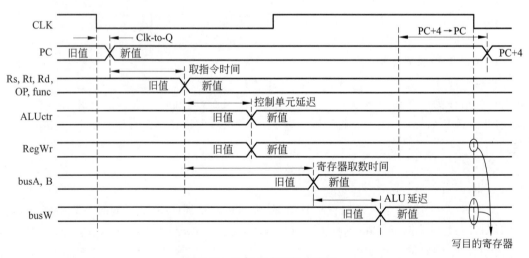

图 5.18　R-型指令的操作定时

2）I-型运算指令执行阶段

图 5.19 中的粗线给出了 I-型运算指令的执行过程,从图中可以看出其数据在数据通路中的执行路径为:Register File(Rs)→busA,扩展器(imm16)→ALU→Register File(Rt)。

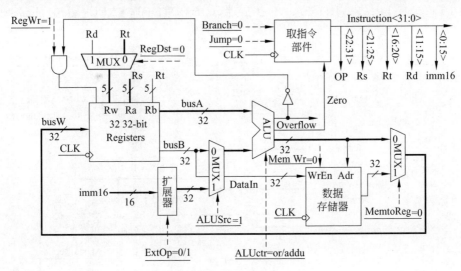

图 5.19 I-型运算指令执行过程

对于目标指令中的 I-型运算指令 ori 和 addiu,不难看出各控制信号的取值如下。

Branch=Jump=0,RegDst=0,ALUSrc=1,ALUctr=or/addu(ori 指令为 or,addiu 指令为 addu),MemtoReg=0,RegWr=1,MemWr=0,ExtOp=0/1(ori 指令为 0,addiu 指令为 1)。

3）load/store 指令执行阶段

图 5.20 中的粗线给出了 load 指令的执行过程,从图中可以看出其数据在数据通路中的执行路径为:Register File(Rs)→busA,扩展器(imm16)→ALU(addu)→数据存储器→Register File(Rt)。

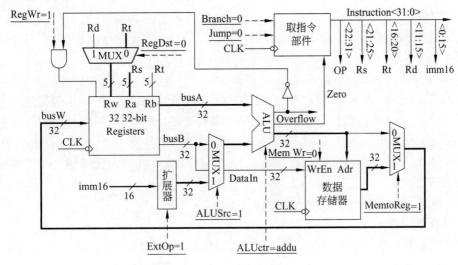

图 5.20 load 指令的执行过程

load 指令各控制信号的取值如下：Branch＝Jump＝0，RegDst＝0，ALUSrc＝1，ALUctr＝addu，MemtoReg＝1，RegWr＝1，MemWr＝0，ExtOp＝1(符号扩展)。

图 5.21 是 store 指令的执行过程示意图。从图中可看出，其数据在数据通路中的执行路径为：Register File(Rs,Rt)→busA,扩展器(imm16),busB→ALU(addu),busB→数据存储器。

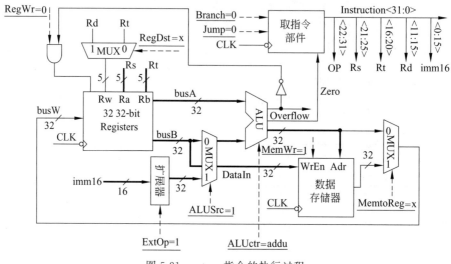

图 5.21　store 指令的执行过程

store 指令各控制信号的取值如下：Branch＝Jump＝0，RegDst＝x，ALUSrc＝1，ALUctr＝addu，MemtoReg＝x，RegWr＝0，MemWr＝1，ExtOp＝1(符号扩展)。

4) 分支指令执行阶段

分支指令 beq 通过做减法来得到 Zero 标志,然后将 Zero 标志送到取指令部件,和控制信号 Branch 一起进行“与”操作,以控制下条指令地址的计算。因此,其数据在数据通路中的执行路径为：Register File(Rs,Rt)→busA,busB→ALU(subu)→Zero 标志→取指令部件。在取指令部件(参见图 5.14) 中,若 Zero＝0,则执行 PC<31:2>←PC<31:2>＋1;若 Zero＝1,则执行 PC<31:2>←PC<31:2>＋1＋SEXT[imm16]。

beq 指令各控制信号的取值如下：Branch＝1，Jump＝0，RegDst＝x，ALUSrc＝0，ALUctr＝subu，MemtoReg＝x，RegWr＝0，MemWr＝0，ExtOp＝x。

5) 无条件转移指令执行阶段

在 11 条指令中,无条件跳转指令最简单,除了改变 PC 的值外,不做任何其他工作。因此,只在取指令部件中由控制信号 Jump 控制下条指令地址的计算,其控制信号取值只要保证：①Branch＝0,Jump＝1,以使取指令部件能正确得到下条指令地址；②RegWr＝0,MemWr＝0,以使寄存器堆和数据存储器在本指令执行时不被写入任何结果。其他控制信号的取值任意。

综上所述,得到各指令的控制信号取值,如表 5.4 所示。

2. 控制单元设计

在分析每条指令中控制信号取值的基础上,可以设计控制单元。从表 5.4 可看出,除了 ALUctr 外,其他都是单值控制信号;而且,对于所有 R-型指令,除了 ALUctr 信号以外,其

表 5.4　各指令控制信号取值

（a）指令操作码及功能码

指令	add	sub	subu	slt	sltu	ori	addiu	lw	sw	beq	jump
OP	000000	000000	000000	000000	000000	001101	001001	100011	101011	000100	000010
func	100000	100010	100011	101010	101011	（与 func 取值无关）					

（b）指令的控制信号取值

控制信号	add	sub	subu	slt	sltu	ori	addiu	lw	sw	beq	jump
Branch	0	0	0	0	0	0	0	0	0	1	0
Jump	0	0	0	0	0	0	0	0	0	0	1
RegDst	1	1	1	1	1	0	0	0	×	×	×
ALUsrc	0	0	0	0	0	1	1	1	1	0	×
ALUctr	add	sub	subu	slt	sltu	or	addu	addu	addu	subu	×
MemtoReg	0	0	0	0	0	0	0	1	×	×	×
RegWr	1	1	1	1	1	1	1	1	0	0	0
MemWr	0	0	0	0	0	0	0	0	1	0	0
ExtOp	×	×	×	×	×	0	1	1	1	×	×

余控制信号的取值都相等，R-型指令的 ALUctr 信号的取值由其 func 字段决定。因此，可以考虑单独用一个局部的 ALU 控制器来对 R-型指令进行译码，译码输出为 ALUctr 信号。

如图 5.22 所示，控制器分成主控制器和局部 ALU 控制器两部分。主控制器的输入为指令操作码 OP，输出各种控制信号，并根据指令所涉及的 ALU 运算类型产生 ALUop。同时，生成一个 R-型指令的控制信号 R-type，用它来控制选择将 ALUop 输出作为 ALUctr 信号，还是根据 R-型指令中的 func 字段来产生 ALUctr 信号。因此，R-型指令时 R-type＝1；非 R-型指令时 R-type＝0。

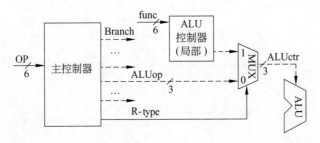

图 5.22　控制器的设计

ALUop 的取值如下。

（1）R-型指令：由局部 ALU 控制器根据 func 字段来确定 ALUctr，故 ALUop＝任意。

（2）I-型 ori 指令：ALUop＝ALUctr＝or。

（3）I-型 addiu 指令：ALUop＝ALUctr＝addu。

（4）I-型 lw/sw 指令：ALUop＝ALUctr＝addu。

（5）I-型 beq 指令：ALUop＝ALUctr＝subu。

（6）J-型指令：ALUop＝ALUctr＝任意。

根据表 5.3 中对 ALUctr 的编码定义，得到 ALUop 的编码方案，如表 5.5 所示。

表 5.5　ALUop 的编码分配

	R-型指令	ori	addiu	lw/sw	beq	jump
ALU 操作（ALUctr）	add/sub/subu/slt/sltu	or	addu	addu	subu	任意
ALUop＜2:0＞	xxx	010	000	000	100	xxx

1）主控制器的设计

根据表 5.4 和表 5.5，可写出主控制器的各控制信号的逻辑表达式。假定操作码 OP 各位分别表示为 op＜5＞、op＜4＞、op＜3＞、op＜2＞、op＜1＞、op＜0＞，则 Branch、RegWr 和 ALUop 的逻辑表达式如下：

```
Branch=beq=!op<5>&!op<4>&!op<3>&op<2>&!op<1>&!op<0>
RegWr =R-type+ori+addiu+lw
      =!op<5>&!op<4>&!op<3>&!op<2>&!op<1>&!op<0>     (R-type)
      +!op<5>&!op<4>&op<3>&op<2>&!op<1>&op<0>        (ori)
      +!op<5>&!op<4>&op<3>&!op<2>&!op<1>&op<0>       (addiu)
      +op<5>&!op<4>&!op<3>&!op<2>&op<1>&op<0>        (lw)
ALUop<2>=beq=!op<5>&!op<4>&!op<3>&op<2>&!op<1>&!op<0>
ALUop<1>=ori=!op<5>&!op<4>&op<3>&op<2>&!op<1>&op<0>
ALUop<0>=R-type=!op<5>&!op<4>&!op<3>&!op<2>&!op<1>&!op<0>
```

或

```
ALUop<0>=jump=!op<5> & !op<4> & !op<3> & !op<2> & op<1> & !op<0>
```

根据上述各控制信号的逻辑表达式，可方便地画出控制器逻辑电路。如图 5.23 所示，主控制器可用一个 PLA 电路实现，其中的"与"阵列是指令译码器。

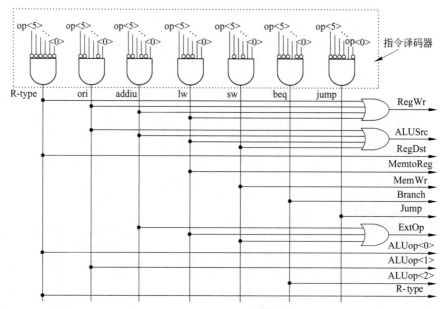

图 5.23　主控制器逻辑电路

2）ALU 控制器的设计

ALU 控制器的输入为 func 字段，输出为 ALU 操作控制信号 ALUctr，根据表 5.3 可得到本节所要实现的 11 条目标指令中包含的 5 条 R-型指令的 func 字段编码分配情况，如表 5.6 所示。

表 5.6   func 字段编码分配表

func$<5:0>$	MIPS 指令	ALU 操作类型	ALUctr$<2:0>$
1 0 0 0 0 0	add	add	0 0 1
1 0 0 0 1 0	sub	sub	1 0 1
1 0 0 0 1 1	subu	subu	1 0 0
1 0 1 0 1 0	slt	slt	1 1 1
1 0 1 0 1 1	sltu	sltu	1 1 0
⋮	⋮	⋮	⋮

如果仅考虑表 5.6 中所列部分，则可不考虑 func$<5:4>$，因为 func 字段前两位总是 10。根据表 5.6 中列出的 func$<3:0>$与 ALUctr 之间的关系，得出 ALU 控制器中输入和输出之间的逻辑关系如下：

```
ALUctr<2>=!func<2>&func<1>
ALUctr<1>=func<3>&!func<2>&func<1>
ALUctr<0>=!func<3>&!func<2>&!func<0>+!func<2>&func<1>&!func<0>
```

根据上述逻辑关系，不难画出局部 ALU 控制器的逻辑电路图。

表 5.6 中仅列出了 5 条 R-型指令的编码情况，如果要实现完整的 MIPS 指令，则 func 字段前 2 位也必须考虑，ALUctr 也还需用更多位数才能表示所有 ALU 操作控制信号。

5.2.4　时钟周期的确定

CPU 执行程序的时间由 3 个关键因素决定：指令数目、时钟周期和 CPI。其中，指令数目由编译器和指令集决定，而时钟周期和 CPI 由处理器的设计与实现决定。因此，处理器的设计与实现非常重要，它直接影响计算机的性能。单周期处理器每条指令在一个时钟周期内完成，所以 CPI 为 1，而时钟周期往往很长，通常取最复杂指令所用的指令周期。在给出的 11 条指令中，很显然，最长的是 lw 指令周期。

图 5.24 给出了 lw 指令执行定时过程，从图中可以看出，lw 指令周期所包含的时间为"PC 锁存延迟（Clk-to-Q）＋取指令时间＋寄存器取数时间＋ALU 延迟＋存储器取数时间＋寄存器建立时间＋时钟扭斜"。

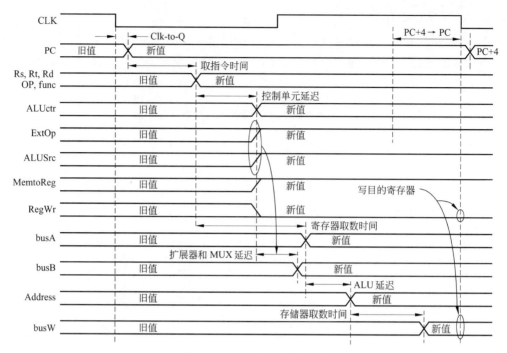

图 5.24　load 指令执行定时

5.3　多周期处理器设计

单周期处理器时钟周期取最复杂指令所用指令周期,因而远远大于许多指令实际所需执行时间。受时钟周期宽度的影响,单周期处理器的效率低下,性能极差。实际上,现在很少用单周期方式设计 CPU。本书介绍单周期 CPU 的设计实现,只是为了有助于理解实际的多周期和流水线执行两种方式。早期处理器多采用多周期执行方式,而现代处理器则采用流水线执行方式。

5.3.1　多周期处理器设计思想

多周期处理器的基本思想如下:将每条指令的执行分成多个大致相等的阶段,每个阶段在一个时钟周期内完成;各阶段内最多完成一次访存或一次寄存器读写或一次 ALU 操作;各阶段的执行结果在下个时钟到来时保存到相应存储单元或稳定地保持在组合逻辑电路中;时钟周期的宽度以最复杂阶段所用时间为准,通常取一次存储器读写的时间。

在介绍单周期处理器时,存储器被简化为理想情况,即假定每次写操作都有时钟控制,并且在每次时钟到来时,地址、数据和写使能信号都已稳定一段时间。事实上,存储器的实际写操作不是由时钟边沿触发的,而是一个组合逻辑电路。写操作过程为:当"写使能"信号有效,并且写入数据和地址已稳定,则经过一个写操作时间后,数据被写入。这里,重要的一点是地址和数据必须在"写使能"信号有效前先稳定在各自的输入端。因此,实际的存储器在单周期数据通路中不能可靠工作,这是因为不能保证地址和数据能在"写使能"信号有效前稳定,即地址、数据和"写使能"信号之间存在竞争(race)问题。

在多周期数据通路中,可通过以下方式来解决竞争问题:首先确认地址和数据在第 n 周期结束时已稳定,然后,使"写使能"信号在一个周期后(即在第 $n+1$ 周期)有效,并使地址和数据在"写使能"信号无效前不改变其值。

5.3.2 多周期数据通路设计

多周期处理器中,每条指令分多个阶段执行,每个阶段占一个时钟周期,称为一个状态。因此,一条指令的执行过程由多个状态组成。在指令被译码之前,每条指令所完成的操作一样,指令译码后不同的指令有不同的执行过程。

图 5.25 是加了控制信号的 MIPS 多周期数据通路示意图。因为 PC、IR、分支目标地址寄存器和寄存器堆只能在需要时写入新值,其他情况下不能写入,所以它们都需要有"写使能"信号;而寄存器 A 和 B 是临时寄存器,每来一个时钟都可改变它们的值,因而无须"写使能"控制信号。

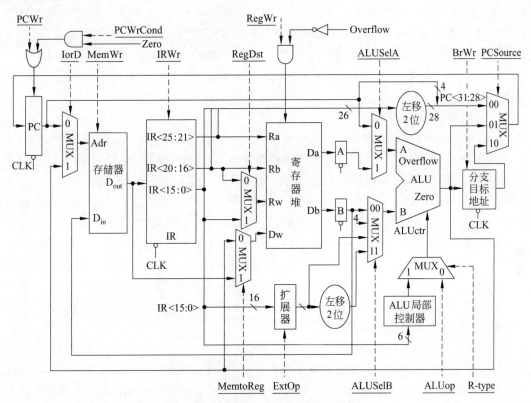

图 5.25 带控制信号的多周期数据通路

PC 的来源可以是 PC+4、分支目标地址和无条件跳转目标地址,由 PCSource 信号控制。分支目标地址保存在专门的"分支目标地址"寄存器中,无条件跳转目标地址由 PC 高 4 位(即 PC<31:28>)和指令低 26 位直接拼接后在低位添 00(左移 2 位)得到。同单周期数据通路一样,对于需要判断溢出的算术运算类指令,当发生溢出时,禁止写结果到寄存器堆。

1. 取指令、指令译码/取数阶段

取指令、指令译码/取数是所有指令译码之前的公共操作,与指令译码结果没有关系。

1) 取指令状态

取指令阶段的功能是 IR←M[PC],PC←PC+4。因此,需要将 PC 的值作为地址来读存储器,并将读出指令送 IR 输入端,使得下个时钟到来时,读出的指令送 IR,同时,PC 将送 ALU 的 A 口,并选择 4 送 ALU 的 B 口,控制 ALU 做不判溢出的加法操作,得到 PC+4,送 PC 输入端,使得下个时钟到来时,PC+4 送 PC。

该状态名记为 IFetch,控制信号取值为:IorD=0,ALUSelA=0,ALUSelB=01,ALUop=addu,PCSource=01,PCWr=IRWr=1,MemWr=RegWr=BrWr=R-type=0,其余任意。

2) 译码/取数状态

译码/取数阶段的功能是 CU(译码)←IR<31:26>,A←R[IR<25:21>],B←R[IR<20:16>]。该阶段 ALU 是空闲的,所以可以利用 ALU"投机"计算分支目标地址,如果当前指令是分支指令,则可省一个时钟周期,若不是分支指令,也不会有任何影响。

分支目标地址计算方法为 PC+4+(SEXT(imm16)×4),因为取指令阶段结束时已经把 PC+4 送 PC 输入端,所以,该阶段只要计算 PC+(SEXT(imm16)×4)。

状态名记为 RFetch/ID,控制信号取值为:ExtOp=1,ALUSelA=0,ALUSelB=11,ALUOp=addu,BrWr=1,PCWr=PCWrCond=IRWr=MemWr=RegWr=R-type=0,其余任意。

2. R-型指令运算阶段

R-型指令运算执行阶段功能为 R[IR<15:11>]←A op B。即 A、B 内容分别送 ALU 的 A 口和 B 口,进行相应运算后,写入到寄存器堆中。对于 R-型指令,ALU 操作控制信号 ALUctr 由局部 ALU 控制器根据 func 字段产生,而主控制器生成的 ALUop 不起作用。考虑到寄存器堆写入时的"写使能"信号和写入数据、地址信号之间的竞争问题,该阶段要用两个状态来完成。第一个状态先送数据、地址,第二个状态再使"写使能"信号有效。

R-型指令执行状态(记为 RExec)的控制信号取值为:ALUSelA=1,ALUSelB=00,RegDst=R-type=1,RegWr=PCWr=PCWrCond=IRWr=MemWr=BrWr=MemtoReg=0,其余任意。

结束状态(记为 RFinish)的控制信号取值为:除 RegWr=1 外,其余同执行状态。

3. I-型指令立即数运算阶段

I-型运算指令的执行阶段功能为 R[IR<20:16>]←A op Ext([IR<15:0>])。算术运算指令(如 addiu)对立即数进行的是符号扩展,而逻辑运算指令(如 ori)进行的是零扩展。

每条 I-型运算指令与上述 R-型指令的运算阶段一样,也分执行和结束两个状态。执行状态中有两个信号(ALUop 和 ExtOp)的值会随指令不同而不同:算术运算指令的 ExtOp 为 1,逻辑运算指令的 ExtOp 为 0;ALUop 的取值由指令的运算类型确定,例如,ori 指令的 ALUop 为 or,andi 指令的 ALUop 为 and,addiu 指令的 ALUop 为 addu,addi 指令的 ALUop 为 add 等。其他信号取值如下:ALUSelA=1,ALUSelB=10,MemtoReg=RegDst=RegWr=PCWr=PCWrCond=IRWr=MemWr=BrWr=R-type=0,其余任意。

结束状态控制信号取值除 RegWr=1 外,其余信号的取值同执行状态。

例如,ori 指令执行状态(记为 oriExec)的控制信号取值为:ALUSelA=1,ALUSelB=10,ALUop=or,ExtOp=MemtoReg=RegDst=RegWr=PCWr=PCWrCond=IRWr=

MemWr=BrWr=R-type=0,其余任意;ori 指令结束状态(记为 oriFinish)的各控制信号的取值为:RegWr=1,ALUSelA=1,ALUSelB=10,ALUop=or,ExtOp=MemtoReg=RegDst=PCWr=PCWrCond=IRWr=MemWr=BrWr=R-type=0,其余任意。

4. lw 指令执行阶段

lw 指令执行阶段功能为 R[IR<20:16>]←M[A+SEXT([IR<15:0>])],由以下 3 个状态组成。

(1) 访存地址计算状态(记为 MemAdr):ALUSelA=1,ALUSelB=10,ALUOp=addu,ExtOp=IorD=1,RegWr=PCWr=PCWrCond=IRWr=MemWr=BrWr=R-type=0,其余任意。

(2) 存储器取数状态(记为 MemFetch):ExtOp、ALUSelA、ALUSelB、ALUop、IorD、R-type 和上一个状态一样,以继续保持访存地址信号的稳定;MemtoReg=1,使数据尽早稳定在寄存器堆的 Dw 输入端;RegDst=0,使地址尽早稳定在寄存器堆的 Rw 输入端;RegWr=PCWr=PCWrCond=IRWr=MemWr=BrWr=0,使所有寄存器和存储器不做任何更新;其余任意。

(3) 结果写回寄存器状态(记为 lwFinish):RegWr=1,使数据写入寄存器,其余信号取值同上一个状态,以继续保持寄存器堆的 Dw 和 Rw 输入端稳定不变。

5. sw 指令执行阶段

sw 指令执行阶段功能为 M[A+SEXT([IR<15:0>])]←B。由访存地址计算和存储器存数(记为 swFinish)两个状态组成。第一个状态同 lw 指令第一个状态,第二个状态只要使 MemWr=1,其余控制信号不变,这样保证存储器的写入地址和写入数据在本状态中稳定不变。

6. 分支指令执行阶段

分支指令 beq 执行阶段的功能为 if(A−B=0) then PC←分支目标地址。因此只要一个状态即可,该状态名记为 BrFinish。其控制信号取值为:ALUSelA=1,ALUSelB=00,ALUop=subu,PCWrCond=1,PCSource=10,RegWr=PCWr=IRWr=MemWr=BrWr=R-type=0,其余任意。

7. 无条件跳转指令执行阶段

跳转指令 jump 执行阶段的功能为 PC←跳转目标地址。因此只要一个状态即可,该状态名记为 jumpFinish。其控制信号取值为:PCSource=00,PCWr=1,RegWr=IRWr=MemWr=BrWr=0,其余任意。

根据上述对每条指令执行过程的分析,得到一个状态转换图。图 5.26 是一个支持 R-型指令、I-型运算类指令 ori、lw/sw、beq 和 jump 指令执行的状态转换示意图,图中每个状态用一个状态号和状态名标识,例如,0:IFetch 表示第 0 状态,执行取指令(IFetch)操作,圆圈中示意性地给出了该状态下部分控制信号相应的取值。

程序在图 5.25 所示的多周期数据通路中执行的过程就是图 5.26 所示的状态转换过程。每来一个时钟,进入下一个状态。从图 5.26 可看出,R-型指令、I-型运算类指令和 sw 指令的 CPI 都为 4;lw 指令的 CPI 最大,其 CPI 为 5;分支指令和跳转指令的 CPI 为 3。如果不在译码/取数阶段"投机"计算分支目标地址,则分支指令的 CPI 为 4。

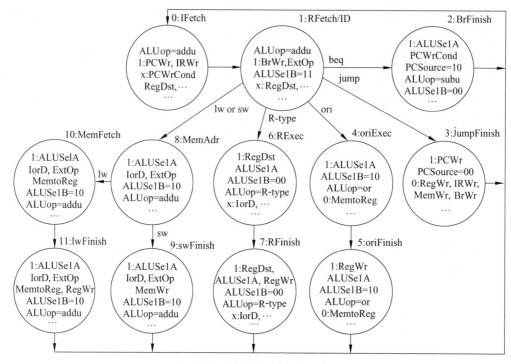

图 5.26　指令执行状态转换图

5.3.3　硬连线控制器设计

由于多周期数据通路中每个指令的执行有多个周期,每个周期的控制信号取值不同,所以,不能像设计单周期控制器那样用简单的真值表描述的方式。多周期控制器通常采用基于有限状态机描述和微程序描述两种方式来实现。

有限状态机描述方式实现的控制器称为有限状态机控制器,其基本思想为:用一个有限状态机描述指令执行过程,由当前状态和操作码确定下一状态,每来一个时钟发生一次状态改变,不同状态输出不同的控制信号值,然后送到数据通路来控制指令的执行。

图 5.27 描述了采用这种方式实现的控制器结构,它由两部分组成:一个组合逻辑控制

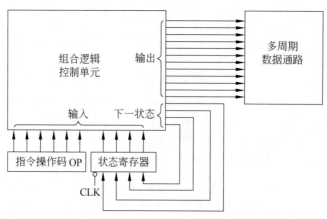

图 5.27　有限状态机控制器结构

单元和一个状态寄存器。通常用 PLA 电路实现组合逻辑控制单元。所以,这种控制器也称为组合逻辑控制器或 PLA 控制器或硬连线控制器。

对于图 5.26 所示的状态转换图,假定每个状态号如图中所设,分别为 0~11,共 12 个状态,因此,状态变量要用 4 位,设分别为 $S_3 S_2 S_1 S_0$。考察每个状态前面的状态和指令操作码,得到状态转换表 5.7。

表 5.7 多周期控制器状态转换表

当前状态 $S_3 S_2 S_1 S_0$	指令操作码 $OP_5 OP_4 OP_3 OP_2 OP_1 OP_0$	下一状态 $NS_3 NS_2 NS_1 NS_0$
2、3、5、7、9、11		0 0 0 0
0		0 0 0 1
1	0 0 0 1 0 0 (beq)	0 0 1 0
1	0 0 0 0 1 0 (jump)	0 0 1 1
1	0 0 1 1 0 1 (ori)	0 1 0 0
4		0 1 0 1
1	0 0 0 0 0 0 (R-type)	0 1 1 0
6		0 1 1 1
1	1 0 0 0 1 1 (lw)	1 0 0 0
1	1 0 1 0 1 1 (sw)	1 0 0 0
8	1 0 1 0 1 1 (sw)	1 0 0 1
8	1 0 0 0 1 1 (lw)	1 0 1 0
10		1 0 1 1

根据表 5.7 可画出用 PLA 电路实现的状态转换电路以及控制信号生成电路,从而实现组合逻辑控制器,如图 5.28 所示。该图实现的有限状态机称为"摩尔机",其特点是控制信号的输出仅依赖于当前的状态,而与其他输入没关系。因此,"摩尔机"方式实现的组合逻辑控制单元被分为两部分:由操作码和当前状态确定下一状态的电路部分和由当前状态确定控制信号的电路部分(图 5.28 中由右下角虚线区域标出的部分)。

例 5.1 假定多周期 CPU 采用图 5.25 所示的数据通路和图 5.28 所示的控制器。若程序中各类指令所占比例为 load—22%;Store—11%;R-型和 I-型运算—49%;Branch—16%;Jump—2%,单周期处理器的时钟周期为多周期处理器时钟周期的 3.8 倍,则多周期处理器和单周期处理器哪个更快? 大约快多少?

解:由图 5.26 知,图 5.25 所示的多周期 CPU 中各指令时钟周期数为 load—5;Store—4;R-型和 I-型运算—4;Branch—3;Jump—3,故 $CPI = 0.22 \times 5 + 0.11 \times 4 + 0.49 \times 4 + 0.16 \times 3 + 0.02 \times 3 = 4.04$。

单周期 CPU 的 CPI 为 1,但时钟周期为多周期时钟宽度的 3.8 倍。假设单周期时钟宽度为 1,则多周期时钟周期为单周期的 1/3.8,因此,多周期处理器执行时间为单周期处理器的 $(4.04 \times 1/3.8) = 1.06$ 倍。即单周期处理器更快一些,大约快 6%。

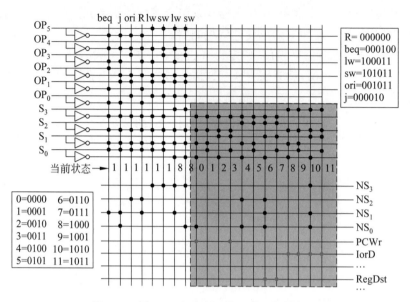

图 5.28　用 PLA 电路实现的组合逻辑控制器

5.3.4　微程序控制器设计

图 5.28 中用有限状态机实现的硬连线控制器,其控制信号的生成速度较快,适合于
RISC 这种简单、规整的指令系统。不过,由于硬连线控制器是一个多输入/多输出的巨大
逻辑网络,对于复杂指令系统来说,硬连线控制器结构庞杂,实现困难,维护不易,扩充和修
改指令相当困难。如果指令系统太复杂的话,甚至都无法用有限状态机描述。因此,对于复
杂指令系统或其中的复杂指令,大多采用微程序方式来设计控制器。

微程序控制器是 M. V. Wilkes 最先在 1951 年提出的。用微程序方式实现的控制器称
为微程序控制器,其基本思想为:仿照程序设计方法,将每条指令的执行过程用一个微程序
来表示,每个微程序由若干条微指令组成,每条微指令相当于有限状态机中的一个状态。所
有指令对应的微程序都存放在一个 ROM 中,这个 ROM 称为控制存储器(control storage,
CS),简称控存,控存中的信息称为微代码。

在微程序控制器控制下执行指令时,CPU 从控存中取出每条指令对应的微程序,在时
钟信号的控制下,按照一定的顺序执行微程序中的每条微指令。通常一个时钟周期执行一
条微指令。

一条指令的功能通过执行一系列基本操作来完成,这些基本操作称为微操作。每个微
操作在相应控制信号的控制下执行,这些控制信号在微程序设计中称为微命令。例如,前面
提到的控制信号 PCWr 就是一个微命令,可以控制将信息写入 PC。

微程序是一个微指令序列,一个微程序对应一条机器指令的功能。每条微指令是一个
0/1 序列,其中包含若干个微命令,相当于控制信号,每个微命令完成一个基本运算或传送
功能。有时也将微指令字称作控制字(control word,CW)。

图 5.29 给出了微程序控制器的基本结构。其输入是指令和条件码(即标志信息),输出
的是微命令。图中使用了一个微程序计数器 μPC,用来指出微指令在控存中的地址。每次

把新指令装入 IR 时,"起始和转移地址发生器"将根据指令内容,生成微程序入口地址放入 μPC 中,以后每来一个时钟,μPC 自动增值($+$"1"),这样,依次从控存中读出一条条微指令执行。μIR 为微指令寄存器,存放从控存取出的微指令,每条微指令被译码后,产生一系列微命令,送到数据通路中。机器指令的执行过程常常与条件码有关,因此微程序中也引入了条件转移概念。微指令中的"转移控制"部分,被送到转移地址发生器,根据条件码及相应微命令产生新的微指令地址送入 μPC。

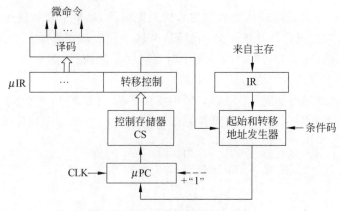

图 5.29　微程序控制器基本结构

取指令过程是每条指令的公共操作,可以专门用一个取指令微程序来实现。因此,微程序控制器的工作流程就是不断地执行取指令微程序和执行相应指令功能对应的微程序的过程。

微程序由微指令组成,微程序的执行要解决与程序的执行类似的两个问题:①微指令格式和微命令编码问题;②下条微指令地址确定问题。

为了加快指令执行速度,通常采用定长微指令字格式。与指令由操作码和地址码组成类似,微指令由微操作码和微地址码两部分组成。微操作码格式设计主要由微命令编码方式决定。微命令编码方式主要有不译法(直接控制法)和字段直接编码法两种,早期还有字段间接编码法和最小(最短、垂直)编码法,现在基本不用了。

当前微指令执行结束后,必须确定下一条执行的微指令。可以通过在微指令中明显或隐含地指定下条微指令在控存中的地址(简称下条微地址)来解决下条微指令的确定问题。下条微指令地址的确定方式有两种:计数器法(即增量法)和断定法(即下地址字段法)。前者通过微程序计数器 μPC 自动加 1 确定下条微指令地址,后者在微指令中增加一个下地址字段来直接给出下条微指令地址。

微程序设计的思想给计算机控制器的设计和实现技术带来了巨大的影响。与硬连线路设计相比,它大大降低了控制器设计的复杂性,提高了设计的标准化程度。由于机器指令的执行过程用微程序控制,因而提供了很大的灵活性,使得设计的变更、修改以及指令系统的扩充都成为不太困难的事情。它与传统的程序设计有许多类似之处,但是,由于微程序相对固定,且通常不放在主存内,而是利用工作速度较高的 ROM 存放微程序,从而缩短微程序的运行时间。这是一种固化了的微程序,称为固件(firmware)。

微程序控制器的主要缺点是,它比相同或相近指令系统的硬布线控制器慢。因此,

RISC 大多采用硬连线控制器,而 Intel 处理器这种 CISC 架构则采用硬连线和微程序相结合的方式来实现控制器。

5.4 带异常处理的处理器设计

5.4.1 CPU 对异常和中断的处理

异常和中断处理都是由硬件和软件两者协同完成的,整个中断处理包含两大阶段:①检测和响应,由硬件完成;②具体的处理过程,由软件完成。硬件检测到异常和中断请求后,就会立即进行响应,而响应的结果就是中断当前程序的执行,然后转到异常处理程序或中断服务程序(本书将两者统称为异常/中断处理程序)执行。

中断和异常处理过程如图 5.30 所示,图中反映了从 CPU 检测到发生异常或中断事件,到 CPU 改变指令执行控制流而转到操作系统中的异常或中断处理程序执行,再到从异常或中断处理程序返回用户进程执行的过程。

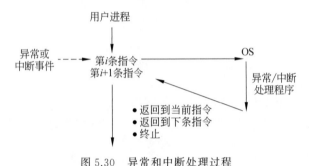

图 5.30 异常和中断处理过程

从图 5.30 可看出,异常和中断处理大致过程如下:当 CPU 在执行当前程序或任务(即用户进程)的第 i 条指令时,若检测到一个异常事件,或在执行第 i 条指令后发现有一个中断请求信号,则 CPU 会中断当前程序的执行,跳转到操作系统中相应的异常/中断处理程序去执行。若异常/中断处理程序能够解决相应问题,则在异常/中断处理程序的最后,CPU 通过执行"异常/中断返回指令"回到被打断的用户进程的第 i 条指令或第 $i+1$ 条指令继续执行;若异常/中断处理程序发现是不可恢复的致命错误,则终止用户进程。通常情况下,对于异常和中断事件的具体处理过程全部由操作系统软件来完成。

CPU 执行每条指令的过程中,都会对异常事件和中断请求进行检测,例如,在指令译码时会检测指令操作码是否合法;在取指令或取数据时,会检测是否发生了缺页或访问越权等存储保护错;执行整数除法指令时,会检测除数是否为 0;在每条指令执行结束时,会检测有没有中断请求。

一旦 CPU 检测到有异常事件或中断请求,就会进入异常/中断响应过程。在此过程中,CPU 完成以下两个任务:保护断点和程序状态、识别异常/中断类型并转相应处理程序执行。

1. 保护断点和程序状态

对于不同的异常事件,其返回地址(即断点)不同。例如,在 4.2.8 节中提到,故障的断点是发生故障的当前指令的地址;自陷的断点则是自陷指令后面一条指令的地址。显然,断点的值由异常类型和发生异常时 PC 的值决定。例如,对于图 5.25 所示的多周期数据通路,如果在执行 lw/sw 指令时发生"缺页"异常,则说明需要读写的数据所在的页面不在主存,需要操作系统内核程序进行相应处理,以便将所需页面调入内存,缺页处理结束后,显然应该回到发生缺页的指令重新执行一遍,因而其断点值应该是当前 PC 值减 4。因为,在发现缺页时,已在取指令状态执行了 PC+4,所以,PC 必须减 4 才能保证缺页异常处理返回后重新执行 lw/sw 指令。

为了能在异常处理后正确返回到原被中断程序继续执行,数据通路必须能正确计算断点值。假定计算出的断点值存放在 PC 中,则保护断点时,只要将 PC 内容送到栈或特定寄存器中保存即可。

为了能够支持异常和中断的嵌套处理,大多数处理器将断点保存在栈中,如 IA-32 处理器的断点被保存在栈中。如果系统不支持多重中断嵌套处理,则可以将断点保存在特定寄存器中,而无须送栈中保存,如 MIPS 处理器用 EPC 寄存器专门存放断点。

因为异常处理后可能还要回到原来被中断的程序继续执行,所以,被中断时原程序的状态(如产生的各种标志信息、允许自陷标志等)都必须保存起来。通常每个正在运行程序的状态信息存放在一个专门的寄存器中,这个专门寄存器统称为程序状态字寄存器(PSWR),存放在 PSWR 中的信息称为程序状态字(program status word,PSW)。在 IA-32 架构中,程序状态字寄存器就是标志寄存器 EFLAGS。与断点一样,PSW 也要被保存到栈或特定寄存器中,在异常返回时,将保存的 PSW 恢复到 PSWR 中。

2. 识别异常事件并转异常处理

在调出异常/中断处理程序之前,必须知道发生了什么异常或中断。一般来说,内部异常事件和外部中断源的识别方式不同,大多数处理器会将两者分开来处理。内部异常事件的识别大多采用软件识别方式,而外部中断源则可以采用软件识别或硬件识别方式。

软件识别方式是指,CPU 设置一个异常状态寄存器,用于记录异常原因。操作系统使用一个统一的异常查询程序,该程序按一定的优先级顺序查询异常状态寄存器,先查询到的异常先被处理。例如,MIPS 就采用软件识别方式,CPU 中有一个 cause 寄存器,位于地址 0x8000 0180 处有一个专门的异常查询程序,它通过查询 cause 寄存器来检测异常类型,然后转到内核中相应的异常处理程序进行具体的处理。

因为像故障和陷阱之类的内部异常通常是在执行某条指令时发现的,可以通过对指令执行过程中某些条件的判断来发现是否发生了异常,而且一旦发现可以马上进行处理,所以,内部异常事件也可以不通过专门的查询程序来识别,而在发现异常时直接得到异常类型,根据类型号转到相应的异常处理程序执行。IA-32 的处理方式就是这样。

由于外部中断的发生与 CPU 正在执行的指令没有必然联系,相对于指令来说,外部中断是随机的、与当前执行指令无关,所以,并不能根据指令执行过程中的某些现象来判断是否发生了中断请求。因此,对于外部中断,只能在每条指令执行完后、取下条指令之前去查询是否有中断请求。通常 CPU 通过采样对应的中断请求引脚来进行查询,如果发现中断请求信号有效,则说明有中断请求,但是到底是哪个中断源发出的请求,还需要进一步识别。有关外部中断源的响应、识别和中断处理程序的结构等内容,在第 8 章中将详细介绍。

假定在执行中断处理程序时,又发生了新的中断,怎么办?在发现中断并转到中断处理程序的过程中,若在保存正在运行程序的现场时又发生新的中断,那么,就会因为要处理新的中断,进而把原来进程的现场、返回的断点和程序状态等破坏掉,因此,应该有一种机制来"禁止"在响应并处理中断时再响应新的中断。通常通过设置中断允许位来实现。当中断允许位置 1,则为"开中断"状态,表示允许响应中断;若中断允许位清 0,则为"关中断"状态,表示不允许响应中断。

5.4.2 带异常处理的数据通路设计

异常和中断处理是处理器设计中最具挑战性的任务之一,为了说明 CPU 如何处理异常和中断,本书以 MIPS 为例简单说明带异常处理的数据通路的设计。

为简单起见,MIPS 中的断点信息保存到一个特殊的 32 位寄存器 EPC 中。写入 EPC 的断点值可能是正在执行中的异常指令的地址(故障时),也可能是异常指令的下条指令的地址(自陷时)。前者需要把 PC 的值减 4 后送到 EPC,后者则直接将 PC 送 EPC。

MIPS 采用软件识别方式,用一个专门的 32 位寄存器(cause)来记录异常原因,异常查询程序的入口地址为 0x8000 0180,该异常查询程序将根据 cause 的值判断发生了何种异常,然后根据异常类型控制转到相应的异常处理程序执行。

假定处理器能处理的异常类型有两种:非法操作码(cause=0)和溢出(cause=1),则在图 5.25 的多周期数据通路中加入相应的异常处理后,得到如图 5.31 所示的带异常处理多周期数据通路。其中右部加黑加粗部件是与异常处理相关的部分。

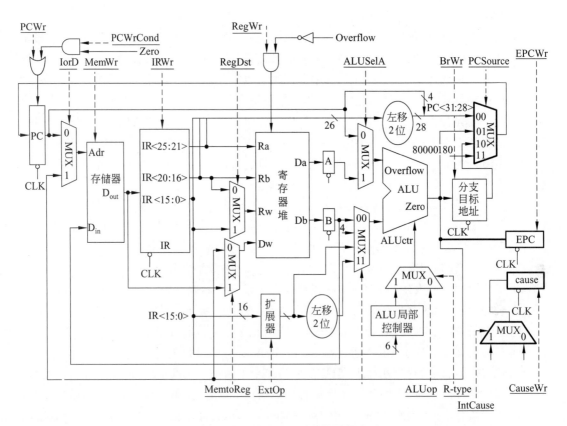

图 5.31 带异常处理的多周期数据通路

图 5.31 中对两个寄存器 EPC 和 cause 分别加入了以下两个"写使能"控制信号。

EPCWr：在需要保存断点时,该信号有效,使断点值 PC 写入 EPC。

CauseWr：CPU 发现异常(如非法指令、溢出)时,该信号有效,使异常类型写入 cause 中。

此外,还需要一个控制信号 IntCause 来选择将正确的值写入到 cause 中。

发现异常后,需将异常查询程序的入口地址(MIPS 为 0x8000 0180)写入 PC,因此,图中在原来 PCSource 控制的多路选择器中需增加一路,其输入为 0x8000 0180,用 PCSource＝11 来控制选择。

5.4.3 带异常处理的有限状态机

为实现异常处理,数据通路对应的控制器也必须进行修改,可以在图 5.26 所示的有限状态机中增加异常响应状态来得到控制器对应的有限状态机。带异常响应处理的有限状态机如图 5.32 所示。

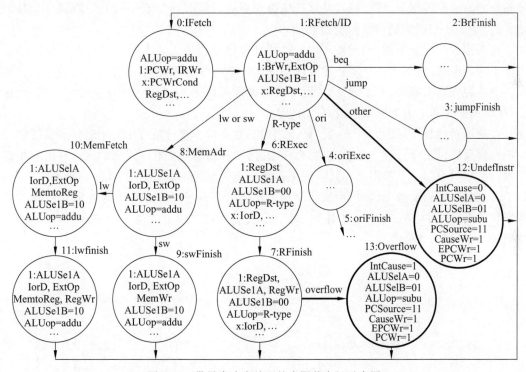

图 5.32 带异常响应处理的有限状态机示意图

在图 5.26 所示的有限状态机中,已有状态 0～状态 11。在带有异常响应处理的有限状态机中,通常一种异常响应增加一个状态,因此,两种异常对应的状态分别用状态 12 和状态 13 来表示(加黑加粗的两个圆)。

(1)状态 12。"非法操作码"异常响应周期。若在状态 1 进行指令译码时发现 OP 字段是一个未定义的编码,则进入状态 12,其控制信号用来控制完成以下操作：①将 0 送 cause 寄存器;②PC 减 4 送 EPC;③将 0x8000 0180 送 PC。

(2)状态 13。"溢出"异常响应周期,当 R-型指令或 I-型算术类指令执行后在 ALU 输出端的 overflow 为 1 时,则进入状态 13。其控制信号用来控制完成以下操作:①将 1 送 cause 寄存器;②PC 减 4 送 EPC;③将 0x8000 0180 送 PC。

根据图 5.32 所示的有限状态机不难实现相应的控制逻辑。

5.5 本 章 小 结

CPU 的基本功能是周而复始地执行指令,并处理异常和中断。CPU 最基本的部分是数据通路(datapath)和控制器(control unit)。数据通路中包含组合逻辑单元和存储信息的状态单元。组合逻辑单元(如加法器、ALU、扩展器、多路选择器以及状态单元的读操作逻辑等)用于对数据进行处理;状态单元包括触发器、寄存器和存储器等,用于对指令执行的中间状态或最终结果进行保存。控制单元对取出的指令进行译码,与指令执行得到的条件码或当前机器的状态、时序信号等组合,生成对数据通路进行控制的控制信号。

指令执行过程主要包括取指、译码、取数、运算、存结果、查中断。通常把取出并执行一条指令的时间称为指令周期,现代计算机的每个指令周期直接由若干时钟周期组成。时钟信号是 CPU 中用于控制信号同步的信号。

每条指令的功能不同,因此每条指令执行时数据在数据通路中所经过的部件和路径也可能不同。但是,每条指令在取指令阶段都一样。单周期处理器中,所有指令的取并执行都在一个时钟周期完成,其 CPI 等于 1;而多周期处理器中,每条指令的执行过程分成若干阶段,指令周期由若干时钟周期组成,其 CPI 大于 1。

控制器有两种不同的实现方式。硬连线控制器将指令执行过程中每个时钟周期所包含的控制信号取值组合看成一个状态,每来一个时钟,控制信号会有一组新的取值。所有指令的执行过程可以用一个有限状态转换图来描述。硬连线控制器用一个组合逻辑电路(一般为 PLA 电路)来生成控制信号,而微程序控制器将指令执行过程中每个时钟周期所包含的控制信号取值组合看成一个 0/1 序列,每个控制信号对应一个微命令,控制信号取不同的值,就发出不同的微命令。

习   题

1. 给出以下概念的解释说明。

指令周期	数据通路	控制部件	执行部件
操作元件	状态元件	建立时间	保持时间
时钟周期	边沿触发	锁存延迟	多路选择器
扩展器	通用寄存器组	暂存寄存器	指令译码器(ID)
转移目标地址	控制信号	硬连线控制器	微程序控制器
控制存储器(CS)	微代码	微指令	微程序
固件	异常/中断检测	异常/中断响应	异常查询程序

2. 简单回答下列问题。

(1) CPU 的基本组成和基本功能各是什么?

(2) 取指令部件的功能是什么?

(3) 控制器的功能是什么?

（4）单周期处理器的 CPI 是多少？时钟周期如何确定？为什么单周期处理器的性能差？

（5）单周期方式下，在一个指令周期内某个部件能否被重复使用多次？为什么？

（6）多周期处理器的设计思想是什么？每条指令的 CPI 是否相同？为什么在一个指令周期内某个部件可被重复使用？

（7）在控制器设计方法上，单周期处理器和多周期处理器的差别是什么？

（8）硬连线控制器和微程序控制器的特点各是什么？

（9）为什么 CISC 大多采用微程序控制器，RISC 大多采用硬连线控制器？

（10）CPU 检测内部异常和外部中断的方法有什么不同？

3. 右图给出了某 CPU 内部结构的一部分，MAR 和 MDR 直接连到存储器总线（图中省略）。在 CPU 内部总线 A 和 B 之间的所有数据传送都需经过算术逻辑部件 ALU。ALU 的部分控制信号及其功能如下：

MOVa：F=A；   MOVb：F=B；
a+1：F=A+1；   b+1：F=B+1；
a−1：F=A−1；   b−1：F=B−1。

其中 A 和 B 是 ALU 的输入，F 是 ALU 的输出。假定该 CPU 的指令系统中调用指令 CALL 占两个字，第一个字是操作码，第二个字给出子程序的起始地址，返回地址保存在主存的栈中，用 SP（栈指示器）指向栈顶，存储器按字编址，每次按同步方式从主存读取一个字。要求：

（1）说明 CALL 指令的功能。

（2）写出读取并执行 CALL 指令所要求的控制信号序列（提示：当前指令地址已在 PC 中）。

4. 某计算机字长 16 位，标志寄存器 Flag 中的 ZF、SF 和 OF 分别是零标志、符号标志和溢出标志，采用双字节定长指令字。假定该计算机中有一条 bgt（大于零转移）指令，其指令格式如下：第一个字节指明操作码和寻址方式，第二个字节为偏移地址 Imm8，其功能是：

若（ZF+（SF⊕OF）==0），则 PC=PC+2+Imm8，否则 PC=PC+2。

完成如下要求并回答问题：

（1）该计算机存储器的编址单位是什么？

（2）画出实现 bgt 指令的数据通路。

5. 假定图 5.16 所示单周期数据通路对应的控制逻辑发生错误，使得控制信号 RegWr、RegDst、ALUSrc、Branch、MemWr、ExtOp、R-type、MemtoReg 中某一个在任何情况下总是为 0，则该控制信号为 0 时哪些指令不能正确执行？要求分别讨论。

6. 假定图 5.16 所示单周期数据通路对应的控制逻辑发生错误，使得控制信号 RegWr、RegDst、ALUSrc、Branch、MemWr、ExtOp、R-type、MemtoReg 中某一个在任何情况下总是为 1，则该控制信号为 1 时哪些指令不能正确执行？要求分别讨论。

7. 要在 MIPS 指令集中增加一条 swap 指令，可以有两种做法。一种做法是采用伪指令方式（即软件方式），这种情况下，当执行到 swap 指令时，用若干条已有指令构成的指令序列来代替实现；另一种做法是直接改动硬件来实现 swap 指令，这种情况下，当执行到 swap 指令时，则可在 CPU 上直接执行。要求：

（1）写出用伪指令方式实现"swap rs, rt"时的指令序列（提示：伪指令对应的指令序列中不能使用其他额外寄存器，以免破坏这些寄存器的值）。

（2）假定用硬件实现 swap 指令时会使每条指令的执行时间增加 10%，则 swap 指令要在程序中占多大的比例才值得用硬件方式来实现？

8. 假定图 5.25 多周期数据通路对应的控制逻辑发生错误,使得控制信号 PCWr、MemtoReg、IRWr、RegWr、BrWr、MemWr、PCWrCond、R-type 中某一个在任何情况下总是为 0,则该控制信号为 0 时哪些指令不能正确执行? 要求分别讨论。

9. 假定图 5.25 多周期数据通路对应的控制逻辑发生错误,使得控制信号 PCWr、MemtoReg、IRWr、RegWr、BrWr、MemWr、PCWrCond、R-type 中某一个在任何情况下总是为 1,则该控制信号为 1 时哪些指令不能正确执行? 要求分别讨论。

10. 假定有一条 MIPS 伪指令"bcmp \$t1,\$t2,\$t3",其功能是实现对两个主存块数据的比较,\$t1 和 \$t2 中分别存放两个主存块的首地址,\$t3 中存放数据块的长度,每个数据占 4 字节,若所有数据都相等,则将 0 置入 \$t1;否则,将第一次出现不相等时的地址分别置入 \$t1 和 \$t2 并结束比较。若 \$t4 和 \$t5 是两个空闲寄存器,请给出实现该伪指令的指令序列,并说明在类似于图 5.25 所示的多周期数据通路中执行该伪指令时要用多少个时钟周期。

11. 对于图 5.25 所示的 MIPS 多周期处理器,假定将访问数据的过程分成两个时钟周期,则可使时钟频率从 480MHz 提高到 560MHz,但这样会使得 lw 和 sw 指令增加时钟周期数。已知基准程序 CPUint 2000 中各类指令的频率为:load—25%、Store—10%、Branch—11%、Jump—2%、ALU—52%。那么,以基准程序 CPUint 2000 为标准,处理器时钟频率提高后的性能提高了多少? 若将取指令过程再分成两个时钟周期,则可进一步使时钟频率提高到 640MHz,此时,时钟频率的提高是否也能带来处理器性能的提高? 为什么?

12. 假设 MIPS 指令系统中有一条 I-型指令"bgt Rs,Rt,Imm16",其功能为:

若 Rs>Rt,则 PC=PC+4+Imm16×4,否则 PC=PC+4。

假定 ALU 能产生 ZF(零标志)、SF(符号标志)和 OF(溢出标志)3 个标志的输出,请在图 5.25 所示的多周期数据通路中增加实现 bgt 指令的数据通路以及相应的控制信号。

13. 对于多周期 CPU 中的异常和中断处理,回答以下问题:

(1) 对于除数为 0、溢出、无效指令操作码、无效指令地址、无效数据地址、缺页、访问越权和外部中断,CPU 在哪些指令的哪个时钟周期能分别检测到这些异常或中断?

(2) 在检测到某一异常或中断后,CPU 通常要完成哪些工作? 简要说明 CPU 如何完成这些工作。

14. 假定选择以下 9 条 RV32I 指令作为实现目标设计单周期 RISC-V 处理器:3 条 R-型指令("add rd, rs1, rs2""slt rd, rs1, rs2""sltu rd, rs1, rs2");2 条 I-型指令("ori rd, rs1, imm12""lw rd, rs1, imm12");1 条 U-型指令(lui rd, imm20);1 条 S-型指令(sw rs1, rs2, imm12);1 条 B-型指令(beq rs1, rs2, imm12);1 条 J-型指令(jal rd, imm20),参照 5.2 节中 MIPS 单周期处理器设计方案,完成以下任务并回答问题。

(1) 给出 RISC-V 处理器中扩展器的设计方案。

(2) 给出 RISC-V 处理器中 ALU 的设计方案。

(3) 给出 RISC-V 单周期数据通路和对应的控制逻辑。

(4) 为何 RISC-V 处理器中无须专门的局部 ALU 控制器?

第 **6** 章

指令流水线

第 5 章介绍的单周期处理器和多周期处理器的指令执行都是采用串行方式。串行方式下,CPU 总是在执行完一条指令后才取出下条指令执行。显然,这种串行方式没有充分利用执行部件的并行性,因而指令执行效率低。与现实生活中的许多情况一样,指令的执行也可以采用流水线方式,将多条指令的执行相互重叠起来,以提高 CPU 执行指令的效率。

本章主要介绍指令流水线的基本概念、流水线数据通路和控制器的实现、指令流水线中各种冲突(冒险)现象及其解决方法,并简要介绍一些高级流水线技术。

6.1　流水线概述

6.1.1　流水线的执行效率

一条指令的执行过程可被分成若干阶段,每个阶段由相应的功能部件完成。如果将各阶段看成相应的流水段,则指令的执行过程就构成了一条指令流水线。例如,假定一条指令流水线由如下 5 个流水段组成。

(1) 取指令(IF): 从存储器取指令。

(2) 指令译码(ID): 产生指令执行所需的控制信号。

(3) 取操作数(OF): 读取操作数。

(4) 执行(EX): 对操作数完成指定操作。

(5) 写回(WB): 将结果写回。

进入流水线的指令流,由于后一条指令的第 i 步与前一条指令的第 $i+1$ 步同时进行,从而使一串指令总的完成时间大为缩短。如图 6.1 所示,在理想状态下,完成 4 条指令的执行只用了 8 个时钟周期,若是非流水线的串行执行处理,则需要 20 个时钟周期。

从图 6.1 可看出,理想情况下,每个时钟都有一条指令进入流水线;每个时钟周期都有一条指令完成;每条指令的时钟周期数(即 CPI)都为 1。

为了更加清楚地了解流水线的执行效率,下面用一个例子来比较流水线处理器和单周期处理器的指令执行情况。

对于第 5 章给定的具有 11 条指令的 MIPS 单周期处理器(其数据通路见图 5.16),考虑最复杂的 lw 指令的执行情况。假定 lw 指令的 5 个阶段所花的操作时间分别为: ①取指—200ps; ②寄存器读—50ps; ③ALU 操作—100ps; ④存储器读—200ps; ⑤寄存器写—

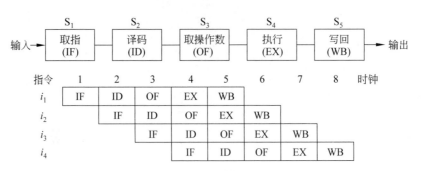

图 6.1　一个 5 段指令流水线

50ps。不考虑控制单元、信号传递等延迟,lw 指令的总执行时间为 600ps。若某程序有 N 条指令,在不考虑任何其他额外开销和冲突的情况下,单周期处理器所用的时间为 $N \times 600ps$。

　　对于流水线处理器,通常流水线设计的原则是:指令流水段个数以最复杂指令所用的功能段个数为准;流水段的长度以最复杂的操作所花时间为准。考虑实现第 5 章所述的同样 11 条指令的 MIPS 流水线处理器,按照以上流水线设计原则,该流水线处理器共有 5 个流水段,每个流水段的长度为 200ps,因而每条指令的执行时间为 1ns,反而比单周期处理器串行执行时增加了 400ps,由此可见,流水线方式并不能缩短一条指令的执行时间。但是,对于整个程序来说,流水线方式可以大大增加指令执行的吞吐率。

　　若流水段数为 M,每个流水段的执行时间为 T,则 N 条指令的执行总时间为 $(M+N-1) \times T$。例如,对于上述 11 条指令的 5 段流水线的例子,流水线处理器所用时间为 $(4+N) \times 200ps$。当 N 很大时,流水线方式是串行执行方式的 3 倍。显然,如果每个功能段划分均匀,使得执行时间大致相等的话,提高倍数应为 5,即为流水段的个数。

6.1.2　适合流水线的指令集特征

　　具有什么特征的指令集有利于实现指令流水线呢?

　　首先,指令长度应尽量一致。这样,有利于简化取指令和指令译码操作。例如,32 位 MIPS 架构中指令都是 32 位,每条指令占 4 个存储单元,因此,每次取指令都是读取 4 个单元,且下址计算也方便,只要 PC+4 即可;而 IA-32 架构中指令长度从 1 字节到 15 字节不等,取指令部件极其复杂,取指令所花时间也长短不一,而且也不利于指令译码。

　　其次,指令格式应尽量规整,尽量保证源寄存器的位置相同。这样,有利于在指令未译码时就可取寄存器操作数。例如,MIPS 指令格式中,源操作数寄存器 Rs 和 Rt 的位置总是分别固定在 IR<25:21>和 IR<20:16>,在指令译码的同时就可读取寄存器 Rs 和 Rt 中的内容。若源操作数寄存器的位置随指令不同而不同,则必须先译码后才能确定指令中各寄存器编号的位置,因此,从寄存器取数的工作就不能提前到和译码操作同时进行。

　　第三,采用装入/存储型指令风格,可以保证除 load/store 指令外的其他指令(如运算指令)都不访问存储器,这样,可把 load/store 指令的地址计算和运算指令的执行步骤规整在同一个周期中,因此,有利于减少操作步骤,规整流水线。像在 IA-32 之类的非装入/存储型体系结构中,运算类指令的操作数可以是存储器数据,这样,在指令执行过程中,需要有存储器地址计算、存储器访问和运算等,因而这类指令的执行要多出一些功能段,与简单指令的功能段划分相差很大,不利于流水线的规划。

此外,数据和指令在存储器中要"对齐"存放。这样,有利于减少访存次数,使所需数据在一个流水段内就能从存储器中得到。

总之,规整、简单和一致等特性有利于指令的流水线执行。

6.2 流水线处理器的实现

为便于和单周期处理器、多周期处理器比较,假定后面介绍的流水线处理器的实现目标也是第 5 章提出的 11 条 MIPS 指令。以下主要介绍支持该 11 条指令的流水线数据通路和控制器的实现。

6.2.1 每条指令的流水段分析

指令流水线设计的第一步是要对每条指令的执行过程进行分析,以确定流水线每个功能段的功能和执行时间。

每条指令前两个功能段都一样。Ifetch:取指并计算 PC+4。Reg/Dec:寄存器取数并译码。后面的功能段随各指令功能的不同而不同。

1. R-型指令功能段划分

R-型指令都涉及在 ALU 中对 Rs 和 Rt 内容进行运算,最终把 ALU 的运算结果送目的寄存器 Rd。像 add 和 sub 等指令还要判断结果是否溢出,只有不溢出时才写结果到 Rd,否则转异常处理程序执行。

根据 R-型指令的功能,对照第 5 章多周期数据通路设计,很容易给出 R-型指令的功能段划分。如图 6.2 所示,在 Ifetch 和 Reg/Dec 两个公共功能段后,其余的是:Exec 功能段用于在 ALU 中计算;Write 功能段用于将 ALU 中的计算结果写回寄存器。

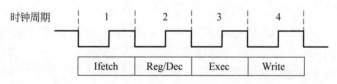

图 6.2 R-型指令的功能段划分

2. I-型运算类指令功能段划分

I-型带立即数的运算类指令都涉及对 16 位立即数进行符号扩展或零扩展,然后和 Rs 的内容进行运算,最终把 ALU 的运算结果送目的寄存器 Rt。显然,I-型运算类指令的功能段划分与 R-型指令相同。

3. lw 指令功能段划分

lw 指令的功能为 R[Rt]←M[R[Rs]+SEXT(imm16)]。其功能段的划分如图 6.3 所示,除公共的两个功能段外,其余的是:Exec 功能段用于在 ALU 中计算地址;Mem 功能段用于从存储器中读数据;Write 功能段用于将数据写入寄存器。

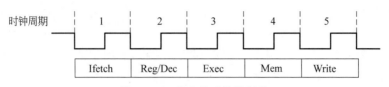

图 6.3　lw 指令的功能段划分

4. sw 指令功能段划分

sw 指令的功能为 M[R[Rs]+SEXT(imm16)]←R[Rt],即把寄存器内容写入存储器中,与 lw 指令相比,少了一步写寄存器的工作,其功能段划分如图 6.4 所示。其中,后面两个功能段的功能是:Exec 用于在 ALU 中计算地址;Mem 用于将数据写入存储器中。

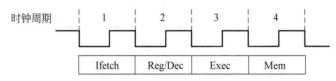

图 6.4　sw 指令的功能段划分

5. beq 指令功能段划分

beq 指令的功能为 if(R[Rs]=R[Rt])then PC←PC+4+(SEXT(imm16)×4)else PC←PC+4。除了前面两个公共功能段外,其后各功能段可以划分为:Exec 用于在 ALU 中做减法以比较是否相等,同时用一个加法器计算转移地址;WrPC 功能段用于在比较相等的情况下将转移目标地址写到 PC 中。因为写入 PC 的操作(WrPC)比存储器访问操作(Mem)的时间短,所以,可以将功能段 WrPC 向功能段 Mem 靠,即最后的功能段用 Mem 表示,在 Mem 功能段时间内完成 PC 写入操作。因此,beq 指令的功能段划分类似于 sw 指令,如图 6.4 所示。

6. j 指令功能段划分

j 指令是无条件转移指令,其功能是直接将目标地址送 PC 中。所以,其功能段的划分很简单,除了两个公共的功能段外,就只有一个功能段 WrPC,其操作时间比 Exec 段时间短,因而可合并到 Exec 段。

从以上对各指令功能段的分析可看出,最复杂的是 lw 指令,它有 5 个功能段,其他指令都可以通过加入"空"功能段来向 lw 指令靠齐。

在插入"空"段时,应遵循两个原则:①每个功能部件每条指令只能用一次(如寄存器写口不能用两次或以上);②每个功能部件必须在相同的阶段被使用(如寄存器写口总是在第 5 阶段被使用)。

因此,R-型指令、I-型运算类指令需在 Write 之前加一个空的 Mem 段,使得其 Write 段和 lw 指令的 Write 对齐,都在第 5 段;sw 指令和 beq 指令在第 4 个功能段后加一个空的 Write 段;j 指令则在后面添加两个空段 Mem 和 Write。这样,所有指令都有 5 个功能段。因此,该处理器的指令流水线可以设计成 5 个流水段。

6.2.2　流水线数据通路的设计

根据对 11 条指令的分析,可以得到执行这 11 条指令的 5 段流水线数据通路基本框架,如图 6.5 所示。

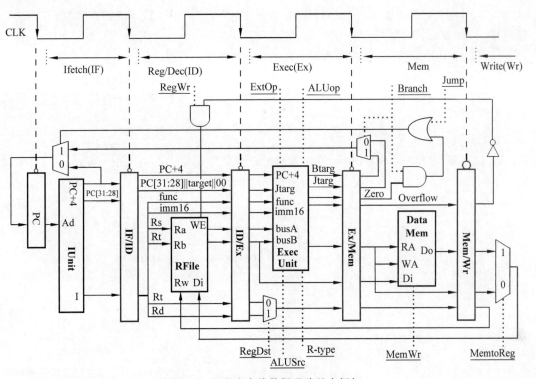

图 6.5　5 段流水线数据通路基本框架

在图 6.5 所示的流水线数据通路中,每条指令的执行都经历 5 个流水段:IF、ID、Ex、Mem 和 Wr,每个流水段都在不同的功能部件中执行。流水段之间有一个流水段寄存器,例如,IF/ID 寄存器是介于 IF 段和 ID 段之间的寄存器。每个流水段寄存器用来存放从当前流水段传到后面所有流水段的信息。因为每个段间传递的信息不一样,所以各流水段寄存器的长度也不一样。

图 6.5 中给出了数据通路用到的所有控制信号,用虚线连到所控制的功能部件。可以看出,PC 和各个流水段寄存器都没有写使能信号。这是因为每个时钟都会改变 PC 的值,所以 PC 不需要写使能控制信号;每个流水段寄存器在每个时钟都会写入一次,因此,流水段寄存器也不需要写使能控制信号。此外,前两个流水段的功能每条指令都相同,是公共流水段,因此,也不需控制信号。其余段的控制信号如下。

Exec 段的控制信号有以下 5 个。

(1) ExtOp(扩展器操作):1—符号扩展;0—零扩展。

(2) ALUSrc(ALU 的 B 口来源):1—来源于扩展器;0—来源于 busB。

(3) ALUop(用于辅助局部 ALU 控制逻辑来决定 ALUctr 的操作信号):3 位编码。

(4) RegDst(指定目的寄存器):1—Rd;0—Rt。

(5) R-type(区分是否为 R-型指令):1—R-型指令;0—非 R-型指令。

Mem 段的控制信号有以下 3 个。

(1) MemWr(数据存储器 DM 的写信号):sw 指令时为 1,其他指令为 0。

（2）Branch（是否为分支指令）：分支指令时为 1，其他指令为 0。

（3）Jump（是否为无条件转移指令）：无条件转移指令时为 1，其他指令为 0。

Wr 段的控制信号有两个。

（1）MemtoReg（寄存器的写入源）：1—DM 输出；0—ALU 输出。

（2）RegWr（寄存器堆写信号）：结果写寄存器的指令都为 1，其他指令为 0。

以下分别介绍各流水段的功能、功能部件、保存到流水段寄存器的信息和控制信号取值。

1. Ifetch（IF）段

IF 流水段的功能是：将 PC 的值作为地址到指令存储器 IM(instruction memory)中取指令，并计算 PC+4，送 PC 输入端。这些功能由取指部件(IUnit)来完成，其具体实现如图 6.6 所示。

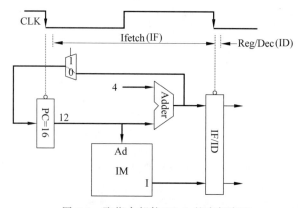

图 6.6　取指令部件 IUnit 的内部实现

假定当前指令地址为 12，则当时钟 CLK 的下降沿到来时，在 PC 输入端的值 12 经过"Clk-to-Q"时延后，被送到 IM 的地址输入端 Ad，并同时送加法器。在 IM 中经过一个存取时间后，指令被送到 IM 的输出端。在加法器中 PC 与 4 相加后送到一个多路选择器，若是顺序执行，则下个时钟到来时 PC 为 16。但指令不总是顺序执行，当执行到分支指令或无条件转移指令时，PC 的值可能被修改，因此 PC 的输入来自一个多路选择器。当需要转移时，可控制选择转移目标地址送 PC。

IF 段执行的结果被送到 IF/ID 寄存器的输入端，下个时钟到来时，在 IF/ID 寄存器输入端的信息开始送到 ID 段继续被处理。那么，IF/ID 寄存器中需要保存的结果是哪些呢？显然，从 IM 中取出的指令要被继续处理，因而，需要保存在 IF/ID 寄存器中；此外，如果当前指令是分支指令，则 PC+4 的值在后面的流水段中需要用来计算分支转移目标地址(Btarg)，因此 PC+4 的值需保存在 IF/ID 寄存器中；如果是无条件转移指令，则 PC 高 4 位 PC[31:28]需要用来计算无条件转移目标地址(Jtarg)，因此 PC[31:28]也需保存在 IF/ID 寄存器中。

该段唯一的控制点是多路选择器的控制端，从图 6.5 看出，多路选择器的控制端由在 Mem 段产生的 Branch 信号和 Zero 标志，以及 Jump 信号来控制，显然，Branch 信号只有在对分支指令 beq 译码后才取值为 1，Jump 信号在对 j 指令译码后才取值为 1，只要不是分支指令和无条件转移指令,Branch 和 Jump 两个信号就都取值为 0,因而多路选择器的输出为 PC+4。在 Mem 阶段若执行的是 beq 指令且 Zero=1,则将 Ex 阶段计算得到的分支转移目标地址(Btarg)选择送到 PC 的输入端;在 Mem 阶段若执行的是 j 指令,则将 Ex 阶段计算得到的无条件转移目标地址(Jtarg)选择送到 PC 的输入端。

2. Reg/Dec(ID)段

ID 流水段的功能是:根据指令中的 Rs 和 Rt 的值到寄存器堆中取出相应寄存器的值,同时对指令中的操作码 OP 字段进行译码,生成相应的控制信号。寄存器堆可看成是寄存器读口和寄存器写口两个功能部件。ID 段的功能由寄存器读口和控制器完成,如图 6.5 所示。有关流水线处理器的控制器实现在 6.2.3 节介绍。

该阶段可以将 IF/ID 寄存器中传递过来的 PC[31:28]与指令中的低 26 位(J-型指令中的 target 字段)进行拼接,最后再添两个 0,得到无条件转移目标地址 Jtarg。这样,如果当前指令为 J-型指令,则在 Mem 阶段可以更新 PC,以跳转到转移目标地址处执行。

ID 段执行的结果被送到 ID/Ex 寄存器的输入端,下个时钟到来时,在 ID/Ex 寄存器输入端的信息开始送到 Ex 段继续被处理。这些信息包括 PC+4、Jtarg、func、imm16、R[Rs]、R[Rt]、Rt、Rd 等。因为指令中需要的信息(如 Rt、Rd、imm16、func 等字段)已被保存,所以指令本身就不再需要保存在 ID/Ex 寄存器中。

3. Exec(Ex)段

Ex 段的功能由具体指令确定,不同指令经 ID 段译码后得到不同的控制信号,用来控制执行部件进行不同的操作。图 6.7 是执行部件(exec unit)的示意图。

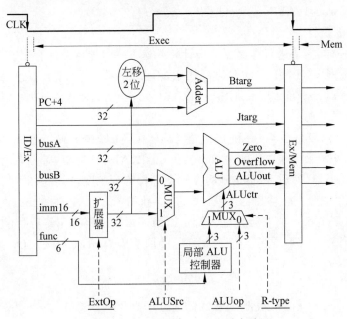

图 6.7　执行部件 exec unit 的内部实现

根据每类指令的功能,综合考虑图 6.5 和图 6.7,得到 Ex 流水段中每条指令的执行流程及其控制信号取值如下。

1) R-型指令的执行

11 条目标指令中的 add、sub、subu、slt 和 sltu 都是 R-型指令,它们在 ALU 中由 ALUctr 控制分别执行 add、sub、subu、slt 和 sltu 运算,ALUctr 操作控制信号由局部 ALU 控制器根据 func 字段产生。R-型指令的目的寄存器是 Rd,ALU 的操作数来自 busA 和 busB,不需要扩展操作。最终,将 ALU 得到的结果 ALUout 以及 Overflow 标志和 Zero 标志一起送到 Ex/Mem 寄存器的输入端。综上所述,得到控制信号的取值为 RegDst=1,ExtOp=x,ALUSrc=0,ALUop=xxx,R-type=1。

2) I-型运算类指令的执行

11 条目标指令中的 ori 和 addiu 是 I-型运算类指令,它们在 ALU 中由 ALUctr 控制分别执行 or 和 addu 运算,ALUctr 操作控制信号由主控制器根据指令操作码 OP 字段产生。I-型运算类指令的目的寄存器是 Rt,ALU 的操作数来自 busA 和扩展器的输出,逻辑运算进行零扩展,而算术运算则为符号扩展。与 R-型指令一样,最终将 ALU 中得到的结果 ALUout 以及 Overflow 标志和 Zero 标志一起送到 Ex/Mem 寄存器的输入端。综上所述,ori 指令控制信号取值为 RegDst=0,ExtOp=0,ALUSrc=1,ALUop=or,R-type=0。addiu 指令控制信号取值为 RegDst=0,ExtOp=1,ALUSrc=1,ALUop=addu,R-type=0。

3) lw 指令的执行

首先要在 ALU 中进行地址计算,ALU 的操作数来自 busA 和扩展器输出,采用符号扩展,在 ALU 中由 ALUctr 控制执行 addu 运算,目的寄存器是 Rt。最终在 ALU 中得到的存储器地址被送到 Ex/Mem 寄存器的输入端。综上所述,得到控制信号取值为 RegDst=0,ExtOp=1,ALUSrc=1,ALUop=addu,R-type=0。

4) sw 指令的执行

同 lw 指令一样,需要进行存储器地址计算并送下一级流水线寄存器。因为该指令不会写结果到寄存器,所以,RegDst 的取值可任意,不会影响结果。综上所述,得到控制信号的取值为 RegDst=x,ExtOp=1,ALUSrc=1,ALUop=addu,R-type=0。

5) beq 指令的执行

beq 指令需要比较寄存器 Rs 和 Rt 的值,通过在 ALU 中做减法生成 Zero 标志来实现比较。因此,ALU 两个操作数来源是 busA 和 busB,ALUctr 操作控制信号为 subu;同时,将 imm16 送到扩展器,然后在 ExtOp 的控制下进行符号扩展,扩展结果左移两位(×4),再和 PC+4 相加,生成分支转移目标地址(Btarg)。执行阶段生成的 Zero 标志和转移目标地址 Btarg 被送到 Ex/Mem 寄存器的输入端。因为不改变任何通用寄存器的值,所以控制信号 RegDst 的值任意。综上所述,得到控制信号的取值为 RegDst=x,ExtOp=1,ALUSrc=0,ALUop=subu,R-type=0。

6) j 指令的执行

只要将 ID 阶段生成的无条件转移目标地址 Jtarg=PC<31:28>||target<25:0>||00,直接传送到 Ex/Mem 寄存器的输入端即可。控制信号的取值为 RegDst=x,ExtOp=x,ALUSrc=x,ALUop=xxx,R-type=x。

4. Mem 段

Mem 流水段的功能也由具体指令确定。从图 6.5 知,这个流水段有 MemWr、Branch 和 Jump 3 个控制信号。各条指令在 Mem 段的执行流程和控制信号取值如下。

（1）若是 R-型指令或 I-型运算类指令,则在 Mem 段是"空"操作,只要把相应信息继续传递到下一个流水段即可。控制信号取值为 Branch＝Jump＝MemWr＝0。

（2）若是 lw 指令,则进行取数操作。在 Ex 段得到的地址被送到数据存储器 DM 的读地址端 RA,经过一段存取时间,数据从 DM 的输出端 Do 送到 Mem/Wr 寄存器的输入端。控制信号取值为 Branch＝Jump＝MemWr＝0。

（3）若是 sw 指令,则进行存数操作。在 Ex 段得到的地址被送到数据存储器 DM 的写地址端 WA,同时把 Ex/Mem 寄存器送来的要存的数据 R[Rt]送 DM 的输入端 Di,经过一段存取时间后,数据被存入 DM 中。控制信号取值为 Branch＝Jump＝0,MemWr＝1。

（4）若是 beq 指令,当 Ex 段生成的 Zero 为 1,则控制多路选择器选择将转移目标地址 Btarg 送 PC 输入端。控制信号取值为 Branch＝1,Jump＝MemWr＝0。

（5）若是 j 指令,则控制将 Ex/Mem 流水段寄存器传送过来的转移目标地址 Jtarg 送 PC 的输入端。控制信号取值为 Branch＝0,Jump＝1,MemWr＝0。

5. Wr 段

如图 6.5 所示,寄存器写口是 Wr 段的主要功能部件,寄存器堆 RFile 的写地址端口 Rw 来源于 Mem/Wr 寄存器的目的寄存器输出,写数据端口 Di 来源于一个多路选择器的输出,写使能信号 WE 由溢出标志 Overflow 和控制信号 RegWr 共同确定。Wr 流水段的功能也由具体指令确定,各条指令在 Wr 段的执行流程和控制信号取值如下。

（1）若是 R-型指令或 I-型运算类指令,则选择将 ALU 的输出结果送寄存器堆的输入端 Di,目的寄存器送写地址端 Rw。控制信号取值为 MemtoReg＝0,RegWr＝1。

（2）若是 lw 指令,则选择将 DM 读出结果送寄存器堆的输入端 Di,目的寄存器送写地址端 Rw。控制信号取值为 MemtoReg＝1,RegWr＝1。

（3）若是 sw、beq 或 j 指令,则任何通用寄存器的值都不改变,即不能写寄存器堆。控制信号取值为 MemtoReg＝x,RegWr＝0。

6.2.3　流水线控制器的设计

从上述分析可以看出,某一时刻每个流水段执行的是不同指令的某个阶段,因而某一时刻每个流水段中的控制信号应该是正在执行指令的对应功能段的控制信号。

如图 6.8 所示,假定有 3 条指令 lw、ori 和 add 依次在时钟 1、2 和 3 开始进入流水线执行,则流水线中控制信号的传递情况为：第 2 时钟对 lw 指令译码,产生的控制信号在下个时钟(第 3 时钟)送到 Exec 段,在第 4 时钟送到 Mem 段,在第 5 时钟送到 Write 段;在第 3 时钟对 ori 指令译码,产生的控制信号在第 4 时钟送 Exec 段,第 5 时钟送 Mem 段,第 6 时

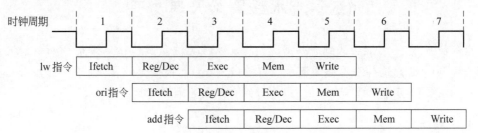

图 6.8　流水线执行情况举例

钟送 Write 段⋯⋯由此可见,在某个时钟周期,不同的流水段受不同指令的控制信号控制,执行不同指令的不同功能段。例如,在第 5 时钟内,Write 段由 lw 指令的信号控制,Mem 段由 ori 指令的信号控制,Exec 段由 add 指令的信号控制。

从上述例子可看出,在 Reg/Dec 阶段由控制器产生指令各流水段的所有控制信号,分别在随后的各个时钟周期内被使用。具体来说,Exec 阶段的信号(如 ExtOp、ALUSrc、ALUop、RegDst、R-type)在下个周期使用;Mem 阶段的信号(如 MemWr、Branch)在随后第二个周期使用;Write 阶段的信号(如 MemtoReg、RegWr)在随后第三个周期使用。因此随后各流水段寄存器中都要保存相应的控制信号,如图 6.9 所示。

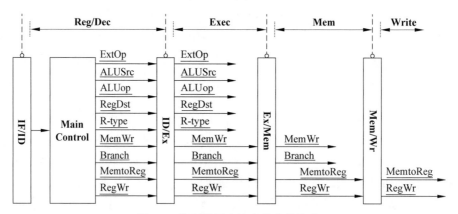

图 6.9　控制信号在流水线中的传递

综上所述,每个流水段寄存器中保存的信息包括两类:一类是后面阶段需要用到的所有数据信息,包括 PC+4、指令、立即数、目的寄存器、转移目标地址、ALU 运算结果、标志信息等,它们是前面阶段在数据通路中执行的结果;还有一类是前面传递过来的后面各阶段要用到的所有控制信号。

第 5 章介绍过单周期处理器和多周期处理器的控制器设计。单周期处理器中,每条指令的控制信号在指令执行期间不变;而多周期处理器中,每条指令分多个周期执行,因此控制器的功能采用有限状态机来描述。

流水线处理器中控制信号一旦在 Reg/Dec(ID)阶段由控制器生成,就不会改变,并和数据信息同步地依次传递到后面的流水段中。显然,这和单周期控制器类似,因而流水线控制器的设计可以完全按照单周期控制器设计的思路进行,故在此不再赘述。

6.3　流水线冒险及其处理

指令流水线中,可能会遇到一些情况使得流水线无法正确执行后续指令而引起流水线阻塞或停顿(stall),这种现象称为流水线冒险(hazard)。根据导致冒险的原因的不同,有结构冒险、数据冒险和控制冒险 3 种。以下分别介绍其原因和对策。

6.3.1　结构冒险

结构冒险(structural hazards)也称为硬件资源冲突(hardware resource conflicts)。引起结

构冒险的原因在于同一个部件同时被不同指令所用,也就是说它是由硬件资源竞争造成的。

如图 6.10(a) 所示,若不区分指令存储器和数据存储器而只用一个存储器的话,则在 load 指令取数据的同时,随后的指令 3(instr3) 正好取指令,此时发生访存冲突。同样,如果不对寄存器堆的写口和读口独立设置的话,load 和随后的指令 3 也会发生寄存器访问冲突。

解决结构冒险的策略包含两方面:①通过 6.2.1 节提到过的功能段划分原则(一个部件每条指令只能使用一次,且只能在特定时钟周期使用),可以避免一部分结构冒险;②通过设置多个独立的部件来避免硬件资源冲突。例如,对于寄存器访问冲突,可将寄存器读口和写口独立开来,利用时钟上升沿和下降沿两次触发,使得前半周期使用写口进行寄存器写,后半周期使用读口进行寄存器读;对于存储器访存冲突,可把指令存储器 IM 和数据存储器 DM 分开,从而使指令和数据的访问各自独立,这样就不会发生结构冒险,如图 6.10(b) 所示。事实上,现代计算机都引入了 cache 机制,而且 L1 cache 通常采用数据 cache 和代码 cache 分离的方式,因而也就避免了结构冒险的发生。

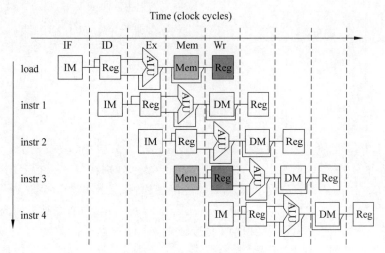

(a) 有寄存器和存储器访问冲突的流水线

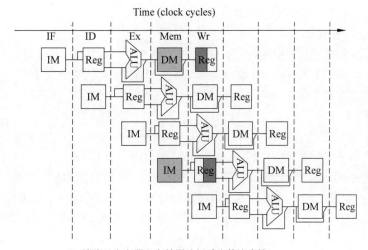

(b) 消除了寄存器和存储器访问冲突的流水线

图 6.10 结构冒险的例子

6.3.2　数据冒险

数据冒险(data hazards)也称为数据相关(data dependencies)。引起数据冒险的原因在于后面指令用到前面指令结果时前面指令结果还没产生。图 6.11 是一个存在数据冒险的流水线例子。

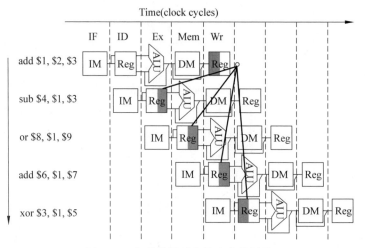

图 6.11　存在数据冒险的流水线例子

在图 6.11 中,第一条指令的目的寄存器 $1 是后面 4 条指令的源寄存器。第一条指令在 Wr 阶段结束才将结果写到 $1 中,而第 2、3、4 条指令分别在第一条指令的 Ex、Mem 和 Wr 阶段就要取 $1 的内容,显然,如果不采取任何措施,那么这几条指令取到的是 $1 的旧值,只有第 5 条指令 xor 能取到 $1 的新值。从图 6.11 可看出,所有的数据冒险都是由于前面指令写结果之前后面指令就需要读取而造成的,这种数据冒险称为写后读(read after write,RAW)数据冒险。在非"乱序"执行的基本流水线中,所有数据冒险都属于 RAW 数据冒险。

对于 RAW 数据冒险,可以采取以下措施。

1. 插入空操作指令

在软件上采取措施,使相关指令延迟执行。最简单的做法是,在编译时预先插入空操作指令 nop。这样做的好处是硬件控制简单,但浪费了指令存储空间和指令执行时间。如图 6.12 所示,共浪费了 3 条指令的空间和时间。

2. 插入气泡

在硬件上采取措施,使相关指令延迟执行,通过硬件阻塞(stall)方式阻止后续指令执行。这种硬件阻塞的方式称为插入气泡(bubble),如图 6.13 所示。

这种方式控制比较复杂,需要修改数据通路。通常要在数据通路中检测哪两条指令发生了相关,以确定是否进行阻塞。阻塞时,可将控制信号清零来阻止结果的写入;也可将指令清零使后续指令执行空操作;或让 PC 写使能信号清零使 PC 值不变,从而使当前指令重复执行。这种方式不增加指令条数,但有额外时间开销。

3. 采用转发技术

将数据通路中生成的中间数据直接转发到 ALU 的输入端。如图 6.14 所示,对于第 1

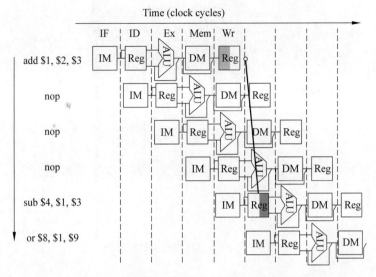

图 6.12　用插入 nop 指令方式解决数据冒险

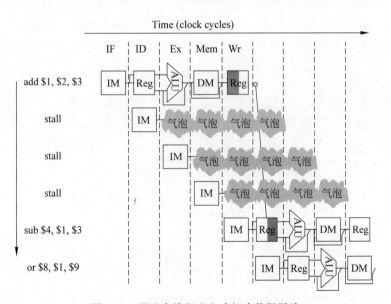

图 6.13　用流水线阻塞方式解决数据冒险

条 add 指令和 sub 指令之间的数据相关情况，add 指令在 Ex 段结束时已经得到 $1 的新值，被存放在 Ex/Mem 流水段寄存器中，因此，可以直接从该流水段寄存器中取出数据送到 ALU 的输入端，这样，在 sub 指令执行时 ALU 中用的就是 $1 的新值。对于第 1 条 add 指令和 or 指令之间的数据相关情况，or 指令在 ALU 中用到的 $1 也可直接从 Mem/Wr 流水段寄存器中取。这种技术称为转发（forwarding）或旁路（bypassing）技术。

　　对于图 6.14 中第 1 和第 4 条指令之间的数据相关问题，可以通过将寄存器写口和读口分别控制在前、后半个时钟周期内操作来解决，使前半周期写入 $1 的值在后半周期马上被读出。

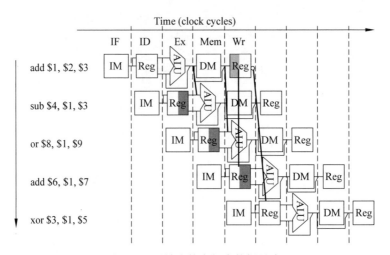

图 6.14　用转发技术解决数据冒险

　　采用转发技术解决数据冒险必须在硬件上进行相应的改动。如图 6.15 所示,通过在 ALU 的输入端加多路选择器,使 Ex 段之后的流水段寄存器的值能返送到 ALU 输入端。 ALU 的 A 输入端原来只有从 ID/Ex 寄存器来的 busA,B 输入端原来只有从 ID/Ex 寄存器来的 busB 和扩展器的值,采用转发技术后,A 端和 B 端都增加了 3 个可能的输入。

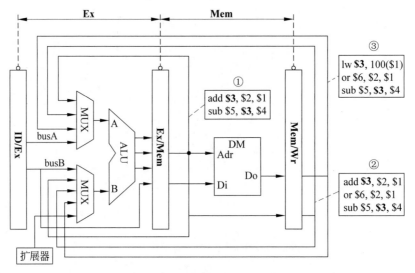

图 6.15　引入转发技术后数据通路中增加的转发线路

　　图 6.15 中有 3 个指令序列示例,从这 3 个示例可看出,增加转发线路后,相邻两条 ALU 运算类指令之间(指令序列①)、相隔一条的两个 ALU 运算类指令之间(指令序列②),以及相隔一条的 load 和 ALU 运算类指令之间(指令序列③)的数据相关带来的数据冒险问题就都能解决了。

　　若前面指令的目的寄存器和随后 sw 指令的源寄存器发生数据相关,例如,相邻两条指令为“add $3,$2,$1”和“sw $3,0($1)”,则图 6.15 中的转发线路不能解决其数据冒险问题。可以参照图 6.15 所示方法,在 DM 的数据输入端 Di 处增加一个多路选择器,当出现这种数据冒险时,选择上条指令执行阶段产生的 ALU 结果作为 Di 的输入值。

从图 6.15 可看出,采用转发技术的数据通路中,在执行阶段中 ALU 的两个输入端处,多路选择器的控制信号需要考虑转发条件,因而需要对图 6.7 中的执行部件进行以下调整。

(1) 原来 ALU 的 A 输入端加一个三选一多路选择器,随之增加一个两位的控制信号 ALUSrcA。

(2) 原来 ALU 的 B 输入端多路选择器要调整为四选一,原来的一位控制信号 ALUSrc 改为两位控制信号 ALUSrcB。

(3) 控制信号 ALUSrcA 和 ALUSrcB 的取值除了考虑原来的控制信号 ALUSrc 以外,还要考虑转发条件检测的结果。

(4) 对图 6.15 中的转发线路进行合并,在 Wr 阶段用一个多路选择器将 ALU 输出结果和数据存储器的输出数据合并成一路数据同时转发到 ALU 的两个输入端。

调整后的部分流水线数据通路如图 6.16 所示。

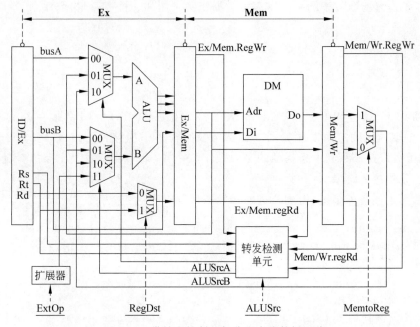

图 6.16　带转发控制的部分流水线数据通路

图 6.16 中"转发检测单元"的控制逻辑可根据指令的数据相关性来设计。从图 6.15 可以看出,发生数据相关的情况有以下两种。

(1) 本条指令的目的操作数是随后第一条指令所用的源操作数,对应的转发条件如下:

C1(A): (Ex/Mem.regRd=ID/Ex.Rs)
C1(B): (Ex/Mem.regRd=ID/Ex.Rt)

当 C1(A)=1 时,ALUSrcA 应等于 01;当 C1(B)=1 时,ALUSrcB 应等于 01。

(2) 本条指令的目的操作数是随后第二条指令所用的源操作数,对应的转发条件如下:

C2(A): (Mem/Wr.regRd=ID/Ex.Rs)
C2(B): (Mem/Wr.regRd=ID/Ex.Rt)

当 C2(A)=1 时,ALUSrcA 应等于 10;当 C2(B)=1 时,ALUSrcB 应等于 10。

当 C1(A)和 C2(A)都不等于 1 时,ALUSrcA 应等于 00。当 C1(B)和 C2(B)都不等于 1 时,ALUSrcB 应根据 ALUSrc 的值确定,当 ALUSrc = 0 时,ALUSrcB 等于 00;当 ALUSrc=1 时,ALUSrcB 等于 11。

以上考虑的仅是基本的数据相关情况。实际上,转发条件还要考虑其他一些约束情况,以下是一些例子。

(1) 运算结果不写入目的寄存器。例如,对于 beq 指令后面紧跟一条 ALU 运算类指令的情况,虽然可能满足上述条件,但是 beq 指令并不改变目的寄存器 Rt 的值,所以,不能进行转发。

(2) 目的寄存器为 $0。例如,对于指令"add $0, $7, $8",根据图 6.16 可知,转发的是 $7 和 $8 的内容相加的结果,它可能是一个非 0 数,但实际上下条指令的操作数应该是 $0 的内容 0。

(3) 多条连续指令关于同一个寄存器数据相关。例如,对于下列指令序列:

```
add     $1, $1, $2
add     $1, $1, $3
add     $1, $1, $4
...
```

按照前述 C1(A)和 C2(A)的逻辑表达式,可得 C1(A)=C2(A)=1,这样,使得 ALUSrcA 的取值不确定而发生错误。显然,这种情况下,应该使 C1(A)=1,C2(A)=0,即,当本条指令源操作数和上条指令的目的操作数一样,则不能转发上上条指令的结果,而必须转发上条指令的结果。

综合考虑上述各种情况,得到改进的转发条件逻辑表达式如下。

```
C1(A): Ex/Mem.RegWr && (Ex/Mem.regRd!=0) && (Ex/Mem.regRd==ID/Ex.Rs)
C1(B): Ex/Mem.RegWr && (Ex/Mem.regRd!=0) && (Ex/Mem.regRd==ID/Ex.Rt)
C2(A): Mem/Wr.RegWr && (Mem/Wr.regRd!=0) &&
       (Ex/Mem.regRd!=ID/Ex.Rs) && (Mem/Wr.regRd==ID/Ex.Rs)
C2(B): Mem/Wr.RegWr && (Mem/WB.regRd!=0) &&
       (Ex/Mem.regRd!=ID/Ex.Rt) && (Mem/Wr.regRd==ID/Ex.Rt)
```

通过上述转发条件的检测和对相应的转发线路的控制,可以解决大部分 RAW 数据冒险。

4. load-use 数据冒险的检测和处理

转发能够解决大部分 RAW 数据冒险,那么,lw 指令随后跟 R-型指令或 I-型运算类指令的相关性问题,能否通过转发来解决呢? 如图 6.17 所示,lw 指令只有在 Mem 段结束时才能得到 DM 中的结果,然后送 Mem/Wr 寄存器,在 Wr 段前半周期 $1 中才能存入新值,但随后的 sub 指令在 Ex 阶段就要取 $1 的值。因此,得到的是旧值,而根据图 6.15 的转发线路,ALU 的输入端要么来自上条指令在 Ex 段生成且存放在 Ex/Mem 寄存器中的值,要么来自上上条指令的执行结果。由此可知,用转发线路无法解决图中 lw 指令和 sub 指令之间的数据相关问题。通常把这种情况称为 load-use 数据冒险。

对于 load-use 数据冒险,最简单的做法是由编译器在 load 指令之后插入 nop 指令来解

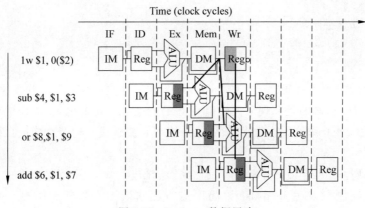

图 6.17   load-use 数据冒险

决,这样,就无须硬件来处理数据冒险问题了。当然,最好的办法是在程序编译时进行优化,通过调整指令顺序以避免出现 load-use 现象。

例 6.1   以下是某高级语言源程序中的两条赋值语句:

```
a=b+c;
d=e-f;
```

假定 a、b、c、d、e、f 都被分配在内存,其地址分别用[a]、[b]、[c]、[d]、[e]、[f]表示,通过编译器编译后,生成的汇编目标代码(为方便说明,在第一列加了序号)如下:

```
1    lw     $2, [b]
2    lw     $3, [c]
3    add    $1, $2, $3
4    sw     $1, [a]
5    lw     $5, [e]
6    lw     $6, [f]
7    sub    $4, $5, $6
8    sw     $4, [d]
```

请分析上述目标代码中的数据相关性,并说明哪些相关性引起的数据冒险可通过转发技术解决,哪些不能? 并要求进行代码优化,以尽量减少 load-use 数据冒险。

解:上述目标代码中,发生数据相关的指令对是 1-3、2-3、3-4、5-7、6-7、7-8。其中,2-3 和 6-7 两个指令对之间出现了 load-use 数据冒险,它们不能通过转发技术解决,其他指令对之间的相关性引起的数据冒险都可通过转发技术解决。

可通过调整指令顺序,将一条无关指令插入 load 和 R-型指令之间来优化代码,以避免 load-use 现象。本例中通过将第 5 条指令和第 4 条指令分别插入 2-3 和 6-7 指令对中间来进行优化。以下是编译优化得到的目标代码:

```
1.    lw     $2, [b]
2.    lw     $3, [c]
5.    lw     $5, [e]
3.    add    $1, $2, $3
```

```
6.   lw    $6, [f]
4.   sw    $1, [a]
7.   sub   $4, $5, $6
8.   sw    $4, [d]
```

显然,优化后的指令序列比优化前的指令序列在流水线中执行速度快。据统计,优化调度后,load-use 冒险引起的阻塞现象大约能降低 1/2～1/3。由此可见,编译优化对程序的性能是非常重要的,而了解指令的功能、指令执行流程和流水线结构等对构造良好的编译器又是极其必要的。

如果需要硬件来处理 load-use 冒险,那么必须在流水线数据通路中增加 load-use 冒险检测部件,并在检测到发生 load-use 冒险时进行流水线阻塞处理。从图 6.17 可以看出,load-use 冒险发生的条件是:上条是 load 指令,并且从存储器装入寄存器的数据是当前指令的源操作数。load-use 冒险的检测越早越好,但是,再早也要在 load 随后的指令被取出并译码之后,因此,检测点可安排在其译码(ID)阶段。此时,若是 load-use 冒险,则 load 指令应处于执行(Ex)阶段。为了能够确定上条是否是 load 指令,可引入一个新的控制信号MemRead,load 指令时该信号取值为 1,否则取值为 0。

根据上述分析,得到 load-use 冒险检测条件 C 为

```
ID/Ex.MemRead &&((ID/Ex.Rt==IF/ID.Rs) || (ID/Ex.Rt==IF/ID.Rt))
```

当 C=1 时,说明发生了 load-used 数据冒险。检测出 load-use 数据冒险时,load 指令后面的第一条指令(如 6.17 中的 sub 指令)正在 ID 阶段进行译码和取数操作,下个时钟到来时,译码出的控制信号和寄存器 Rs、Rt 的值将被送到 ID/Ex 流水段寄存器。同时,load 后面的第二条指令(如图 6.17 中的 or 指令)处在 IF 阶段,正在根据 PC 的值取指令,下个时钟到来时,取出的指令将被送到 IF/ID 流水段寄存器。为了避免 load-use 数据冒险,必须使紧随 load 后的两条指令停顿一个时钟周期后继续执行。这可通过将这两条指令的执行结果清除并让它们延迟一个时钟周期来实现。具体来说,就是控制实现以下 3 个操作:①将 ID/Ex 流水段寄存器中的所有控制信号清零(相当于插入了一个气泡),而不是将当时译码出来的控制信号送 ID/Ex 流水段寄存器;②保持 IF/ID 流水段寄存器的值不变,而不是送当时取出的指令,这样,使 load 后面的一条指令继续保存在 IF/ID 流水段寄存器中,在下个时钟周期,该指令重新译码/取数;③保持 PC 的值不变,使 load 后面的第二条指令在下个时钟周期重新执行取指令操作。图 6.18 给出了带转发和 load-use 冒险处理的部分流水线数据通路。从图中可以看出,当检测到存在 load-use 数据冒险时,load-use 检测单元送出 3 个控制信号(图中①、②、③处),分别控制上述 3 个操作的实现。

6.3.3 控制冒险

从图 6.5 给出的流水线数据通路来看,正常情况下,指令在流水线中总是按顺序执行,当遇到改变指令执行顺序的情况时,流水线中指令的正常执行会被阻塞。这种由于发生了指令执行顺序改变而引起的流水线阻塞称为控制冒险(control hazards)。各类转移指令(包括调用、返回指令等)的执行,以及异常和中断的出现都会改变指令执行顺序,因而都可能会引发控制冒险。

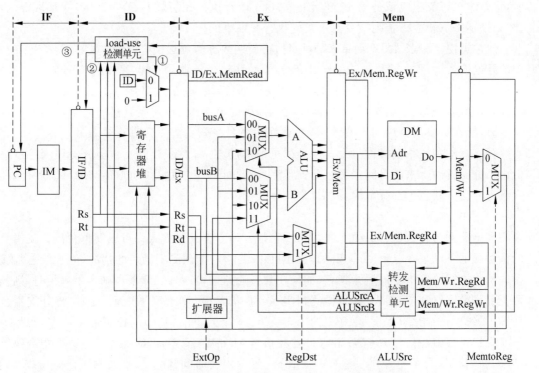

图 6.18 带转发和 load-use 冒险处理的部分流水线数据通路

1. 分支指令引起的控制冒险

图 6.19 是一个由分支指令(条件转移指令)引起的控制冒险的流水线例子。

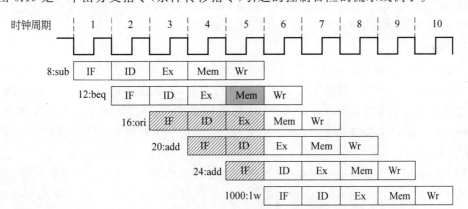

图 6.19 分支指令引起的控制冒险的流水线例子

  图 6.19 中,假定 beq 指令的地址为 12,条件满足时其转移目标地址为 1000。从图 6.5 和图 6.7 可以看出,分支指令 beq 的转移目标地址计算操作在 Ex 段,并在 Mem 段由标志 Zero 和控制信号 Branch 来控制,以确定是否将 PC 的值更新为转移目标地址 Btarg。因此, 在图 6.19 所示的例子中,只有当 beq 指令执行到第 5 时钟结束才能将转移目标地址 1000 送到 PC 的输入端。在第 6 时钟到来后,取出 1000 号单元开始的指令送流水线中执行。此 时,紧接在 beq 指令后面的第 16、20 和 24 单元的指令已在流水线中被执行了一部分。显

然,正确的执行流程应该是第 12 单元中的 beq 指令执行完后转移到第 1000 单元执行,因此,如果不采取相应措施则指令流水线的执行便发生问题。

通常把由于流水线阻塞而带来的延迟执行周期数称为延迟损失时间片 C。显然,图 6.19 中的延迟损失时间片 $C=3$。由于指令分支而引起的控制冒险也称为分支冒险(branch hazards)。对于分支冒险,可采用和前面解决数据冒险一样的硬件阻塞方式(插入气泡)或软件阻塞方式(插入空操作指令)。假设延迟损失时间片为 C,则在数据通路中检测到分支指令时,就在分支指令后插入 C 个气泡,或在编译时在分支指令后填入 C 条 nop 指令。

插入气泡和插入空操作指令这两种都是消极的方式,效率较低。结合分支预测可以降低由于分支冒险带来的时间损失。分支预测有简单(静态)预测和动态预测两种。此外,还有延迟分支方式也可部分解决分支冒险问题。

1) 简单预测

简单预测与指令执行历史无关,因此,它是一种静态预测方式。可以简单预测分支指令的条件总是不满足(not taken)或总是满足(taken)。对于预测不满足的情况,流水线总是按顺序继续执行分支指令的后续指令,如果在数据通路中检测到实际条件确实不满足时,则预测正确,没有任何时间损失;如果检测到实际条件满足时,则预测不正确,此时,将分支指令后续不该执行的指令(如图 6.19 中的第 16、20、24 单元中的指令)的控制信号清零,实际上只需要将寄存器写信号 RegWr 和存储器写信号 MemWr 清零,就能保证不会改变指令执行结果,相当于执行了空操作。这样,如果分支延迟损失时间片为 3,则预测错误时将损失 3 个时钟周期。

简单预测方式下,如果转移概率是 50%,则预测正确率仅有 50%。当然,也可以加一些启发式规则来提高简单预测准确率。可以进行一些有条件的简单预测,即在有些情况下预测总是满足,其他情况预测总是不满足。例如,将循环体顶(底)部的分支总是预测为不满足(满足)。这种方法能达到 65%~85% 的预测准确率。

2) 动态预测

动态预测(dynamic prediction)的准确率可达 90%,现在几乎所有处理器都采用动态预测。它利用分支指令发生转移的历史情况来进行预测,并根据实际执行情况动态调整预测位。转移发生历史情况记录在一个表中,这个表有不同的名称,如分支历史记录表(branch history table,BHT)、分支预测缓冲(branch prediction buffer,BPB)、分支目标缓冲(branch target buffer,BTB)等。图 6.20 给出了动态预测和调整过程。

每个表项由分支指令的地址作索引,故在分支指令的 IF 阶段就可取到预测位。因此,完全来得及在分支指令进入 ID 阶段时去取被预测执行的后继指令。首先,根据当前分支指令的地址低位查找 BHT 中对应的项;若未找到(即"未命中"),说明该分支指令是第一次执行,则由控制逻辑加入一个新项,将该分支指令的地址低位、转移目标地址和初始预测位填入表项中;若找到(即"命中"),则控制逻辑根据预测位,确定是"转移取"还是"顺序取";在分支指令执行时,控制逻辑根据实际情况来修改调整预测位。预测位的宽度对动态预测准确率有影响。有一位预测位或两位预测位,也有的系统采用两位以上预测位。

(1) 一位预测位。

采用一位预测位时,总是按上次实际发生的情况来预测下次分支情况,可用 1 表示最近一次发生转移(taken),0 表示未发生转移(not taken)。

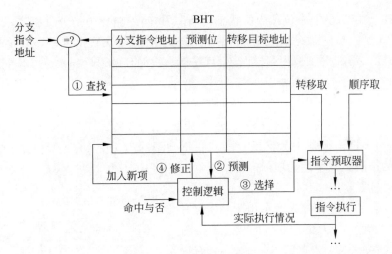

图 6.20　动态预测和调整过程

预测时,若预测位为 1,则预测下次条件满足,会发生转移;若为 0,则预测下次条件不满足,不会发生转移。实际执行时,若预测错,则预测位取反;否则,预测位不变。可用一个简单的预测状态图表示预测位的动态调整过程,如图 6.21 所示。

采用一位预测位的缺点是:当分支情况连续两次发生改变时,则预测错误。例如,对于循环出口处的分支指令,第一次进循环和最后一次出循环时都

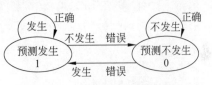

图 6.21　一位预测位的状态转换

会发生预测错误,因为这两次都会改变分支情况;而在循环中每次预测都不会错,因为预测和实际的情况都是发生转移。

例 6.2　图 6.22 给出了某个 C 语言程序段及其对应的 MIPS 汇编代码。假定该程序在一个采用一位预测位的流水线处理器上执行,预测位初始为 0。试分析当 $N=10$ 和 $N=100$ 时该程序段中各分支指令的预测正确率。

```
int sum(int N)
{
    int i, j, sum=0;
    for (i=0; i<N; i++)
        for (j=0; j<N; j++)
            sum=sum+1;
    return sum;
}
```

(a) C语言程序段

```
            ...
Loop-i:  beq $t1, $a0, exit-i    #若(i=N)则跳出外循环
         add $t2, $zero, $zero   #j=0
Loop-j:  beq $t2, $a0, exit-j    #若(j=N)则跳出内循环
         addi $t2, $t2, 1        #j=j+1
         addi $t0, $t0, 1        #sum=sum+1
         j  Loop-j
exit-j:  addi $t1, $t1, 1        #i=i+1
         j  Loop-i
exit-i:  ...
```

(b) 汇编程序段

图 6.22　循环中分支指令的预测

解:该程序具有两重循环结构,每层循环中有一个分支指令,位于循环入口处。外循环中的分支指令共执行 $N+1$ 次,内循环中的分支指令共执行 $N \times (N+1)$ 次。

预测位初始为 0,根据一位预测位状态转换图可知,外循环中的分支指令只有最后一次预测错误,其余都预测正确;而对于内循环中的分支指令,每次跳出内循环时预测位变为 1,再进入内循环时,第一次总是预测错误,并且任何一次循环的最后一次总是预测错误,因此,总共有 $1+2\times(N-1)$ 次预测错误。

当 $N=10$ 时,外循环中分支指令的预测正确率约为 $10/11\times100\%=90.9\%$;内循环中分支指令的预测正确率约为 $(110-19)/110\times100\%=82.7\%$。

当 $N=100$ 时,外循环中分支指令的预测正确率约为 $100/101\times100\%=99\%$;内循环中分支指令的预测正确率约为 $(10100-199)/10100\times100\%=98\%$。

(2) 两位预测位。

用两位组合成 4 种情况来表示预测和实际转移的状态,图 6.23 所示为两位预测位的状态转换图。

4 个状态中,有两个状态预测发生转移,有两个状态预测不发生转移。假定 11 状态表示预测发生(强转移),实际不发生时,转到状态 10(弱转移),下次仍预测发生转移,如果再次预测错误(即实际不发生),才使下次预测调整为 00 状态(强不转移)。从图 6.23 可看出,只有两次预测错误才改变预测方向。

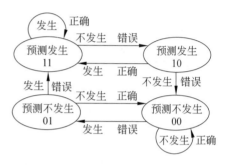

图 6.23　两位预测位的状态转换

采用两位预测可避免一位预测时出现的一些问题,使得在连续两次发生不同的分支情况时,也可能会预测正确。

例 6.3　对于图 6.22 给出的程序,假定运行在一个采用两位预测位的流水线处理器上,预测位初始为 00。试分析当 $N=10$ 和 $N=100$ 时该程序段中各分支指令的预测正确率。

解:预测位初始为 00,根据两位预测位状态转换图可知,外循环中的分支指令只有最后一次预测错误,其余都预测正确;而对于内循环中的分支指令,每次跳出内循环时预测位变为 01,预测不发生,再进入内循环时,第一次分支指令实际上也不发生转移,预测正确,而且预测状态变回 00,因而又保证下次跳出内循环后再进入时,第一次总是预测正确,所以,对于内循环总是只有最后一次预测错误,总共有 N 次预测错误。

当 $N=10$ 时,外循环中分支指令的预测正确率约为 $10/11\times100\%=90.9\%$;内循环中分支指令的预测正确率约为 $(110-10)/110\times100\%=90.9\%$。

当 $N=100$ 时,外循环中分支指令的预测正确率约为 $100/101\times100\%=99\%$;内循环中分支指令的预测正确率约为 $(10100-100)/10100\times100\%=99\%$。

由此可见,两位预测位方式下,内循环分支指令的预测正确率基本上与外循环的相当。而一位预测位方式下,内循环中分支指令的预测正确率远不及外循环分支指令的预测正确率。

目前,采用比较多的是两位预测位,也有的系统采用两位以上预测位,例如 Pentium 4 的 BTB2 采用了 4 位预测位。

注意,采用分支预测方式时,流水线控制逻辑必须确保错误预测指令的执行结果不能生效,而且要能从正确的分支地址处重新启动流水线工作。

3) 延迟分支

除了上述介绍的预测结合硬件阻塞和软件插入空指令的方法外,还可以采用延迟分支 (delayed branch)的方法来解决分支冒险。其主要思想是:采用编译优化来调整指令顺序, 把分支指令前与分支指令无关的指令调到分支指令后面执行,以填充延迟损失时间片,不够 时用 nop 操作指令填充。分支指令后面被填的指令位置称为分支延迟槽(branch delay slot),需要填入的指令条数(即分支延迟槽数)等于延迟损失时间片。

因为延迟分支技术通过编译器重排指令顺序来实现,所以它属于静态调度技术。图 6.24 给出了一个分支延迟调度的例子。该例假定流水线的分支延迟损失时间片为 2。从图 6.24 可看出,在 beq 指令前的所有指令中,可以插到 beq 指令后、add 指令前的只有第一条 lw 指 令和 sub 指令,但是,如果把这两条指令都调过去,则第 2 条 lw 指令和 beq 指令就会形成 load-use 数据冒险,因此,只能有一条指令填入分支延迟槽,另外还需再加一条 nop 指令。

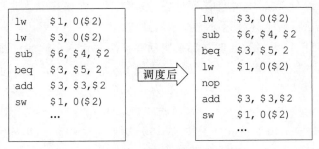

图 6.24　分支延迟调度的一个例子

对于分支冒险来说,分支延迟损失时间片是影响流水线执行效率的重要因素。分支延 迟损失时间片越小,插入的气泡或 nop 指令越少,在预测错误时后退的指令条数越少,在分 支延迟方式下,调度到分支延迟槽的无关指令条数越少。例如,图 6.24 中假定分支延迟损 失时间片减少为 1,则不需填入 nop 指令。

减少分支延迟损失时间片的关键是尽量提早进行分支条件的预测。例如,在图 6.5 所 示的流水线数据通路中,分支指令 beq 的条件检测在 Mem 阶段进行,因而分支延迟损失时 间片为 3。如果把检测操作往前调到 Ex 段,甚至提前到 ID 段,则可将分支延迟损失时间片 减少到 2,甚至减为 1。

虽然延迟分支技术利用较小的软件代价解决了流水线阻塞问题,但是当采用一些高级 流水线技术和处理异常等情况时,延迟分支技术会存在以下一些问题。

(1) 在高级流水线处理器中分支延迟槽数将成倍增加。例如,在超流水线处理器中,分 支延迟损失时间片将会更大;在多发射流水线处理器中,因为允许一个时钟周期处理多条指 令,所以分支延迟槽数也会成倍增加。假设某高性能处理器采用 4-发射的 10 级流水线架 构,其分支延迟损失时间片为 8,若采用分支延迟调度技术,则需要往分支延迟槽填入 32 条 指令,才能完全消除分支延迟带来的开销。但一般情况下,编译器很难找到足够的指令来填 充分支延迟槽,只能往延迟槽中填充 nop 指令,从而影响处理器的实际计算能力。有关超 流水线和多发射流水线的内容将在 6.4 节中介绍。

(2) 分支预测错误的恢复变得复杂。若处理器中同时采用分支预测技术和延迟分支技 术,将会导致分支预测错误的恢复逻辑变得复杂。这是因为位于分支延迟槽中的指令并不属于分支所在的路径上,无论分支指令最终是否发生转移,分支延迟槽中的指令都需要执行,不能因为分支预测错误而被冲刷。为此,处理器中需要额外对分支延迟槽中的指令进行标记。对于更复杂的高级流水线技术(如乱序执行),则需要引入更多的控制开销来从分支预测错误中正确恢复。有关乱序执行技术将在 6.4 节中介绍。

(3)精确异常的实现开销增大,甚至难以实现。如果处理器在执行分支延迟槽指令的过程中发生了异常,为了保证处理器将来能从发生异常的指令处重新开始执行,而且根据分支指令的执行结果正确进行转移,那么处理器需要额外记录多种信息,并引入复杂的控制逻辑。关于精确异常处理的概念将在"异常或中断引起的控制冒险"部分介绍。

(4)要求处理器的设计与具体的实现技术绑定。延迟分支技术需要软硬件协同工作,是一个软件可见的技术,这样就会给处理器的具体实现带来无法摆脱的兼容性需求。具体地,若某处理器的架构设计采用了延迟分支技术,则其后续产品的硬件实现都必须采用分支延迟槽数相同的延迟分支技术,才能保证过去的软件可以在新产品上正确运行。这意味着该处理器将永远无法摆脱上述延迟分支技术的缺点。

如前文所述,目前绝大多数处理器都采用动态预测技术。预测的正确率越高,分支延迟损失时间片带来的性能影响就越小。例如,对于图 6.5 所示的流水线处理器中,其分支延迟损失时间片为 3,若为其配备一个预测正确率为 95% 的动态分支预测器,则处理器执行一条分支指令的平均延迟损失时间片只有 $3 \times (1 - 95\%) = 0.15$。

MIPS 处理器架构采用了延迟分支技术,其分支延迟槽数为 1,因而所有 MIPS 处理器的实现都必须遵循这一约束,同时也需要引入各种开销来解决该技术带来的问题。例如,即使设计一款 MIPS 架构的单周期处理器,仍然需要考虑分支延迟槽的问题,才能正确运行各种 MIPS 程序。针对延迟分支技术,GCC 编译器提供了一个 -fno-delayed-branch 的编译选项,用于指示编译器往分支延迟槽中强制填充 nop 指令。通过该选项编译出来的 MIPS 程序,即使在没有采用延迟分支技术的非标准 MIPS 处理器中也能正确执行,因为分支延迟槽中放置的是 nop 指令,是否执行它并不影响程序的正确性;但对于标准的 MIPS 处理器,这样的程序就完全没有发挥出延迟分支技术的优势,其效果等价于前文介绍的插入空操作指令的消极方法。

鉴于上述缺点,RISC-V 在设计分支指令的时候决定不采用延迟分支技术。

2. 异常或中断引起的控制冒险

除了上述介绍的由于分支指令引起的控制冒险外,还有异常或中断引起的控制冒险。

异常和中断的出现会改变程序的执行流程,使得流水线执行发生阻塞。与分支冒险一样,当某条指令执行过程中发现异常或中断时,可能它后面的多条指令已经被取到流水线中正在执行。例如,ALU 运算类指令发现"溢出"时,已经执行到 Ex 阶段,此时,它后面已有两条指令进入了流水线。

通过在数据通路的不同流水段中加入相应的检测逻辑可检测出哪条指令发生了异常。例如,"溢出"可在 Ex 段检出;"无效指令"可在 ID 段检出;"除数为 0"可在 ID 段检出;"无效指令地址"可在 IF 段检出;"无效数据地址"可在 load/store 指令的 Ex 段或 Mem 段检出。检测出异常的那个流水段正在执行的指令,就是发生异常的指令。

外部中断的检测可以放在第一个流水段 IF 或最后一个流水段 Wr 中进行。若放在 IF 中检测,因为可在取指令前进行,若发现有中断请求发生,则能确保在该时钟周期就开始执行中断服务程序,并让已经在流水线中的指令继续执行完,不需要进行指令冲刷;若放在Wr 阶段进行,则需要将刚执行完的指令后面几条指令从流水线中清除掉。

对于图 6.5 所示的 5 段流水线处理器,任何一个时钟周期中都有 5 条活动的指令,因而很可能在一个时钟周期内同时有多条指令发生异常或中断,不同流水段发生不同类型的异常。例如,在 Ex 阶段 add 指令发生"溢出"的同时,ID 阶段的指令发生了"无效指令",Mem阶段的 lw 指令发生了"缺页",并且又发生了外设 I/O 中断请求。上述这种情况下,显然应该先响应和处理 lw 指令的"缺页"异常。对于这种同时发生多个异常和中断的情况,最关键的问题是要确定哪条指令的异常应最先被响应和处理。显然,排在前面的指令发生的异常响应优先级高,因此,优先级确定原则是,在同一个时钟周期内的指令序列中,排在最前面的指令所产生的异常最先被响应,外部中断请求最后响应。即对同时在 5 个指令流水段中发生的异常进行排序时,其顺序为 Wr>Mem>Ex>ID>IF。

处理器硬件对异常和中断引起的冒险的处理大致做法如下:当检测到有异常或中断后,首先清除发生异常的指令以及其后在流水线中的所有指令,然后保存断点,并将异常处理程序的首地址送 PC 的输入端。指令清除的方式和上述分支预测错误时指令清除方式类似,通常是通过相应的冲刷(flush)控制信号将指令或指令的控制信号清零(主要保证写信号 RegWr 和 MemWr 清零)来实现。

许多处理器都能提供一种精确的异常和中断方式。所谓精确的异常和中断,是指处理器能够确定异常和中断发生的精确位置,即处理器响应异常和中断时,所保存的断点是精确的返回地址。

因为以流水线方式执行指令时,异常可能发生在不同的阶段,因而会产生一些潜在的危险。例如,在图 6.5 所示的 5 段流水线处理器中,假定正在执行指令序列为"lw-add-ori-…",而且 lw 指令在 Mem 段发生"缺页",add 指令在 Ex 段发生"溢出",ori 指令在 IF 段发生"指令地址越界"。这种情况下,按正确的处理顺序,应该先处理 lw 指令的异常。但是,因为 ori指令处于 IF 段时,lw 才处于 Ex 段,add 才处于 ID 段,因此,此时 ori 前面的两条指令都还没有发生异常。如果马上就处理 ori 指令的异常,则 add 指令和 lw 指令的异常就会被忽略,从而导致程序被错误执行。因此,通常的做法是,每个时钟周期内,在多个流水段发生的异常的原因和断点只是被记录到特定的寄存器中,并将发生异常的标记同时记录到流水段寄存器,发生异常的指令继续在流水线中执行,直到执行到最后一个阶段,由最后阶段内的硬件检测本指令是否发生过异常或此时是否有外部中断发生,若有,则清除流水线中后面所有阶段正在执行的指令,然后转到相应的异常处理程序执行。

及时检测到"异常"并处理是非常重要的,否则将会发生错误。例如,在执行指令"lw$1,0($1)"时,若没有及时捕获到"缺页"或没有及时冲刷 RegWr 等控制信号,则可能会使 \$1 改变其值,再重新执行该指令时,所读的内存单元地址可能被改变而发生严重错误。

至此已经讨论了单周期、多周期和流水线 3 种处理器实现方式,指令在这 3 种处理器上采用不同的执行方式,得到不同的执行效率。从下面的例子中可以看出,虽然单周期和理想流水线两种方式下的 CPI 都是 1,但时钟周期的宽度相差很大,因而,同样的程序所花时间相差很大。

例 6.4 假设数据通路中各主要功能单元的操作时间为:存储器为 400ps;ALU 和加法器为 200ps;寄存器堆读口或写口为 100ps。假设 MUX、控制单元、PC、扩展器和传输线路等的延迟忽略不计,程序中指令的组成比例为:取数指令占 25%;存数指令占 10%;ALU 运算类指令占 52%;分支指令占 11%;跳转指令占 2%。则下面的实现方式中哪个更快? 快多少?

(1) 单周期方式(见图 5.16),每条指令在一个固定长度的时钟周期内完成。

(2) 多周期方式(见图 5.25),每类指令时钟数为:取数—5,存数—4,ALU—4,分支—3,跳转—3。

(3) 流水线方式(见图 6.5),每条指令分取指令、取数/译码、执行、存储器访问和写回 5 个阶段。假定没有结构冒险;数据冒险采用"转发"技术处理;分支延迟损失时间片为 1,预测准确率为 75%;不考虑异常、中断和访问缺失引起的流水线阻塞。

解:CPU 执行时间=指令条数×CPI×时钟周期,对于同一个程序,3 种方式的指令条数都一样,因此只要比较 CPI 和时钟周期即可。

根据已知条件,得到各类指令实际需要的执行时间如下。

取数指令:取指 400ps+寄存器读 100ps+ALU 运算 200ps+取数 400ps+寄存器写 100ps=1.2ns。

存数指令:取指 400ps+寄存器读 100ps+ALU 运算 200ps+存数 400ps=1.1ns。

ALU 指令:取指 400ps+寄存器读 100ps+ALU 运算 200ps+寄存器写 100ps =800ps。

分支指令:取指 400ps+寄存器读 100ps+ALU 运算 200ps=700ps。

跳转指令:取指 400ps。

(1) 单周期方式下,时钟周期由最长的取数指令确定,为 1.2ns。因此,N 条指令的执行时间为 $1.2N$ ns。

(2) 多周期方式下,以功能部件最长所需时间作为时钟周期,因为存储器访问操作时间最长,为 400ps,所以,时钟周期为 400ps。根据各类指令的频度,计算出平均时钟周期数为

$$5×25\%+4×10\%+4×52\%+3×11\%+3×2\%=4.12$$

所以,N 条指令的执行时间为 $4.12×400ps×N=1.648N$ ns。

(3) 流水线方式下,流水线的时钟周期取功能部件最长所需时间为 400ps。每类指令所需的时钟数如下。

取数指令:当发生 load-use 冒险时,执行时间为 2 个时钟周期,否则为 1 个时钟周期,故平均执行时间为 1.5 个时钟周期。

存数指令、ALU 指令:因为采用了"转发"机制,所以流水线不会被阻塞,故只需 1 个时钟周期。

分支指令:分支延迟损失时间片为 1,因而预测错误时阻塞 1 个时钟周期。这样,预测成功时需 1 个时钟周期,预测错误时需 2 个时钟周期。平均约为 $0.75×1+0.25×2=1.25$ 个时钟周期。

跳转指令:需等到译码阶段结束才能得到转移地址,故需 2 个时钟周期。

因此,平均 CPI 为 $1.5×25\%+1×10\%+1×52\%+1.25×11\%+2×2\%=1.17$。

所以,N 条指令的执行时间为 $1.17×400ps×N=0.468N$ ns。

综上所述,流水线方式的执行速度最快,与单周期相比,约为 1.2ns/0.468ns=2.56 倍; 与多周期相比,约为 1.648ns/0.468ns=3.52 倍,都要快一倍以上。

从上例可以看出,单周期比多周期快,而流水线是单周期的两倍多,这主要是因为访存操作消耗了特别长的时间,使得时钟周期较大,访存过程是多周期和流水线方式共同的瓶颈。若将访存分解为两个时钟周期,可以使时钟周期降为 200ps,这对多周期和流水线两种方式都会带来性能上的改进。

6.4 节介绍的超流水线技术就采用了将流水段更细、更均匀地划分的思想。

6.4　高级流水线技术

高级流水线技术充分利用指令级并行(instruction level parallelism,ILP)来提高流水线的性能。有两种增加指令级并行的策略。

一种是超流水线(super-pipelining)技术,通过增加流水线级数来使更多的指令同时在流水线中重叠执行。超流水线并没有改变 CPI 的值,CPI 还是 1,但是,因为理想情况下流水线的加速比与流水段的数目成正比,所以,流水段越多,时钟周期越短,指令吞吐率越高。因此,超流水线的性能比普通流水线好。但是,流水线级数越多,用于流水段寄存器的开销就越大,因而流水线级数是有限制的,不可能无限增加。

另一种是多发射流水线(multiple issue pipelining)技术,通过同时启动多条指令(如整数运算、浮点运算、存储器访问等)独立运行来提高指令并行性。要实现多发射流水线,其前提是数据通路中有多个执行部件,如定点、浮点、乘/除、取数/存数部件等。多发射流水线的 CPI 能达到小于 1,因此,有时用 CPI 的倒数 IPC 来衡量其性能。IPC(instructions per cycle)是指每个时钟周期内完成的指令条数。例如,四路多发射流水线的理想 IPC 为 4。

实现多发射流水线必须完成两个任务:指令打包和冒险处理。指令打包任务就是将能够并行处理的多条指令同时发送到发射槽中,因此处理器必须知道每个周期能发射几条指令,哪些指令可以同时发射。这通过推测(speculation)技术来完成,可以由编译器或处理器通过猜测指令执行结果来调整指令执行顺序,使指令的执行能达到最大可能的并行。指令打包的决策依赖于"推测"的结果,主要根据指令间的相关性来进行推测,与前面指令不相关的指令可以提前执行。例如,如果可以推测出一条 load 指令和它之前的 store 指令引用的不是同一个存储地址,则可以将 load 指令提前到 store 指令之前执行;也可对分支指令进行推测以提前执行分支目标处的指令。不过,推测仅是"猜测",有可能推测错误,故需有推测错误检测和回退机制,在检测到推测错误时,能回退掉被错误执行的指令。因此,错误推测会导致额外开销。需要结合软件推测和硬件推测来进行,软件推测指编译器通过推测来静态重排指令,此种推测一定要正确;而硬件推测指处理器在程序执行过程中通过推测来动态调度指令。

根据推测打包任务主要由编译器静态完成还是由处理器动态执行,可将多发射技术分为两类:静态多发射和动态多发射。

*6.4.1　静态多发射处理器

静态多发射处理器主要通过编译器静态推测来辅助完成"指令打包"和"冒险处理"。指令打包的结果可看成将同时发射的多条指令合并到一个长指令中。通常将一个周期内发射的多个指令看成一条多个操作的长指令,称为一个发射包。静态多发射指令最初被称为超长指令字(very long instruction word,VLIW),采用这种技术的处理器被称为 VLIW 处理器。Intel 公司的 IA-64 架构采用这种方法,并称其为 EPIC(explicitly parallel instruction computer,显式并行指令计算机)。

因为数据通路中功能部件及其个数是确定的,所以,同一时钟周期内发射的指令类型和指令个数是受限的。例如,如果 ALU 运算部件和存储访问部件独立设置,并只各提供一套,则只能同时发射一条 ALU 指令/分支指令和一条 load/store 指令。

静态多发射处理器的冒险处理主要是数据冒险和控制冒险。处理冒险的方式可有两种:一种是完全由编译器通过代码调度和插入 nop 指令来静态地消除所有冒险,无须硬件实现冒险检测和流水线阻塞;另一种是由编译器通过静态分支预测和代码调度来消除打包指令的内部依赖,由硬件检测数据冒险并进行流水线阻塞。

为了使读者对静态多发射处理器有一定的感性认识,以下以一个简单的 2-发射 MIPS 处理器为例来分析静态多发射处理器的基本实现,然后简要介绍 Intel 公司的 IA-64 的结构特点。

1. 2-发射 MIPS 处理器

要使原来的 MIPS 处理器能够同时处理两条流水线,数据通路必须进行相应的改进。

(1) 因为需要同时读取并译码两条指令,因而,可将两条指令打包成 64 位长指令,前面为 ALU/beq 指令,后面为 load/store 指令,没有配对指令时,就用 nop 指令代替,将 64 位长指令中的两个操作码同时送到控制器(指令译码器)进行译码。

(2) 因为两条指令可能同时读两个寄存器(和 store 配对时)或同时写两个寄存器(和 load 配对时),所以需要增加一个寄存器读口和一个写口。

(3) 因为在上一条 ALU/beq 指令进行 ALU 运算时,本条 load/store 指令要计算地址,所以需要增加一个加法器或 ALU 运算部件(包括两组输入总线和一组输出总线)。

(4) 流水段寄存器要增宽,因为两条指令的数据信息和控制信号在流水段寄存器中被分别传送。

2-发射处理器的潜在性能将提高大约两倍,但由于各种原因,实际上达不到。静态多发射处理器的缺点是,为消除结构冒险需增加额外部件。此外,由于多条流水线同时发射执行,使得一旦发生数据冒险或控制冒险便会有更多的指令被阻塞在流水线中,因而增加了潜在的性能损失。例如,对于 load-use 数据冒险,在单发射流水线下,只有一条指令被延迟执行,而在 2-发射流水线下,因为一个时钟周期有两条指令在执行,所以,有两条指令被延迟执行;又如,对于 ALU-load/store 数据冒险(一条 ALU 指令后跟一条 load 或 store 指令),在单发射流水线下,可用"转发"技术使 ALU 结果直接转发到 load/store 指令的 Ex 阶段,但在 2-发射流水线下,因为两条指令同时进行,所以,ALU 的结果不能直接转发,只能延迟一个时钟周期再执行 load/store 指令。为了更有效地利用多发射处理器的并行性,必须有更强大的编译器,能够充分消除指令间的依赖关系,使指令序列达到最大的并行性。

以下用一个例子来说明编译器如何进行静态指令调度。假设有一个程序段用来实现对一个数组中的所有元素依次进行加 1 操作,该程序段在 MIPS 机器上对应的机器代码段如下:

```
loop:  lw     $t0, 0($s1)      #从存储单元取数,送$t0
       addiu  $t0, $t0, 1      #$t0 增量
```

```
sw     $t0, 0($s1)          #$t0 送回存储单元
addi   $s1, $s1, -4         #存储单元地址减 4
bne    $s1, $zero, loop     #若存储单元地址不为 0,则继续循环
```

由于受 2-发射 MIPS 流水线处理器结构的限制,指令被分成两类。一类是 ALU/分支指令;另一类是 lw/sw 指令。为了能在 2-发射 MIPS 流水线中有效执行上述程序,需重新排列指令序列。前 3 条指令之间和后 2 条指令之间各有相关性,因此,可把第 4 条指令调到第 1 条后面,但因为 $s1 先被减 4,故 sw 指令的偏移应改为 4。调度后得到的 2-发射流水线指令序列如图 6.25 所示。

	ALU/分支指令	load/store 指令	时钟周期
loop:	nop	lw $t0, 0($s1)	1
	addi $s1, $s1, −4	nop	2
	addiu $t0, $t0, 1	nop	3
	bne $s1, $zero, loop	sw $t0, 4($s1)	4

图 6.25　2-发射 MIPS 流水线的指令代码调度例子

上述调度结果是循环体内 5 条指令在 4 个时钟周期内完成,因此,实际 CPI 为 0.8,即 IPC=1.25。这个结果与理想情况相比,相差很大。对于在循环结构中的代码,更好的调度技术是"循环展开"。

循环展开的基本思想是,将循环体展开生成多个副本,在展开的指令中统筹调度。例如,对于上例,若循环执行次数是 4 的倍数,则可循环展开 4 次,其最佳调度序列如图 6.26 所示。

	ALU/分支指令	load/store 指令	时钟周期
loop:	addi $s1, $s1, −16	lw $t0, 0($s1)	1
	nop	lw $t1, 12($s1)	2
	addiu $t0, $t0, 1	lw $t2, 8($s1)	3
	addiu $t1, $t1, 1	lw $t3, 4($s1)	4
	addiu $t2, $t1, 1	sw $t0, 16($s1)	5
	addiu $t3, $t3, 1	sw $t1, 12($s1)	6
	nop	sw $t2, 8($s1)	7
	bne $s1, $zero, loop	sw $t3, 4($s1)	8

图 6.26　2-发射 MIPS 流水线的指令代码循环展开调度例子

循环展开 4 次后,每次循环体内对 4 个数组元素进行操作,数组首地址在 $s1 中。因为 addi 指令先将 $s1 减 16。因此,如图 6.27 所示,循环体内被操作的 4 个数组元素的地址分别是($s1)+16、($s1)+12、($s1)+8、($s1)+4。因为第 1 个时钟周期的 lw 指令进行地址计算时,addi 指令的执行结果还没写到 $s1 中,此时 $s1 还是原来的值,因此该 lw

指令的地址偏移是 0 而不是 16。

循环展开 4 次后,循环内与数组元素的访问和操作相关的指令(lw、addiu、sw)各有 4 条,再加上 1 条 addi 和 1 条 bne,共 14 条指令,用了 8 个时钟,CPI 达到 8/14＝0.57,比未进行循环展开好。

在循环展开过程中,用到了"重命名寄存器"技术,多用了 3 个临时寄存器 \$t1、\$t2、\$t3 来消除名字依赖关系。因为名字依赖是一种非真实依赖,只是寄存器名相同而已,实际上并不是同一个寄存器,因此可以用另一个寄存器名替换。

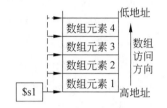

图 6.27 循环展开后的数组元素

在循环展开时,需要注意尽量不能引起新的数据冒险。例如,第 1 条 addiu 指令不能放在第 2 时钟周期,否则会引起 load-use 数据冒险。

从上述例子可以看出,循环展开确实能提高程序执行效率,但是,这也是有代价的。本例的代价是多用了 3 个临时寄存器,并增加了程序的代码长度,因为循环体变长使存储空间变大了。

当然,如果上述例子中循环次数不是 4 的倍数,那么就会有问题。这种情况下,除了调整循环次数外,还要对多出来的不足 4 次的循环另外进行处理。

2. Intel IA-64 的结构特点

20 多年来,Intel IA-32 体系结构一直是市场上最流行的通用处理器架构。1985 年推出的 Intel 80386 处理器是 IA-32 家族中的第一款产品,它是典型的 CISC 风格指令集体系结构,而随后的 IA-32 处理器都与它保持向后兼容,因此,从整体上来看,IA-32 仍是基于 CISC 架构的体系结构。但从 1993 年推出的奔腾(Pentium)处理器开始,RISC 设计思想逐渐被引入,Intel 公司最终将 Pentium 4 处理器设计成了被称为"CISC 壳、RISC 核"架构的处理器,CISC 指令在执行时被转换成一条或多条类似 RISC 指令的微操作。有关 Pentium 4 的具体内容详见 6.4.3 节。

随着计算机技术及应用领域的不断发展,32 位处理器逐步开始向 64 位处理器过渡。Intel 公司最早推出的 64 位架构是基于超长指令字技术的安腾(Itanium)和安腾 2(Itanium 2)处理器,分别在 2000 年和 2002 年问世,它们是 IA-64 体系结构最早的具体实现。安腾体系结构完全脱离了 IA-32 CISC 架构的束缚,采用全新的 EPIC 技术。

IA-64 体系结构采用类似 64 位 MIPS 架构的 RR 型 RISC 风格指令集,但与 MIPS 64 体系结构有一些差别,它主要有以下几方面的特点。

(1) 具有比 MIPS 64 更多的寄存器,包含 128 个整数、128 个浮点数、8 个专用分支、64 个 1 位谓词寄存器。支持寄存器窗口重叠技术,提供一组窗口寄存器,在执行过程调用和返回时,利用窗口寄存器来完成参数传递。

(2) 要求编译器显式地给出指令级的并行性,并行执行信息被明显标记在代码中。指令组是指相互间没有寄存器级数据依赖的指令序列,用"停止标记"在指令组之间明显标识,指令组内部的所有指令可并行执行,只要有足够硬件且无内存操作依赖。

(3) 程序执行时将同时发射的指令重新编码并组织在一个指令包(bundle)中,每个指令包的长度为 128 位,由 5 位长的模板字段和 3 个 41 位长的指令组成。

(4) 引入特殊的谓词化技术,以支持推测执行和消除分支,提高指令级并行度。"谓词"

是指分支指令中的条件,每个谓词与一个谓词寄存器相关联。指令最后 6 位是一个标识谓词寄存器的编号,因此,每条指令用该编号与一个谓词寄存器关联,以反映条件是否满足。这类似于 ARM 架构中的条件字段。

IA-64 体系结构试图完全脱离 IA-32 CISC 架构的束缚,最大限度地提高软件和硬件之间的协同性,力求将处理器的处理能力和编译程序的功能结合起来,在指令中将并行执行信息以明显的方式告诉硬件。但是,这种思路被证明是不易实现的,而且,因为采用了全新的指令集,虽然可以在兼容模式中执行 IA-32 代码,但是性能不太好,因而安腾并没有在市场上获得预想的成功。

AMD 公司利用 Intel 公司在 IA-64 架构上的失败,抢先在 2003 年推出了兼容 IA-32 的 64 位版本指令集 x86-64,它在保留 IA-32 指令集的基础上,增加了新的数据格式及其操作指令,寄存器长度扩展为 64 位,并将通用寄存器个数从 8 个扩展到 16 个。通过 x86-64,AMD 公司获得了以前属于 Intel 公司的一些高端市场。AMD 公司后来将 x86-64 更名为 AMD64。

Intel 公司发现用 IA-64 直接替换 IA-32 行不通,于是,在 2004 年推出了 IA32-EM64T (extended memory 64 technology,64 位内存扩展技术),它支持 x86-64 指令集。Intel 公司为了表示 EM64T 的 64 位模式特点,又使其与 IA-64 有所区别,2006 年开始把 EM64T 改名为 Intel 64。因此,Intel 64 是与 IA-64 完全不同的体系结构,它与 IA-32 和 AMD64 兼容。

以上简要介绍了静态多发射流水线技术,可以看出,计算机的体系结构和编译器的关系非常紧密,编译器的好坏直接影响程序的性能。实现编译器的程序员必须对机器结构非常了解,才能开发出质量优良的编译器。

*6.4.2 动态多发射处理器

动态多发射流水线处理器在指令执行时由处理器硬件动态进行流水线调度来完成指令打包和冒险处理,能在一个时钟周期内执行一条以上指令。

在动态多发射处理器上要达到较好的性能,也需要由编译器进行静态调度,以尽量消除依赖关系,使其达到较高的发射速率。但这种静态调度和静态多发射处理器的静态调度有些不同。对于静态多发射处理器的静态调度来说,编译结果与机器结构密切相关;而对于动态调度来说,由于完全由硬件决定某个时钟周期发射哪几条指令,因而编译器仅进行指令顺序调整,而不需要根据机器结构进行指令打包。

动态多发射处理器也称为超标量(superscalar)处理器。在简单的超标量处理器中,指令按顺序发射,每个周期由处理器决定是发射一条还是多条指令。显然,在这种处理器上要达到较好的性能,很大程度上依赖于编译器。为了更好地发挥超标量处理器的性能,多数超标量处理器都结合动态流水线调度(dynamic pipeline scheduling)技术,处理器通过指令相关性检测和动态分支预测等手段,投机性地不按指令顺序执行,当发生流水线阻塞时,根据指令的依赖关系,动态地到后面找一些没有依赖关系的指令提前执行。这种指令执行方式称为乱序执行(out-of-order execution)。

例如,对于以下一段 MIPS 指令序列:

```
lw      $t0, 0($s1)
add     $t2, $t0, $t1
sub     $s2, $s2, $t3
addiu   $t4, $s2, 20
```

第 1 条和第 2 条指令存在 load-use 数据冒险,而且 lw 指令本身耗时较长,容易发生访问不命中引起的流水线阻塞,因此可以采用动态流水线调度方式,将 sub 指令调到第二条指令前面提前执行,不需等 lw 和 add 指令执行完。addiu 指令也可提前,但因为和 sub 指令有依赖关系,所以要保证它在 sub 指令后执行。

为了实现动态多发射和动态流水线调度,处理器中需要提供一些必要的机制和相应的处理部件,如指令预取部件、指令调度与分派部件、多个功能部件、重排序缓存等。图 6.28 是动态多发射流水线处理器的通用模型示意图。

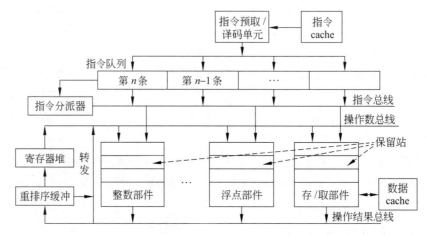

图 6.28 动态多发射流水线处理器的通用模型

如图 6.28 所示,动态多发射流水线处理器主要由以下几部分组成。

(1) 指令预取和译码单元。为了保证流水线中有足够的指令执行,必须要有指令预取功能。预取的指令经译码后,放到一个指令队列中。

(2) 指令分派(dispatch)器。通过分析指令功能和指令间的依赖关系,并根据功能部件的空闲情况,确定何时发射哪条指令到哪个功能单元中。

(3) 功能单元。超标量处理器中一定有多个功能单元,它们各自完成独立的操作,如整数部件(整数加减、整数乘、整数除)、浮点部件(浮点加减、浮点乘、浮点除)、存/取部件等。每个功能单元都具有一定的操作性能,通常用两个周期数来刻画。一个是执行周期数(latency),表示完成特定操作所花的时钟周期数;另一个是发射时间(issue time),表示连续、独立的两次操作之间的最短周期数。表 6.1 是 Pentium Ⅲ 的部分功能部件性能列表。从表 6.1 可看出,整数加减、整数乘、浮点加减、取数、存数这 5 种部件是流水化的,浮点数乘部件是部分流水化的,而整数除和浮点数除是完全没有流水化的。每个功能部件有各自的缓冲器,称为保留站,用于保存操作数和操作命令。

表 6.1　Pentium Ⅲ功能部件性能

操作类型	执行周期数	发射时间	操作类型	执行周期数	发射时间
整数加减法	1	1	浮点数乘法	5	2
整数乘法	4	1	浮点数除法	38	38
整数除法	36	36	取数(cache 命中)	3	1
浮点数加减法	3	1	存数(cache 命中)	3	1

(4) 重排序缓冲(reorder buffer,ROB)。用于保存已完成的指令结果,等待在可能时写回寄存器堆。功能部件一旦完成操作,则将结果同时送其他等待该结果的保留站和 ROB 中。指令结果也在 ROB 中被转发。当指令发射时,其源操作数可能是其他指令的运算结果,因而可能正在寄存器堆或 ROB 中,此时可立即将操作数复制到相应的保留站中;若操作数不在寄存器堆或 ROB 中,则一定会在某个时刻由一个功能单元计算出来,硬件通过定位该功能单元,将结果从旁路转发到相应的保留站。

动态多发射流水线的执行模式有 3 种:按序发射、按序完成;按序发射、无序完成;无序发射、无序完成。下面用一个例子来说明这 3 种执行模式的实现思想。

例 6.5　假定某个 2-发射超标量处理器的指令执行过程分为取指(IF)、译码(ID)、执行(Ex)、写回(WB)4 个阶段。其中,IF、ID 和 WB 阶段在一个时钟周期内完成,在这 3 个阶段可同时有两条指令执行。Ex 阶段有 3 个执行部件:①访存部件用于完成数据 cache 访问,需要 1 个时钟周期;②整数 ALU 用来完成 ALU 操作,需两个时钟周期;③整数乘法器用来完成乘法运算,需 3 个时钟周期。整数 ALU 和乘法器均采用流水化方式执行。假定有一个如图 6.29 所示的指令序列在该处理器上执行,试说明按

```
i1  lw   $1, A
i2  add  $2, $2, $1
i3  add  $3, $3, $4
i4  mul  $4, $5, $4
i5  lw   $6, B
i6  mul  $6, $6, $7
```

图 6.29　一个 MIPS 指令序列

3 种模式(按序发射、按序完成;按序发射、无序完成;无序发射、无序完成)执行指令的过程,并说明各需要多少个时钟周期。

解:显然,取指阶段总是按顺序进行,并且可以保证一次取两条指令。因此,下面给出的示意图中只考虑译码、执行和写回 3 个阶段的情况。根据题意可知,某个时钟周期内,处理器中最多有两条指令在取指、两条指令在译码、一条指令在访存、两条指令进行 ALU 操作、3 条指令执行乘法运算、两条指令进行写回操作,即最多可有 12 条指令正在被处理。但是这只是理想的情况,实际上指令序列中指令的排序不一定正好和功能部件一一对应,而且指令之间还存在相互关联,因此,很多情况下,并不是每个功能部件的每个流水段都能被充满。

对图 6.29 所示的指令序列进行分析后可知:指令 i1 和 i2 之间、i3 和 i4 之间、i5 和 i6 之间具有数据相关性,其中 i1 和 i2 之间是 $1 被写后再读,称为 RAW(read after write);i5 和 i6 之间的 $6 既是 RAW,又是写后写 WAW(write after write)。所以不管采用哪种模式,在这两处的两条指令都不能同时发射,并要按序完成。i3 和 i4 之间的 $4 是读后写 WAR(write after read),因此,必须保证在 i3 读 $4 之前,i4 不能写 $4。

图 6.30(a)~(c)分别给出了"按序发射、按序完成""按序发射、无序完成""无序发射、无

序完成"3 种指令执行模式下指令序列的执行过程(注:因为一共只有两条乘法指令,故图中乘法部件流水线未充满)。

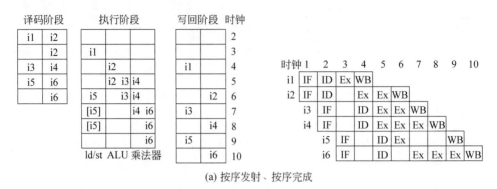

(a) 按序发射、按序完成

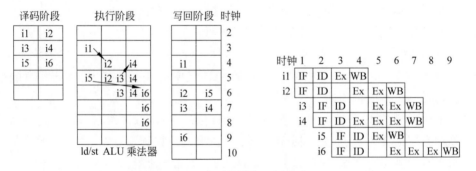

(b) 按序发射、无序完成

(c) 无序发射、无序完成

图 6.30　3 种执行模式下的指令序列执行过程

图 6.30(a)是"按序发射、按序完成"执行模式,从图中可看出,所有阶段都是按顺序进行的。因为在第 3 时钟内 i2 不能和 i1 同时发射,所以 i2 在译码阶段被阻塞一个周期。为了按序完成,虽然 i5 在时钟 6 已经完成,但一直要推迟到 i4 写回后的第 9 时钟才写回。完成上述 6 条指令共需 10 个时钟周期。

图 6.30(b)是"按序发射、无序完成"执行模式,从图中可看出,在执行阶段,指令的发射是按顺序进行的,而在写回阶段则是无序的。i5 在时钟 6 已经完成,它和 i3、i4 没有相关性,所以可先于 i4 写回。这种方式也需 10 个时钟周期完成指令,但访存部件在第 7 和第 8 时钟已空出来,可被其他指令使用。

图 6.30(c)是"无序发射、无序完成"执行模式,从图中可看出,在执行阶段,指令的发射是无序进行的。在无序发射的超标量处理器中,译码后的指令被存放在一个"指令窗口"缓冲中,等待发射。当所需功能部件可用,并且不会因为冲突或相关性阻碍指令的执行时,就从指令窗口发射,与取指和译码的顺序无关。在时钟周期 4,由于乘法器空闲,所以 i4 在 i3 之前先被发射。在写回阶段指令的完成也是无序的。实际上,只要保证 i1 和 i2 之间、i5 和 i6 之间的发射和完成是按序的即可。这种方式下,因为可以将无关指令提前发射到空闲部件执行,所以往往能加快程序的执行。此例中,最终只需 9 个时钟周期,比上述两种方式快一个时钟周期。

上述例子说明了处理器如何动态调度指令的过程。前面提到,如果编译器先进行静态调度,尽量消除依赖关系,可使流水线达到较高的动态发射速率。对于上述例子给出的指令序列,如果编译器先静态调度指令序列,使 i5 和 i6 调到最前面,并使 i1 和 i2 之间、i3 和 i4 之间隔开距离,那么在"无序发射、无序完成"执行模式下,可以使执行时间缩短为 8 个时钟周期,如图 6.31 所示。

时钟	1	2	3	4	5	6	7	8
i1: lw $6, B	IF	ID	Ex	WB				
i2: mul $6, $6, $7	IF	ID		Ex	Ex	Ex	WB	
i3: lw $1, A		IF	ID	Ex	WB			
i4: add $3, $3, $4		IF	ID	Ex	Ex	WB		
i5: add $2, $2, $1			IF	ID	Ex	Ex	WB	
i6: mul $4, $5, $4			IF	ID	Ex	Ex	Ex	WB

图 6.31 静态调度后的无序发射、无序完成

动态调度可在流水线发生阻塞时,动态地提前执行无关指令。前面说过,超标量处理器除了需要编译器进行静态指令调度外,还要依靠处理器进行动态调度。因为并不是所有阻塞都能事先由编译器确定。例如 cache 缺失是编译器无法事先预见的阻塞,只有在动态执行时,才能发现是否发生了 cache 缺失;此外,动态分支预测也需要根据执行的真实情况进行预测。

采用动态调度可使硬件将处理器细节屏蔽起来,不同处理器的发射宽度、流水线延时等可能不同,流水线的结构也会影响循环展开的深度。通过动态调度使得处理器细节屏蔽起来,软件发行商无须针对同一指令集的不同处理器发行相应的编译器,并且以前的代码也可在新的处理器上运行,无须重新编译。

*6.4.3 Pentium 4 处理器的流水线结构

Pentium 4 是一种"CISC 壳、RISC 核"的体系结构。它利用"踪迹高速缓存"(trace cache,TC)来实现指令 cache。在 TC 中存放指令解码后的微操作(μop),每个 μop 相当于一条 RISC 指令。Pentium 4 处理器对 μop 的执行采用了 20 级超流水线技术,使流水线执行效率得到很大提高,但更多的流水线级数使得分支转移预测错误时带来更大的性能损失,因而,Pentium 4 采用了静态和动态两级分支预测,大大提高了预测正确率。图 6.32 是 Pentium 4 处理器的逻辑结构示意图。

Pentium 4 处理器主要包含两部分:处理器核心结构和 L2 cache。这两部分集成在同

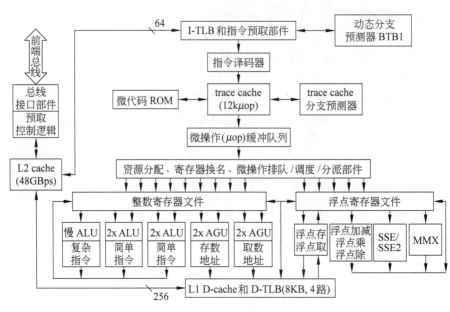

图 6.32　Pentium 4 处理器的逻辑结构

一个半导体基片上,并都以主频速度运行。总线接口部件和预取控制逻辑用来实现 L2 cache 通过前端总线与处理器片外进行信息交换。L2 cache 中包含了从主存取来的数据以及指令,采用每行 128 字节的 8 路组相联结构,在处理器内部分别和 L1 数据 cache 以及指令预取部件交换数据和指令。

处理器核心部分主要包括指令预取部件、指令译码器、trace cache、微代码 ROM、动态分支预测器 BTB1 和 BTB2、微操作缓冲队列、资源分配、寄存器换名、微操作排队/调度/分派部件、L1 数据 cache、两个 TLB、整数与浮点寄存器文件,以及 9 个功能执行部件。

指令预取部件负责从主存或 L2 cache 取出指令送指令译码器;指令译码器负责将简单指令翻译成一个或多个被称为微操作(μop)的 RISC 指令。转换得到的 μop 被送到 TC 中。对于复杂指令,由于对应的微操作太多,通过硬件转换比较困难,所以直接送 TC,由 TC 从微代码 ROM 中直接取对应的 μop 序列。

当 μop 送到 TC 后,处理器就按"无序发射、无序完成"的 20 级超标量超流水线方式执行,如图 6.33 所示。

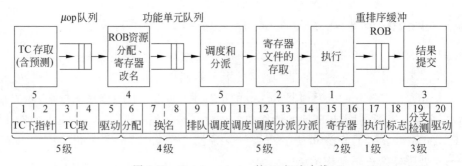

图 6.33　Pentium 4 μop 的 20 级流水线

Pentium 4 的 20 级 μop 流水线分 6 大步骤,分别用 5、4、5、2、1 和 3 个时钟周期完成,共 20 个时钟周期。因为驱动段不完成任何操作,只是用于芯片内传输信号的驱动,使其保证长距离传输,所以,实际功能段只有 11 个,下面分别介绍这些功能段。

1) TC 下指针(TC next IP)

从 TC 取 μop 的操作使用的是 TC 自身的指针,该段主要用来计算下次从 TC 取 μop 时的指针。经过指令译码器,指令被转换为 μop 序列,源源不断地送到 TC 中。TC 中 μop 按一条条踪迹(trace)存放,分支 μop 对应的不同分支中一段连续 μop 序列构成一个踪迹。通常沿一个踪迹顺序取,遇到一个分支 μop 时,由动态预测器 BTB2 预测将沿哪条踪迹顺序取。如果被预测到的踪迹不在 TC 时,则通知指令预取器从 L2 中取指令并译码。

2) TC 取(TC fetch)

根据 TC 指针从 TC 中取出 μop,送到 μop 队列。在取 μop 时,若取到的是从译码器直接送来的未转换为 μop 的复杂指令,则需要到微代码 ROM 中取出该复杂指令对应的 μop 序列。通常,一条简单指令最多包含 4 个 μop,而复杂指令则包含 5 个或 5 个以上的 μop。微代码 ROM 实际上是一个微操作控制器。

3) 分配(allocate)

该段用来为 μop 的执行分配所需的资源,这些资源包括 ROB、物理寄存器或 load/store 缓冲器等,但不包括功能执行单元。ROB 用来记录 μop 的执行状态,共有 126 项,所以最多可以有 126 个 μop 同时在流水线中。一个时钟周期内分配器可同时为 3 个 μop 分配资源,只要有一个 μop 所需资源不能满足,则分配器延迟操作,直到 3 个 μop 都满足为止。

4) 换名(renaming)

在 Pentium 4 内部,整数和浮点数各有 128 个物理寄存器,寄存器换名操作将用户可见的外部逻辑寄存器换成内部的物理寄存器,换名时,要确定是真实依赖还是名字依赖。名字依赖时,可用不同的物理寄存器替换相同的逻辑寄存器。

5) μop 排队(queuing)

有两个队列,一个是存/取队列,用于存储器操作;另一个是整数/浮点数队列,用于除存储器操作以外的其他所有操作。根据资源分配情况进行寄存器换名后,按 FIFO 的次序分别送这两个队列保存,直到被调度出去。因此,队列内部是有序的,但队列之间的 μop 没有顺序关系。

6) μop 调度(scheduling)

有 4 个调度器,其中一个存储器操作调度器用于对存/取队列中的 μop 进行调度,其他 3 个都是为整数/浮点数队列中的 μop 进行调度。调度器必须检测 μop 流的数据相关性,以确定 μop 的先后次序。

7) 分派(dispatching)

根据调度结果,将那些没有数据相关性或有相关性但所有源操作数都已就绪的 μop 分派出去,这里的分派是指开始启动读浮点/整数寄存器文件中的内容。源操作数就绪是指对应 ROB 中的状态表明结果已经在寄存器文件中。

8) 寄存器文件(register file)

被分派的 μop 在该阶段读取物理寄存器中的源操作数。若源操作数是存储器数据,则要从寄存器文件中的旁路网络由 L1-D cache 读取。

9) 执行(execute)

将所读出的源操作数送到相应的功能部件执行。每个功能部件也采用流水线方式,因而所需时钟周期数不同。一共有 9 个功能部件,可同时工作。其中有两个高速整数 ALU(每个时钟周期进行两次操作),用于完成简单的整数运算(如加/减法);一个慢速整数 ALU(需要多个时钟周期才能完成一次操作),用于完成整数乘、除运算;两个地址生成部件(AGU),用于计算操作数的有效地址,所生成的地址分别用于从内存取操作数或向内存保存操作结果;一个运算部件用于完成浮点操作数地址的计算;一个运算部件用于完成浮点加减、乘法和除法运算;一个运算部件用于执行流式 SIMD 处理(SSE/SSE2/SSE3 指令);一个运算部件用于完成多媒体信号处理(MMX 指令)。注意,在功能部件中执行的是微操作,而不是指令。

10) 标志(flags)

该段用于建立标志信息(如 ZF、CF 等),并将执行结果写入物理寄存器。

11) 分支检测(branch check)

用于对 BTB2 中的分支预测进行实际确认,并根据确认结果修改 BTB2 中该项的历史位。若预测不正确,则还要清洗(冲刷)被错误执行的 μop 序列及其执行结果。

6.5　本 章 小 结

指令流水线的基本思想是,将每条指令的执行规整化为若干同样的流水阶段,每个流水阶段的执行时间以最慢的流水段所需时间为准,等于一个时钟周期。流水线段之间需要加流水段寄存器,用以记录所有流到后面阶段要用的信息。因为不同指令的功能不同,因此并不是每条指令都能划分成相同多个阶段。按最复杂指令所需规划流水段后,有些指令的某些流水段执行的可能是空操作。不同流水阶段的功能也可能不同,并不是每个流水段所花的时间都一样长,按最长时间流水段设置时钟周期后,某些流水段中可能会有时间浪费。随着流水线深度的增加,流水段寄存器的额外开销比例也增大。指令在资源冲突、数据相关或控制相关时会发生流水线阻塞,因而影响指令执行效率。

指令级并行技术通常有超流水线、多发射流水线和动态流水线调度等措施。超流水线指将指令执行过程划分得更细,采用更多级数的流水线,着重在于时间上并行。多发射流水线(超标量处理器)同时发射多条指令,并由多个功能部件并行执行,着重在于空间上并行。动态多发射指由处理器硬件在指令执行时动态确定哪些指令被同时发射,如果没有可以被同时发射的指令或遇到指令相关时,则某些流水段空闲。超标量处理器多指采用动态多发射流水线的处理器,并且通常会结合采用动态流水线调度技术。采用动态流水线调度的处理器通过指令相关性检测和动态分支预测等手段,投机性地不按指令顺序执行。当发生流水线阻塞时,根据指令的依赖关系,动态地到后面找一些没有依赖关系的指令提前执行。在动态流水线调度下,指令可以乱序执行。

1.给出以下概念的解释说明。

指令流水线	流水线深度	指令吞吐量	流水段寄存器
流水线冒险	结构冒险	数据冒险	流水线阻塞
气泡	空操作	转发(旁路)	控制冒险
分支预测	静态预测	动态预测	分支延迟损失时间片
分支延迟槽	指令级并行(ILP)	超流水线	静态多发射
动态多发射	超长指令字(VLIW)	超标量流水线	动态流水线调度
按序发射	无序发射	重排序缓冲(ROB)	乱序执行
按序完成	无序完成	写后读(RAW)相关	写后写(WAW)相关

2.简单回答下列问题。

(1) 流水线方式下,一条指令的执行时间缩短了吗? 程序的执行时间缩短了吗?

(2) 具有什么特征的指令集易于实现指令流水线?

(3) 流水线处理器中时钟周期如何确定? 单发射流水线处理器的 CPI 为多少? 每个时钟周期一定有一条指令完成吗? 为什么?

(4) 流水线处理器的控制器实现方式更类似于单周期控制器还是多周期控制器? 为什么?

(5) 为什么要在各流水段之间加寄存器? 各流水段寄存器的宽度是否都一样? 为什么?

(6) 你能列出哪几种流水线被阻塞的情况?

(7) 超流水线和多发射流水线的主要区别是什么?

(8) 静态多发射流水线和动态多发射流水线的主要区别是什么?

(9) 为什么说 Pentium 4 是"CISC 壳、RISC 核"结构?

3. 假定在一个 5 级流水线(如图 6.5 所示)处理器中,各主要功能单元的操作时间为:存储单元—200ps;ALU 和加法器—150ps;寄存器堆读口或写口—50ps。请问:

(1) 若执行阶段 Ex 所用的 ALU 操作时间缩短 20%,则能否加快流水线执行速度? 如果能,能加快多少? 如果不能,为什么?

(2) 若 ALU 操作时间增加 20%,则对流水线的性能有何影响?

(3) 若 ALU 操作时间增加 40%,则对流水线的性能又有何影响?

4. 假定某计算机工程师想设计一个新的 CPU,一个典型程序的核心模块有一百万条指令,每条指令执行时间为 100ps。请问:

(1) 在非流水线处理器上执行该程序需要花多长时间?

(2) 若新 CPU 采用 20 级流水线,执行上述同样的程序,理想情况下,它比非流水线处理器快多少?

(3) 实际流水线并不是理想的,流水段之间的数据传送会有额外开销。这些开销是否会影响指令执行时间和指令吞吐率?

5. 假定最复杂的一条指令所用的组合逻辑分成 6 部分,依次为 A~F,其延迟分别为 80ps、30ps、60ps、50ps、70ps、10ps。在这些组合逻辑块之间插入必要的流水段寄存器就可实现相应的指令流水线,寄存器延迟为 20ps。理想情况下,以下各种方式所得到的时钟周期、指令吞吐率和指令执行时间各是多少? 应该在哪里插入流水段寄存器?

(1) 插入 1 个流水段寄存器,得到一个两级流水线。

(2) 插入 2 个流水段寄存器,得到一个三级流水线。

(3) 插入 3 个流水段寄存器,得到一个四级流水线。

(4) 吞吐量最大的流水线。

6. 以下指令序列中,哪些指令对之间发生数据相关?假定采用"取指、译码/取数、执行、访存、写回"5 段流水线方式,如果不用"转发"技术,需要在发生数据相关的指令前加入几条 nop 指令才能使这段程序避免数据冒险?如果采用"转发"是否可以完全解决数据冒险?不行的话,需要在发生数据相关的指令前加入几条 nop 指令才能使这段 MIPS 程序不发生数据冒险?

```
addu    $s3, $s1, $s0
addu    $t2, $s3, $s3
lw      $t1, 0($t2)
add     $t3, $t1, $t2
```

7. 假定以下 MIPS 指令序列在图 6.18 所示的流水线数据通路中执行:

```
addu    $s3, $s1, $s0
subu    $t2, $s3, $s3
lw      $t1, 0($t2)
add     $t3, $t1, $t2
add     $t1, $s4, $s5
```

请问:

(1) 上述指令序列中,哪些指令的哪个寄存器需要转发?转发到何处?

(2) 上述指令序列中,是否存在 load-use 数据冒险?

(3) 第 5 周期结束时,各指令执行状态是什么?哪些寄存器的数据正被读出?哪些寄存器将被写入?

8. 假定有一个程序的指令序列为"lw,add,lw,add,…"。add 指令仅依赖它前面的 lw 指令,而 lw 指令也仅依赖它前面的 add 指令,寄存器写口和寄存器读口分别在一个时钟周期的前、后半个周期内独立工作。请问:

(1) 在带转发的 5 段流水线中执行该程序,其 CPI 为多少?

(2) 在不带转发的 5 段流水线中执行该程序,其 CPI 为多少?

9. 在一个带转发的 5 段流水线中执行以下 MIPS 程序段,怎样调整指令序列使其性能达到最好?

```
lw      $2, 100($6)
add     $2, $2, $3
lw      $3, 200($7)
add     $6, $4, $7
sub     $3, $4, $6
lw      $2, 300($8)
beq     $2, $8, Loop
```

10. 在一个采用"取指、译码/取数、执行、访存、写回"的 5 段流水线中,若检测结果是否为"0"和将转移目标地址(Btarg 和 Jtarg)送 PC 的操作在执行阶段进行,则分支延迟损失时间片(即分支延迟槽)为多少?在带转发的 5 段流水线中,对于以下 MIPS 指令序列,哪些指令执行时会发生流水线阻塞?各需要阻塞几个时钟周期?

```
Loop:   add     $t1, $s3, $s3
        add     $t1, $t1, $t1
        add     $t1, $t1, $s6
        lw      $t0, 0($t1)
        bne     $t0, $s5, Exit
        add     $s3, $s3, $s4
        j       Loop
Exit:
```

11. 假设数据通路中各主要功能部件的操作时间是：存储单元为 200ps；ALU 和加法器为 100ps；寄存器堆读口或写口为 50ps。程序中指令的组成比例为：取数为 25%、存数为 10%、ALU 为 52%、分支为 11%、跳转为 2%。假设控制单元和传输线路等延迟都忽略不计，则以下实现方式中哪个更快？快多少？

(1) 单周期方式。每条指令在一个固定长度的时钟周期内完成。

(2) 多周期方式。时钟周期取存储单元操作时间的一半，每类指令时钟数是：取数为 7、存数为 6、ALU 为 5、分支为 4、跳转为 4。

(3) 流水线方式。时钟周期取存储操作时间的一半，采用"取指 1、取指 2、取数/译码、执行、存取 1、存取 2、写回"7 段流水线；没有结构冒险；数据冒险采用"转发"技术处理；load 指令与后续各指令之间存在依赖关系的概率分别 1/2,1/4,1/8,…；分支延迟损失时间片为 2，预测准确率为 75%；不考虑异常、中断和访问缺失引起的流水线冒险。

12. 有一段程序的核心模块中有 5 条分支指令，该模块将会被执行成千上万次，在其中一次执行过程中，5 条分支指令的实际执行情况如下(T：taken；N：not taken)。

分支指令 1：T-T-T。

分支指令 2：N-N-N-N。

分支指令 3：T-N-T-N-T-N。

分支指令 4：T-T-T-N-T。

分支指令 5：T-T-N-T-T-N-T。

假定各个分支指令在每次模块执行过程中实际执行情况都一样，并且动态预测时每个分支指令都有自己的预测表项，每次执行该模块时的初始预测位都相同。请分析并给出以下几种预测方案的预测准确率。

(1) 静态预测，总是预测转移(taken)。

(2) 静态预测，总是预测不转移(not taken)。

(3) 一位动态预测，初始预测转移(taken)。

(4) 二位动态预测，初始预测弱转移(taken)。

13. 假定选择以下 9 条 RV32I 指令作为实现目标设计 RISC-V 的 5 级流水线处理器：3 条 R-型指令("add rd,rs1,rs2""slt rd,rs1,rs2""sltu rd,rs1,rs2")；2 条 I-型指令("ori rd,rs1,imm12""lw rd,rs1,imm12")；1 条 U-型指令(lui rd,imm20)；1 条 S-型指令(sw rs1,rs2,imm12)；1 条 B-型指令(beq rs1,rs2,imm12)；1 条 J-型指令(jal rd,imm20)。参照 6.2 节中 MIPS 流水线数据通路设计方案(见图 6.5)，完成以下任务并回答问题。

(1) 给出 RISC-V 的 5 级流水线数据通路基本框架。

(2) 对于 B-型和 J-型指令的转移目标地址的生成，RISC-V 和 MIPS 两种架构的处理方式有什么不同？

(3) 说明控制信号在流水线中的传递过程和相应的控制点。

(4) 设计的流水线数据通路的分支延迟损失时间片为多少？

第 7 章
存储器层次结构

　　存储器是计算机系统的重要组成部分,用来存放程序和数据。有了存储器,计算机就有了记忆能力,从而能自动地从存储器中取出保存的指令,按序进行操作。计算机中所用的记忆元件有多种类型,如寄存器、静态 RAM、动态 RAM、磁盘、磁带、光盘等,它们各自有不同的速度、容量和价格,各类存储器按照层次化方式构成存储器层次结构。

　　本章主要介绍构成存储器层次结构的几类存储器的工作原理和组织形式。包括半导体随机存取存储器、只读存储器和 Flash 存储器的基本读写原理和组织结构,存储器芯片和CPU 的连接,存储器的数据校验,高速缓存的基本原理和实现技术,以及虚拟存储器系统的实现技术。

7.1　存储器概述

7.1.1　存储器的分类

　　根据存储器的特点和使用方法的不同,可以有以下几种分类方法。

1. 按存储元件分类

　　存储元件必须具有两个截然不同的物理状态,才能被用来表示二进制代码 0 和 1。目前使用的存储元件主要有半导体器件、磁性材料和光介质。用半导体器件构成的存储器称为半导体存储器;磁性材料存储器主要是磁表面存储器,如磁盘存储器和磁带存储器;光介质存储器称为光盘存储器。

2. 按存取方式分类

　　按存取方式来分,存储器可以分成随机存储、顺序存取、直接存取和按内容存取几类。随机存取存储器(random access memory,RAM)的特点是按地址访问存储单元,因为每个地址译码时间相同,所以,在不考虑芯片内部缓冲的前提下,每个单元的访问时间是一个常数,与地址无关。半导体存储器属于随机存取存储器,可用作 cache 和主存储器。

　　顺序存取存储器(sequential access memory,SAM)的特点是信息按顺序存放和读出,其存取时间取决于信息存放位置,以记录块为单位编址。磁带存储器就是一种顺序存取存储器,其存储容量大,但存取速度慢。

　　直接存取存储器(direct access memory,DAM)的存取方式兼有随机访问和顺序访问的特点。首先可直接选取所需信息所在区域,然后按顺序方式存取,磁盘存储器就是如此。

上述 3 类存储器都是按所需信息的地址来访问,但有些情况下可能不知道所访问信息的地址,只知道要访问信息的内容特征,此时,只能按内容检索到存储位置进行读写。这种存储器称为按内容访问存储器(content addressed memory,CAM)或相联存储器(associative memory,AM)。

3. 按信息的可更改性分类

按信息的可更改性分为可读可写存储器和只读存储器(read only memory,ROM)。ROM 中的信息一旦确定,通常情况下只读不写,但在某些情况下也可重新写入。RAM 是一种可读可写存储器,RAM 和 ROM 都采用随机存取方式进行信息的访问。

4. 按断电后信息的可保存性分类

按断电后信息的可保存性分成非易失(不挥发)性存储器(nonvolatile memory)和易失(挥发)性存储器(volatile memory)。如 ROM、磁表面存储器、光存储器等非易失性存储器的信息可一直保留,不需电源维持;如 RAM、cache 等易失性存储器在电源关闭时信息自动丢失。

7.1.2 主存储器的组成和基本操作

图 7.1 是主存储器(main memory,MM)的基本框图。其中由一个个存储 0 或 1 的记忆单元(cell)构成的存储阵列是存储器的核心部分。这种记忆单元也称为存储元、位元,它是具有两种稳态的能表示二进制 0 和 1 的物理器件。存储阵列(bank)也被称为存储体、存储矩阵。为了存取存储体中的信息,必须对存储单元编号,所编号码就是地址。编址单位(addressing unit)是指具有相同地址的那些位元构成的一个单位,可以是一字节或一个字。对存储单元进行编号的方式称为编址方式(addressing mode),可以按字节编址,也可以按字编址。现在大多数通用计算机都采用字节编址方式,此时,存储体内一个地址中有一字节。也有许多专用于科学计算的大型计算机采用 64 位编址,这是因为科学计算中数据大多是 64 位浮点数。

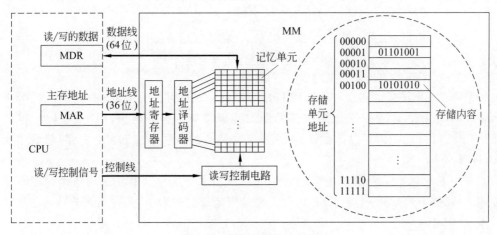

图 7.1　主存储器基本框图

指令执行过程中需要访问主存时,CPU 首先把被访问单元的地址送到主存地址寄存器(memory address register,MAR)中,然后通过地址线将主存地址送到主存中的地址寄存器,以便地址译码器进行译码,选中相应单元,同时,CPU 将读/写信号通过控制线送到主存的读写控制电路。如果是写操作,CPU 同时将要写的信息送主存数据寄存器(memory data register,MDR)中,在读写控制电路的控制下,经数据线将信息写入选中的单元;如果是读操作,则主存读出选中单元的内容送数据线,然后被送到 MDR 中。数据线的宽度与 MDR 的宽度相同,地址线的宽度与 MAR 的宽度相同。图 7.1 中采用 64 位数据线,所以在字节编址方式下,每次最多可以存取 8 个单元的内容。地址线的位数决定了主存地址空间的最大可寻址范围,例如,36 位地址的最大寻址范围为 $0 \sim 2^{36}-1$,地址从 0 开始编号。

7.1.3 存储器的层次化结构

存储器容量和性能应随着处理器速度和性能的提高而同步提高,以保持系统性能的平衡。然而,在过去几十年中,随着时间的推移,处理器和存储器在性能发展上的差异越来越大,存储器在容量尤其是访问延时方面的性能增长越来越跟不上处理器性能发展的需要。为了缩小存储器和处理器两者之间在性能方面的差距,通常在计算机内部采用层次化的存储器体系结构。

某一种元件制造的存储器很难同时满足大容量、高速度和低成本的要求。比如双极型半导体存储器的存取速度快,但是难以构成大容量存储器。而大容量、低成本的磁表面存储器的存取速度又远低于半导体存储器,并且难以实现随机存取。因此,计算机把各种不同容量和不同存取速度的存储器按一定的结构有机地组织在一起,形成层次化的存储器体系结构。程序和数据按不同的层次存放在各级存储器中,整个存储系统在速度、容量和价格等方面具有较好的综合性能指标。图 7.2 是存储系统层次结构示意图。

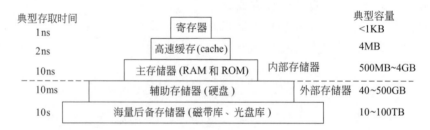

图 7.2 存储器层次化体系结构

虽然图 7.2 中给出的典型存取时间和存储容量会随时间变化,但这些数据反映了速度和容量之间的关系,以及层次化结构存储器的构成思想。速度越快,则容量越小、越靠近CPU。CPU 可以直接访问内部存储器,而外部存储器的信息则要先取到主存,然后才能被CPU 访问。

数据一般只在相邻两层之间复制传送,而且总是从慢速存储器复制到快速存储器才能被使用。传送的单位是一个定长块,因此需要确定定长块的大小,并在相邻两层间建立块映射关系。

CPU 执行指令时,需要的操作数大部分都来自寄存器。如果需要从(向)存储器中取(存)数据时,先访问 cache,如果不在 cache 中,则访问主存,如果不在主存中,则访问硬盘,此时,操作数从硬盘中读出送到主存,然后从主存送到 cache。

7.2 半导体随机存取存储器

半导体 RAM 具有体积小、存取速度快等优点,因而适合作为内部存储器使用。按工艺不同,可将半导体 RAM 分为双极型 RAM 和 MOS 型 RAM 两大类,MOS 型 RAM 又分为静态 RAM(static RAM,SRAM)和动态 RAM(dynamic RAM,DRAM)。

7.2.1 基本存储元件

基本存储元件用来存储一位二进制信息,是组成存储器的最基本的电路。下面介绍两种典型的分别用于 SRAM 芯片和 DRAM 芯片的存储元件。

1. 六管静态 MOS 管存储元件

如图 7.3 所示,T_1 和 T_2 构成触发器,T_5、T_6 是触发器的负载管,T_3、T_4 为门控管。使用这 6 个 MOS 管即可组成存储一位二进制信息的基本存储元。若 T_2 导通,则 T_1 一定截止,A 点为高电平,B 点为低电平,为存 1 状态;反之(当 T_1 导通时)则为存 0 状态。

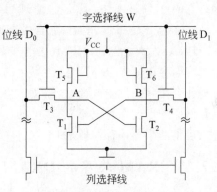

图 7.3 六管静态存储元件

(1) 保持。在字选择线 W 上加低电平,T_3 与 T_4 截止,触发器与外界隔离,保持原有信息不变。

(2) 读出。首先在两个位线上加高电平,当字选择线 W 上加高电平时,T_3 与 T_4 开启。若原存 1,则 A 点为高电平,T_2 导通,有电流从位线 D_1 经 T_4、T_2 流到地,从而在位线 D_1 上产生一个负脉冲,位线 D_0 上没有负脉冲。反之,若原存 0,则在位线 D_0 上有负脉冲。根据哪条位线上有负脉冲可区分读出的是 0 还是 1。

(3) 写入。在字选择线上加高电平,T_3 与 T_4 开启。若要写 1,则在位线 D_1 上加低电平,使 B 点电位下降,T_1 管截止,A 点电位上升,使 T_2 管导通完成写 1。若要写 0,则在 D_0 线上加低电平,使 A 点电位下降,T_2 管截止,B 点电位上升,T_1 管导通,完成写 0。

2. 单管动态 MOS 管存储元件

从六管静态 RAM 电路可看出,即使存储元件不工作,也有电流流过。如 T_1 导通、T_2 截止时,有从电源经 $T_5 \rightarrow T_1 \rightarrow$ 地的电流流动。反之,则有从电源经 $T_6 \rightarrow T_2 \rightarrow$ 地的电流流动,因而功耗较大。

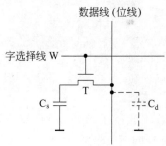

图 7.4 单管动态存储元件

动态 RAM 芯片一般采用图 7.4 所示的单管动态单元电路,其中 T 管为字选门控管,存储元件利用电容 C_s 保存信息,当电容上存储有大量电荷时表示 1,没有电荷时为 0。在信息保持状态下,字选择线 W 一直是低电平,存储元件中没有电流流动,因而大大降低了功耗。

(1) 读出。读写时字选择线 W 上加选通脉冲使 T 导通。若原存 1,则 C_s 上有大量电荷通过 T 管在数据线上产生电流。若原存 0,则 C_s 上没有电荷,因而数据线上无电流。读出时,C_s 上电荷会放电,电位下降,因此是破坏性读出,读后应有重写操作,称为"再生"。由于 C_s 不可能很大,所以 C_s 在数据线上放电产生的电流不会很大,而且由于寄生电容 C_d 的存在,放电时 C_s 上的电荷是在 C_s 和 C_d 之间分配,因此,读出电流值实际上非常小,故对读出放大器的要求较高。

(2) 写入。写 1 时,在数据线上加高电平,经 T 管对 C_s 充电;写 0 则在数据线上加低电平,C_s 充分放电而使其上无电荷。

(3) 刷新。由于 MOS 管电容 C_s 上存储的电荷会缓慢放电,超过一定时间,就会丢失信息。因此必须定时对 C_s 充电,这一过程称为刷新(refresh)。

3. 静态存储元件和动态存储元件的比较

SRAM 存储元件所用 MOS 管多,占硅片面积大,因而功耗大,集成度低;但因为采用一个正负反馈触发器电路来存储信息,所以,只要直流供电电源一直加在电路上,就能一直保持记忆状态不变,因此无须刷新;也不会因为读操作而使状态发生改变,故无须读后再生;特别是它的读写速度快,其存储原理可看作是对带时钟的 RS 触发器的读写过程。由于 SRAM 价格比较昂贵,因而,适合做高速小容量的半导体存储器,如 cache。

DRAM 存储元件所用 MOS 管少,占硅片面积小,因而功耗小,集成度很高;但因为采用电容存储电荷来存储信息,会发生漏电现象,所以要使状态保持不变,必须定时刷新;因为读操作会使状态发生改变,故需读后再生;特别是它的读写速度相对 SRAM 元件要慢得多,其存储原理可看作对电容充、放电的过程。相比于 SRAM,DRAM 价格较低,因而适合做慢速大容量的半导体存储器,如主存。

7.2.2 SRAM 芯片和 DRAM 芯片

如图 7.5 所示,存储器芯片由存储体、I/O 读写电路、地址译码和控制电路等部分组成。

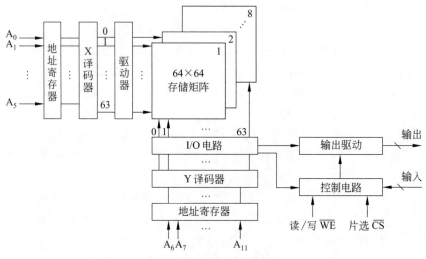

图 7.5 存储器芯片结构图

(1) 存储体(存储矩阵)。存储体是存储单元的集合。如图 7.5 所示,4096 个存储单元被排成 64×64 的存储阵列,称为位平面,这样 8 个位平面构成 4096 字节的存储体。由 X 选择线(行选择线)和 Y 选择线(列选择线)来选择所需单元,不同位平面的相同行、列上的位同时被读出或写入。

（2）地址译码器。用来将地址转换为译码输出线上的高电平，以便驱动相应的读写电路。地址译码有一维译码和二维译码两种方式。一维方式也称为线选法或单译码法，适用于小容量的静态存储器；二维方式也称为重合法或双译码法，适用于容量较大的动态存储器。

在单译码方式下，只有一个行译码器，同一行中所有存储单元的字线连在一起，接到地址译码器的输出端，这样，被选中行中的各单元构成一个字，被同时读出或写入，这种结构的存储器芯片被称为字片式芯片。

地址位数较多时，地址译码器输出线太多。比如，$n=12$ 时，单译码结构要求译码器有4096根输出线（字选择线），因此，大容量的动态存储器芯片不宜采用一维单译码方式的字片式芯片结构。

目前，动态存储芯片大多采用双译码结构。地址译码器分为 X 和 Y 方向两个译码器。图7.5采用的就是二维双译码结构，其存储阵列组织如图7.6所示。

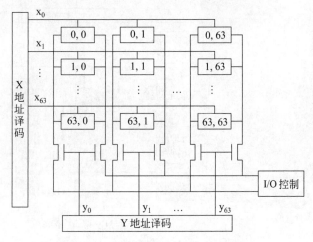

图7.6　二维双译码结构（位片式芯片）

图7.6中的存储阵列有4096个单元，需要12根地址线：$A_{11} \sim A_0$，其中 $A_{11} \sim A_6$ 送至X译码器，有64条译码输出线，各选择一行单元；$A_5 \sim A_0$ 送至 Y 译码器，也有64条译码输出线，分别控制一列单元的位线控制门。假如输入的12位地址为 $A_{11} A_{10} \cdots A_0 =$ 000001 000000 时，则 X 译码器的第2根译码输出线（x_1）为高电平，于是与它相连的64个存储单元的字选择 W 线为高电平。Y 译码器的第1根译码输出线（y_0）为高电平，打开第一列的位线控制门。在 X、Y 译码的联合作用下，存储矩阵中(1,0)单元被选中。

在选中的行和列交叉点上的单元只有一位，因此，采用二维双译码结构的存储器芯片被称为位片式芯片。有些芯片的存储阵列采用三维结构，用多个位平面构成存储阵列，不同位平面在同一行和列交叉点上的多位构成一个存储字，被同时读出或写入。

（3）驱动器。在双译码结构中，一条 X 方向的选择线要控制在其上的各个存储单元的字选择线，所以负载较大，因此需要在译码器输出后加驱动器。

（4）I/O控制电路。用于控制被选中的单元的读出或写入，具有放大信息的作用。

（5）片选控制信号$\overline{CS}$。单个芯片容量太小,往往满足不了计算机对存储器容量的要求,因此需将一定数量的芯片按特定方式连接成一个完整的存储器。访问某个字时,必须"选中"该字所在芯片,而其他芯片不被"选中"。因而芯片上除了地址线和数据线外,还应有片选控制信号。在地址选择时,由芯片外的地址译码器的输入信号以及控制信号(如"访存控制"信号)来产生片选控制信号,选中要访问的存储字所在的芯片。$\overline{CS}$表示当片选信号为低电平时选中所在芯片。

（6）读/写控制信号$\overline{WE}$。根据 CPU 给出的是读命令还是写命令,控制被选中存储单元进行读或写。$\overline{WE}$表示当读/写信号为低电平进行写操作,为高电平时进行读操作。

图 7.7 是典型的 4M×4 位 DRAM 芯片示意图。DRAM 芯片容量较大,因而地址位数较多,为了减少芯片的地址引脚数,从而减小体积,大多采用地址引脚复用技术,行地址和列地址通过相同的管脚分先后两次输入,这样地址引脚数可减少一半。

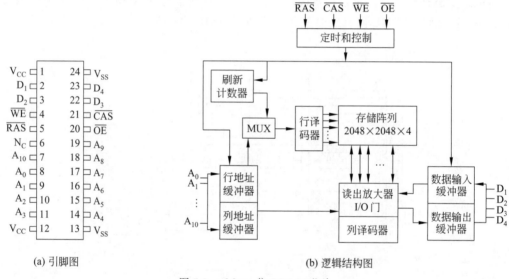

(a) 引脚图　　　　　　　　　(b) 逻辑结构图

图 7.7　4M×4 位 DRAM 芯片

图 7.7(a)给出了芯片的引脚,共有 11 根地址引脚线 $A_0 \sim A_{10}$,在行选通信号$\overline{RAS}$和列选通信号$\overline{CAS}$的控制下分时传送行、列地址。有 4 根数据引脚线 $D_1 \sim D_4$,因此,每个芯片同时读出 4 位数据,$\overline{WE}$为读写控制引脚,低电平时为写操作;$\overline{OE}$为输出使能驱动引脚,低电平有效,高电平时断开输出。

图 7.7(b)给出了芯片内部的逻辑结构,芯片存储阵列采用三维结构,芯片容量为 2048×2048×4 位,因此,行地址和列地址各 11 位,有 4 个位平面,在每个行、列交叉处的 4 个位平面数据同时进行读写。

DRAM 芯片需要刷新。刷新时只给各芯片送行地址和$\overline{RAS}$信号,芯片中某一行的所有位元被选中并进行读操作,每次读后再生,即某位元读出是 0 则充分放电,读出是 1 则进行充电。对于由图 7.7 中芯片组成的存储器,其存储矩阵为 2048×2048×4,因此只要 2048 次刷新操作就可将整个存储器刷新一遍。由于刷新按行进行,所以无须进行列寻址。芯片内部有一个行地址生成器(也称刷新计数器),由它自动生成刷新行地址,因而刷新计数器的位数与行地址位数相同。行地址缓冲器和刷新计数器通过一个多路选择器(MUX)将选择的行地址输出到行译码器。

刷新周期定义为,上次对整个存储器刷新结束的时刻作为开始点到下次对整个存储器全部刷新一遍为止的时间间隔,也就是对某一个特定的行进行相邻两次刷新的时间间隔。目前公认的刷新周期标准是64ms,但有些器件也不一定是64ms。

7.2.3 SDRAM 芯片技术

目前主存常用的是基于SDRAM(synchronous DRAM)芯片技术的内存条,包括DDR SDRAM、DDR2 SDRAM 和 DDR3 SDRAM 等。SDRAM 是一种与当年 Intel 公司推出的芯片组中北桥芯片的前端总线同步运行的 DRAM 芯片,因此,称为同步 DRAM。

1. SDRAM 芯片技术

SDRAM 的工作方式与传统的 DRAM 有很大不同。传统 DRAM 与 CPU 之间采用异步方式交换数据,CPU 发出地址和控制信号后,经过一段延迟时间,数据才读出或写入。在这段时间里,CPU 不断采样 DRAM 的完成信号,在没有完成之前,CPU 插入等待状态而不能做其他工作。而 SDRAM 芯片则不同,其读写受系统时钟(即前端总线时钟 CLK)控制,因此与 CPU 之间采用同步方式交换数据。它将 CPU 或其他主设备发出的地址和控制信息锁存起来,经过确定的几个时钟周期后给出响应。因此,主设备在这段时间内可以安全地进行其他操作。

SDRAM 的每一步操作都在外部系统时钟 CLK 的控制下进行,支持突发(burst)传输方式。只要在第一次存取时给出首地址,以后按地址顺序读写即可,而不再需要地址建立时间和行、列预充电时间,就能连续快速地从行缓冲器中输出一连串数据。内部的工作方式寄存器(也称模式寄存器)可用来设置传送数据的长度以及从收到读命令(与 CAS 信号同时发出)到开始传送数据的延迟时间等,前者称为突发长度(burst lengths,BL),后者称为 CAS时延(CAS latency,CL)。根据所设定的 BL 和 CL,CPU 可以确定何时开始从总线上取数以及连续取多少个数据。在第一个数据读出后,同一行的所有数据都被送到行缓冲器中,因此,以后每个时钟可从 SDRAM 读取一个数据,并在下一个时钟内通过总线传送到 CPU。

基于 SDRAM 技术的芯片的工作过程大致如下。

(1) 在 CLK 时钟上升沿,片选信号(CS)和行地址选通信号(RAS)有效。

(2) 经过一段延时 t_{RCD}(RAS to CAS delay),列选通信号 CAS 有效,并同时发出读或写命令,此时,行、列地址被确定,已选中具体的存储单元。

(3) 对于读操作,再经过一个 CL 时延后,输出数据开始有效,其后的每个时钟都有一个或多个数据连续从总线上传出,直到完成突发长度 BL 指定的所有数据的传送。对于写操作,则没有 CL 时延而直接开始写入。

由于只有读操作才有 CL,所以 CL 又被称为读取时延(read latency,RL)。t_{RCD} 和 CL 都以时钟周期 T_{CK} 为单位,例如,对于 PC100 SDRAM 来说,当 T_{CK} 为 10ns,CL 为 2 时,则 CAS 时延为 20ns。BL 可用的选项为 1、2、4、8 等,当 BL 为 1 时,则是非突发传输方式。

2. DDR SDRAM 芯片技术

DDR(double data rate)SDRAM 是对标准 SDRAM 的改进设计,通过芯片内部 I/O 缓

冲中数据的两位预取功能,并利用存储器总线上时钟信号的上升沿与下降沿进行两次传送,以实现一个时钟内传送两次数据的功能。例如,采用 DDR SDRAM 技术的 PC3200 (DDR400)存储芯片内 CLK 时钟的频率为 200MHz,意味着存储器总线上的时钟频率也为 200MHz,利用存储芯片内部的两位预取技术,使得一个时钟内有两个数据被取到 I/O 缓冲中。因为存储器总线在每个时钟内可以传送两次数据,而存储器总线中的数据线位宽为 64,即每次传送 64 位,因而存储器总线上数据的最大传输率(即带宽)为 200MHz×2×64/8=3.2GB/s。

3. DDR2 SDRAM 芯片技术

DDR2 SDRAM 内存条采用与 DDR 类似的技术,如图 7.8 所示,利用芯片内部的 I/O 缓冲(I/O buffer)可以进行 4 位预取。例如,采用 DDR2 SDRAM 技术的 PC2-3200(DDR2-400)存储芯片内部 CLK 时钟的频率为 200MHz,意味着存储器总线上的时钟频率应为 400MHz,利用存储芯片内部的 4 位预取技术,使得一个时钟内有 4 个数据被取到 I/O 缓冲中,存储器总线在每个时钟内传送两次数据,若每次传送 64 位,则存储器总线的最大数据传输率(即带宽)为 200MHz×4×64/8=400MHz×2×64/8=6.4GB/s。

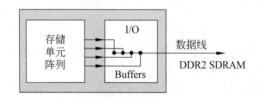

图 7.8 DDR2 SDRAM 芯片的数据预取

4. DDR3 SDRAM 芯片技术

DDR3 SDRAM 芯片内部 I/O 缓冲可以进行 8 位预取。如果存储芯片内部 CLK 时钟的频率为 200MHz,意味着存储器总线上的时钟频率应为 800MHz,存储器总线在每个时钟内可传送两次数据,若每次传送 64 位,则对应存储器总线的最大数据传输率(即带宽)为 200MHz×8×64/8=800MHz×2×64/8=12.8GB/s。

7.2.4 内存条和内存条插槽

受集成度和功耗等因素的限制,单个芯片的容量不可能很大,所以往往通过存储器芯片的扩展技术,将多个芯片做在一个主存模块(即内存条)上,然后由多个主存模块以及主板或扩充板上的 RAM 芯片和 ROM 芯片组成一台计算机所需的主存空间,再通过系统总线和 CPU 相连。

图 7.9(a)是内存条和内存条插槽(slot)示意图,图 7.9(b)是存储控制器(memory controller)、存储器总线、内存条和 DRAM 芯片之间的连接关系示意图。

如图 7.9(b)所示,内存条插槽就是存储器总线,内存条中的信息通过内存条的引脚,再通过插槽内的引线连接到主板上,通过主板上的连线接到北桥芯片或 CPU 芯片。现在的计算机中可以有多条存储器总线同时进行数据传输,支持两条总线同时进行传输的内存条插槽为双通道内存插槽,还有三通道、四通道内存插槽,其总线的传输带宽可以分别提高到

(a) 内存条和内存条插槽

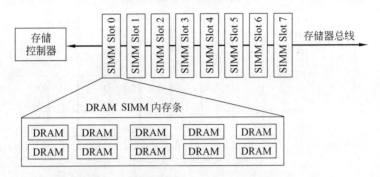

(b) 存储控制器、存储器总线、内存条和 DRAM 芯片之间的连接

图 7.9　DRAM 芯片在系统中的位置及其连接关系

单通道的 2 倍、3 倍和 4 倍。例如,图 7.9(a)所示的内存条插槽支持双通道内存条,相同颜色的插槽可以并行传输,因此,对于图 7.9(a)所示的内存条插槽情况,如果只有两个内存条,则应该插在两个相同颜色的内存条插槽上,其传输带宽可以增大一倍。

7.2.5　存储器芯片的扩展

若干存储器芯片可构成一个内存条,此时,需要在字方向和位方向上进行扩展。

用若干位数较少的存储器芯片构成给定字长的内存条时,需要进行位扩展。例如,用 8 片 4096×1 位的芯片构成 4K×8 位的内存条,需要在位方向上扩展 8 倍,而字方向上无须扩展。

字扩展是容量的扩充,位数不变。例如,用 16K×8 位的存储芯片在字方向上扩展 4 倍,可构成一个 64K×8 位的内存条。

当芯片在容量和位数都不满足存储器要求的情况下,需要对字和位同时扩展。例如,用 16K×4 位的存储芯片在字方向上扩展 4 倍、位方向上扩展 2 倍,可构成一个 64K×8 位的内存条。

图 7.10 给出了用 8 个 16M×8 位的 DRAM 芯片扩展构成一个 128MB 内存条的示意图。DRAM 芯片中有一个 4096×4094×8 位的存储阵列,行地址和列地址各 12 位,有 8 个位平面。

内存条通过存储器总线连接到存储控制器(简称存控),CPU 通过存控对内存条中的 DRAM 芯片进行读写。存控会将 CPU 送出的主存地址转换为行地址 i 和列地址 j,它们被分时送到 DRAM 芯片中的行地址译码器和列地址译码器,以选择行、列交叉处的 8 位数据同时进行读/写,因此一个芯片每次读/写 8 位。8 个芯片就可同时读取 64 位,组合成总线所需要的 64 位传输宽度。

现代通用计算机大多按字节编址,因此,在图 7.10 所示的存储器结构中,同时读出的 64

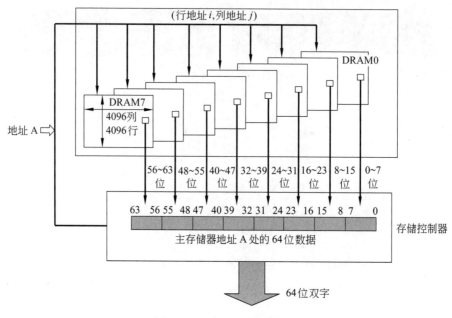

图 7.10　DRAM 芯片的扩展

位只可能是第 0～7 单元,第 8～15 单元,…,第 $8×k$～$8×k+7$ 单元,以此类推。因此,如果访问的一个 int 型数据不对齐,例如,起始地址为 6,即在第 6、7、8、9 这 4 个存储单元中,则需要访问两次存储器;如果数据对齐的话,即起始地址是 4 的倍数,则只要访问一次即可。这就是数据需要对齐的原因。

　　图 7.11 是 DRAM 芯片内部结构示意图。图中芯片容量为 $16×8$ 位,存储阵列为 4 行×4 列,地址引脚采用复用方式,因而仅需两根地址引脚,分时传送两位行地址和两位列地址。每个超元(supercell)有 8 位,需 8 根数据引脚,内部有一个行缓冲(row buffer),用来缓存指定行中每一列的数据,通常用 SRAM 元件实现。当选中某行后,这一行的所有位同时被送到行缓冲中,同一行单元的地址连续,因此连续传送的一块数据都在行缓冲中,因而可支持突发(burst)传送。

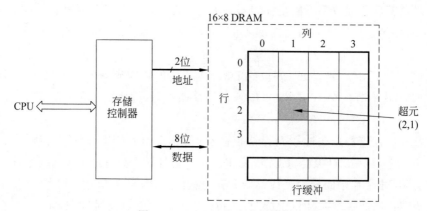

图 7.11　DRAM 芯片内部结构

7.2.6 多模块存储器

多模块存储器是一种空间并行技术,利用多个结构完全相同的存储模块的并行工作来增加存储器的吞吐率。根据不同的编址方式,多模块存储器分为连续编址和交叉编址两种结构。

1. 连续编址方式

在连续编址的多模块主存储器中,主存地址的高位表示模块号(或体号),低位表示模块内地址(或体内地址),因此,也称为按高位地址划分方式,地址在模块内连续。图 7.12 是连续编址方式示意图,存储器共有 4 个模块 $M_0 \sim M_3$,每个模块有 n 个单元,模块 M_i 的地址范围为 $i*n \sim (i+1)*n-1$。连续编址方式下,总是把低位的体内地址送到由高位体号所确定的模块内进行地址译码。

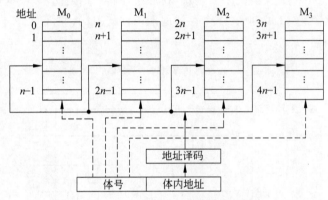

图 7.12　连续编址的多模块存储器

对于连续编址的多模块主存储器,当访问一个连续主存块时,总是先在一个模块内访问,等到该模块全部单元访问完才转到下一个模块访问,因而这种情况下不能提高存储器的吞吐率。

2. 交叉编址方式

在交叉编址的多模块存储器中,主存地址的低位表示模块(体)号,高位表示模块(体)内地址,因此,也称按低位地址划分方式。每个模块按"模 m"交叉方式编址。假定有 m 个模块(体),每个模块有 n 个单元,则第 $i(i=0 \sim m-1)$ 模块中的地址为 $i, i+m, i+2m, \cdots, i+(n-1)*m$。一般模块数 m 取 2 的方幂,这样硬件电路比较简单。但有的机器为了减少存储器冲突,采用质数个模块,如我国的银河计算机就取 m 为 31,其硬件实现比较复杂。图 7.13 是模 4(即 $m=4$)交叉编址方式存储器示意图。在交叉编址方式下,总是把高位的体内地址送到由低位体号所确定的模块内进行译码。

交叉编址多模块存储器可以采用轮流启动和同时启动两种方式。

1) 轮流启动

如果每个存储模块一次读写的位数(即存储字)正好等于存储器总线中的数据位数(即总线传输单位),则采用轮流启动方式。例如,对于具有 m 个体的多模块存储器,若每隔 $1/m$ 个存储周期启动一个体,则每隔 $1/m$ 个存储周期就可读出或写入一个数据,存取速度提高 m 倍,如图 7.14 所示,图中负脉冲为启动每个体的信号。这种情况下,每个体的存储

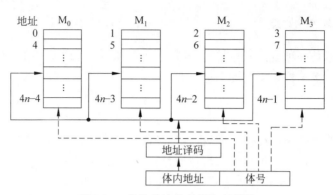

图 7.13　交叉编址的多模块存储器

周期并没有缩短,但由于交叉访问个体,所以在一个存储周期内向 CPU 提供了 4 个存储字。若每个模块的存储字为 32 位,则在一个存储周期内向 CPU 提供了 $32 \times 4 = 128$ 位信息,因而大大提高了存储器的带宽。

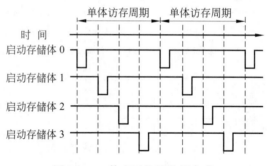

图 7.14　4 体交叉轮流访问方式

2) 同时启动

如果所有存储模块一次并行读写的总位数正好等于存储器总线中数据位数,则可用同时启动方式。例如,对于图 7.10 所示的内存条,每个存储模块(即每个 DRAM 芯片)提供 8 位数据,8 个 DRAM 芯片一共提供 64 位数据,正好构成一个总线传输单位,因此,可同时启动 8 个芯片进行并行读写,同时读写 64 位数据。

现代计算机中由于在 CPU 和主存之间设置有高速缓存(cache),因而通常 CPU 是对一个主存块中的连续单元进行访问,DMA 传送也是将一块连续主存单元与高速设备进行数据交换,因此,对主存的访问通常都是读写一块连续的主存单元。对于连续一块信息的读写,采用交叉编址的多模块存储器,通过轮流或并行访问多个存储模块,可以显著提高访存速度。

7.3　外部辅助存储器

通常把系统运行时直接和主存交换信息的存储器称为辅助存储器,简称辅存。因为它不能和 CPU 直接进行信息交换,所以,相对于直接和 CPU 进行信息交换的内部主存储器来说,它属于外部存储器,在电源掉电时,可以保证信息不丢失,因而所有的外部辅助存储器都是非易失性的。目前常用的外部辅助存储器主要包括磁盘存储器、U 盘和固态硬盘。

7.3.1　磁盘存储器的结构

磁盘存储器主要由磁记录介质、磁盘驱动器、磁盘控制器 3 部分组成,图 7.15 是磁盘驱动器的物理组成示意图。

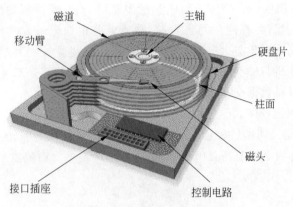

图 7.15　磁盘驱动器的物理组成

如图 7.15 所示,磁盘驱动器主要由多张硬盘片、主轴、主轴电机、移动臂、磁头和控制电路等部分组成,通过在接口插座上的电缆与磁盘控制器连接。每个盘片的两个面上各有一个磁头,因此,磁头号就是盘面号。磁头和盘片相对运动形成的圆,构成一个磁道(track),磁头位于不同的半径上,则得到不同的磁道。多个盘面上的相同磁道形成一个柱面(cylinder),所以,磁道号就是柱面号。信息存储在每个盘面的磁道上,每个磁道被分成若干扇区(sector),以扇区为单位进行磁盘读写。在写磁盘时,总是在一个柱面的所有磁道上写完后,再移到下一个柱面的各磁道上写信息。磁道从外向里编址,最外面的为磁道 0。

图 7.16 是磁盘驱动器的内部逻辑结构。

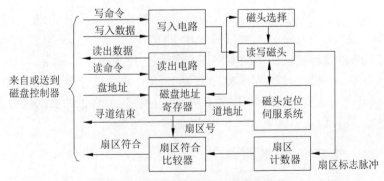

图 7.16　磁盘驱动器的内部逻辑结构

磁盘读写指根据磁盘地址寄存器中的盘地址(柱面号、磁头号、扇区号)读写目标磁道中的指定扇区。因此,其操作可归纳为寻道、旋转等待和读写 3 个步骤。

(1)寻道操作。磁盘控制器把磁盘地址送到磁盘驱动器的磁盘地址寄存器后,便产生寻道命令,以启动磁头定位伺服系统根据柱面号移动磁头到指定的柱面(磁道),并选择指定的磁头准备进行读写。此操作完成后,发出寻道结束信号给磁盘控制器,并转入旋转等待操作。

(2)旋转等待操作。盘片旋转开始时,首先将扇区计数器清零,以后每来一个扇区标志脉冲,扇区计数器加1,把计数内容与磁盘地址寄存器中的扇区号进行比较,如果一致,则输出扇区符合信号,说明要读写的信息已经转到磁头下方。

(3)读写操作。扇区符合信号送给磁盘控制器后,磁盘控制器的读写控制电路开始动作。如果是写操作,就将数据送到写入电路,写入电路根据记录方式生成相应的写电流脉冲;如果是读操作,则由读出放大电路读出内容送磁盘控制器。

磁盘控制器是主机与磁盘驱动器之间的接口。磁盘存储器是高速外设,所以磁盘存储器和主机之间采用成批数据交换方式。

数据在磁盘上的记录格式分定长记录格式和不定长记录格式两种。目前大多采用定长记录格式。图 7.17 是温切斯特磁盘的磁道格式示意图,它采用定长记录格式。最早的硬盘由 IBM 公司开发,称为温切斯特盘(Winchester 是一个地名),简称温盘,它是几乎所有现代硬盘产品的原型。

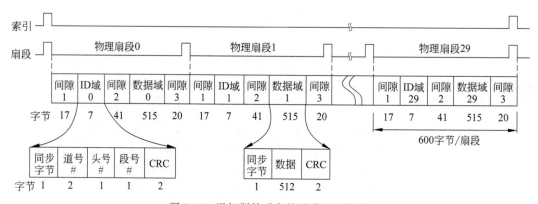

图 7.17 温切斯特磁盘的磁道记录格式

如图 7.17 所示,每个磁道由若干扇区(也称扇段)组成,每个扇区记录一个数据块,每个扇区有头空(间隙1)、ID 域、间隙2、数据域和尾空(间隙3)组成。头空占 17 字节,不记录数据,用全 1 表示,磁盘转过该区域的时间是留给磁盘控制器作准备用的;ID 域有同步字节、磁道号、磁头号、扇段号和相应的 CRC 码(关于 CRC 码的概念参见 7.4.4 节)组成;数据域占 515 字节,有同步字节、数据和相应的 CRC 码组成,其中真正的数据区占 512 字节;尾空是在数据块的 CRC 码后的区域,占 20 字节,也用全 1 表示。

7.3.2 磁盘存储器的性能指标

磁盘存储器的性能指标包括记录密度、存储容量、数据传输速率和平均存取时间等。

1. 记录密度

记录密度可用道密度和位密度来表示。在沿磁道分布方向上,单位长度内的磁道数目叫道密度。在沿磁道方向上,单位长度内存放的二进制信息数目叫位密度。低密度存储方式下,所有磁道上的扇区数相同,因此每个磁道上的位数相同,因而内道上的位密度比外道位密度高;高密度存储方式下,每个磁道上的位密度相同,因此外道上的扇区数比内道上扇区数多,因而整个磁盘的容量比低密度盘高得多。

2. 存储容量

存储容量指整个存储器所能存放的二进制信息量,它与磁表面大小和记录密度密切相关。

磁盘的未格式化容量是指按道密度和位密度计算出来的容量,它包括了可利用的所有磁化单元的总数,未格式化容量(或非格式化容量)比格式化后的实际容量要大。

对于低密度存储方式,因为每个磁道的容量相等,所以,其未格式化容量的计算方法如下:

$$磁盘总容量=记录面数×理论柱面数×内圆周长×最内道位密度$$

格式化后的实际容量只包含数据区。通常,记录面数约为盘片数的两倍。假定按每个扇区512字节算,则磁盘实际数据容量(也称格式化容量)的计算公式为

$$磁盘实际数据容量=2×盘片数×磁道数/面×扇区数/磁道×512B/扇区$$

早期扇区大小一直是512字节,但现在已逐步更换到更大、更高效的4096字节扇区,通常称为4K扇区(这里 $1K=2^{10}$)。

注意,关于硬盘容量和文件大小的计量单位,不同的硬盘制造商和操作系统所指的含义不同,例如,Microsoft Windows操作系统使用二进制前缀(2的幂次),而苹果操作系统在2009年以前使用十进制前缀(10的幂次),因此,对应1MB的文件大小,在Windows系统中是指 2^{20} 字节,但在苹果系统中则是指 10^6 字节。本书中,将采用国际电工委员会 IEC 规定的数据单位字母含义(见表2.6)。

3. 数据传输速率

数据传输速率(data transfer rate)指磁盘存储器完成磁头定位和旋转等待以后,单位时间内从存储介质上读出或写入的二进制信息量。为区别于外部数据传输率,通常称之为内部传输速率(internal transfer rate),也称为持续传输速率(sustained transfer rate)。而外部传输速率(external transfer rate)是指主机中的外设控制接口从(向)外存储器的缓存读出(写入)数据的速度,由外设采用的接口类型决定。通常称外部传输速率为突发数据传输速率(burst data transfer rate)或接口传输速率。

4. 平均存取时间

磁盘响应读写请求的过程如下:首先将读写请求在队列中排队,出队列后由磁盘控制器解析请求命令,然后进行寻道、旋转等待和读写数据3个过程。

因此,总响应时间的计算公式为

$$响应时间=排队延迟+控制器时间+寻道时间+旋转等待时间+数据传输时间$$

磁盘上的信息以扇区为单位进行读写,上式中后面3个时间之和称为存取时间 T。即

$$存取时间=寻道时间+旋转等待时间+数据传输时间$$

寻道时间为磁头移动到指定磁道所需时间;旋转等待时间指要读写的扇区旋转到磁头下方所需要的时间;数据传输时间(transfer time)指传输一个扇区的时间。由于磁头原有位置与要寻找的目的位置之间远近不一,故寻道时间和旋转等待时间只能取平均值。磁盘的平均寻道时间一般为5~10ms,平均等待时间取磁盘旋转一周所需时间的一半,大约4~6ms。假如磁盘转速为6000RPM(转/分),则平均等待时间约为5ms。因为数据传输时间相对于寻道时间和等待时间来说非常短,所以,磁盘的平均存取时间通常近似等于平均寻道时间和

平均等待时间之和。而且,磁盘第一位数据的读写延时非常长,相当于平均存取时间,而以后各位数据的读写则几乎没有延迟。

7.3.3 磁盘存储器的连接

现代计算机中,通常将复杂的磁盘物理扇区抽象成固定大小的逻辑块,物理扇区和逻辑块之间的映射由磁盘控制器来维护。磁盘控制器是一个内置固件的硬件设备,它能将主机送来的请求逻辑块号转换为磁盘的物理地址(柱面号、磁头号、扇区号),并控制磁盘驱动器进行相应的动作。

通常磁盘控制器位于主板上的芯片中,因而磁盘控制器直接和主板上的 I/O 总线相连接,I/O 总线与其他系统总线(如处理器总线、存储器总线)之间用桥接器连接。磁盘驱动器与磁盘控制器之间的接口有多种,一般文件服务器使用 SCSI 接口,而普通的个人计算机前些年多使用并行 ATA(即 IDE)接口,目前大多使用串行 ATA(即 SATA)接口。

磁盘与主机交换数据的最小单位是一个扇区,因此,磁盘总是按成批数据交换方式进行读写,这种高速成批数据交换设备采用直接存储器存取(direct memory access,DMA)方式进行数据的输入输出。这种输入输出方式用专门的 DMA 接口硬件来控制外设与主存间的直接数据交换,数据不通过 CPU。通常把专门用来控制总线进行 DMA 传送的接口硬件称为 DMA 控制器。在进行 DMA 传送时,CPU 让出总线控制权,由 DMA 控制器控制总线,通过“窃取”一个主存周期来完成和主存之间的一次数据交换,或独占若干主存周期完成一批数据的交换。有关 DMA 方式的实现参见 8.4.3 节。

*7.3.4 冗余磁盘阵列

为了改善磁盘存储器的性能,1988 年美国加州大学伯克利分校一个研究小组提出了一种称为 RAID(redundant arrays of inexpensive disk,廉价磁盘冗余阵列)的技术,大大改善了外存的性能。

RAID 技术的基本思想是,将多个独立的物理磁盘驱动器按某种方式组织成磁盘阵列,以增加容量,在操作系统下这些物理磁盘驱动器被视为单个逻辑驱动器;采用类似于主存中的多模块交叉技术,使数据按小条带或大数据块交叉分布存储在多个盘体上,通过让磁盘并行工作来提高数据传输速度;并用冗余磁盘技术来进行错误恢复以提高系统可靠性。

目前已知的 RAID 方案分为 8 级(0～7 级),并由此派生出 RAID 10(结合 0 和 1 级)和 RAID 30(结合 0 和 3 级)和 RAID 50(结合 0 和 5 级)。这些级别不是简单地表示层次递进关系,而是表示不同的设计结构。

RAID 0 没有冗余盘,即没有校验信息,数据分布在多个物理磁盘上,适用于容量和速度要求高的非关键数据存储场合。

RAID 1 采用镜像盘实现一对一冗余。一个读请求可由其中一个定位时间更少的磁盘提供数据;一个写请求对两个磁盘中对应的信息并行更新,故写性能由两次中较慢的一次写来决定。

RAID 2 用海明校验生成多个冗余校验盘,实现纠正一位错误、检测两位错误的功能。因为采用海明码,所以校验盘与数据盘成正比,因而冗余信息开销太大,价格较贵,所以 RAID 2 已不再被使用。

RAID 3 采用按位奇偶校验生成单个冗余盘,采用小条带交叉分布方式,数据传输率高,但 I/O 响应时间较长,大多用于大数据集数据(如多媒体和大数据科学计算等)的存储。

与 RAID 3 一样,RAID 4 也采用一个冗余盘存放奇偶校验位,不过 RAID 4 采用的是大数据块交叉方式,每个磁盘的操作独立进行,所以多个小数据量的操作可以在多个磁盘上并行进行,以同时响应多个 I/O 请求,具有较快的 I/O 响应时间,可用于银行、证券等事务处理系统。RAID 4 的数据恢复方式与 RAID 3 相同,比较容易。但对于写操作,因为每次写都要对校验盘进行相应的校验数据更新,所以校验盘成为 I/O 瓶颈。因为 RAID 4 采用的是大数据块交叉方式,所以,通常发生的是"少量写",因此写开销比较大。

RAID 5 与 RAID 4 的组织方式类似,只是奇偶校验块分布在各个磁盘中,所以,所有磁盘地位等价,这样可提高容错性,并且避免了使用专门校验盘时潜在的 I/O 瓶颈。与 RAID 4 一样,RAID 5 采用独立存取技术和大数据块交叉分布方式,I/O 请求的响应速度快。由此可见,RAID 5 成本不高但效率高,因而被广泛使用于服务器中。

与 RAID 4 和 RAID 5 一样,RAID 6 采用独立存取技术和大数据块交叉分布方式。所不同的是,RAID 6 的冗余信息分布在所有磁盘上,且采用双维块奇偶校验,因而 RAID 6 容许双盘出错。因此,可用于要求数据绝对不能出错的场合。由于引入了两个奇偶校验值,因而控制器的设计变得十分复杂,写入速度也比较慢,用于计算奇偶校验值和验证数据正确性所花费的时间比较多。由此可见,RAID 6 以增大时间开销为代价保证了高度可靠性。

RAID 7 是带 cache 的磁盘阵列,它在 RAID 6 的基础上,采用 cache 技术使传输率和响应速度都有较大提高,cache 分块大小和磁盘阵列中数据分块大小相同,一一对应。有两个独立的 cache,双工运行。在写入时将数据同时分别写入两个独立的 cache,这样,即使其中有一个 cache 出故障,数据也不会丢失。写入磁盘阵列以前,先写入 cache 中,然后,同一磁道的信息在一次操作中完成;读出时,先从 cache 中读出,cache 中没有要读的信息时,才从 RAID 中读。RAID 7 将 cache 和 RAID 技术结合,弥补了 RAID 的不足,从而将高效、快速、大容量、高可靠性以及灵活方便的存储系统提供给用户。

*7.3.5 Flash 存储器和 U 盘

计算机中有一些相对固定的信息,需要存放在只读存储器(ROM)中,例如,系统启动时用到的 BIOS(basic input/output system,基本输入/输出系统)是永久保存在 ROM 中的。早期的 ROM BIOS 芯片采用烧录器写入方式,一旦安装在计算机主板中,便不能更改,除非更换芯片;而现在主板都用 Flash 存储器芯片来存储 BIOS,可通过使用主板厂商提供的擦写程序,直接在计算机中进行擦除,然后再重新写入。

早期的烧录器写入方式只读存储器有 MROM(mask ROM)、PROM(programmable ROM)、EPROM(erasable programmable ROM)和 EEPROM(electrically erasable programmable ROM,E^2PROM)等类型。MROM 不可编程,故可靠性高,但生产周期长、不灵活;PROM 只可编程一次,不灵活;EPROM 可擦除可编程多次,但采用 MOS 工艺,且擦除时所有信息被全部抹除,故不灵活且速度慢;EEPROM 是电可擦除可编程的,可以选择个别字擦除,擦除次数可达数千次,且所存放的数据可维持一二十年。

Flash 存储器也称为闪存,是高密度非易失性读写存储器,它兼有 RAM 和 ROM 的优点,而且功耗低、集成度高,不需后备电源。这种器件沿用了 EPROM 的简单结构和浮栅/

热电子注入的编程写入方式,又兼备 EEPROM 的可擦除特点,且可在计算机内进行擦除和编程写入,因此又称为快擦型 EEPROM。目前被广泛使用的 U 盘和存储卡等都属于 Flash 存储器。

1. Flash 存储元

Flash 存储元是在 EPROM 存储元基础上发展起来的。如图 7.18 所示是一个 Flash 存储元,每个存储元由单个 MOS 管组成,包括漏极 D、源极 S、控制栅和浮空栅。当控制栅加上足够的正电压时,浮空栅将储存大量电子,即带有许多负电荷,可将存储元的这种状态定义为 0;当控制栅不加正电压,则浮空栅少带或不带负电荷,将这种状态定义为 1。

2. Flash 存储器的基本操作

闪存有 3 种基本操作:编程(充电)、擦除(放电)、读取。

编程操作:最初所有存储元都是 1 状态,通过编程,在需要改写为 0 的存储元的控制栅加上一个正电压 V_P,如图 7.19(a)所示。一旦某存储元被编程,则存储的数据可保持 100 年而无须外电源。

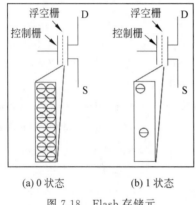

(a) 0 状态　　　　(b) 1 状态

图 7.18　Flash 存储元

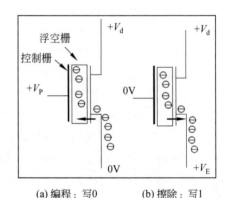

(a) 编程:写0　　　(b) 擦除:写1

图 7.19　Flash 存储元的写入

擦除操作:采用电擦除。即在所有存储元的源极 S 加正电压 V_E,使浮空栅中的电子被吸收掉,从而使所有存储元都变成 1 状态,如图 7.19(b)所示。因此,写的过程实际上是先全部擦除,使全都变成 1 状态后再在需要的地方改写为 0,即先全部放电,再在写 0 的地方充电。

读取操作:在控制栅加上正电压 V_R,若原存为 0,则如图 7.20(a)所示,读出电路检测不到电流;若原存为 1,则如图 7.20(b)所示,浮空栅不带负电荷,控制栅上的正电压足以开启晶体管,电源 V_d 提供从漏极 D 到源极 S 的电流,读出电路检测到电流。

从上述基本原理可以看出,Flash 存储器的读操作速度和写操作速度相差很大,其读取速度与半导体 RAM 芯片相当,而写数据(擦除-编程)的速度则比 RAM 芯片慢很多。

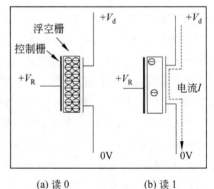

(a) 读 0　　　　(b) 读 1

图 7.20　Flash 存储元的读出

*7.3.6 固态硬盘

近年来,一种称为固态硬盘(solid state disk,SSD)的外部存储器越来越流行,它也被称为电子硬盘。这种硬盘并不是一种磁表面存储器,而是一种使用 NAND 闪存组成的外部存储系统,与 U 盘并没有本质差别,只是容量更大,存取性能更好。它用闪存颗粒代替了磁盘作为存储介质,利用闪存的特点,以区块写入和抹除的方式进行数据的读取和写入。

固态硬盘的接口规范和定义、功能及使用方法与传统的硬磁盘完全相同。目前接口标准使用 USB、SATA 和 IDE,因此 SSD 通过标准磁盘接口与 I/O 总线互连。在 SSD 中有一个闪存翻译层,它将来自 CPU 的逻辑磁盘块读写请求翻译成对底层 SSD 物理设备的读写控制信号。因此,这个闪存翻译层相当于磁盘控制器。

SSD 中一个闪存芯片由若干区块(block)组成,每个区块由若干页(page)组成,通常,页大小为 512B～4KiB,每个区块由 32～128 个页组成,因而区块大小为 16～512KiB,数据按页为单位进行读写。SSD 有三个限制:①对某页写信息之前,必须先擦除该页所在的整个区块;②擦除后区块内的页必须按顺序写入信息;③只有有限的擦除/编程次数。

某一区块进行了几千到几万次重复写之后,就会被磨损而变成坏的区块,不能再被使用。因此,闪存翻译层中有一个专门的均化磨损(wear leveling)逻辑电路,试图将擦除操作平均分布在所有区块上,以最大限度地延长 SSD 的使用寿命。

电信号的控制使得固态硬盘的内部传输速率远远高于常规硬盘。SSD 随机读时间为几十微秒,而随机写的访问时间为几百微秒。硬盘由于需要寻道和旋转等待,所以其访问时间是几毫秒到几十毫秒,因此,SSD 随机读写时延比硬盘要低两个数量级。有测试显示,使用固态硬盘以后,Windows 的开机速度可以被提升至 20s 以内,这是基于常规硬盘的计算机系统难以达到的速度性能。

7.4 存储器的数据校验

数据在计算机内部进行存取和传送过程中,由于元器件故障或噪声干扰等原因会出现差错。为了减少和避免这些错误,一方面要从计算机硬件本身的可靠性入手,在电路、电源、布线等各方面采取必要的措施,提高计算机的抗干扰能力;另一方面要采取相应的数据检错和校正措施,自动地发现并纠正错误。数据检错和纠正(error checking and correcting)通常简写为 ECC。ECC 内存就是指运用了 ECC 技术的内存。

7.4.1 数据校验基本原理

目前为止提出的数据校验方法大多采用一种"冗余校验"的思想,即除原数据信息外,还增加若干位附加的编码,这些新增编码称为校验位。图 7.21 给出了一般情况下的处理过程。

当数据被存入存储器或从源部件开始传输时,对数据 M 进行某种运算(用函数 F 来表示),以产生相应的代码 $P=F(M)$,这里 P 就是校验位。这样原数据信息 M 和相应的校验位 P 一起被存储或传送。当数据被读出或传送到目标部件时,和数据信息一起被存储或传送的校验位也被得到,用于检错和纠错。假定读出后的数据为 M',通过同样的运算 F 对

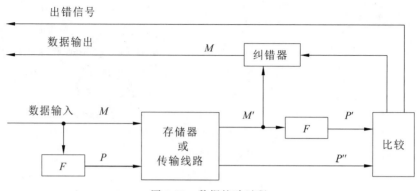

图 7.21　数据校验过程

M' 也得到一个新的校验位 $P'=F(M')$,假定原来被存储的校验位 P 取出后其值为 P'',将校验位 P'' 与新生成的校验位 P' 进行比较运算,生成一个故障字,根据故障字可以确定是否发生了差错。故障字可以反映以下 3 种情况之一。

(1) 没有检测到错误。此时,把得到的数据位 M' 直接传送出去。

(2) 检测到差错并可纠错。数据位 M' 和故障字一起送入纠错器,将产生的正确数据位传送出去。

(3) 检测到错误,但无法确认哪位出错,因而不能进行纠错处理,此时,报告出错情况。

为了判断一种码制的冗余程度,并评估它的查错和纠错能力,引入了"码距"的概念。由若干位代码组成的一个字叫"码字",将两个码字逐位比较,具有不同位的个数叫作这两个码字间的"距离"。一种码制可能有若干码字,各码字间的最小距离称为"码距"。例如 8421 码中,2(0010) 和 3(0011) 之间距离为 1,所以 8421 码的码距为 1,记作 $d=1$。在数据校验码中,一个码字是指数据位和校验位按照某种规律排列得到的代码。

一般来说,合理地增加校验位、增大码距,就能提高检错/纠错的能力。例如,如果采用4 位二进制编码 0000~1111 表示 16 种状态,则码距为 1,因为这组编码的任何一个 4 位码中出现一位或多位错误,都会变成另一个合法编码,因此,这种编码没有检错/纠错能力。如果采用 4 位二进制表示 8 个状态:0000、0011、0101、0110、1001、1010、1100、1111,其余的 4位编码都是非法的。本来 8 个状态只要 3 位就够了,现在增加一个冗余位,并使码距为 2,这样,这 8 个合法编码中如果某个编码发生了一位错误,那么就会变成一个非法编码,因而就能检测出来。

上述例子说明码距与检错、纠错能力之间存在一定的关系。当码距 $1<d\leqslant4$ 时,关系如下。

(1) 如果码距 d 为奇数,则能发现 $d-1$ 位错,或者能纠正 $(d-1)/2$ 位错。

(2) 如果码距 d 为偶数,则能发现 $d/2$ 位错,并能纠正 $(d/2-1)$ 位错。

常用的数据校验码有奇偶校验码、海明校验码和循环冗余校验码。

7.4.2　奇偶校验码

最简单的数据校验方法是奇偶校验。实现原理如下:假设将数据 $M=M_{n-1}M_{n-2}\cdots$ M_1M_0 从源部件传送至目标部件或存储在存储器中,在目标部件接收到或从存储器取出的

数据为 $M' = M'_{n-1}M'_{n-2}\cdots M'_1M'_0$，为了判断数据 M 在传送或存储中是否发生了错误，可以按照如下步骤来判断。

第一步，在源部件求出奇（偶）校验位 P。若采用奇校验位，则 $P = M_{n-1} \oplus M_{n-2} \oplus \cdots \oplus M_1 \oplus M_0 \oplus 1$。即当 M 有奇数个 1 时 P 取 0，否则，P 取 1。若采用偶校验位，则 $P = M_{n-1} \oplus M_{n-2} \oplus \cdots \oplus M_1 \oplus M_0$。举例如下：若传送的是字符 A，编码为 100 0001B，在前面增加奇校验位后的编码为 1100 0001B，而加上偶校验位后的编码为 0100 0001B。

第二步，在目标部件求出奇（偶）校验位 P'。

第三步，计算最终的校验位 P^*，并根据其值判断有无奇偶错。假定 P 在目标部件接收到的值为 P''，则 $P^* = P' \oplus P''$。若 $P^* = 1$，则表示有奇数位错；若 $P^* = 0$，则表示正确或有偶数个错。

在奇偶校验码中，若两个数据中有奇数位不同，则它们相应的校验位就不同；若有偶数位不同，则虽校验位相同，但至少有两位数据位不同，因而任意两个码字之间至少有两位不同，即码距 $d = 2$。奇偶校验码只能发现奇数位出错，不能发现偶数位出错，而且也不能确定发生错误的位置，不具有纠错能力。

因为一字节长的代码中一位出错的概率相对较大，两位以上出错情况则很少，所以，奇偶校验码多用于校验一字节长的代码。

*7.4.3 海明校验码

前面所述的奇偶校验码是对整个数据编码生成一位校验位。因此这种校验码检错能力差，并且没有纠错能力。海明码（Hamming code）由理查德·海明（Richard Hamming）于 1950 年提出，其主要思想是：将数据按某种规律分成若干组，对每组进行相应的奇偶检测，以提供多位校验信息，从而可对错误位置进行定位，并将其纠正。海明校验码实质上就是一种多重奇偶校验码。

1. 校验位的位数的确定

假定被校验数据的位数为 n，校验位为 k 位，则故障字的位数也为 k 位。k 位的故障字所能表示的状态最多是 2^k 种，每种状态可用来说明一种出错情况。对于最多只有一位错的情况，其结果可能是无错或 n 位数据中某一位出错或 k 位校验码中某一位出错。因此，共有 $1 + n + k$ 种情况。综上可知，要能对一位错的所有结果进行正确表示，则 n 和 k 必须满足下列关系：

$$2^k \geqslant 1 + n + k, \quad 即 \quad 2^k - 1 \geqslant n + k$$

例如，对于单个位纠错的情况，当数据位 $n = 8$ 时，校验位和故障字位数 $k = 4$。4 位的故障字最多可以表示 16 种状态，而单个位出错情况最多只有 12 种可能（8 个数据位和 4 个校验位），加上无错，一共有 13 种情况。用 16 种状态足以表示 13 种情况。

2. 分组方式的确定

数据位和校验位按某种方式排列为一个 $n + k$ 位的码字，将该码字中每一位的出错位置与故障字的数值建立关系，就可通过故障字的值确定该码字中哪一位发生了错误，从而将其取反来进行纠正。

根据上述基本思想，可以按以下规则来解释各故障字的值。

（1）如果故障字各位全部是 0，则表示没有发生错误。

(2) 如果故障字中有且仅有一位为1,则表示校验位中有一位出错,不需要纠正。

(3) 如果故障字中多位为1,则表示有一个数据位出错,其在码字中的出错位置由故障字的数值来确定。纠正时只要将出错位取反即可。

这里以8位数据进行单个位的检错/纠错为例说明。假定一个8位数据 $M = M_8M_7M_6M_5M_4M_3M_2M_1$,其相应的4位校验位为 $P = P_4P_3P_2P_1$。根据上述规则将数据位 M 和校验位 P 按照一定的规律排到一个12位的码字中。根据上述第一个规则,故障字为0000时,表示无错,因此没有和位置号0000对应的出错情况,所以位置号从0001开始。根据第二个规则,校验位中有一位出错时的故障字只可能是0001、0010、0100、1000,分别代表校验位 P_1、P_2、P_3、P_4 发生错误,因此,P_1、P_2、P_3、P_4 分别位于码字第0001(1)、0010(2)、0100(4)、1000(8)位。根据最后一个规则,将其他多位为1的故障字依次表示数据位 $M_1 \sim M_8$ 发生错误的情况,即数据位 $M_1 \sim M_8$ 分别位于码字的第0011(3)、0101(5)、0110(6)、0111(7)、1001(9)、1010(10)、1011(11)、1100(12)位(从左往右数)。综上所述,得到码字的排列如下:

$$M_8M_7M_6M_5P_4M_4M_3M_2P_3M_1P_2P_1$$

通过对各种出错情况的分析,可以得到故障字 $S = S_4S_3S_2S_1$ 的各个状态和出错情况的对应关系,如表7.1所示。因为故障字的值决定了哪位出错,所以,某位出错一定会影响与之相对应的故障字中为1的位所在组的奇偶性。例如,若位于码字第3位的 M_1 出错,则对应故障字 $S_4S_3S_2S_1 = 0011$,因此一定会改变 S_1 和 S_2 所在分组的奇偶性,故 M_1 应同时被分到与 S_1 对应的第1组和与 S_2 对应的第2组。同理,P_1 对应故障字0001,故 P_1 应被分到与 S_1 对应的第1组;M_8 对应故障字1100,故应分到与 S_3 对应的第3组和与 S_4 对应的第4组。第 i 组中有一个对应的奇偶校验位 P_i。

表 7.1 故障字和出错情况的对应关系

序号 含义 / 分组	1 P_1	2 P_2	3 M_1	4 P_3	5 M_2	6 M_3	7 M_4	8 P_4	9 M_5	10 M_6	11 M_7	12 M_8	故障字	正确	出错位 1 2 3 4 5 6 7 8 9 10 11 12
第4组								√	√	√	√	√	S_4	0	0 0 0 0 0 0 0 1 1 1 1 1
第3组				√	√	√	√					√	S_3	0	0 0 0 1 1 1 1 0 0 0 0 1
第2组		√	√			√	√			√	√		S_2	0	0 1 1 0 0 1 1 0 0 1 1 0
第1组	√		√		√		√		√		√		S_1	0	1 0 1 0 1 0 1 0 1 0 1 0

观察表7.1可发现一个比较直观的规律:校验位 P_i 在码字中位于 2^{i-1} 位,从该位开始的连续 2^{i-1} 位,以及每隔 2^{i-1} 位后连续的 2^{i-1} 位都被分配在 P_i 对应的组。例如,P_2 从第 $2^{2-1} = 2$ 位开始,码字中第2、3两位在 P_2 对应的组,跳过4、5两位后的第6、7位、跳过8、9两位后的第10、11位都在 P_2 对应的组;校验位 P_3 从第 $2^{3-1} = 4$ 位开始,码字中第4、5、6、7共4位在 P_3 对应组,跳过8、9、10、11共4位后,第12位也在 P_3 对应组。若后面还有第 M_9、M_{10}、M_{11} 等数据位,则它们在码字中位于第13、14、15位,因而,码字中第12、13、14、15位共4位都在 P_3 对应组,不过,超过12个数据位时,则需用5个校验位。

从表7.1中可看出,每一个数据位至少要参与两组奇偶校验位的生成,例如,M_5 与第1组(P_1)和第4组(P_4)有关,M_7 与第1组(P_1)、第2组(P_2)和第4组(P_4)有关。而且,同一组中只有一个校验位 P_i,因此,可对同一组各位进行奇偶校验,生成对应的校验位 P_i。

3. 校验位的生成和检错、纠错

分组完成后,就可对每组采用相应的奇(偶)校验,以得到相应的一个校验位。假定有 10 个数据位,即 $M=M_{10}M_9M_8M_7M_6M_5M_4M_3M_2M_1$,采用偶校验,则 4 个校验位与 10 个数据位之间存在如下关系:

$$P_1 = M_1 \oplus M_2 \oplus M_4 \oplus M_5 \oplus M_7 \oplus M_9$$
$$P_2 = M_1 \oplus M_3 \oplus M_4 \oplus M_6 \oplus M_7 \oplus M_{10}$$
$$P_3 = M_2 \oplus M_3 \oplus M_4 \oplus M_8 \oplus M_9 \oplus M_{10}$$
$$P_4 = M_5 \oplus M_6 \oplus M_7 \oplus M_8 \oplus M_9 \oplus M_{10}$$

根据上面的公式,可以求出每一组对应的校验位 $P_i(i=1,2,3,4)$。数据 M 和校验位 P 一起被存储。读出后的数据 M' 通过上述同样的公式生成得到新的校验位 P',然后将读出后的校验位 P'' 与新生成的校验位 P' 按位进行异或操作,得到故障字 $S=S_4S_3S_2S_1$,根据 S 的值可以确定是否发生了错误,并且在发生错误时能确定是校验位发生错误还是哪个数据位发生了错误。

下面举例说明具体的检错、纠错过程。

例 7.1 假定一个 7 位数据 M 为 $M_7M_6M_5M_4M_3M_2M_1=1101010$,其对应的校验位为 P,M 和 P 被存储或经传送后得到的新数据和新校验码分别为 M' 和 P''。要求分别求出以下情况下的故障字并验证其正确性。

(1) $M'=1101010$,$P''=0011$。

(2) $M'=1111010$,$P''=0011$。

(3) $M'=1101010$,$P''=1011$。

解: 7 个数据位和 4 个校验位构成的码字排列为 $M_7M_6M_5P_4M_4M_3M_2P_3M_1P_2P_1$,得到数据 M 的校验位 P 中相应各位的取值如下:

$$P_1 = M_1 \oplus M_2 \oplus M_4 \oplus M_5 \oplus M_7 = 0 \oplus 1 \oplus 1 \oplus 0 \oplus 1 = 1$$
$$P_2 = M_1 \oplus M_3 \oplus M_4 \oplus M_6 \oplus M_7 = 0 \oplus 0 \oplus 1 \oplus 1 \oplus 1 = 1$$
$$P_3 = M_2 \oplus M_3 \oplus M_4 = 1 \oplus 0 \oplus 1 = 0$$
$$P_4 = M_5 \oplus M_6 \oplus M_7 = 0 \oplus 1 \oplus 1 = 0$$

(1) 当 $M'=1101010$,$P''=0011$ 时,因为 $M'=M$,说明数据无错,故障字 S 应为 0。验证如下:因 $M'=M$,故 $P'=P$,同时 $P''=P$,因此故障字 $S=P''\oplus P'=P\oplus P=0000$。

(2) 当 $M'=1111010$,$P''=0011$ 时,说明数据第 5 位(M_5)错,故障字 S 应该为 9。验证如下。

对 M' 生成新的校验位 P' 为

$$P'_1 = M'_1 \oplus M'_2 \oplus M'_4 \oplus M'_5 \oplus M'_7 = 0 \oplus 1 \oplus 1 \oplus 1 \oplus 1 = 0$$
$$P'_2 = M'_1 \oplus M'_3 \oplus M'_4 \oplus M'_6 \oplus M'_7 = 0 \oplus 0 \oplus 1 \oplus 1 \oplus 1 = 1$$
$$P'_3 = M'_2 \oplus M'_3 \oplus M'_4 = 1 \oplus 0 \oplus 1 = 0$$
$$P'_4 = M'_5 \oplus M'_6 \oplus M'_7 = 1 \oplus 1 \oplus 1 = 1$$

因此,故障字 S 为

$$S_1 = P'_1 \oplus P''_1 = 0 \oplus 1 = 1$$
$$S_2 = P'_2 \oplus P''_2 = 1 \oplus 1 = 0$$

$$S_3 = P_3' \oplus P_3'' = 0 \oplus 0 = 0$$
$$S_4 = P_4' \oplus P_4'' = 1 \oplus 0 = 1$$

根据故障字的值 1001，可以判断出发生错误的位是在 11 位码字的第 1001 位(即第 9 位)，在这一位上排列的是数据位 M_5，所以验证正确。纠错时，只要将码字的第 9 位(即第 5 个数据位)取反即可。

（3）当 $M' = 1101010$，$P'' = 1011$ 时，说明数据 M 无错，校验位 P_4 错，故障位 S 应为 8。验证如下。

因为 $M' = M$，所以 $P' = P$，故障位 S 为

$$S_1 = P_1' \oplus P_1'' = 1 \oplus 1 = 0$$
$$S_2 = P_2' \oplus P_2'' = 1 \oplus 1 = 0$$
$$S_3 = P_3' \oplus P_3'' = 0 \oplus 0 = 0$$
$$S_4 = P_4' \oplus P_4'' = 0 \oplus 1 = 1$$

根据故障字的值 1000，可以判断出发生错误的位是在 11 位码字的第 1000 位(即第 8 位)，在这一位上排列的是校验位 P_4，所以验证正确。这种情况下无须纠错。

从上述数据位数 $n = 8$、校验位数 $k = 4$ 的分组情况来看，如果两个数据有一位不同，那么由于该位至少要参与两组校验位的生成，因而至少会引起两个校验位的不同，再加上数据位本身一位的不同，所以其码距 $d = 3$。根据码距与检错、纠错能力的关系可知，这种码制只能对单个位出错情况进行定位和纠错，因此被称为单纠错码(SEC)。

若校验码同时具有发现两位错和纠正一位错的能力，则称为单纠错和双检错码(SEC-DED)，简称"纠一检二"码。若要使上述介绍的单纠错码成为 SEC-DED 码，则码距需扩大到 $d = 4$。为此，还需要增加一位校验位 P_5，可将 P_5 排列在码字的最前面，加入 P_5 后的排列顺序为

$$P_5 M_8 M_7 M_6 M_5 P_4 M_4 M_3 M_2 P_3 M_1 P_2 P_1$$

此外，还必须使得数据中的每一位都参与至少 3 个校验位的生成，从表 7.1 中可看出，除了 M_4 和 M_7 参与了 3 个校验位的生成外，其余位都只参与了两个校验位的生成，因此可将这些位加入到 P_5 所在的组中，得到以下公式：

$$P_5 = M_1 \oplus M_2 \oplus M_3 \oplus M_5 \oplus M_6 \oplus M_8$$

这样，当任意一个数据位发生错误时，必将引起 3 个校验位发生变化，所以码距为 4。

引入 P_5 后，故障字 S 也增加了一位，即 $S = S_5 S_4 S_3 S_2 S_1$，按照类似的方法可以求出故障字 S 中各位的值，根据 $S_5 S_4 S_3 S_2 S_1$ 的取值情况，即可按照相应规则发现两位错并纠正一位错。

早期的固态硬盘(SSD)采用海明码进行检错和纠错。对 SSD 进行海明码校验时，通常会将一页分成两组数据，各自进行检错和纠错。例如，对于页大小为 512B 的页，将被分成两个 256B 的数据组。每组数据都是 256 行 × 8 列的矩阵，分别对矩阵中的行 $R_0 \sim R_{255}$ 和列 $C_0 \sim C_7$ 计算出 16 位行校验位 $RP_0 \sim RP_{15}$ 和 6 位列校验位 $CP_0 \sim CP_5$。

6 位列校验位 $CP_0 \sim CP_5$ 分成 3 组(组号 $i = 0, 1, 2$)，第 i 组的两个列校验位为 $CP_{2i} \sim CP_{2i+1}$。对于第 i 组，将 $C_0 \sim C_7$ 列按每隔 2^i 列划分成 $8/2^i$ 路，偶数路中的所有数据按位异或生成校验位 CP_{2i}，奇数路中的所有数据按位异或生成校验位 CP_{2i+1}。例如，当 $i = 1$ 时，对应的列校验位为 CP_2 和 CP_3，按每隔 2^1 列对 $C_0 \sim C_7$ 列进行划分，可划分成 $8/2 = 4$

路,第 0 路为 C_0 和 C_1、第 1 路为 C_2 和 C_3、第 2 路为 C_4 和 C_5、第 3 路为 C_6 和 C_7,将第 0 路和第 2 路中所有列的每一位数字按位异或即可生成 CP_2,将第 1 路和第 3 路中所有列的每一位数字按位异或即可生成 CP_3。

16 位行校验位 $RP_0 \sim RP_{15}$ 分成 8 组(组号 $i = 0 \sim 7$),与列校验位类似,每组两个行校验位为 $RP_{2i} \sim RP_{2i+1}$。对于第 i 组,将行 $R_0 \sim R_{255}$ 按每隔 2^i 行划分成 $256/2^i$ 路,偶数路中的所有数据按位异或生成校验位 RP_{2i},奇数路中的所有数据按位异或生成校验位 RP_{2i+1}。

16 个行校验位占两字节,6 个列校验位再加两位 1 构成一字节,由 3 字节组成 ECC 信息。SSD 的页中除了包含 512B 或 4KiB 大小的数据区外,还有一个 OOB(out-of-band)区,用于记录 ECC 信息等元数据。以 K9F1208 SSD 为例,每页包含 512 字节的数据区和 16 字节的 OOB 区。写某页时,会将该页数据对应的 ECC 信息计算出来,并写入 OOB 区。在读该页信息时,则重新计算该页数据对应的 ECC 信息,并和记录在 OOB 区中的原 ECC 信息进行比较运算,根据运算结果进行数据检/纠错。

随着 NAND 闪存制造工艺的不断发展,要求控制芯片的纠错能力越来越高。因为海明码只能纠正 1 位错或检测 2 位错,因此,采用纠错能力不强的海明码进行检错和纠错,已不能满足要求,需要采用纠错能力更高的 BCH 码,甚至开始由 BCH 码向低密度奇偶校验码 LDPC 过渡来增加使用寿命。关于 BCH 码和 LDPC 码的概念请参考有关资料。

*7.4.4　循环冗余校验码

循环冗余校验码(cyclic redundancy check)简称 CRC 码,是一种具有较强检错、纠错能力的校验码,常用于外存储器的数据校验,在计算机通信中也被广泛采用。在数据传输中,奇偶校验码是在每个字符信息后增加一位奇偶校验位来进行数据校验的,这样对大批量传输的数据进行校验时,会增加大量的额外开销,尤其是在网络通信中,传输的数据信息都是二进制比特流,因而没有必要将数据再分解成一个个字符,这样也就无法采用奇偶校验码,因此,通常采用 CRC 码进行校验。

前面所介绍的奇偶校验码和海明校验码都是以奇偶检测为手段的,而循环冗余校验码则是通过某种数学运算来建立数据和校验位之间的约定关系。因为 CRC 码的编码原理复杂,本书仅对其编码方式和实现过程作简单介绍,而不详细进行数学推导。

1. CRC 码的检错方法

假设要进行校验的数据信息 $M(x)$ 为一个 n 位的二进制数据,将 $M(x)$ 左移 k 位后,用一个约定的生成多项式 $G(x)$ 与之相除,$G(x)$ 是一个 $k+1$ 位的二进制数,相除后得到的 k 位余数就是校验位。这些校验位拼接到 $M(x)$ 的 n 位数据后面,形成一个 $n+k$ 位的代码,称这个代码为循环冗余校验码(CRC 码),也称 $(n+k, n)$ 码,如图 7.22 所示。一个 CRC 码一定能被生成多项式整除,所以当数据和校验位一起送到接收端后,只要将接收到的数据和校验位用同样的生成多项式相除,如果正好除尽,表明没有发生错误;若除不尽,则表明某些数据位发生了错误。

2. 校验位的生成

下面用一个例子来说明校验位的生成过程。假设要传送的数据信息为 100011,数据信息位数 $n = 6$,对应报文多项式为 $M(x) = x^5 + x + 1$。若约定的生成多项式为 $G(x) = x^3 + 1$,即生成多项式位数为 4 位,则校验位位数 $k = 3$。生成校验位时,用 $x^3 M(x)$ 去除以

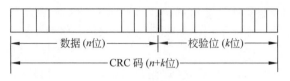

图 7.22　CRC 码的组成

$G(x)$，相除时采用"模 2 运算"的多项式除法，不考虑加法进位和减法借位。进行模 2 除法时，上商的原则是当部分余数首位是 1 时上商为 1，反之上商为 0。然后按模 2 相减原则求得最高位后面几位的余数。这样当被除数逐步除完时，最后的余数位数比除数少一位。得到的余数就是校验码，本例中最终的余数有 3 位。

图 7.23 说明了利用"模 2"多项式除法计算 $x^3 M(x) \div G(x)$ 的过程。

$$x^3 M(x) \div G(x) = (x^8 + x^4 + x^3) \div (x^3 + 1)$$

```
        100111                      100111                      101110
   ┌─────────────              ┌─────────────              ┌─────────────
1001)100011000             1001)100011111             1001)101011111
     1001                        1001                       1001
     ─────                       ─────                       ─────
     0011                        0011                        0111
     0000                        0000                        0000
     ─────                       ─────                       ─────
     0111                        0111                        1111
     0000                        0000                        1001
     ─────                       ─────                       ─────
     1110                        1111                        1101
     1001                        1001                        1001
     ─────                       ─────                       ─────
     1110                        1101                        1001
     1001                        1001                        1001
     ─────                       ─────                       ─────
     1110                        1001                        0001
     1001                        1001                        0000
     ─────                       ─────                       ─────
      111                         000                         001
```

(a) 计算校验位　　　　　(b) 余数为0，数据正确　　　　　(c) 余数不为0，数据不正确

图 7.23　CRC 的校验位计算及验证

图 7.23(a)计算出的校验位为 111，CRC 码为 100011 111。如果要检查 CRC 码，可将 CRC 码用同一个多项式相除，若余数为 0，则说明无错；若余数不为 0，则说明有错。例如，若接收方的 CRC 码与发送方一致，即同为 100011 111 时，用同一个多项式相除后余数为 0，如图 7.23(b)所示；若接收方的 CRC 码有一位出错而变为 101011 111 时，用同一个多项式相除后余数不为 0，如图 7.23(c)所示。

3. CRC 码的纠错

当接收方将收到的 CRC 码用约定的生成多项式 $G(x)$ 去除，发现余数不为 0 时，需要判断出错的位置。不同的出错位置其余数不同，而且对于不同的码字，在有确定的码制与生成多项式情况下，只要出错位置相同，则余数一定相同。例如，表 7.2 给出了(7,4)循环码中两种不同的码字，其中加粗的是出错位。可以看出其出错位置与余数的关系是相同的。如果 CRC 码中有一位出错，用特定的 $G(x)$ 进行模 2 除，则会得到一个不为 0 的余数。若对余数补 0 后继续除下去，则会出现一个有趣的现象：各次余数将会按照一个特定的顺序循

环。如在表 7.2 所示的例子中，若将第 7 位出错时对应的余数 001 后面补 0，继续再除一次，则会得到新余数 010，在 010 后补 0，继续再除一次，则会得到下一个余数 100，如此继续下去，依次得到 011，110，111，…，反复循环。这是被称为"循环"冗余码的原因。

表 7.2　码字、余数和出错位的关系

码 字 举 例														余　数	出错位
D_1	D_2	D_3	D_4	P_1	P_2	P_3	D_1	D_2	D_3	D_4	P_1	P_2	P_3		
正确															
1	0	1	0	0	1	1	1	0	1	1	0	0	0	000	无
错误															
1	0	1	0	0	1	0	1	0	1	1	0	0	1	001	7
1	0	1	0	0	0	1	1	0	1	1	0	1	0	010	6
1	0	1	0	1	1	1	1	0	1	1	1	0	0	100	5
1	0	1	1	0	1	1	1	0	1	0	0	0	0	011	4
1	0	0	0	0	1	1	1	0	0	1	0	0	0	110	3
1	1	1	0	0	1	1	1	1	1	1	0	0	0	111	2
0	0	1	0	0	1	1	0	0	1	1	0	0	0	101	1

在网络通信中，通常数据位数 n 相当大，由几千个二进位构成一帧数据，因此，通常使用 CRC 码来检测错误，发现错误则告知发送方要求重发，不用 CRC 来纠正错误。因此，只要在接收方用约定的生成多项式进行模 2 除后，判断余数是否为 0 就行了。

7.5　高速缓冲存储器

通过提高存储芯片本身的速度或采用多模块存储器结构可以缓解 CPU 和主存之间的速度匹配问题。除了这两种方法以外，在 CPU 和主存之间设置高速缓存(cache)也可以提高 CPU 访问指令和数据的速度。

7.5.1　程序访问的局部性

对大量典型程序运行情况分析的结果表明，在较短的时间间隔内，程序产生的地址往往集中在存储器的一个很小的范围，这种现象称为程序访问的局部性，包括时间局部性和空间局部性。时间局部性是指被访问的某个存储单元在一个较短的时间间隔内很可能又被访问；空间局部性是指被访问的某个存储单元的邻近单元在一个较短的时间间隔内很可能也被访问。

出现程序访问的局部性特征的原因不难理解。因为程序是由指令和数据组成的。指令在主存中按顺序存放，其地址连续，循环程序段或子程序段通常被重复执行，因此，指令的访问具有明显的局部化特性；而数据在主存中一般也是连续存放，特别是数组元素，常常被按序重复访问，因此，数据也具有明显的访问局部化特征。

例如，以下是一个高级语言程序段：

```
sum=0;
for(i=0; i<n; i++)
    sum+=a[i];
```

```
        * v=sum;
```

对应的汇编程序段可由以下 10 条指令(I0～I9)组成：

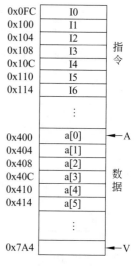

```
I0          sum←0
I1          ap←A              ;A 是数组的起始地址
I2          i←0
I3          if(i>=n) goto done
I4  loop: t←(ap)             ;数组元素 a[i]的值
I5          sum←sum+t         ;累加值在 sum 中
I6          ap←ap+4           ;计算下一个数组元素的地址
I7          i←i+1
I8          if(i<n) goto loop
I9  done: V←sum              ;累加结果保存至地址 V
```

图 7.24　指令和数组在主存中存放

上述描述中的 sum、ap、i、n、t 均为通用寄存器，A 和 V 为主存地址。假定每条指令占 4 字节，每个数组元素占 4 字节，按字节编址，则指令和数组元素在主存中的存放情况如图 7.24 所示。

从图 7.24 可看出，在程序执行过程中，首先指令按 I0～I3 的顺序执行，然后，指令 I4～I8 按顺序被循环执行 n 次。只要 n 足够大，程序在一段时间内，就一直在该局部区域内执行。对于取指令来说，程序对主存的访问过程为

$$0x0FC(I0) \rightarrow 0x108(I3) \rightarrow 0x10C(I4) \rightarrow 0x11C(I8) \rightarrow 0x120(I9)。$$
$$\underbrace{\qquad}_{n次}$$

上述程序对数组的访问在指令 I4 中进行，数组下标每次加 4，按每次 4 字节连续访问主存。因为数组在主存中连续存放，因此，该程序对数据的访问过程是：$0x400 \rightarrow 0x404 \rightarrow 0x408 \rightarrow 0x40C \rightarrow \cdots \rightarrow 0x7A4$。由此可见，在一段时间内，访问的数据也在局部的连续区域内。

为了更好地利用程序访问的空间局部性，通常把当前访问单元以及邻近单元作为一个主存块一起调入 cache。这个主存块的大小以及程序对数组元素的访问顺序等都对程序的性能有一定的影响。

例 7.2　假定数组元素按行优先方式存放在主存中，则以下两段伪代码程序段 A 和 B 中，(1) 对于数组 a 的访问，哪一个空间局部性更好？哪一个时间局部性更好？(2)变量 sum 的空间局部性和时间局部性各如何？(3)对于指令访问来说，for 循环体的空间局部性和时间局部性如何？

程序段 A：

```
1  int sum-array-rows(int a[M][N])
2  {
3    int i, j, sum=0;
4    for(i=0; i<M; i++)
5      for(j=0; j<N; j++)
6          sum+=a[i][j];
```

```
7    return sum;
8  }
```

程序段 B:

```
1  int sum-array-cols(int a[M][N])
2  {
3      int i, j, sum=0;
4      for(j=0; j<N; j++)
5          for(i=0; i<M; i++)
6              sum+=a[i][j];
7      return sum;
8  }
```

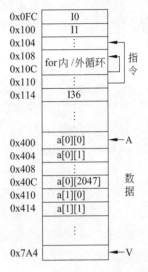

地址	内容	
0x0FC	I0	
0x100	I1	
0x104		
0x108	for内/外循环	指令
0x10C		
0x110		
0x114	I36	

0x400	a[0][0]	A
0x404	a[0][1]	
0x408		
0x40C	a[0][2047]	数据
0x410	a[1][0]	
0x414	a[1][1]	

| 0x7A4 | | V |

图 7.25　指令和二维数组在
主存中的存放情况

解：假定 M、N 都为 2048,按字节编址,每个数组元素占 4 字节,则指令和数据在主存中的存放情况如图 7.25 所示。

（1）对于数组 a 的访问,程序段 A 和 B 的空间局部性相差较大。

程序 A 对数组 a 的访问顺序为 a[0][0],a[0][1],…,a[0][2047];a[1][0],a[1][1],…,a[1][2047];…。由此可见,访问顺序与存放顺序是一致的,故空间局部性好。

程序 B 对数组 a 的访问顺序为 a[0][0],a[1][0],…,a[2047][0];a[0][1],a[1][1],…,a[2047][1];…。由此可见,访问顺序与存放顺序不一致,每次访问都要跳过 2048 个数组元素,即 8192 个单元,若主存与 cache 的交换单位小于 8KB,则每次装入一个主存块到 cache 时,下个要访问的数组元素总不能被装入 cache,因而没有空间局部性。

时间局部性在程序段 A 和 B 中都较差,因为每个数组元素都只被访问一次。

（2）对于变量 sum,在程序段 A 和 B 中的访问局部性是一样的。空间局部性对单个变量来说没有意义;而时间局部性在 A 和 B 中都较好,因为 sum 变量在 A 和 B 的每次循环中都要被访问。不过,通常编译器都将其分配在寄存器中,循环执行时只要取寄存器的内容进行运算,最后再把寄存器的内容写回到存储单元中。

（3）对于 for 循环体,程序段 A 和 B 中的访问局部性是一样的。因为循环体内指令按序连续存放,所以空间局部性好;内循环体被连续重复执行 2048×2048 次,因此时间局部性也好。

从上述分析可以看出,虽然程序段 A 和 B 的功能相同,但因为内、外两重循环的顺序不同而导致两者对数组 a 访问的空间局部性相差较大,从而带来执行时间的不同。曾有人将这两个程序（$M=N=2048$）放在 2GHz Pentium 4 上执行以进行比较,其实际运行结果为：程序段 A 的执行只需要 59 393 288 个时钟周期,而程序段 B 则需要 1 277 877 876 个时钟周期。程序段 A 比程序段 B 快了将近 20.5 倍!

7.5.2　cache 的基本工作原理

cache 是一种小容量高速缓冲存储器,由快速的 SRAM 组成,直接制作在 CPU 芯片内,速度几乎与 CPU 一样快。在 CPU 和主存之间设置 cache,把主存中被频繁访问的程序块和数据块复制到 cache 中。由于程序访问的局部性,大多数情况下,CPU 能直接从 cache 中取得指令和数据,而不必访问主存。

为便于 cache 和主存间交换信息,cache 和主存空间都被划分为相等的区域。主存中的区域称为块(block),也称为主存块,它是 cache 和主存之间的信息交换单位;cache 中存放一个主存块的区域称为行(line)或槽(slot)。

1. cache 的有效位

在系统启动或复位时,每个 cache 行都为空,其中的信息无效,只有装入了主存块后信息才有效。为了说明 cache 行中的信息是否有效,每个 cache 行需要一个有效位(valid bit)。

有了有效位,就可通过将有效位清零来淘汰某 cache 行中的主存块,称为冲刷(flush),装入一个新主存块时,再使有效位置 1。

2. CPU 在 cache 中的访问过程

CPU 执行程序过程中,需要从主存中取指令或读数据时,先检查 cache 中有没有要访问的信息,若有,就直接从 cache 中读取,而不用访问主存;若没有,再从主存中把当前访问信息所在的一个主存块复制到 cache 中,因此,cache 中的内容是主存中部分内容的副本。

图 7.26 给出了带 cache 的 CPU 执行一次访存操作的过程。

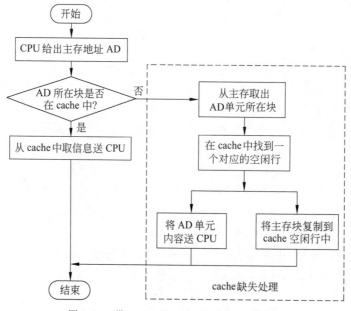

图 7.26　带 cache 的 CPU 的访存操作过程

如图 7.26 所示,整个访存过程包括判断信息是否在 cache 中,从 cache 中取信息或从主存中取一个主存块到 cache 等工作,当对应 cache 行已满而找不到空闲行时,还要选择将某 cache 行中的信息替换到主存,以使新的主存块能够存放到该 cache 行中。这些工作要求在一条指令执行过程中完成,因而只能由硬件来实现。因此,cache 对程序员来说是透明的,程序员编程时不用考虑信息存放在主存中还是在 cache 中。

3. cache-主存层次的平均访问时间

如图 7.26 所示,在访存过程中,需要判断所访问信息是否在 cache 中。若在 cache 中,则称 cache 命中(hit),命中的概率称为命中率 p(hit rate),它等于命中次数与访问总次数之比;若不在 cache 中,则为不命中(miss)[①],其概率称为缺失率(miss rate),它等于不命中次数与访问总次数之比。命中时,CPU 在 cache 中直接存取信息,所用的时间开销就是访问 cache 的时间 T_c,称为命中时间(hit time);缺失时,需要从主存读取一个主存块送 cache,同时将所需信息送 CPU,因此,所用时间开销为访问主存的时间 T_m 和 T_c 之和。通常把从主存读入一个主存块到 cache 的时间 T_m 称为缺失损失(miss penalty)。

CPU 在 cache-主存层次的平均访问时间为

$$T_a = p \times T_c + (1-p) \times (T_m + T_c) = T_c + (1-p) \times T_m$$

由于程序访问的局部性特点,cache 的命中率可以达到很高,接近于 1。因此,虽然 $T_m \gg T_c$,但最终的平均访问时间仍可接近 T_c。

例 7.3 假定处理器时钟周期为 2ns,某程序有 1000 条指令组成,每条指令执行一次,其中的 4 条指令在取指令时,没有在 cache 中找到,其余指令都能在 cache 中取到。在执行指令过程中,该程序需要进行 900 次主存数据访问,其中,6 次没有在 cache 中找到。试问:

(1) 执行该程序得到的 cache 命中率是多少?

(2) 若 cache 中存取一个信息的时间为 1 个时钟周期,缺失损失为 4 个时钟周期,则 CPU 在 cache-主存层次的平均访问时间为多少?

解:(1) 执行该程序时的总访问次数为 $1000 + 900 = 1900$,未命中次数为 $4 + 6 = 10$,故 cache 命中率为 $(1900 - 10)/1900 \approx 99.47\%$。

(2) cache-主存层次的平均访问时间为 $1 + (1 - 99.47\%) \times 4 = 1.02$ 个时钟周期,即 $1.02 \times 2\text{ns} = 2.04\text{ns}$,与 cache 的访问时间相近。

7.5.3 cache 行和主存块之间的映射方式

在将主存块复制到 cache 行时,主存块和 cache 行之间必须遵循一定的映射规则。这样,CPU 要访问某个主存单元时,可依据映射规则到 cache 对应的行中查找信息,而不用在整个 cache 中查找。

根据不同的映射规则,主存块和 cache 行之间有以下 3 种映射方式。

(1) 直接(direct):每个主存块映射到 cache 的固定行中。

(2) 全相联(full associate):每个主存块映射到 cache 的任意行中。

(3) 组相联(set associate):每个主存块映射到 cache 固定组的任意行中。

1. 直接映射

直接映射的基本思想是把主存的每一块映射到固定的一个 cache 行中,也称模映射,其映射关系如下:

$$\text{cache 行号} = \text{主存块号 mod cache 行数}$$

例如,假定 cache 共有 16 行,根据 $100 \bmod 16 = 4$ 可知,主存第 100 块应映射到 cache 的第 4 行中。

通常 cache 的行数是 2 的 n 次幂,假定 cache 有 2^c 行,主存有 2^m 块,即以 m 位主存块号中低 c 位作为对应的 cache 行号来进行 cache 映射,即主存块号的低 c 位正好是它要装入

---

① 注:国内教材对"不命中"的说法有多种,如"失效""失靶""缺失"等,其含义一样,本书使用"缺失"一词。

的 cache 行号。在 cache 中,给每一个行设置一个 t 位长的标记(tag),此处 $t=m-c$,主存某块调入 cache 后,就将其块号的高 t 位设置在对应 cache 行的标记中。根据以上分析可知,主存地址被分成以下 3 个字段:

标记	cache 行号	块内地址

其中,高 t 位为标记,中间 c 位为 cache 行号(也称行索引),剩下的低位地址为块内地址。

如图 7.27(a)所示,直接映射方式下,每 2^c 个主存块一对一映射到 cache 的 2^c 个行中,CPU 访存过程如图 7.27(b)所示。

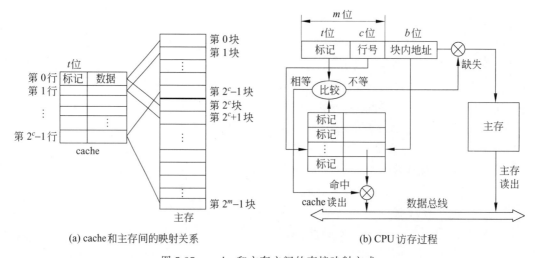

(a) cache 和主存间的映射关系   (b) CPU 访存过程

图 7.27   cache 和主存之间的直接映射方式

访存过程如下:首先根据主存地址中间的 c 位,直接找到对应的 cache 行,将对应 cache 行中的标记和主存地址的高 t 位标记进行比较,若相等并有效位为 1,则访问 cache 命中,此时,根据主存地址中低位的块内地址,在对应的 cache 行中存取信息;若不相等或有效位为 0,则不命中(缺失),此时,CPU 从主存中读出该地址所在的一块信息送到对应的 cache 行中,将有效位置 1,并将标记设置为地址中的高 t 位,同时将该地址中的内容送 CPU。

例 7.4   假定主存和 cache 之间采用直接映射的方式,块大小为 1B。cache 数据区容量为 4B,主存地址为 32 位,按字节编址。问:主存地址如何划分?根据程序访问的局部性原理说明块大小设置为 1B 时的缺陷。

解:块大小为 1B,故块内无须寻址,即块内地址位数为 0。cache 的数据区容量为 4B,共 4 行。因此,32 位主存地址被划分为两个字段:标记位数 $t=30$,行号位数 $c=2$。

块大小设置为 1B 会产生以下两方面的问题。

(1) 邻近单元很可能被访问,但由于没有跟着该字节调入 cache,因此邻近单元的访问会发生缺失。也就是说,块大小为 1B 时,程序访问的空间局部性没有被利用。

(2) 在 cache 行数不变的情况下,块太小使得映射到同一个 cache 行的主存块数增加,发生冲突的概率增大,引起频繁信息交换。

例 7.5   假定主存和 cache 之间采用直接映射方式,块大小为 512B。cache 数据区容量为 8KB,主存空间大小为 1MB。问:主存地址如何划分?要求用图表示主存块和 cache 行之间的映射关系,假定 cache 当前为空,说明 CPU 对主存单元 0240CH 的访问过程。

解:cache 数据区容量为 8KB=2^{13}B=16 行×512B/行。因为主存的每 16 块和 cache 的 16 行一一对应,所以可将主存的每 16 块看成一个块群,因而,得到主存空间地址划分为 1MB=2^{20}B=128 块群×16 块/块群×512B/块。因此,主存地址位数 $n=20$,标记位数 $t=7$,行号位数 $c=4$,块内地址位数为 9。

主存地址划分以及主存块和 cache 行的对应关系如图 7.28 所示。

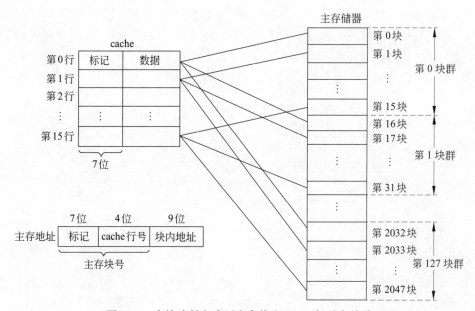

图 7.28　直接映射方式下主存块和 cache 行对应关系

主存地址 0240CH 展开为二进制数为 0000 0010 0100 0000 1100,划分为以下 3 部分:

0000 001	0010	0 0000 1100

该地址所在块号是 0000 001 0010(第 18 块),所属块群号为 0000 001(第 1 块群),映射到的 cache 行号为 0010(第 2 行)。

访问 0240CH 单元的过程如下,首先根据地址中间 4 位 0010,找到 cache 第 2 行,因为 cache 为空,所以每个 cache 行的有效位都为 0,因此,不管第 2 行的标志是否等于 0000 001,都不命中。此时,将 0240CH 单元所在的第 18 块复制到 cache 第 2 行,并置有效位为 1,置标记为 0000 001(表示信息取自主存第 1 块群中对应的主存块)。

例 7.6　假定主存和 cache 之间采用直接映射方式,块大小为 16B。cache 的数据区容量为 64KB,主存地址为 32 位,按字节编址。问:主存地址如何划分?说明访存过程,并计算 cache 总容量为多少。

解:cache 数据区容量为 64KB=2^{16}B=2^{12}行×2^4B/行。

因为主存的每 2^{12}块和 cache 的 2^{12}行一一对应,所以可将主存的每个 2^{12}块看成一个块群。主存地址位数 $n=32$,主存地址空间划分为 2^{32}B=2^{28}块×2^4B/块=2^{16}块群×2^{12}块/块群×2^4B/块。因此,标记位数 $t=16$,行号位数 $c=12$,块内地址位数为 4。

主存地址的划分以及访存过程实现如图 7.29 所示。图中 tag 表示标记字段;index 表示 cache 行索引,即行号;块内地址分为两部分:高两位(word 字段)为字偏移量、低两位(byte 字段)为字节偏移量。hit 表示命中。

整个访存过程由硬件实现,分为以下 5 个步骤:①根据 12 位 cache 行索引找到对应行;②将 16 位标志与对应行中的标志进行比较;③比较相等并有效位为 1 时,输出 hit 为 1;④由两位字偏移量从 4 个 32 位字中选择一个字输出;⑤由两位字节偏移量从 1 个 32 位字中选择一字节输出。CPU 在 hit 为 1 的情况下,根据要访问的是字还是字节选择从第④步还是第⑤步得到结果。若 hit 不为 1,则 CPU 要启动一次"cache 行读"总线事务操作,通过总线到主存读一块连续的信息到 cache 行中。

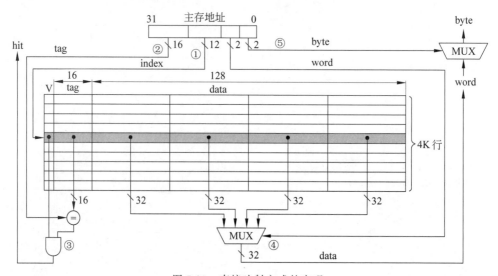

图 7.29　直接映射方式的实现

从图 7.29 中可看出,每个 cache 行由一位有效位 V、16 位标记(tag)和 4 个 32 位的数据(data)组成,共有 $2^{12}=4K$ 行,因此,cache 的总容量为 $2^{12}\times(4\times32+16+1)=4K\times145=580Kbits=72.5KB$。其中,数据占总容量的 64KB/72.5KB=88.3%。

直接映射的优点是容易实现,命中时间短,但由于是多对一的映射,会引起频繁的调进调出。例如,在例 7.5 中,若需将主存第 0 块与第 16 块同时调入 cache,由于它们都只对应 cache 第 0 行,即使其他行空闲,也总有一个主存块不能调入 cache。很显然,直接映射方式不够灵活,使得 cache 存储空间得不到充分利用,命中率较低。

2. 全相联映射

全相联映射的基本思想是一个主存块可装入 cache 任意一行中。在全相联映射 cache 中,每行的标记用于指出该行取自主存的哪个块。因为一个主存块可能在任意一个 cache 行中,所以,需要比较所有 cache 行的标记,因此,主存地址中无须 cache 行索引,只有标记和块内地址两个字段。全相联映射方式下,只要有空闲 cache 行,就不会发生冲突,因而块冲突概率低。

例 7.7　假定主存和 cache 之间采用全相联映射,块大小为 512B,按字节编址。cache 数据区容量为 8KB,主存地址空间为 1MB。问:主存地址如何划分? 要求用图表示主存块和 cache 行之间的映射关系,并说明 CPU 对主存单元 0240CH 的访问过程。

解:cache 数据区容量为 $8KB = 2^{13}B = 2^4$ 行 $\times 512B/$行;主存地址空间为 $1MB = 2^{20}B = 2^{11}$ 块 $\times 512B/$块。

20 位的主存地址划分为两个字段:标记字段,位数 $t = 11$;块内地址字段,位数为 9。

主存地址划分以及主存块和 cache 行之间的对应关系如图 7.30 所示。

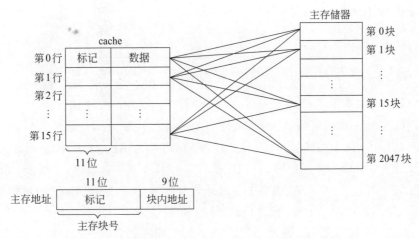

图 7.30 全相联映射方式下主存块和 cache 行对应关系

主存地址 0240CH 展开成二进制数为 0000 0010 0100 0000 1100,所以主存地址划分为

0000 0010 010	0 0000 1100

访问 0240CH 单元的过程如下,首先将高 11 位标记 0000 0010 010 与 cache 中每个行的标记进行比较,若有一个相等并且对应有效位为 1,则命中,此时,CPU 根据块内地址 0 0000 1100 从该行中取出信息;若都不相等,则不命中,此时,需要将 0240CH 单元所在的主存第 0000 0010 010 块(即第 18 块)复制到 cache 的任何一个空闲行中,并置有效位为 1,置标记为 0000 0010 010(表示信息取自主存第 18 块)。

为了加快比较的速度,通常每个 cache 行都设置一个比较器,比较器位数等于标记字段的位数。全相联 cache 访存时根据标记字段的内容来查找 cache 行中的主存块,因而它查找主存块的过程是一种"按内容访问"的存取方式,因此,它是一种"相联存储器"。全相联映射方式的时间开销和所用元件开销都较大,实现起来比较困难,不适合容量较大的 cache。

3. 组相联映射

直接映射和全相联映射的优缺点正好相反,二者结合可以取长补短。因此将两种方式结合起来产生了组相联映射方式。

组相联映射的主要思想是,将 cache 所有行分成 2^q 个大小相等的组,每组有 2^s 行。每个主存块被映射到 cache 固定组中的任意一行,即采用组间模映射、组内全映射的方式,映射关系如下:

$$\text{cache 组号} = \text{主存块号 mod cache 组数}$$

例如,假定 8KB 的 cache 划分为 2^3 组 $\times 2^1$ 行/组 $\times 512B/$行,则主存第 100 块应映射到

cache 第 4 组的任意一行中,因为 100 mod 2^3＝4。

如此设置的 2^q 组×2^s 行/组的 cache 映射方式称为 2^s 路组相联映射,即 s＝1 为 2 路组相联,s＝2 为 4 路组相联,以此类推。通过对主存块号取模,使得每 2^q 个主存块与 2^q 个 cache 组一一对应,主存地址空间实际上被分成了若干组群,每个组群中有 2^q 个主存块对应于 cache 的 2^q 个组。假设主存地址有 n 位,块内地址占 k 位,有 2^m 个组群,则 $n＝m＋q＋k$,主存地址被划分为以下 3 个字段:

标记	cache 组号	块内地址

其中,高 m 位为标记,中间 q 位为组号(也称组索引),剩下的 k 位低位地址部分为块内地址。标记字段的含义表示当前地址所在的主存块位于主存中的哪个组群。

例如,假定 cache 数据区容量为 8KB,每个主存块大小为 32B,按字节编址,则块内地址的位数 k＝5;采用 2 路组相联,即每组有 2 行,则 cache 有 8KB/(32B×2)＝128 组,即 q＝7,s＝1。假定主存地址为 32 位,则 m＝32－7－5＝20,即主存共有 2^{20} 个组群,每个组群有 2^7＝128 块,每块有 2^5＝32 字节,因而主存地址划分为标记 20 位、组号 7 位、块内地址 5 位。

s 的选取决定了块冲突的概率和相联比较的复杂性。s 越大,则 cache 发生块冲突的概率越低,相联比较电路越复杂。选取适当的 s,可使组相联映射的成本比全相联的成本低得多,而性能上仍可接近全相联方式。在较早的时候,由于 cache 容量不大,所以通常 s＝1 或 2,即 2 路或 4 路组相联较常用,但随着技术的发展,cache 容量不断增加,s 的值有增大的趋势,目前有许多处理器的 cache 采用 8 路或 16 路组相联方式。

对于组相联 cache,CPU 访存过程如下:首先根据访存地址中间的 q 位 cache 组号,直接找到对应的 cache 组,将对应 cache 组中每个行的标记与主存地址的高 m 位标记进行比较,若有一个相等并且有效位为 1,则访问 cache 命中,此时,根据主存地址中的块内地址,在对应 cache 行中存取信息;若都不相等或虽相等但有效位为 0,则不命中,此时,CPU 从主存中读出该地址所在的一块信息送到 cache 对应组的任意一个空闲行中,将有效位置 1,并设置标记,同时将该地址中的内容送 CPU。

实现组相联映射的硬件线路如图 7.31 所示,图中采用的是 2 路组相联映射的 cache,整个访存过程如下:①根据主存地址中的 cache 组号找到对应组;②将地址中的标记与对应组中每个行的标记 tag 进行比较;③将比较结果和有效位 V 相"与";④若有一路比较相等并且有效位为 1,则输出 hit 为 1,并选中这一路 cache 行中的主存块;⑤在 hit 为 1 的情况下,根据主存地址中的块内地址从选中的一块内取出对应单元的信息,若 hit 不为 1,则 CPU 要到主存中读一块信息到 cache 行中。

例 7.8 假定主存和 cache 之间采用 2 路组相联映射,块大小为 512B,采用字节编址。cache 数据区容量为 8KB,主存地址空间为 1MB。问:主存地址如何划分? 要求用图表示主存块和 cache 行之间的映射关系,并说明 CPU 对主存单元 0240CH 的访问过程。

解:cache 数据容量为 8KB＝2^{13}B＝2^3 组×2^1 行/组×512B/行;主存地址空间为 1MB＝2^{20}B＝2^{11} 块×512B/块＝2^8 组群×2^3 块/组群×2^9B/块。因此,主存地址位数 n＝20,标记位数 m＝8,组号位数 q＝3,块内地址位数 k 为 9。

主存地址划分以及主存块和 cache 行的对应关系如图 7.32 所示。

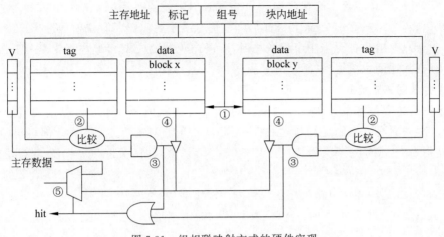

图 7.31　组相联映射方式的硬件实现

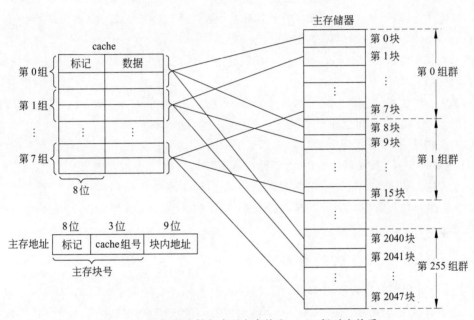

图 7.32　组相联映射方式下主存块和 cache 行对应关系

主存地址 0240CH 展开为二进制数为 0000 0010 0100 0000 1100，所以主存地址划分为

0000 0010	010	0 0000 1100

访问 0240CH 单元的过程如下，首先根据地址中间 3 位 010，找到 cache 第 2 组，将标记 0000 0010 与第 2 组中两个 cache 行的标记同时进行比较，若有一个相等且有效位为 1，则命中。此时，根据低 9 位块内地址从对应行中取出单元内容送 CPU；若都不相等或有一个相等但有效位为 0，则不命中。此时，将 0240CH 单元所在的主存第 0000 0010 010 块（即第 18 块）复制到 cache 第 010 组（即第 2 组）的任意一个空行中，并置有效位为 1，置标记为 0000 0010（表示信息取自主存第 2 组群）。

组相联映射方式结合了直接映射和全相联映射的优点。当 cache 的组数为 1 时,变为全相联映射;当每组只有一个 cache 行时,则变为直接映射。组相联映射的冲突概率比直接映射低,由于只有组内各行采用全相联映射,所以比较器的位数和个数都比全相联映射少,易于实现,查找速度也快得多。

4.3 种映射方式比较

对于一个主存块来说,3 种映射方式下对应 cache 行的个数不同。直接映射是唯一映射,每个主存块只有一个固定行与之对应;全相联映射是任意映射,每个行都可对应;N 路组相联映射有 N 行对应。这种特性可用"关联度"来度量,即关联度指一个主存块映射到 cache 中时可能存放的位置个数。因此,直接映射的关联度最低,为 1;全相联映射的关联度最高,为 cache 的总行数;N 路组相联映射的关联度居中,为 N。

当 cache 大小、主存块大小一定时,关联度和命中率、命中时间、标记所占额外开销等有如下关系。

(1) 关联度越低,命中率越低。因此直接映射命中率最低,全相联映射命中率最高。

(2) 关联度越低,判断是否命中的开销越小,命中时间越短。因此,直接映射的命中时间最短,全相联映射的命中时间最长。

(3) 关联度越低,标记所占额外空间开销越少。因此,直接映射额外空间开销最少,全相联映射额外空间开销最大。

例 7.9 假定主存地址为 32 位,按字节编址,主存块大小为 16B,cache 共有 4K 行,则在关联度分别为 1、2、4 和全相联方式下标记所占总位数是多少?

解:关联度为 1(即直接映射)时,每组 1 行,共 4K 组,标记占 $32-4-12=16$ 位,总位数占 $4K×16=64K$ 位;关联度为 2(即 2 路组相联)时,每组 2 行,共 2K 组,标记占 $32-4-11=17$ 位,总位数占 $4K×17=68K$ 位;关联度为 4(即 4 路组相联)时,每组 4 行,共 1K 组,标记占 $32-4-10=18$ 位,总位数占 $4K×18=72K$ 位;全相联时,整个为 1 组,每组 4K 行,标记占 $32-4=28$ 位,总位数占 $4K×28=112K$ 位。

7.5.4 cache 中主存块的替换算法

cache 行数比主存块数少得多,因此,往往多个主存块会映射到同一个 cache 行中。当新的一个主存块复制到 cache 时,cache 中的对应行可能已经全部被占满,此时,必须选择淘汰掉一个 cache 行中的主存块。例如,对于例 7.8 中的 2 路组相联映射 cache,假定第 0 组的两个行分别被主存第 0 块和第 8 块占满,此时若需调入主存第 16 块,根据映射关系,它只能存放到 cache 第 0 组,因此,已经在第 0 组的主存第 0 块和第 8 块这两块中,必须选择调出其中一块,到底调出哪一块呢? 这就是淘汰策略问题,也称为替换算法或替换策略。

常用的替换算法有先进先出(first in first out,FIFO)、最近最少用(least recently used,LRU)、最不经常用(least frequently used,LFU)和随机替换算法(random)等。可以根据实现的难易程度以及是否能获得较高的命中率两方面来决定采用哪种算法。

1. 先进先出算法

FIFO 算法的基本思想是:总是选择淘汰最早装入 cache 的主存块。这种算法实现起来较方便,但不能正确反映程序的访问局部性,因为最先进入 cache 的主存块也可能是目前经常要用的,因此,这种算法有可能产生较大的缺失率。

2. 最近最少用算法

LRU 算法的基本思想是：总是选择淘汰近期最少使用的主存块。这种算法能比较正确地反映程序的访问局部性，因为当前最少使用的块一般来说也是将来最少被访问的。但它的实现比 FIFO 算法要复杂一些。

下面用一个例子来说明 LRU 算法的具体实现。为简化说明，以下假设组相联方式下不一定满足组大小是 2 的 n 次幂，虽然这样假设与实际不符，但并不影响对实现原理的解释说明。

假定主存中的 5 块{1,2,3,4,5}映射到 cache 的同一组，对于主存块访问地址流{1,2,3,4,1,2,5,1,2,3,4,5}，在 3 路、4 路和 5 路组相联的情况下，采用 LRU 算法的替换过程如图 7.33 所示。

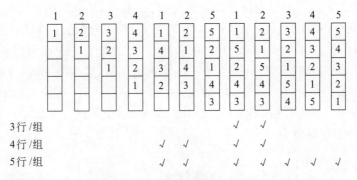

图 7.33　LRU 替换算法示例

从图 7.33 可以看出，在 LRU 算法中，同一时刻小组中的块集合必然是大组中块集合的子集。因此，在小组中命中时在大组中肯定命中，通常把满足这种特性的算法称为栈算法。因此，LRU 算法是栈算法。

当程序中的局部化范围（即某段时间集中访问的存储区）超过 cache 组大小时，命中率可能变得很低。例如，假设上述例子中的访存地址流是 1,2,3,4,1,2,3,4,1,2,3,4,…，而 cache 每组只有 3 行，那么命中率为 0。这种现象称为颠簸（pingpong）或抖动（thrashing）。

LRU 算法并不是像图 7.33 所示通过移动块来实现的。实际上，每个 cache 行有一个计数器，用计数值来记录主存块的使用情况，通过硬件修改计数值，并根据计数值选择淘汰某个 cache 行中的主存块。淘汰时，只要将被淘汰行的有效位清零即可。这个计数值称为 LRU 位，其位数与 cache 组大小有关。理论上，n 路时 LRU 位为 $\log_2 n$，例如，2 路时 LRU 位为 1，4 路时 LRU 位为 2。

为简化上述 LRU 位计数的硬件实现，通常采用一种近似的 LRU 位计数方式来实现 LRU 算法。近似 LRU 计数方法仅区分哪些是新调入的主存块，哪些是较长时间未用的主存块，然后，在较长时间未用的块中选择一个被替换出去。

3. 最不经常用算法

LFU 算法的基本思想是：替换掉 cache 中引用次数最少的块。LFU 也用与每个行相关的计数器来实现。这种算法与 LRU 有点类似，但不完全相同。

4. 随机替换算法

从候选行的主存块中随机选取一个淘汰掉，与使用情况无关。模拟试验表明，随机替换算法在性能上只稍逊于基于使用情况的算法,而且代价低。

例 7.10   假定主存空间大小为 32K×16 位,按字编址,每字 16 位。cache 采用 4 路组相联映射方式,数据区大小为 4K 字,主存块大小为 64 字。假定 cache 开始为空,处理器按顺序访问主存单元 0,1,…,4351,一共重复访问 10 次。假设 cache 比主存快 10 倍,采用 LRU 替换算法。试分析采用 cache 后速度提高了多少?

解:主存空间大小为 32K 字=512 块×64 字/块,cache 数据区容量为 4K 字=16 组×4 行/组×64 字/行,所以,cache 共有 64 行,分成 16 组,每组 4 行。

因为每块为 64 字,4352/64=68,所以主存单元 0~4351 对应前 68 块(第 0~67 块),即处理器的访问过程是对主存前 68 块连续访问 10 次。

图 7.34 给出了前两次循环的主存块替换情况,图中列方向是 cache 的 16 个组,行方向是每组的 4 个 cache 行。根据组相联映射的特点,cache 行和主存块之间的映射关系如下:主存第 0~15 块分别对应 cache 第 0~15 组,可以放在对应组的任一行中,在此,假定按顺序存放在第 0 行;主存第 16~31 块也分别对应 cache 的第 0~15 组,假定放到第 1 行;同理,主存第 32~47 块分别放到 cache 第 0~15 组的第 2 行;第 48~63 块分别放到 cache 第 0~15 组的第 3 行。这样,第 0~63 块都没有冲突,每块都是第一个字在 cache 中没有找到,调到 cache 对应组的某一行后,其余每个字都能在 cache 中找到。因此每一块只有第一字未命中,其余的 63 个字都命中。

	第 0 行	第 1 行	第 2 行	第 3 行
第 0 组	0 / 64 / 48	16 / 0 / 64	32 / 16	48 / 32
第 1 组	1 / 65 / 49	17 / 1 / 65	33 / 17	49 / 33
第 2 组	2 / 66 / 50	18 / 2 / 66	34 / 18	50 / 34
第 3 组	3 / 67 / 51	19 / 3 / 97	35 / 19	51 / 35
第 4 组	4	20	36	52
⋮	⋮	⋮	⋮	⋮
第 15 组	15	31	47	63

图 7.34   例 7.10 中主存块的替换情况

主存的第 64~67 块分别对应 cache 的第 0~3 组,此时,这 4 组的 4 行都不空闲,所以要选择一个块被淘汰。因为采用 LRU 算法,所以,分别将最近最少用的第 0~3 块从第 0~3 组的第 0 行中替换出来。再把第 64~67 块分别放到对应 cache 行中,每块也都是第一个字在 cache 中没有找到,调入后其余 63 个字都能在 cache 中找到。

综上所述,第一次循环时,对于所有 68 块都只有第一字未命中,其余 63 个字都命中。

以后 9 次循环中,因为 cache 第 4~15 组中的 4×12=48 个 cache 行内的主存块一直没有被替换,所以只有 68−48=20 个主存块的第一字未命中,其余都命中。

访问总次数为 4352×10=43520,未命中次数为 68+9×20=248,命中率 p=(43520−248)/43520=99.43%。

假定 cache 和主存的访问时间分别为 T_c 和 T_m,根据题意可知 $T_m=10T_c$。采用 cache 后,cache-主存层次的平均访问时间为

$$T_a=T_c+(1-p)\,T_m=T_c+(1-p)\times 10T_c$$

因此,采用 cache 后速度提高的倍数为

$$T_m/T_a = 10T_c/(T_c + (1-p) \times 10T_c) = 10/(1 + (1-p) \times 10) \approx 9.5$$

7.5.5 cache 的一致性问题

因为 cache 中的内容是主存块副本,当对 cache 中的内容进行更新时,就存在 cache 和主存如何保持一致的问题。除此之外,以下情况也会出现 cache 一致性问题。

(1) 当多个设备都允许访问主存时。例如,像磁盘这类高速 I/O 设备可通过 DMA 方式直接读写主存,如果 cache 中的内容被 CPU 修改而主存块没有更新的话,则从主存传送到 I/O 设备的内容就无效;若 I/O 设备修改了主存块的内容,则对应 cache 行中的内容就无效。

(2) 当多个 CPU 都带有各自的 cache 而共享主存时。在多 CPU 系统中,若某个 CPU 修改了自身 cache 中的内容,则对应的主存块和其他 CPU 中对应的 cache 行的内容都变为无效。

解决 cache 一致性问题的关键是处理好写操作,通常有两种基本的写操作方式。

1. 全写法

全写法(write through)的基本做法是:写操作时,若写命中,则同时写 cache 和主存;若写不命中,则有以下两种处理方式。

(1) 写分配法(write allocate)。先在主存块中更新相应存储单元,然后分配一个 cache 行,将更新后的主存块装入到分配的 cache 行中。这种方式可以充分利用空间局部性,但每次写不命中都要从主存读一个块到 cache 中,增加了读主存块的开销。

(2) 非写分配法(not write allocate)。仅更新主存单元而不装入主存块到 cache 中。这种方式可以减少读入主存块的时间,但没有很好地利用空间局部性。

由此可见,全写法实际上采用的是对主存块信息及其所有副本信息全都直接同步更新的做法,因此,该方式通常也被称为通写法或直写法,也有教材称之为写直达法。

显然,采用全写法使得 cache 和主存的一致性能得到充分保证。但是,这种方法会大大增加写操作的开销。例如,假定一次写主存需要 100 个 CPU 时钟周期,那么 10% 的存数指令就使得 CPI 增加了 $100 \times 10\% = 10$ 个时钟。

为了减少写主存的开销,通常在 cache 和主存之间加一个写缓冲(write buffer)。在 CPU 写 cache 的同时,也将信息写入写缓冲,然后由存储控制器将写缓冲中的内容写入主存。写缓冲是一个 FIFO 队列,只有少量空间,在写操作频率不是很高的情况下,因为 CPU 只需将信息写入快速的写缓冲而无须写入慢速的主存,因而效果较好。但是,如果写操作频繁发生,则会使写缓冲饱和而发生阻塞。

2. 回写法

回写法(write back)的基本做法是:当 CPU 执行写操作时,若写命中,则信息只被写入 cache 而不被写入主存;若写不命中,则在 cache 中分配一行,将主存块调入该 cache 行中并更新相应单元的内容。因此,该方式下在写不命中时,通常采用写分配法进行写操作。

由此可见,该方式实际上采用的是回头再写或最后一次性写的做法,因此通常被称为回写法或一次性写方式,也有教材称之为写回法。

在 CPU 执行写操作时,回写法不会更新主存单元,只有当 cache 行中的主存块被替换

时,才将该块内容一次性写回主存。这种方式的好处在于减少了写主存的次数,因而大大降低了主存带宽需求。为了减少写回主存块的开销,每个 cache 行设置了一个修改位(dirty bit,也称"脏位")。若修改位为 1,则说明对应 cache 行中的主存块被修改过,替换时需要写回主存;若修改位为 0,则说明对应主存块未被修改过,替换时无须写回主存。

由于回写法没有同步更新 cache 和主存内容,所以存在 cache 和主存内容不一致而带来的潜在隐患。通常需要其他的同步机制来保证存储信息的一致性。

*7.5.6 cache 缺失对总体性能的影响

计算机性能最直接的度量方式就是 CPU 时间。程序执行的 CPU 时间应该等于 CPU 执行时间和等待主存访问时间之和。当发生 cache 缺失时,需要等待主存访问,此时,CPU 处于阻塞状态。因此,CPU 时间的计算公式如下:

$$CPU \text{ 时间} = (CPU \text{ 执行时钟数} + cache \text{ 缺失引起阻塞的时钟数}) \times \text{时钟周期}$$

$$cache \text{ 缺失引起阻塞的时钟数} = \text{读操作阻塞时钟数} + \text{写操作阻塞时钟数}$$

对于写操作,不同写策略下阻塞时钟数的计算方式不同。回写方式下,替换时需要一次性写回一个块,故会产生一些附加写回阻塞;全写方式下,包括写缺失阻塞和写缓冲阻塞两部分。假定写回阻塞和写缓冲阻塞忽略不计,则可将读操作和写操作综合考虑,得到如下公式:

$$cache \text{ 缺失引起阻塞的时钟数} = \text{程序中访存次数} \times \text{缺失率} \times \text{缺失损失}$$

$$= \text{程序的指令条数} \times (\text{缺失数}/\text{指令}) \times \text{缺失损失}$$

例 7.11 假设计算机中只有一级 cache,并将指令和数据分别存放在 code cache 和 data cache 中,其缺失率分别为 1% 和 4%。假定在没有任何访存阻塞时 CPI 为 1,缺失损失为 200 个时钟周期,访存指令的使用频度为 36%,每条访存指令存取一次数据,则使用缺失率为 0 的 cache 时,处理器速度会快多少?

解:假设程序运行共执行了 I 条指令,每条指令的取指令操作访存一次,则在访问指令发生缺失的情况下,所用的时钟周期数为 $I \times 1\% \times 200 = 2.0 \times I$。

已知访存指令的频度为 36%,故访问数据缺失时所用时钟周期数为 $I \times 36\% \times 4\% \times 200 = 2.88 \times I$。

因为在一条指令执行过程中取指令和访问数据总是串行进行的,所以,两者的阻塞时钟数应该相加,即指令缺失和数据缺失时的总阻塞时钟周期数为 $2.0 \times I + 2.88 \times I = 4.88 \times I$,也即平均每条指令要有 4.88 个时钟周期处于访存阻塞状态,因此,由于访存阻塞而使得 CPI 数从没有访存阻塞时的 1 增大到 $1 + 4.88 = 5.88$。所以,如果 cache 不发生缺失(即缺失率为 0),则处理器速度会快 $5.88/1 = 5.88$ 倍。

访存阻塞所用时间占整个执行时间的比例为 $4.88/5.88 \approx 83\%$。

对上述例子进一步分析,可以得到处理器的性能与 cache 性能之间的依赖关系。分以下两方面来考虑。

(1) 假设上例中没有任何访存阻塞时 CPI 为 2,时钟宽度不变,则访存阻塞使得 CPI 数从 2 增加到 $2 + 4.88 = 6.88$。如果 cache 不发生缺失,则处理器速度会快 $6.88/2 = 3.44$ 倍。访存阻塞所用时间占整个执行时间的 $4.88/6.88 \approx 71\%$,小于 83%。

因此,可得出结论:CPI 越小,cache 缺失引起的阻塞对系统总体性能的影响越大。

(2) 假定上例中时钟频率加倍,CPI 不变,则主存速度不太可能改变,故绝对时间不变,所以缺失损失变为 400 个时钟周期。访问指令缺失和数据缺失时引起的总阻塞时钟数为 $(1\% \times 400) + 36\% \times (4\% \times 400) = 9.76$。因此,访存阻塞使得 CPI 数从 1 增大到 $1 + 9.76 = 10.76$,由于时钟频率加倍,相对于原时钟频率,其 CPI 相当于只有一半。由此可知,时钟频率快的机器的性能只是较慢机器的 $5.88 / (10.76 / 2) \approx 1.1$ 倍。如果没有 cache 缺失,应该是 2 倍。

由此可得出结论:CPU 时钟频率越高,cache 缺失损失就越大。

由上述两方面的分析结果可知,处理器性能越高,cache 缺失对总体性能的影响就越大。

*7.5.7 cache 设计应考虑的问题

决定系统访存性能的重要因素之一是 cache 命中率,命中率与关联度有关,同时也和 cache 容量有关。显然,cache 容量越大,命中率就越高。此外,命中率还与主存块大小有一定的关系。大主存块能很好地利用空间局部性,但是,主存块越大,其缺失损失也越大。因此,主存块大小必须适中。

除上述提到的这些问题外,设计 cache 时还要考虑采用单级还是多级 cache,数据 cache 和指令 cache 是分开还是合在一起,主存-总线-cache-CPU 之间采用什么架构等,甚至 DRAM 芯片的内部结构、存储器总线的总线事务类型等也都与 cache 设计有关,都会影响系统总体性能。

1. 单级/多级 cache、联合/分离 cache 的选择问题

早期采用的是单级片外 cache,现在多级片内 cache 成为主流。目前 cache 都在 CPU 芯片内,且使用 L1 和 L2 cache,甚至有 L3 cache。通常 L1 cache 采用分离 cache,即数据 cache 和指令 cache 分开设置。L2 和 L3 cache 为联合方式,即数据和指令放在一个 cache 中。

在一个采用两级 cache 的系统中,CPU 总是先访问 L1 cache,若访问缺失,再从 L2 cache 中找。若 L2 cache 包含所请求的信息,则缺失损失为 L2 cache 的访问时间,这比访问主存要快得多;若 L2 cache 访问缺失,则需从主存取信息并同时送 L1 cache 和 L2 cache,此时缺失损失较大。

在多级 cache 中,有全局缺失率和局部缺失率两种不同的概念。全局缺失率是指在所有级 cache 中都缺失的访问次数占总访问次数的比例;局部缺失率是指在某级 cache 中缺失的访问次数占对该级 cache 的总访问次数的比例。例如,对于两级 cache,若 CPU 总的访存次数为 100,在 L1 cache 命中的次数为 94,剩下的 6 次中在 L2 cache 命中的次数为 5,只有 1 次需要访问主存,则全局缺失率为 1%,L1 cache 和 L2 cache 的局部缺失率分别为 6% 和 16.7%。

2. 主存-总线-cache 间的连接结构问题

为了计算主存块传送到 cache 所用的时间,必须先了解 CPU 从主存取一块信息到 cache 的过程。从主存读一块数据到 cache,一般包含以下 3 个阶段。

(1) 发送地址和读命令到主存:假定用 1 个时钟周期。

(2) 主存准备好一个数据:假定用 10 个时钟周期。

(3) 从总线传送一个数据:假定用 1 个时钟周期。

主存、总线和 cache 之间可以有 3 种连接方式：①窄形结构，每次按一个字的宽度进行传送；②宽形结构，每次传送多个字；③多模块交叉存取结构，轮流启动多个存储模块进行读写，按一个字的宽度进行传送。假定一个主存块有 4 个字，那么对于这 3 种结构，其缺失损失各是多少呢？

图 7.35 给出了 3 种方式下主存块传送的过程。图 7.35(a) 对应窄型结构，连续进行"送地址-读出-传送"4 次，每次传一个字，其缺失损失为 $4 \times (1+10+1) = 48$ 个时钟周期。图 7.35(b) 对应宽度为 2 个字的宽型结构，连续进行"送地址-读出-传送"两次，每次传两个字，其缺失损失为 $2 \times (1+10+1) = 24$ 个时钟周期；假定增加总线条数及总线接口部件，使得每次可传送 4 个字，则缺失损失可减为 $1 \times (1+10+1) = 12$ 个时钟周期。图 7.35(c) 对应多模块交叉存取结构，在首地址送出后，每隔一个时钟周期轮流启动一个存储模块，每个模块都用 10 个时钟周期准备好一个字，然后送总线进行传送，因此缺失损失为 $1+1 \times 10 + 4 \times 1 = 15$ 个时钟周期。通过以上分析可知，多模块交叉存取结构的性价比最好。

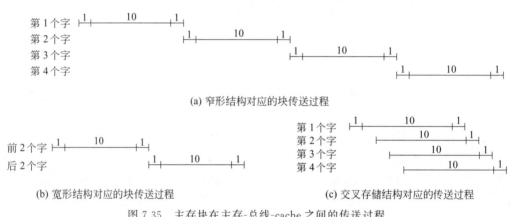

(a) 窄形结构对应的块传送过程

(b) 宽形结构对应的块传送过程　　　　　(c) 交叉存储结构对应的传送过程

图 7.35　主存块在主存-总线-cache 之间的传送过程

3. DRAM 结构、总线事务类型与 cache 的配合问题

指令执行过程中，若发生 cache 缺失，则要从 DRAM 中读取一块信息到 cache。因此，如何合理设计 DRAM 结构，如何使存储器总线在一次总线事务中高效地传输一个主存块，这些都是需要和 cache 设计统一考虑的问题。

图 7.36 所示的存储器总线宽度为 128 位，即连接在其上的每个内存条一次最多能读出 128 位的数据。每个内存条上排列有多个 DRAM 芯片。可用 16 个 2Mb 的 DRAM 芯片配置一个 4MB 的内存条，每个芯片内有一个 512×8 的 SRAM 行缓冲，16 个芯片共 8KB 缓冲。每个芯片每次读写芯片内同行同列的 8 位，16 个芯片共 $16 \times 8 = 128$ 位。当 CPU 访问一块连续的主存区域（即行地址相同的区域）时，可直接从行缓冲读取，行缓冲用 SRAM 实现，速度极快。当 cache 缺失而要求从主存读一块信息到 cache 时，只要给定一个首地址，采用突发传输的方式就可以在一次总线事务中完成一个主存块的传输。特别是当采用 DDR SDRAM、DDR2 SDRAM 或 DDR3 SDRAM 芯片时，在芯片内部采用多模块交叉多数据预取，并在存储器总线上采用时钟上升沿和下降沿各传送一次的方式，使得从主存到 cache 的数据块传送效率更高。

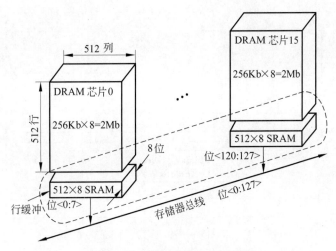

图 7.36　内存条中芯片排列示意

*7.5.8　cache 结构举例

现代计算机系统中几乎都会使用 cache 机制,早期 Intel 公司在 Pentium 微处理器芯片内集成了一个代码 cache 和一个数据 cache。片内 cache 采用 2 路组相联结构,共 128 组,每组 2 行,每行 8 个双字[1],共 4×8=32 字节,因此每路有 4K 字节的容量,共 8K 字节。片内cache 的两路中各有一个目录表,每个表有 128 个记录项,每个记录项由 20 位的"标记"和两位的"状态"组成,共有 4 种不同状态,用于 cache 一致性协议(称为 MESI 协议[2])。当一个主存块调入 cache 后,就将其 32 位地址中的高 20 位标记填入目录表中对应组(目录 0 或目录 1)的一个记录项中。片内 cache 采用 LRU 替换策略,每组有一个 LRU 位,用来表示该组哪一路中的 cache 行被替换。

Pentium 4 处理器芯片内集成了一个 L2 cahce 和两个 L1 cache。L2 cache 是联合cache,数据和指令存放在一起,所有从主存获取的指令和数据都先送到 L2 cache 中。Core i7 则采用了三级 cache 结构,如图 7.37 所示,每个核内有各自私有的 L1 cache 和 L2 cache。其中,L1 指令 cache 和数据 cache 都是 32KB 数据区,皆为 8 路组相联,存取时间都是 4 个时钟周期;L2 cache 是联合 cache,共有 256KB 数据区,8 路组相联,存取时间是 11 个时钟周期。该多核处理器中还有一个供所有核共享的 L3 cache,其数据区大小为 8MB,16 路组相联,存取时间是 30～40 个时钟周期。Intel Core i7 中所有 cache 的块大小都是 64B。

---

① IA-32 体系结构中字为 16 位,双字为 32 位,即 4 字节。

② MESI 协议用于解决 cache 一致性问题,将每个 cache 行的状态分为更新(modified)、独占(exclusive)、共享(shared)、无效(invalid)4 种,通过对状态转换进行控制来实现数据的一致性。更新表示在 cache 行中的信息已被修改过;独占表示在其他 cache 中没有副本;共享表示在其他 cache 中有副本;无效表示 cache 行的信息无效,是空闲行,可存放新的主存块。

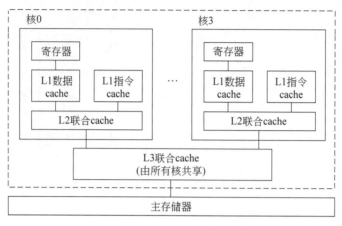

图 7.37 Intel Core i7 处理器的 cache 结构

7.6 虚拟存储器

目前计算机主存主要由 DRAM 芯片构成,由于技术和成本等原因,主存的存储容量受到限制,并且各种不同计算机所配置的物理内存容量多半也不相同,而程序设计时人们显然不希望受到特定计算机的物理内存大小的制约;此外,现代操作系统都支持多道程序运行,如何让多个程序有效而安全地共享主存是需要解决的另一个问题。

为了解决上述两个问题,在计算机中采用了虚拟存储技术。程序员在一个不受物理内存空间限制并且比物理内存空间大得多的虚拟的逻辑地址空间中编写程序,就好像每个程序都独立拥有一个巨大的存储空间一样。程序执行过程中,把当前执行到的一部分程序和相应的数据调入主存,其他暂不用的部分暂时存放在磁盘上。这种借用外存为程序提供的很大的虚拟存储空间称为虚拟存储器。

7.6.1 虚拟存储器的基本概念

在不采用虚拟存储器的计算机系统中,CPU 取指令和存取操作数所用的地址都是主存物理地址,无须进行地址转换,因而计算机硬件结构比较简单,指令执行速度较快,而实时性要求较高的嵌入式微控制器大多不采用虚拟存储机制。

目前,在服务器、台式机和笔记本等各类通用计算机系统中都采用虚拟存储器技术。在这种计算机中,CPU 通过存储器管理部件(memory management unit,MMU)将指令中的逻辑地址(也称虚拟地址或虚地址,简写为 VA)转换为主存的物理地址(也称主存地址或实地址,简写为 PA)。在地址转换过程中,MMU 会检查是否发生了访问信息不在主存或地址越界、访问越权或越级等存储保护错。若发现信息不在主存,则由操作系统将数据从外存读到主存。若发现存储保护错,则由操作系统进行相应的异常处理。由此可以看出,虚拟存储技术既解决了编程空间受限的问题,又解决了多道程序共享主存带来的安全问题。

图 7.38 是具有虚拟存储机制的 CPU 与主存的连接示意图,从图中可知,CPU 执行指令时所给出的是指令或操作数的虚拟地址,需要通过 MMU 将虚拟地址转换为主存物理地

址才能访问主存,MMU 包含在 CPU 芯片中。图中显示 MMU 将一个虚拟地址 5600 转换为物理地址 4,从而将第 4、5、6、7 这 4 个主存单元的数据组成 4 字节数据送到 CPU。图 7.38 仅是一个简单示意图,其中并没有考虑 cache 等情况。

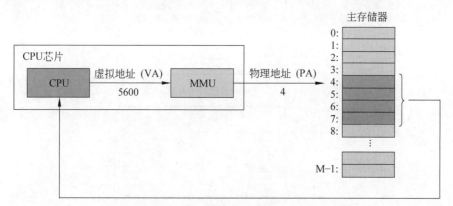

图 7.38 具有虚拟存储机制的 CPU 和主存的连接

虚拟存储机制(简称虚存机制)由硬件与操作系统共同协作实现,涉及计算机系统的许多层面,包括操作系统中的许多概念,如进程、存储器管理、虚拟地址空间、缺页处理等。

7.6.2 进程的虚拟地址空间

每个高级语言源程序经编译、汇编、链接等处理,生成可执行的二进制机器目标代码时,最后一步都需要对所有可重定位文件进行链接,其中需要按照应用程序二进制接口(application binary interface,ABI)规范确定的虚拟地址空间划分(也称存储器映像)进行重定位,将程序的代码段、数据段等映射到一个统一的虚拟地址空间。

所谓"统一",是指不同的可执行文件所映射的虚拟地址空间大小一样,地址空间中区域划分结构也相同。进程是操作系统对处理器中运行的程序的一种抽象,简单来说,进程就是一个程序的一次执行过程。因此,一个进程一定与以可执行文件方式存放在外存中的一个用户程序(即应用程序)相对应。可执行文件所映射到的虚拟地址空间,就是进程的虚拟地址空间映像。

所有进程的虚拟地址空间大小和结构一致,简化了链接器的设计和实现,也简化了程序的加载过程。虚拟存储管理机制为每个进程提供了一个极大的虚拟地址空间,它是主存和外存的抽象。虚存机制带来了一个假象,使得每个进程好像都独占地使用主存,并且主存空间极大。这有 3 个好处:①每个进程具有一致的虚拟地址空间,从而可以简化存储管理;②它把主存看成是外存的一个缓存,在主存中仅保存当前活动的程序段和数据区,并根据需要在外存和主存之间进行信息交换,通过这种方式,使有限的主存空间得到了有效利用;③每个进程的虚拟地址空间是私有的、独立的,因此,可以保护各自进程不被其他进程破坏。

下面以 Intel 架构下 Linux 操作系统(对应 system V ABI 规范)为例,介绍一个进程的虚拟地址空间映像。图 7.39 给出了该 ABI 规范规定的进程虚拟地址空间结构。整个虚拟地址空间分为两大部分:内核空间和用户空间。所有进程的虚拟地址空间划分是一致的,只是在相应的只读区域和可读写数据区域中映射的信息不同而已,分别映射到对应可执行目标文件中的只读代码段和可读写数据段。

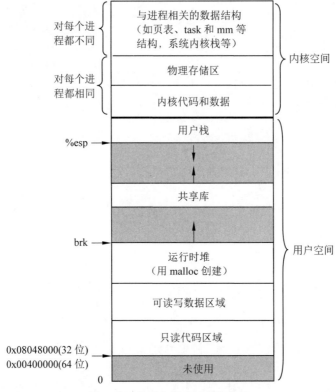

图 7.39　进程虚拟地址空间结构

内核空间用来映射到操作系统内核代码和数据、物理存储区,以及与每个进程相关的系统级上下文数据结构(如进程标识信息、进程现场信息、页表等进程控制信息以及内核栈等),其中内核代码和数据区在每个进程的地址空间中都相同。用户程序没有权限访问内核空间。

用户空间用来映射到用户进程的代码、数据、堆和栈等用户级上下文信息。每个区域都有相应的起始位置,堆和栈区相向生长,其中,栈从高地址往低地址生长。

对于 IA-32,内核空间在 0xc000 0000 以上的高端地址上,用户栈区从起始位置 0xc000 0000开始向低地址增长;堆栈区中的共享库映射区域从 0x4000 0000 开始向高地址增长;只读代码区域从 0x0804 8000 开始向高地址增长。只读代码区域后面跟着可读写数据区域,其起始地址通常要求按 4KB 字节对齐。

对于 x86-64,其最开始的只读代码区域从 0x0040 0000H 开始,用户空间的最大地址为 0x7fff ffff ffff,通常,共享库映射在 0x7fff f000 0000~0x7fff ffff ffff 内,从 0x7fff f000 0000 向下是用户运行时栈(runtime stack),一般限定栈大小为 8MB,整个用户空间大小为 2^{47} 字节(128TB)。内核空间在 0x8000 0000 0000 以上的高端地址上,最大地址为 0xffff ffff ffff,整个内核空间大小也是 2^{47} 字节(128TB)。

7.6.3 虚拟存储器的实现

虚拟存储器机制把 DRAM 构成的主存看成是外部存储器的缓存,对照前面介绍的 cache 机制(cache 是主存的缓存)可知,要实现虚拟存储器机制,也必须考虑交换块的大小问题、映射问题、替换问题、写一致性问题等。根据对这些问题解决方法的不同,虚拟存储器分成 3 种不同类型:分页式、分段式和段页式。

1. 分页式虚拟存储器

在分页式虚拟存储系统中,虚拟地址空间被划分成大小相等的页面,外存和主存之间按页面(page)为单位交换信息。虚拟地址空间中的页称为虚拟页、逻辑页或虚页,简称为 VP (virtual page);主存空间也被划分成同样大小的页框(页帧),有时把页框也称为物理页或实页,简称为 PF(page frame)或 PP(physical page)。

虚拟存储管理采用"请求分页"的思想,每次访问指令或数据仅将当前需要的页面从硬盘等外存调入主存某页框中,而进程中其他不活跃的页面保留在硬盘上。当访问某个信息所在页不在主存时发生缺页异常,此时,从外存将缺失页面装入主存。

虚拟地址空间中有一些"空洞"的没有内容的页面。如图 7.39 所示,堆区和栈区都是动态生长的,因而在栈和共享库映射区之间、堆和共享库映射区之间都可能没有内容存在,这些没有和任何内容相关联的页称为"未分配页";对于代码和数据等有内容的区域所关联的页面,称为"已分配页"。在已分配页中又有两类:已调入主存而被缓存在 DRAM 中的页面称为"缓存页";未调入主存而存在外存上的页称为"未缓存页"。因此,任何时刻一个进程中的所有页面都被划分成 3 个不相交的页面集合:未分配页集合、缓存页集合和未缓存页集合。

在主存和 cache 之间的交换单位为主存块,在外存和主存之间的交换单位为一个页面。与主存块相比,页面要大得多。因为 DRAM 比 SRAM 慢 10~100 倍,而磁盘等外存比 DRAM 大约慢 100 000 倍,所以进行缺页处理所花的代价要比 cache 缺失损失大得多。例如,根据磁盘的特性,磁盘扇区定位所用时间要比磁盘读写一个数据的时间长大约 100 000 倍,即对扇区第一个数据的读写比随后数据的读写要慢 100 000 倍。考虑到缺页代价的巨大和磁盘访问第一个数据的开销,通常将主存和磁盘之间交换的页的大小设定得比较大,典型的有 4KB、8KB、1MB 等,而且有越来越大的趋势。

因为缺页处理代价较大,所以提高命中率是关键,因此,在主存页框和虚拟页之间采用全相联映射方式。此外,当进行写操作时,由于外存访问速度很慢,所以,不能每次写操作都同时写 DRAM 和外存,因而,在处理一致性问题时,采用回写(write back)方式,而不用全写(write through)方式。

在虚拟存储机制中采用全相联映射,每个虚拟页可以存放到主存任何一个空闲页框中。因此,与 cache 一样,必须要有一种方法来建立各个虚拟页与所存放的主存页框号或磁盘上存储位置之间的关系,通常用页表(page table)来描述这种对应关系。

1) 页表

进程中的每个虚拟页在页表中都有一个对应的表项,称为页表项。页表项内容包括该虚拟页的存放位置、装入位(valid)、修改位(dirty)、使用位、访问权限位和禁止缓存位等,如图 7.40 所示。

其中,页表项中的存放位置字段用来建立虚拟页和物理页框之间的映射,用于进行虚拟地址到物理地址的转换。装入位也称为有效位或存在位,若为 1,表示该虚拟页已从外存调入主存,是一个"缓存页",此时,存放位置字段指向主存物理页号(即页框号或实页号);若为 0,则表示没有被调入主存,此时,若存放位置字段为 null,则说明是一个"未分配页",否则是一个"未缓存页",其存放位置字段给出该虚拟页在磁盘上的起始地址。修改位(也称脏位)用来说明页面是否被修改过,虚存机制中采用回写策略,利用修改位可判断替换时是否需写回磁盘。使用位用来说明页面的使用情况,配合替换策略来设置,因此也称替换控制位,例如,是否最先调入(FIFO 位),是否最近最少用(LRU 位)等。访问权限位用来说明页面是可读可写、只读还是只可执行等,用于存储保护。禁止缓存位用来说明页面是否可以装入cache,通过正确设置该位,可以保证磁盘、主存和 cache 数据的一致性。

图 7.40 给出的页表示例中,有 4 个缓存页,VP1、VP2、VP5 和 VP7;两个未分配页,VP0 和 VP4;两个未缓存页,VP3 和 VP6。

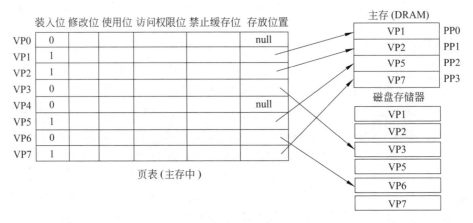

图 7.40　主存中的页表示例

对于图 7.40 所示的页表,假如 CPU 执行一条指令要求访问某个数据,若该数据正好在虚拟页 VP1 中,则根据页表得知,VP1 对应的装入位为 1,该页的信息存放在物理页 PP0 中,因此,可通过地址转换部件将虚拟地址转换为物理地址,然后到 PP0 中访问该数据;若该数据在 VP6 中,则根据页表得知,VP6 对应的装入位为 0,表示页面缺失,发生缺页异常,需要调出操作系统的缺页异常处理程序进行处理。缺页异常处理程序根据页表中 VP6 对应表项的存放位置字段,从磁盘中将所缺失的页面读出,然后找一个空闲的物理页框存放该页信息。若主存中没有空闲的页框,则还要选择一个页面淘汰出来替换到磁盘上。因为采用回写策略,所以页面淘汰时,需根据修改位确定是否要写回磁盘。缺页处理过程中需要对页表进行相应的更新,缺页异常处理结束后,程序回到原来发生缺页的指令继续执行。

对于图 7.40 所示的页表,虚拟页 VP0 和 VP4 是未分配页,但随着进程的动态执行,可能会使这些未分配页中有了具体的数据。例如,调用 malloc 函数会使堆区增长,若新增的堆区正好与 VP4 对应,则操作系统内核就在磁盘上分配一个存储空间给 VP4,用于存放新增堆区中的内容,同时,对应 VP4 的页表项中的存放位置字段被填上该磁盘空间的起始地址,VP4 从未分配页转变为未缓存页。

页表属于进程控制信息,位于虚拟地址空间的内核空间,页表在主存的首地址记录在页表基址寄存器中。页表的项数由虚拟地址空间大小决定,前面提到,虚拟地址空间是一个用户编程不受其限制的足够大的地址空间。因此,页表项数会有很多,因而会带来页表过大的问题。例如,在 IA-32 系统中,虚拟地址为 32 位,页面大小为 4KB,因此,一个进程有 $2^{32}/2^{12}=2^{20}$ 个页面,即每个进程的页表可达 2^{20} 个页表项。每个页表项占 32 位,因此一个页表的大小为 4MB。显然,这么大的页表全部放在主存中是不合适的。

解决页表过大的方法有很多,可以采用限制大小的一级页表、两级页表或多级页表方式,也可以采用哈希方式的倒置页表等方法。如何实现主要是 ISA 和操作系统考虑的问题,在此不再赘述。

2) 存储管理总体结构

在虚拟存储系统中,生成可执行文件时会通过可执行文件中的程序头表,将可执行文件中具有相同访问属性的代码和数据段各自合并形成特定段,如只读代码段、可读可写数据段等,这些不同的段被映射到虚拟地址空间的不同区域中。

每个用户程序都有各自独立的虚拟地址空间,用户程序以可执行文件方式存在磁盘上。假定某一时刻用户程序 1、2 和 k 都已经被加载到系统中运行,那么,在这一时刻主存中就会同时有这些用户程序中的代码和相应的数据。CPU 在执行某个用户程序时,只知道该程序中指令和数据在虚拟地址空间中的地址,那么,CPU 怎么知道到哪个主存单元去取指令或访问数据呢?可执行文件中的指令代码和数据都在外部存储器中,如何建立外存(如磁盘)信息与主存物理地址之间的关联呢?对于上述问题的答案,可以从图 7.41 给出的存储管理的总体结构中找到。图 7.41 描述了在 IA-32+Linux 平台下的存储管理的总体结构。

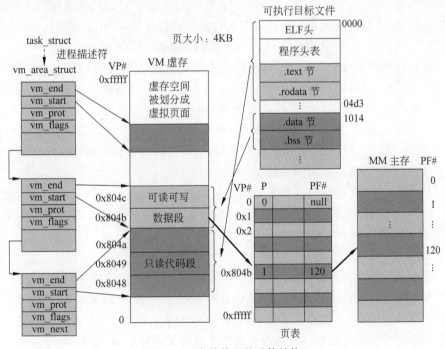

图 7.41 存储管理的总体结构

从图 7.41 可以看出,存储管理需要计算机系统各层次相互协调完成,它与操作系统、链接器和 CPU 硬件等多个系统核心层都有关系。

Linux 操作系统内核为每个进程维护一个进程描述符,数据类型为 task_struct 结构,其中记录了内核运行该进程所需要的所有信息,如进程 ID、指向用户栈的指针、可执行目标文件的文件名等,并可对进程的虚拟地址空间中的区域(area)进行描述。这些区域是指在虚拟地址空间中的一个有内容的(已分配的)连续区块,包括图 7.39 中的只读代码区域、可读写数据区域、运行时堆、用户栈、共享库等。task_struct 结构中有个指针 mm 指向一个 mm_struct 结构。mm_struct 描述了对应进程虚拟存储空间的当前状态,其中,有一个字段是 pgd,它指向对应进程的第一级页表(页目录表)的首地址。mm_struct 中还有一个字段 mmap,它指向一个由 vm_area_struct 结构构成的链表表头。

如图 7.41 所示,每个 vm_area_struct 结构描述了对应进程虚拟存储空间中的一个区域,可通过系统调用函数 mmap() 生成,vm_area_struct 中部分字段如下。

(1) vm_start:指向区域的开始处。

(2) vm_end:指向区域的结束处。

(3) vm_prot:描述区域包含的所有页面的访问权限。

(4) vm_flags:描述区域包含页面是否与其他进程共享等。

(5) vm_next:指向链表下一个 vm_area_struct。

在生成可执行文件时,链接器会在可执行文件中生成一个程序头表,用于记录可执行文件中的信息如何映射到对应进程的虚拟地址空间中。当加载可执行文件时,操作系统根据可执行文件中的程序头表,通过调用 mmap() 函数,生成相应进程描述符中关于进程的虚拟地址空间映像(图 7.41 中的 vm_area_struct 链表),以确定每个可分配段(如只读代码段、可读写数据段)在虚拟地址空间中的区域位置及其读写属性等信息,并生成对应页表项的初始信息,初始页表项中装入位 P 设置为 0,存放位置指向外存中的页面所在处。

在进程执行过程中,CPU 第一次访问进程中的代码和数据时,因为代码和数据不在主存,所以会发生缺页异常;操作系统在处理缺页异常的过程中,将外存中的代码或数据页面装入所分配的主存页框中,并修改相应页表项,例如,在图 7.41 中虚拟页号(即 VP♯)为 0x804b 的页所对应的页表项中,将存放位置(即页框号 PF♯)改为主存页框号 120,将装入位 P 设置为 1。这样,以后再次访问这些信息时,就可以根据页表将虚拟地址转换为主存的物理地址,然后到主存页框中访问信息。

分页方式下,每个区域应占一个页大小的整数倍长度,而可执行文件中的只读数据段和可读可写数据段不可能正好是页大小的整数倍,因而,最后一个页面中没有信息的地方将补足 0,以使其正好占用一个主存页框。

3) 地址转换

对于采用虚存机制的系统,指令中给出的地址是虚拟地址,所以,CPU 执行指令时,首先要将虚拟地址转换为主存物理地址,才能到主存取指令和数据。地址转换(address translation)工作由 CPU 中的存储器管理部件(MMU)来完成。

由于页大小是 2 的 n 次幂,所以,每一页的起点都落在低位字段为零的地址上。虚拟地址分为两个字段:高位字段为虚拟页号(虚页号或逻辑页号);低位字段为页内偏移地址(简称页内地址)。主存物理地址也分为两个字段:高位字段为物理页号;低位字段为页内偏移地址。由于虚拟页和物理页(页框)的大小一样,所以两者的页内偏移地址相等。

分页式虚拟存储管理方式下,地址变换过程如图 7.42 所示。首先根据页表基址寄存器的内容,找到主存中对应的页表起始位置(即页表基地址),然后将虚拟地址高位字段中的虚页号作为索引,找到对应的页表项,若装入位为 1,则取出物理页号,和虚拟地址中的页内地址拼接,形成访问主存时实际的物理地址;若装入位为 0,则说明缺页,需要操作系统进行缺页处理。

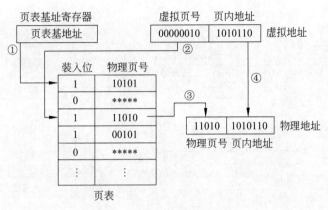

图 7.42　分页式虚存的地址转换

4) 快表

从上述地址转换过程可看出,访存时首先要到主存查页表,然后才能根据转换得到的物理地址访问主存。如果缺页,则还要进行页面替换、页表修改等,访问主存的次数就更多了。因此,采用虚拟存储器机制后,使得访存次数增加了。为了减少访存次数,往往把页表中最活跃的几个页表项复制到高速缓存中,这种在高速缓存中的页表项组成的页表称为后备转换缓冲器(translation lookaside buffer,TLB),通常称为快表,相应地称主存中的页表为慢表。

这样,在地址转换时,首先到快表中查页表项,如果命中,则无须访问主存中的页表。因此,使用快表是减少访存时间开销的有效方法。

快表比页表小得多,为提高命中率,快表通常具有较高的关联度,大多采用全相联或组相联方式。每个表项的内容由页表项内容加上一个 TLB 标记字段组成,TLB 标记字段用来表示该表项取自页表中哪个虚拟页对应的页表项,因此,TLB 标记字段的内容在全相联方式下就是该页表项对应的虚拟页号;组相联方式下则是对应虚拟页号中的高位部分,而虚拟页号的低位部分作为 TLB 组索引用于选择 TLB 组。

图 7.43 是一个具有 TLB 和 cache 的多级层次化存储系统示意图,图中 TLB 和 cache 都采用组相联映射方式。

在图 7.43 中,CPU 给出的是一个 32 位的虚拟地址,首先,由 CPU 中的 MMU 进行虚拟地址到物理地址的转换,然后由处理 cache 的硬件根据物理地址进行存储访问。

MMU 对 TLB 查表时,20 位的虚拟页号被分成标记(tag)和组索引两部分,首先由组索引确定在 TLB 的哪一组进行查找。查找时将虚拟页号的标记部分与 TLB 中该组每个标记字段同时进行比较,若有某个相等且对应有效位 V 为 1,则 TLB 命中,此时,可直接通过 TLB 进行地址转换;否则 TLB 缺失,此时,需要访问主存去查慢表。图中所示的是两级页

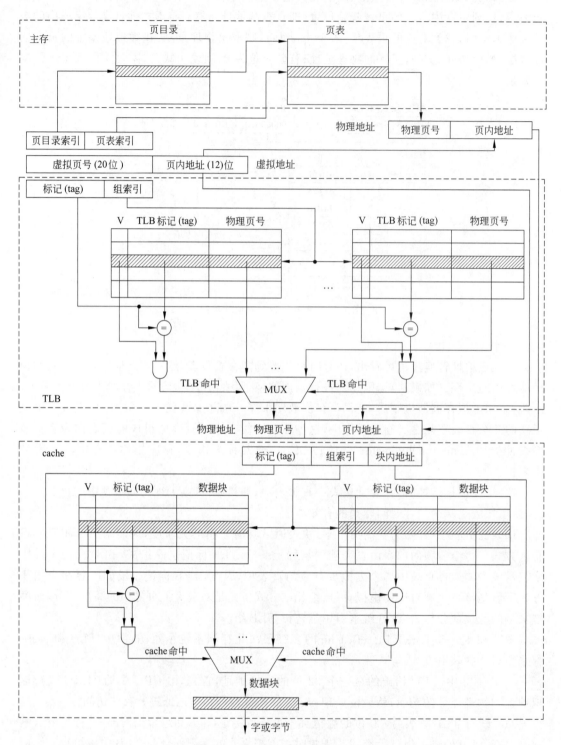

图 7.43 TLB 和 cache 的访问过程

表方式,虚拟页号被分成页目录索引和页表索引两部分,根据这两部分可得到对应的页表项,从而进行地址转换,并将对应页表项的内容送入 TLB 形成一个新的 TLB 表项,同时,将虚拟页号的高位部分作为 TLB 标记填入新的 TLB 表项中。若 TLB 已满,还要进行 TLB 替换,为降低替换算法开销,TLB 常采用随机替换策略。

在 MMU 完成地址转换后,cache 硬件根据映射方式将转换得到的主存物理地址划分成多个字段,然后,根据 cache 索引,找到对应的 cache 行或 cache 组,将对应各 cache 行中的标记与物理地址中的高位地址进行比较,若相等且对应有效位为 1,则 cache 命中,此时,根据块内地址取出对应的字,需要的话,再根据字节偏移量从字中取出相应字节送 CPU。

目前 TLB 的一些典型指标为:TLB 大小为 16~512 项,块大小为 1~2 项(每个表项 4~8B),命中时间为 0.5~1 个时钟周期,缺失损失为 10~100 个时钟周期,命中率为 90%~99%。

5) CPU 访存过程

在一个具有 cache 和虚拟存储器的系统中,CPU 的一次访存操作可能涉及 TLB、页表、cache、主存和磁盘的访问,其访问过程如图 7.44 所示。

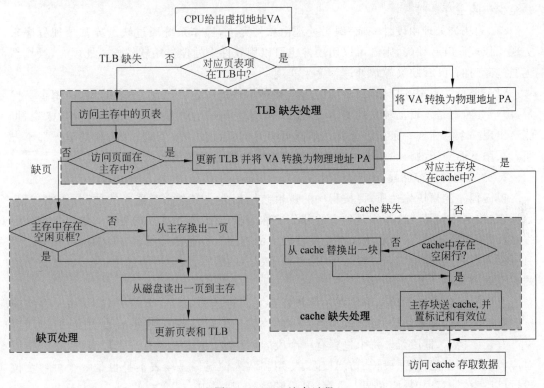

图 7.44 CPU 访存过程

从图 7.44 可以看出,CPU 访存过程中存在以下 3 种缺失情况。

(1) TLB 缺失(TLB miss):要访问的虚拟页对应的页表项不在 TLB 中。

(2) cache 缺失(cache miss):要访问的主存块不在 cache 中。

(3) 缺页(page miss):要访问的虚拟页不在主存中。

表 7.3 给出了 3 种缺失的几种组合情况。

表 7.3 TLB、page、cache 3 种缺失组合

序号	TLB	page	cache	说　明
1	hit	hit	hit	可能,TLB 命中则页一定命中,信息在主存,就可能在 cache 中
2	hit	hit	miss	可能,TLB 命中则页一定命中,信息在主存,但可能不在 cache 中
3	miss	hit	hit	可能,TLB 缺失但页可能命中,信息在主存,就可能在 cache 中
4	miss	hit	miss	可能,TLB 缺失但页可能命中,信息在主存,但可能不在 cache 中
5	miss	miss	miss	可能,TLB 缺失,则页也可能缺失,信息不在主存,一定也不在 cache 中
6	hit	miss	miss	不可能,页缺失,说明信息不在主存,TLB 中一定没有该页表项
7	hit	miss	hit	不可能,页缺失,说明信息不在主存,TLB 中一定没有该页表项
8	miss	miss	hit	不可能,页缺失,说明信息不在主存,cache 中一定也没有该信息

很显然,最好的情况是第 1 种组合,此时,无须访问主存;第 2 种和第 3 种两种组合都需要访问一次主存;第 4 种组合要访问两次主存;第 5 种组合会发生"缺页"异常,需访问磁盘,并至少访问主存 2 次。

cache 缺失处理由硬件完成;缺页处理由软件完成,操作系统通过缺页异常处理程序来实现;而对于 TLB 缺失,则既可以用硬件也可以用软件来处理。用软件方式处理时,操作系统通过专门的 TLB 缺失异常处理程序来实现。

对于分页式虚拟存储器,其页面的起点和终点地址固定。因此,实现简单,开销少。但是,由于页面不是逻辑上独立的实体,因此,对于那些不采用对齐方式存储的计算机来说,可能会出现一个数据或一条指令分跨在不同页面等问题,使处理、管理、保护和共享等都不方便。采用下面介绍的分段式虚拟存储器就可避免这种情况的发生。

2. 分段式虚拟存储器

根据程序的模块化性质,可按程序的逻辑结构划分成多个相对独立的部分,例如过程、数据表、数据阵列等。这些相对独立的部分被称为段,它们作为独立的逻辑单位可以被其他程序段调用,形成段间连接,从而产生规模较大的程序。段通常有段名、段起点、段长等。段名可用用户名、数据结构名或段号标识,以便于程序的编写、编译器的优化、链接和操作系统的调度管理等。

可以把段作为基本信息单位在主存和外存之间传送和定位。分段方式下,将主存空间按实际程序中的段来划分,每个段在主存中的位置记录在段表中,段的长度可变,所以段表中需有长度指示,即段长。每个进程有一个段表,每个段在段表中有一个段表项,用来指明对应段在主存中的位置、段长、访问权限、使用和装入情况等。段表本身也是一个可再定位段,可以存在外存中,需要时调入主存,但一般驻留在主存中。

在分段式虚拟存储器系统中,虚拟地址由段号和段内地址组成。通过段表把虚拟地址变换成主存物理地址,其变换过程如图 7.45 所示。

每个进程的段表在主存的首地址都存放在段表基址寄存器中,根据虚拟地址中的段号,可找到对应段表项,以检查是否存在以下 3 种异常情况。

(1) 缺段(段不存在): 装入位＝0。

(2) 地址越界: 偏移量超出最大段长。

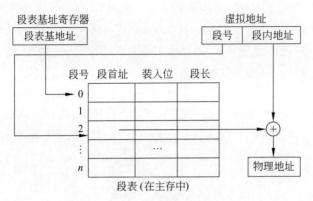

图 7.45　分段式虚存的地址转换

（3）访问越权：操作方式与指定访问权限不符。

若发生以上 3 种情况，则调用相应的异常处理程序，否则，将段表项中的段首址与虚拟地址中的段内地址相加，生成访问主存时的物理地址。

因为段本身是程序的逻辑结构所决定的一些独立部分，因而分段对程序员（实际上是编译器）来说是不透明的；而分页方式则对编译器透明，即编译器不需知道程序如何分页。

分段式管理系统的优点是段的分界与程序的自然分界相对应；段的逻辑独立性使它易于编译、管理、修改和保护，也便于多道程序共享；某些类型的段（如堆、栈、队列等）具有动态可变长度，允许自由调度以便有效利用主存空间。但是，由于段的长度各不相同，段的起点和终点不定，给主存空间分配带来麻烦，而且容易在主存中留下许多未分配的零碎空间，造成浪费。

分段式和分页式存储管理各有优缺点，因此可采用两者相结合的段页式存储管理方式。

3. 段页式虚拟存储器

在段页式虚拟存储器中，程序按模块分段，段内再分页，用段表和页表（每段一个页表）进行两级定位管理。段表中每个表项对应一个段，每个段表项中包含一个指向该段页表起始位置的指针，以及该段其他的控制和存储保护信息；由页表指明该段各页在主存中的位置以及是否装入、修改等状态信息。

程序的调入调出按页进行，但它又可以按段实现共享和保护。因此，它兼有分页式和分段式的优点。它的缺点是在地址转换过程中需要多次查表。

*7.6.4　存储保护

为避免主存中多道程序相互干扰，防止某进程出错而影响其他进程的正确性或某进程非法访问其他进程的代码或数据区，应该对每个进程进行存储保护。

为了对操作系统的存储保护提供支持，硬件必须具有以下 3 种基本功能。

（1）使部分 CPU 状态只能由操作系统内核程序写而用户进程只能读不能写或者根本不能访问。

例如，对于页表首地址、TLB 内容等，只有操作系统内核程序才能用特殊指令（一般称为管态指令或特权指令）来写。常用的特权指令有刷新 cache、刷新 TLB、退出异常/中断处理、停止处理器执行等。

(2) 支持至少两种特权模式。

操作系统内核程序需要比用户程序具有更多的特权,例如,内核程序可以执行用户程序不能执行的特权指令,内核程序可以访问用户程序不能访问的存储空间等,为此,需要为内核程序和用户程序设置不同的特权级别或运行模式。

执行内核程序时处理器所处的模式称为监管模式(supervisor mode)、内核模式(kernel mode)、超级用户模式或管理程序状态(简称为管态、管理态、内核态或核心态);执行用户程序时处理器所处的模式称为用户模式(user mode)、用户状态或目标程序状态(简称为目态或用户态)。

例如,RISC-V 架构定义了 3 种特权模式,除了上述提到的监管模式(S 模式)和用户模式(U 模式)以外,还定义了权限更高的机器模式(M 模式)。

需要说明的是,这里的特权模式(也称为特权级)与有些架构的工作模式的含义不同。例如,IA-32 处理器的工作模式有实地址模式和保护模式,它们与特权级的含义不同,但是,工作模式和特权级之间具有非常密切的关系。例如,IA-32 处理器工作在实地址模式下不区分特权级,只有在保护模式下才区分特权级。IA-32 保护模式下支持 4 个特权级,但通常操作系统只使用第 0 级(监管模式,即内核态)和第 3 级(用户模式,即用户态)。

(3) 提供让处理器核在不同特权模式之间相互转换的机制。

通常,用户模式下可以通过系统调用(执行自陷指令)转入更高特权级别执行。同样,异常/中断的响应过程也可使处理器从用户模式转到更高特权模式执行。异常/中断处理程序中最后的返回指令(return from exception)可使处理器从更高特权模式转到用户模式。

例如,RISC-V 中可通过执行 mret 指令从机器模式返回原模式,或通过执行 sret 指令从监管模式返回原模式。"退出异常/中断"指令 mret 和 sret 是特权指令,mret 只能在 M 模式中执行,sret 只能在 M 模式或 S 模式中执行,它们均不能在 U 模式中执行。

硬件通过提供相应的控制状态寄存器(如 RISC-V 中的 CSR)、专门的"自陷"指令以及各种特权指令等,和操作系统一起实现上述 3 个功能。通过这些功能,并把页表保存在操作系统内核的地址空间中,禁止用户进程访问页表,以确保用户进程只能访问由操作系统分配的存储空间。

以下简要说明 RISC-V 架构提供的 3 种不同特权模式组合系统下的存储保护机制。

1. 仅支持 M 模式的系统

机器模式(M 模式)是 RISC-V 中硬件线程(hart)可以执行的最高特权模式。在 M 模式下运行的 hart 对内存、I/O 和一些对于启动和配置系统来说必要的底层功能有着完全的使用权。

最简单的 RISC-V 微控制器仅支持 M 模式。这种系统中,所有程序都在 M 模式下执行,因而所有代码都可直接访问系统中的重要信息,因此,这种系统易受到不可信代码的控制和攻击,只能用于安全性和可靠性要求不高的场合。

2. 支持 M 模式和 U 模式的系统

安全的 RISC-V 嵌入式系统一般都属于这种系统。通过将不可信代码限制在较低特权的 U 模式下执行,来保证系统的重要信息得到保护。

在这种系统中,处理器具有物理内存保护(physical memory protection,PMP)功能,允许 M 模式指定 U 模式可以访问的物理内存地址空间范围。支持 PMP 功能需要定义 8~16

个地址寄存器,以及相应的配置寄存器,通过配置寄存器可以设置对相应内存地址范围的读、写和执行权限。在 U 模式下,如果处理器在取指令或执行 load/store 指令时,发生了与配置寄存器设置的权限不相符的操作,则会引起异常。

在这种系统中,一旦用户程序在 U 模式下发生异常(如访问了不该访问的存储空间),或者需要使用重要的底层功能或访问重要的信息时,都必须从 U 模式转到 M 模式下执行,而且只有在 M 模式下才能执行级别较高的特权指令。这样就避免了不可信代码对系统的破坏。

3. 支持 M 模式、S 模式和 U 模式的系统

前面所述的两种系统都不能支持分页式虚拟存储管理机制。为了实现现代操作系统的功能,处理器必须支持具有分页虚拟内存功能的监管模式(S 模式)。S 模式比 U 模式权限高,但比 M 模式低。与 U 模式一样,S 模式下运行的代码不能使用 M 模式下的 CSR 寄存器和指令。

默认情况下,任何特权模式下发生异常/中断时,控制权都会被移交到 M 模式的异常/中断处理程序。但是,通常操作系统的大多数异常/中断都应该在 S 模式下处理。为了避免从 M 模式再转 S 模式而带来的额外开销,RISC-V 提供了一种异常/中断委托机制。通过该机制可以选择性地直接将异常和中断交给 S 模式处理,而完全绕过 M 模式。RISC-V 规定,控制权不会从高特权模式移交给较低特权模式处理,即在 M 模式下发生的异常总是在 M 模式下处理,S 模式下发生的异常,只可能在 M 或 S 模式下处理,不可能移交到 U 模式下处理。

S 模式提供了一种传统的页式虚拟存储管理机制。RISC-V 的分页方案以 SvX 的模式命名,其中,X 是虚拟地址的位数。RV32 的分页方案 Sv32 支持 4GB 的虚拟空间,每个基本页的大小为 4KB,因而虚拟地址(VA)为 32 位,其中,页内地址(offset)占 12 位,虚页号(VPN)占 20 位。4GB 空间共有 4GB/4KB=2^{20}=1M 个页,划分为 1K 个子空间,每个子空间占 1K 个页面,因而虚页号 VPN 划分为各占 10 位的 VPN[1]和 VPN[2]。采用两级页表方式,第一级是页目录表,第二级是真正的页表。

每个页目录项(PDE)和页表项(PTE)都是 32 位,其内容如图 7.46 所示。

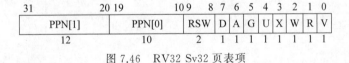

图 7.46 RV32 Sv32 页表项

页表项中从右到左各字段的含义如下。

(1) V:有效位(或存在位)。

V=0,表示对应页不在主存,发生缺页故障(page fault)。

(2) R、W、X:存取权限位。

分别表示该页是否可读、可写和可执行。当指令执行时实际发生的操作与存取权限发生矛盾,则会引起访存故障或取指令故障。若三位全为 0,则说明这是页目录项,其中 PPN 存放的是所指向的下一级页表所在的物理页(即页框)号。

(3) U:是否是在用户模式下可访问。

若 U＝0,则 U 模式下不能访问此页面,但 S 模式可以;若 U＝1,则 U 模式下能访问,而默认 S 模式不能。在不能访问时,若进行了访存操作,则会引起相应的访存故障。默认 S 模式下不能访问 U＝1 的页面,这样可以防止恶意程序"哄骗"操作系统窃取其他程序的数据。

（4）G：指定全局映射。

全局映射指存在于整个地址空间的映射,通常用于操作系统自身使用的页面。对于页目录项,若 G＝1,则说明其下一级所有页表项都是全局映射。注意,将全局映射标记为非全局映射只会降低性能,而将非全局映射标记为全局映射则会发生相应的访存故障。

（5）A：访问位。

记录自上一次 A 位被清除以来,该页是否被访问过。

（6）D：脏位。

记录自上一次 D 位被清除以来,该页是否被写过。

（7）RSW：留给操作系统使用,硬件可忽略。

（8）PPN：物理页(页框)号。

若是页表项,则给出虚拟页所在的页框号;若是页目录项,则给出下一级页表所在的页框号。

虚拟地址转换为物理地址的过程如图 7.47 所示。

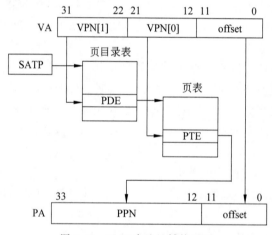

图 7.47　Sv32 中地址转换过程

图 7.47 中的 SATP(supervisor address translation and protection)是 S 模式下的一个 CSR 寄存器,其中,有一个 MODE 字段可以设置是否开启分页模式以及支持多少位虚拟地址,在开启分页模式的情况下,PPN 字段用于指出页目录表的页框号。Sv32 分页模式下,CPU 进行虚拟地址到物理地址转换的过程如下。

第一步,读取位于主存地址(satp.PPN×4096＋VA[31:22]×4)处的页目录项(PDE)。

第二步,读取位于主存地址(PDE.PPN×4096＋VA[21:12]×4)的页表项(PTE)。

第三步,页表项中 22 位的 PPN 字段和 VA 中的页内偏移地址(offset)组成 34 位物理地址(PTE.PPN×4096＋VA[11:0])。

在进行地址转换过程中,处理器会根据页表项的内容进行各种异常情况检查。例如,若 V＝0,则引起缺页故障;若实际操作与 R、W、X 指定的操作不符,则引起访存故障或取指令故障(有时统称为保护错)。通过这种方式系统便可进行相应的存储保护。

7.7　本　章　小　结

每一类单独的存储器都不可能又快、又大、又便宜,为了构建理想的存储器系统,计算机内部采用了一种层次化的存储器体系结构。按照速度从快到慢、容量从小到大、价格从贵到便宜、与 CPU 连接的距离由近到远的顺序,将不同类型的存储器设置在计算机中,其设置的顺序为寄存器→cache→主存→磁盘或固态硬盘→光盘和磁带。

利用程序访问的局部性特点,通常把主存中的一块数据复制到靠近 CPU 的 cache 中。cache 和主存间的映射有直接映射、全相联映射和组相联映射;替换算法主要有 FIFO 和 LRU;写策略有回写法和全写法。

虚拟存储器机制的引入,使得每个进程具有一个一致的、极大的、私有的虚拟地址空间。虚拟地址空间按等长的页来划分,主存也按等长的页框划分。进程执行时将当前用到的页面装入主存,其他暂时不用的部分放在硬盘上,通过页表建立虚拟页和主存页框之间的对应关系。在指令执行过程中,由特殊硬件(MMU)和操作系统一起实现存储访问。虚拟存储器有分页式、分段式、段页式 3 类。虚拟地址需转换成物理地址。为减少访问内存中页表的次数,通常将活跃页的页表项放到一个特殊的高速缓存 TLB(快表)中。虚拟存储器机制能实现存储保护,通常有地址越界和访问越权两种内存保护错。

习　　题

1. 给出以下概念的解释说明。

SRAM	DRAM	易失性存储器	相联存储器	记忆单元
编址方式	刷新周期	片选信号	地址引脚复用	行选通信号(RAS)
列选通信号(CAS)	SDRAM	行缓冲	多模块存储器	连续编址方式
交叉编址方式	柱面	磁道	扇区	记录密度
磁盘平均访问时间	PROM	EPROM	EEPROM	闪存(Flash)
码制	码字	码距	时间局部性	空间局部性
命中率	命中时间	缺失率	缺失损失	虚拟地址
虚拟页号	物理地址	页框(页帧)	物理页号	地址转换
页表	页表基址寄存器	有效位(装入位)	修改位	缺页(page fault)
请求分页	FIFO	LRU	快表(TLB)	管理模式
用户模式	异常返回	存储保护	地址越界	访问越权

2. 简单回答下列问题。

(1) 计算机内部为何要采用层次化存储体系结构? 层次化存储体系结构如何构成?

(2) SRAM 芯片和 DRAM 芯片各有哪些特点? 各自用在哪些场合?

(3) CPU 和主存之间有哪两种通信定时方式? SDRAM 芯片采用什么方式和 CPU 交换信息?

(4) 为什么在 CPU 和主存之间引入 cache 能提高 CPU 访存效率?

(5) 为什么说 cache 对程序员来说是透明的?

(6) 什么是 cache 映射的关联度? 关联度与命中率、命中时间的关系各是什么?

(7) 为什么直接映射方式不需要考虑替换策略?

(8) 为什么要考虑 cache 的一致性问题？读操作时是否要考虑 cache 的一致性问题？为什么？

(9) 什么是物理地址？什么是逻辑地址？地址转换由硬件还是软件实现？为什么？

(10) 什么是页表？什么是快表？什么是慢表？

(11) 在存储器层次结构中，"cache-主存""主存-磁盘"这两个层次有哪些不同？

3. 某计算机主存最大寻址空间为 4GB，按字节编址，假定用 64M×8 位的具有 8 个位平面的 DRAM 芯片组成容量为 512MB、传输宽度为 64 位的内存条(主存模块)。回答下列问题。

(1) 每个内存条需要多少个 DRAM 芯片？

(2) 构建容量为 2GB 的主存时，需要几个内存条？

(3) 主存地址共有多少位？其中哪几位用于 DRAM 芯片内地址？哪几位为 DRAM 芯片内的行地址？哪几位为 DRAM 芯片内的列地址？哪几位用于选择芯片？

4. 假定用 64K×1 位的 DRAM 芯片构成 256K×8 位的存储器，要求回答下列问题。

(1) 所需芯片数为多少？画出该存储器的逻辑框图。

(2) 若每单元刷新间隔不超过 2ms，则产生刷新信号的间隔是多少时间？

5. 假定用 8K×8 位的 EPROM 芯片组成 32K×16 位的只读存储器，要求回答以下问题。

(1) 数据寄存器最少应有多少位？

(2) 地址寄存器最少应有多少位？

(3) 共需多少个 EPROM 芯片？

6. 某计算机中已配有 0000H～7FFFH 的 ROM 区域，现在再用 8K×4 位的 RAM 芯片形成 32K×8 位的存储区域，CPU 地址线为 A0～A15，数据线为 D0～D7，控制信号为 R/$\overline{\text{W}}$(读/写)、$\overline{\text{MREQ}}$(访存)。要求说明地址译码方案，并画出 ROM 芯片、RAM 芯片与 CPU 之间的连接图。假定上述其他条件不变，只是 CPU 地址线改为 24 根，地址范围 000000H～007FFFH 为 ROM 区，剩下的所有地址空间都用 8K×4 位的 RAM 芯片配置，则需要多少个这样的 RAM 芯片？

7. 假定一个存储器系统支持四体交叉存取，某程序执行过程中访问地址序列为 3，9，17，2，51，37，13，4，8，41，67，10，则哪些地址访问会发生体冲突？

8. 假定一个程序重复完成将磁盘上一个 4KB 的数据块读出，进行相应处理后，写回到磁盘的另外一个数据区。各数据块内信息在磁盘上连续存放，并随机地置于磁盘的一个磁道上。磁盘转速为 7200RPM，平均寻道时间为 10ms，磁盘最大数据传输率为 40MB/s，磁盘控制器的开销为 2ms，没有其他程序使用磁盘和处理器，并且磁盘读写操作和磁盘数据的处理时间不重叠。若程序对磁盘数据的处理需要 20000 个时钟周期，处理器时钟频率为 500MHz，则该程序完成一次数据块"读出-处理-写回"操作所需的时间为多少？每秒钟可以完成多少次这样的数据块操作？

9. 现代计算机中，SRAM 一般用于实现快速小容量的 cache，而 DRAM 用于实现慢速大容量的主存。以前超级计算机通常不提供 cache，而是用 SRAM 来实现主存(如 Cray 巨型机)，请问：如果不考虑成本，你还这样设计高性能计算机吗？为什么？

10. 对于数据的访问，分别给出具有下列要求的程序或程序段的示例：

(1) 几乎没有时间局部性和空间局部性。

(2) 有很好的时间局部性，但几乎没有空间局部性。

(3) 有很好的空间局部性，但几乎没有时间局部性。

(4) 空间局部性和时间局部性都好。

11. 假定某计算机主存地址空间大小为 1GB，按字节编址，cache 的数据区(即不包括标记、有效位等存储区)有 64KB，块大小为 128 字节，采用直接映射和直写(write through)方式。请问：

(1) 主存地址如何划分？要求说明每个字段的含义、位数和在主存地址中的位置。

(2) cache 的总容量为多少位？

12. 假定某计算机的 cache 共 16 行，开始为空，块大小为 1 个字，采用直接映射方式，按字编址。CPU

执行某程序时,依次访问以下地址序列:2,3,11,16,21,13,64,48,19,11,3,22,4,27,6 和 11。

(1) 说明每次访问是命中还是缺失,试计算访问上述地址序列的命中率。

(2) 若 cache 数据区容量不变,而块大小改为 4 个字,则上述地址序列的命中情况又如何?

13. 假定数组元素在主存按从左到右的下标优先顺序存放。试改变下列函数中循环的顺序,使得其数组元素的访问与排列顺序一致,并说明为什么修改后的程序比原来的程序执行时间更短。

```
int sum_array(int a[N][N][N])
{
    int i, j, k, sum=0;
    for(i=0; i<N; i++)
        for(j=0; j<N; j++)
            for(k=0; k<N; k++) sum+=a[k][i][j];
    return sum;
}
```

14. 分析比较以下 3 个函数中数组访问的空间局部性,并指出哪个最好,哪个最差。

```#define N 1000```
 ```typedef struct {```
 ```   int vel[3];```
 ```   int acc[3];```
 ```} point;```
 ```point p[N];```
 ```void clear1(point * p, int n)```
 ```{```
 ```   int i, j;```
 ```   for (i=0; i<n; i++) {```
 ```   for (j=0; j<3; j++)```
 ```   p[i].vel[j]=0;```
 ```   for (j=0; i<3; j++)```
 ```   p[i].acc[j]=0;```
 ```   }```
 ```}```
	```#define N 1000```
	 ```typedef struct {```
	 ``` int vel[3];```
	 ``` int acc[3];```
	 ```} point;```
	 ```point p[N];```
	 ```void clear2(point * p, int n)```
	 ```{```
	 ``` int i, j;```
	 ``` for (i=0; i<n; i++) {```
	 ``` for (j=0; j<3; j++) {```
	 ``` p[i].vel[j]=0;```
	 ``` p[i].acc[j]=0;```
	 ``` }```
	 ``` }```
	 ```}```
		```#define N 1000```
		 ```typedef struct {```
		 ``` int vel[3];```
		 ``` int acc[3];```
		 ```} point;```
		 ```point p[N];```
		 ```void clear3(point * p, int n)```
		 ```{```
		 ``` int i, j;```
		 ``` for (j=0; j<3; j++) {```
		 ``` for (i=0; i<n; i++)```
		 ``` p[i].vel[j]=0;```
		 ``` for (i=0; i<n; i++)```
		 ``` p[i].acc[j]=0;```
		 ``` }```
		 ```}```

15. 以下是计算两个向量点积的程序段:

```
float dotproduct(float x[8], float y[8])
{
    float sum=0.0;
    int i;
    for(i=0; i<8; i++) sum+=x[i] * y[i];
    return sum;
}
```

(1) 试分析该段代码中访问数组 x 和 y 的时间局部性和空间局部性,并推断命中率的高低。

(2) 假定该段程序运行的计算机中数据 cache 采用直接映射方式,其数据区容量为 32 字节,每个主存块大小为 16 字节。假定编译程序将变量 sum 和 i 分配在寄存器中,数组 x 存放在 0000 0040H 开始的 32 字节的连续存储区中,数组 y 则紧跟在 x 后进行存放。试计算该程序中数据访问的命中率,要求说明每次访问时 cache 的命中情况。

(3) 将上述(2)中的数据 cache 改用 2 路组相联映射方式,块大小改为 8 字节,其他条件不变,则该程序数据访问的命中率是多少?

（4）上述（2）中条件不变的情况下,如果将数组 x 定义为 float x[12],则数据访问的命中率又是多少?

16. 以下是对矩阵进行转置的程序段:

```
typedef int array[4][4];
void transpose(array dst, array src)
{
    int i, j;
    for(i=0; i<4; i++)
        for(j=0; j<4; j++) dst[j][i]=src[i][j];
}
```

假设该段程序运行的计算机中 sizeof(int)=4,且只有一级 cache,其中 L1 数据 cache 的数据区大小为 32B,采用直接映射、回写方式,块大小为 16B,初始为空。数组 dst 从地址 0000 C000H 开始存放,数组 src 从地址 0000 C040H 开始存放。填写下表,说明对数组元素 src[row][col] 和 dst[row][col] 的访问是命中 (hit)还是缺失(miss)。若将 L1 数据 cache 的数据区容量改为 128B,请重新填写表中内容。

	src 数组				dst 数组			
	col=0	col=1	col=2	col=3	col=0	col=1	col=2	col=3
row=0	miss				miss			
row=1								
row=2								
row=3								

17. 通过对方格中每个点设置相应的 CMYK 值就可以将方格涂上相应的颜色。以下 3 个程序段都可实现对一个 8×8 的方格涂上黄色的功能。

程序段 A	程序段 B	程序段 C

`struct pt_color {`
`    int c;`
`    int m;`
`    int y;`
`    int k;`
`}`
`struct pt_color square[8][8];`
`int i, j;`
`for (i=0; i<8; i++) {`
`    for (j=0; j<8; j++) {`
`        square[i][j].c =0;`
`        square[i][j].m =0;`
`        square[i][j].y =1;`
`        square[i][j].k =0;`
`    }`
`}`
	`struct pt_color {`
	`    int c;`
	`    int m;`
	`    int y;`
	`    int k;`
	`}`
	`struct pt_color square[8][8];`
	`int i, j;`
	`for (i=0; i<8; i++) {`
	`    for (j=0; j<8; j++) {`
	`        square[j][i].c =0;`
	`        square[j][i].m =0;`
	`        square[j][i].y =1;`
	`        square[j][i].k =0;`
	`    }`
	`}`
		`struct pt_color {`
		`    int c;`
		`    int m;`
		`    int y;`
		`    int k;`
		`}`
		`struct pt_color square[8][8];`
		`int i, j;`
		`for (i=0; i<8; i++)`
		`    for (j=0; j<8; j++)`
		`        square[i][j].y =1;`
		`for (i=0; i<8; i++)`
		`    for (j=0; j<8; j++) {`
		`        square[i][j].c =0;`
		`        square[i][j].m =0;`
		`        square[i][j].k =0;`
		`    }`

假设 cache 的数据区大小为 512B,采用直接映射,块大小为 32B,存储器按字节编址,sizeof(int)=4。编译时变量 i 和 j 分配在寄存器中,数组 square 按行优先方式存放在 0000 08C0H 开始的连续区域中,主存地址为 32 位。要求:

(1) 对 3 个程序段 A、B、C 中数组访问的时间局部性和空间局部性进行分析比较。

(2) 画出主存中的数组元素和 cache 中行的对应关系图。

(3) 分别计算 3 个程序段 A、B、C 中的写操作次数、写不命中次数和写缺失率。

18. 假设某计算机的主存地址空间大小为 64MB,采用字节编址方式。其 cache 数据区容量为 4KB,采用 4 路组相联映射方式、LRU 替换算法和回写(write back)策略,块大小为 64B。请问:

(1) 主存地址字段如何划分? 要求说明每个字段的含义、位数和在主存地址中的位置。

(2) 该 cache 的总容量有多少位?

(3) 假设 cache 初始为空,CPU 依次从 0 号地址单元顺序访问到 4344 号单元,重复按此序列共访问 16 次。若 cache 命中时间为 1 个时钟周期,缺失损失为 10 个时钟周期,则 CPU 访存的平均时间为多少时钟周期?

19. 假定某处理器可通过软件对高速缓存设置不同的写策略,那么,在下列两种情况下,应分别设置成什么写策略? 为什么?

(1) 处理器主要运行包含大量存储器写操作的数据访问密集型应用。

(2) 处理器运行程序的性质与(1)相同,但安全性要求很高,不允许有任何数据不一致的情况发生。

20. 已知 cache 1 采用直接映射方式,共 16 行,块大小为 1 个字,缺失损失为 8 个时钟周期;cache 2 也采用直接映射方式,共 4 行,块大小为 4 个字,缺失损失为 11 个时钟周期。假定开始时 cache 为空,采用字编址方式。找出一个访问地址序列,使得 cache 2 具有更低的缺失率,但总的缺失损失反而比 cache 1 大。

21. 提高关联度通常会降低缺失率,但并不总是这样。请给出一个地址访问序列,使得采用 LRU 替换算法的 2 路组相联映射 cache 比具有同样大小的直接映射 cache 的缺失率更高。

22. 假定有 3 个处理器,分别带有以下不同的 cache:

cache 1:采用直接映射方式,块大小为 1 个字,指令和数据的缺失率分别为 4% 和 6%。

cache 2:采用直接映射方式,块大小为 4 个字,指令和数据的缺失率分别为 2% 和 4%。

cache 3:采用 2 路组相联映射方式,块大小为 4 个字,指令和数据的缺失率分别为 2% 和 3%。

在这些处理器上运行同一个程序,其中有一半是访存指令,在 3 个处理器上测得该程序的 CPI 都为 2.0。已知处理器 1 和 2 的时钟周期都为 420ps,处理器 3 的时钟周期为 450ps。若缺失损失为(块大小+6)个时钟周期,请问:哪个处理器因 cache 缺失而引起的额外开销最大? 哪个处理器执行速度最快?

23. 假定某处理器带一个数据区容量为 256B 的 cache,其块大小为 32B。以下 C 语言程序段运行在该处理器上,设 sizeof(int)=4,编译器将变量 i,j,c,s 都分配在通用寄存器中,因此,只要考虑数组元素的访存情况。若 cache 采用直接映射方式,则当 s=64 和 s=63 时,缺失率分别为多少? 若 cache 采用 2 路组相联映射方式,则当 s=64 和 s=63 时,缺失率又分别为多少?

```
int i, j, c, s, a[128];
...
for(i=0; i<10000; i++)
    for(j=0; j<128; j=j+s)
        c=a[j];
```

24. 假定一个虚拟存储系统的虚拟地址为 40 位,物理地址为 36 位,页大小为 16KB。若页表中有有效位、存储保护位、修改位、使用位 4 个表项,共占 4 位,磁盘地址不记录在页表中,则该存储系统中每个进程的页表大小为多少? 如果按计算出来的实际大小构建页表,则会出现什么问题?

25. 假定一个计算机系统中有一个 TLB 和一个 L1 数据 cache。该系统按字节编址,虚拟地址 16 位,物理地址 12 位,页大小为 128B;TLB 采用 4 路组相联方式,共有 16 个页表项;L1 数据 cache 采用直接映射方式,块大小为 4B,共 16 行。在系统运行到某一时刻时,TLB、页表和 L1 数据 cache 中的部分内容如下:

组号	标记	页框号	有效位	标记	页框号	有效位	标记	页框号	有效位	标记	页框号	有效位
0	03	—	0	09	0D	1	00	—	0	07	02	1
1	13	2D	1	02	—	0	04	—	0	0A	—	0
2	02	—	0	08	—	0	06	—	0	03	—	0
3	07	—	0	63	0D	1	0A	34	1	72	—	0

(a) TLB(4 路组相联)：4 组、16 个页表项

虚页号	页框号	有效位
00	08	1
01	03	1
02	14	1
03	02	1
04	—	0
05	16	1
06	—	0
07	07	1
08	13	1
09	17	1
0A	09	1
0B	—	0
0C	19	1
0D	—	0
0E	11	1
0F	0D	1

(b) 部分页表(开始 16 项)

行索引	标记	有效位	字节 3	字节 2	字节 1	字节 0
0	19	1	12	56	C9	AC
1	—	0	—	—	—	—
2	1B	1	03	45	12	CD
3	—	0	—	—	—	—
4	32	1	23	34	C2	2A
5	0D	1	46	67	23	3D
6	—	0	—	—	—	—
7	16	1	12	54	65	DC
8	24	1	23	62	12	3A
9	—	0	—	—	—	—
A	2D	1	43	62	23	C3
B	—	0	—	—	—	—
C	12	1	76	83	21	35
D	16	1	A3	F4	23	11
E	33	1	2D	4A	45	55
F	—	0	—	—	—	—

(c) L1 数据 cache：直接映射，共 16 行，块大小为 4B

请问(假定图中数据都为十六进制形式)：

(1) 虚拟地址中哪几位表示虚拟页号？哪几位表示页内偏移量？虚拟页号中哪几位表示 TLB 标记？哪几位表示 TLB 索引？

(2) 物理地址中哪几位表示物理页号？哪几位表示页内偏移量？

(3) 主存物理地址如何划分成标记字段、行索引字段和块内地址字段？

(4) CPU 从地址 067AH 中取出的值为多少？说明 CPU 读取地址 067AH 中内容的过程。

第 8 章

系统互连及输入输出组织

输入输出组织主要用于控制外设与内存、外设与 CPU 之间进行数据交换。它是计算机系统中重要的软、硬件结合的子系统。通常把外部设备及其接口、I/O 控制部件以及 I/O 软件统称为输入输出系统。输入输出组织要解决的问题是对各种形式的信息进行输入和输出的控制。实现输入输出功能的关键是要解决以下一系列的问题：如何在 CPU、主存和外设之间建立一个高效的信息传输"通路"；怎样将用户的 I/O 请求转换成对设备的控制命令；如何对外设进行编址；怎样使 CPU 方便地寻找到要访问的外设；I/O 硬件和 I/O 软件如何协调完成主机和外设之间的数据传送等。

本章将围绕以上这些问题，重点介绍常用的外部设备、I/O 接口的功能和结构、外部设备的编址和寻址，以及主机和外设间的互连及其数据传送的各种输入输出控制方式。

8.1 外部设备的分类与特点

输入输出设备（又称外围设备或外部设备，简称外设）是计算机系统与人或其他机器之间进行信息交换的装置。输入设备的功能是把数据、命令、字符、图形、图像、声音或电流、电压等信息，以计算机可以接收和识别的二进制代码形式输入计算机中，供计算机进行处理。输出设备的功能是把计算机处理的结果，变成人最终可以识别的数字、文字、图形、图像或声音等信息，然后播放、打印或显示输出。

8.1.1 外设的分类

外设按信息的传输方向来分，可分成输入设备、输出设备与输入/输出设备 3 类。

(1) 输入设备：包括键盘、鼠标、触摸屏、跟踪球、控制杆、数字化仪、扫描仪、手写笔、光学字符阅读机等，这类设备又可分成两类：媒体输入设备和交互式输入设备。媒体输入设备有光学字符阅读机、扫描仪等，这些设备把记录在各种媒体上的信息送入计算机，一般采用成批输入方式，一次成批输入一块数据，输入过程中不需操作者干预，因此这类设备属于成块传送设备；交互式设备有键盘、鼠标、触摸屏、手写笔、跟踪球等，这些设备由操作者通过操作直接输入信息。

(2) 输出设备：包括显示器、打印机、绘图仪等。将计算机输出的数字信息转换成模拟信息，送往自动控制系统进行过程控制的数模转换设备也可以视为一类输出设备。

（3）输入/输出设备：包括磁盘驱动器、光盘驱动器、CRT 终端、网卡之类的通信设备等。这类设备既可以输入信息，又可以输出信息。

外设按功能来分，可分成人机交互设备、存储设备和机-机通信设备 3 种。

（1）人机交互设备：用于用户和计算机之间交互通信的设备，如键盘、鼠标等。大多数这类设备与主机交换信息以字符为单位，所以又称为字符型设备或面向字符的设备。

（2）存储设备：这类设备用于存储大容量数据，作为计算机的外存储器使用，如磁盘驱动器、光盘驱动器等。这类设备与主机交换信息时采用成批方式，以几十、几百甚至更多字节组成的信息块为单位，因此属于成块传送设备。

（3）机-机通信设备：主要用于计算机和计算机之间的通信，如网卡、调制解调器、数/模和模/数转换设备等。

当然，外设的分类还有其他方式，例如，按所处理信息的形态来分，可分成处理数字和文字的设备、处理图形与图像的设备以及处理声音与视频的设备等，这里不再赘述。

8.1.2　外设的特点

外设种类繁多，性能各异，但归纳起来有以下几个特点。

（1）异步性。外设与 CPU 之间是完全异步的工作方式，两者之间无统一的时钟，且各类外设之间工作速度相差很大，它们的操作在很大程度上独立于 CPU，但又要在某个时刻接受 CPU 的控制，这就势必造成输入/输出操作相对 CPU 时间的任意性与异步性。必须保证在连续两次 CPU 和外设的交往之间，CPU 仍能高速地运行它自己的程序，以达到 CPU 与外设之间、外设与外设之间的并行工作。

（2）实时性。一个计算机系统中，可能连接了各种各样类型的外设，且这些外设中有慢速设备，也有快速设备，CPU 必须及时按不同的传输速率和不同的传输方式接收来自多个外设的信息或向多个外设发送信息，否则高速设备可能丢失信息。

（3）多样性。由于外设的多样性，它们的物理特性差异很大，信息类型与结构格式多种多样，这就造成了主机与外设之间连接的复杂性。为简化控制，计算机系统中往往提供一些标准接口，以便各类外设通过自己的设备控制器与标准接口相连，而主机无须了解各特定外设的具体要求，可以通过统一的驱动程序来实现对外设的控制。

*8.2　常用输入输出设备

最常用的输入设备是键盘与鼠标，相对而言它们比较简单。最常用的输出设备是打印机与显示器。

*8.2.1　键盘

键盘是计算机不可缺少的最常用的输入设备，用户通过键盘可向计算机输入字母、数字和符号。键盘的电路板中包含键盘控制逻辑，由逻辑电路或单片机组成，键盘上每个按键发出的信号由电路板转换为二进制代码，然后通过键盘接口送入计算机中。

按键的排列是一个 $m \times n$ 的二维阵列，每个按键对应该阵列中的一个位置。键盘采用"按列扫描、接地检查"的方式进行工作。具体过程是：键盘电路板内的单片机每隔 3～5ms

对按键矩阵的各列进行顺序扫描,被扫描列接"地",其他列接高电平。若此时被扫描的列中正好有某个键被按下,则相应的行和列被接通,因而按键所在行输出变低电平,其他行输出为高电平。如图 8.1 所示,当扫描最右边一列时,该列第二行的 A 键被按下,所以,第二行的输出为低电平。此时,单片机可根据扫描的列号和输出为低电平的行号得到按键的位置,位置信息称为按键的"扫描码"或"位置码"。

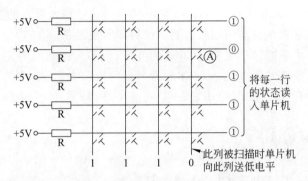

图 8.1　按键矩阵与扫描码的形成

　　根据键盘输入主机的信息不同,键盘分成编码键盘和非编码键盘两类。编码键盘能将单片机得到的位置码转换成相应的 ASCII 码送入主机;而非编码键盘送到主机的信息是位置码,由键盘中断服务程序完成将位置码转换成 ASCII 码,目前的 PC 大多用这种键盘。

　　键盘中的单片机除了完成按键扫描和生成扫描码的功能之外,它还将扫描码转换成串行形式发送给主机,并具有消除抖动、扫描码缓冲和自动重复等功能。键盘所发出的串行数据由 1 位起始位、8 位数据位、1 位奇偶校验位和 1 位停止位组成。主机的键盘控制电路接收到这些串行数据后,去掉起始位、校验位和停止位,将 8 位数据通过串-并转换,形成并行数据送入缓冲寄存器,然后向 CPU 发出键盘中断请求,CPU 响应该中断后,由键盘中断服务程序把扫描码转换成 ASCII 码,然后送入主存中的键盘数据缓冲区。

*8.2.2　打印机

　　打印机是计算机系统中最基本的输出设备。目前使用的打印机主要有针式打印机、激光打印机和喷墨打印机 3 种。针式打印机是一种击打式打印机;而激光打印机和喷墨打印机则是非击打式打印机。

1. 击打式打印机

　　击打式打印机是最早研制成功的计算机打印设备,它以机械力量击打字锤从而使字模隔着色带在纸上打印出字来。按字锤或字模的构成方式来分,又可以分成整字形打印设备和点阵打印设备两类。点阵式打印设备是利用打印头中的多根印针经色带在纸上打印出点阵字符的印字设备,又称针式打印机。目前有 7 针、9 针、24 针或 48 针的印字头。这类打印设备相对于整字形打印设备,其机械结构简单、印字速度快、噪声小、成本低,目前在银行、证券等行业的票据打印中广泛使用。

2. 非击打式打印机

　　激光打印机印刷速度快、印字质量好、噪声低、分辨率高、印刷输出成本低,这是目前应用最广泛的一种非击打式打印机。

激光印字机由打印机控制器和打印装置两部分组成。打印机控制器一般由功能较强的处理器、缓冲存储器以及相应的辅助电路构成,负责与主机的通信,解释主机送来的打印语言(包括打印机控制命令、页面格式命令、字体处理命令、图形命令等),格式化打印内容(如纸张尺寸、边界设定、字符的大小与位置等),进行光栅化处理(把经过格式化的页面数据转换成点阵数据)等,然后将打印内容送到打印装置进行输出。

喷墨打印机也是一种非击打式打印机,它利用喷墨头喷射出可控的墨滴,从而在打印纸上形成文字或图片,它也是目前应用较多的一种打印输出设备。

过去,打印机与主机的接口主要是25芯的并行口,不支持即插即用,带电插拔时,一不小心就会烧坏机器,很不方便。如今,大多数激光打印机和喷墨打印机都已经采用USB接口和主机连接,高速打印机也可以用小型计算机系统接口(small computer system interface, SCSI)和主机相连。

3. 打印机与主机的连接

打印机通过打印控制器或打印适配器与主机连接,打印控制器由以下基本部件组成。

(1) 数据锁存器:用于暂存CPU送来的打印数据。打印数据可以送入打印机缓冲器准备打印,也可以回送CPU以便进行检测。

(2) 命令译码器:对CPU送来的命令进行译码,产生打印控制器内部使用的命令,如数据传输方向、读数据、写数据、读控制、写控制和读状态等。

(3) 控制锁存器:锁存CPU送来的控制命令,如初始化、选通、自动走纸等。这些命令也可以回送CPU以便检测。

(4) 状态锁存器:保存打印机送来的状态信息,如打印机忙、缺纸、联机、认可和出错等,以供CPU随时检测使用。

图8.2为打印机与主机的连接示意图。打印控制器与CPU之间的连接有数据线(发送或接收数据、状态、命令字节)、地址线(选择打印控制器中寄存器的地址)和中断请求信号(INT)等。打印控制器与打印机之间若用25芯并口连接的话,则有8位数据线D0～D7,打印控制器送给打印机的初始化、选通、自动走纸等命令线,以及打印机回送打印控制器的反映打印机目前状态的忙、缺纸、联机、出错、认可等信号线。

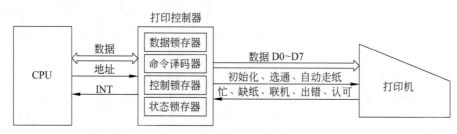

图 8.2　打印机与主机的连接

打印机初始化主要是清除打印机缓冲和初始化打印机动作(如打击头回到起始位置等)。CPU输出一个字符到打印控制器的数据锁存器后,要先判断打印机状态是否是"忙"。只有当打印机不忙时,CPU才会发送选通信号,使打印机自动将打印数据从数据锁存器取到自己的数据缓冲中。当打印机的数据缓冲中接收到一行数据后(以回车或换行符结束),打印机才真正完成打印动作。

*8.2.3　显示器

显示器是用来显示数字、字符、图形和图像的设备，由显示器(也称监视器)和显示控制器组成，是计算机系统中最常用的输出设备之一。计算机使用的显示器主要分为两种：阴极射线管(CRT)显示器，以及目前流行的 LCD 液晶显示器。

1. CRT 显示器

早期常用的显示器是 CRT 显示器。CRT 显示器由阴极射线管(CRT)、亮度控制电路(控制栅)及扫描偏转电路(水平/垂直扫描偏转线圈)等部件构成。

CRT 显示器有 3 个电子枪，射出的电子流必须精确聚集，否则就得不到清晰的图像显示。因此，CRT 显示器可能会因聚焦不准而造成图像模糊；此外，它还有体积大、能耗高的缺点。目前 CRT 显示器已经逐步被液晶显示器所取代。

2. LCD 液晶显示器

液晶显示器的基本原理是基于液晶如下的物理特性：液晶通电时会改变其排列次序，从而影响光线的通过。

因为每个液晶单元都是独立的开和关，不存在聚焦问题，因此，LCD 屏幕上的图像非常清晰；同时，LCD 显示器不需要采用 CRT 显示器那样的光栅扫描，因此也没有屏幕闪烁问题。由于具有体积小、耗电低、不闪烁等优点和良好的综合性能，LCD 显示器目前已广泛应用于各类计算设备中。

通常，显示器工作时有两种模式：一种是字符模式，显示存储器(简称显存、VRAM，也称刷新存储器)中存放的是字符的编码(ASCII 码或汉字代码)及其属性(如加亮、闪烁等)，其字形信息存放在字符发生器中；另一种模式是图形模式，此时每一字符的点阵信息直接存储在显示存储器中，字符在屏幕上的显示位置可以定位到任意点。显示彩色或单色多级灰度图像时，每一个像素需要使用多个二进位来表示，每个像素对应的二进位数称为颜色深度。例如，若颜色深度为 8 位，则可以有 256 色；若颜色深度为 24 位，则可有 16M 种颜色(称为真彩色)。在图形显示模式下，显示控制器(CRTC)除了完成前述的两个基本功能外，还能实现画图功能。显示控制器接收并完成 CPU 送来的画图命令，将结果写入显存；同时，显示控制器读出显存的内容，经并/串变换和 D/A 转换后，送显示器 R、G、B 3 个不同的颜色控制信号，从而在屏幕上显示出彩色图形。显示控制器的功能越来越强，除了能完成二维画图命令以外，还具有三维图形显示功能。它可以集成在主板上，也可以以图形显示卡(简称显卡)的方式插在主板扩充槽中。

显卡的核心是绘图处理器(graphics processing unit，GPU)。早期的绘图功能都由CPU 在内存中完成，然后将生成的图像位图从内存传送到显存中。这种方案显然加重了CPU 的工作量，并且绘图速度慢。目前显卡中的 GPU 专门用来进行绘图，它有一组可高速执行的适用于图像和图形处理的指令，如数据块传送、基本图形绘制、区域填空、图案填空、图形缩放、颜色转换等。由于采用专用处理器实现，因此图形操作速度快，并且大大减轻了CPU 的负担。

8.3 外设与 CPU 和主存的互连

计算机由 CPU、主存和各种 I/O 外部设备组成。计算机的所有功能都是通过 CPU 执行指令实现的。在指令执行过程中,CPU、主存和外设之间要不断交换信息(包括数据、指令和中断向量等),因此,可以说计算机所有功能的实现,归根结底是各种信息在计算机内部的各部件之间进行交换的过程。要进行信息交换,必须在部件之间构建通信线路,通常把连接各部件的通路的集合称为互连结构。

8.3.1 总线的基本概念

部件之间的互连方式有两种,一种是各部件之间通过单独的连线互连,这种方式称为分散连接;另一种是将多个部件连接到一组公共信息传输线上,这种方式称为总线连接。总线连接结构的两个主要优点是灵活和成本低。它的灵活性体现在新部件可以很容易地加到总线上,并且部件可以在使用相同总线的计算机系统之间互换。因为一组单独的连线可被多个部件共享,所以总线的性价比高。总线的主要缺点是它可能产生通信瓶颈。

总线是计算机内数据传输的公共路径,用于实现两个或两个以上部件之间的信息交换。计算机系统中有多种总线,它们在各个层次上提供部件之间的连接和信息交换通路。例如,在处理器核内部各元件之间连接的总线为核内总线,可以连接核内各寄存器、ALU、指令部件等。

系统总线指连接处理器芯片、存储器芯片和各种 I/O 模块等主要部件的总线,通常所说的总线是指这类在系统主要模块之间互连的总线。

系统总线通常由一组控制线、一组数据线和一组地址线构成。也有些总线没有单独的地址线,地址信息通过数据线来传送,这种情况称为数据线和地址线复用。

数据线用来承载在源部件和目的部件之间传输的信息,这个信息可能是 CPU 和主存之间交换的数据或从主存取出的指令,也可能是 CPU 向 I/O 模块发出的控制命令或从 I/O 模块收集到的状态信息。如果数据线和地址线复用的话,数据线上也可以传送地址信息。

地址线用来给出源数据或目的数据所在的主存单元或 I/O 模块的地址。地址线是单向的,总是由 CPU 将地址信息送到地址线,随后传送给 CPU 要访问的主存储器或 I/O 模块。

控制线用来控制对数据线和地址线的访问和使用。控制线用来传输定时信号和命令信息。除地址线和数据线以外的通信线都称为控制线,如用于传送时钟、复位、总线操作控制、总线请求和总线回答等信号的传输线。

传统的总线大多是同步总线,它采用公共的时钟信号进行定时。挂接在总线上的所有设备都从时钟线上获得定时信号。同步总线的传输协议非常简单,只要在规定的第几个时钟周期内完成特定的操作即可。例如,对于处理器通过总线访问存储器的操作来说,可以规定以下"存储器读操作"协议:主控设备(即处理器)在第 1 个时钟周期发送地址和存储器读命令(可利用控制线表明请求的类型为"存储器读"),从设备(即存储器)总是在第 5 个时钟周期将数据放到总线上作为响应,处理器也在第 5 个时钟周期从数据线上取数据。

同步通信方式有两个缺点:第一,总线定时以最慢设备所用时间为标准,因此同步总线适合于存取时间相差不大的多个功能部件之间的通信;第二,由于时钟偏移问题,导致同步总线不能过长,否则将会降低总线传输效率。同步总线通常采用并行传输方式,即总线的数据线条数为 8 位、16 位、32 位或 64 位等,同时并行传输的这些数据位信号的定时必须相同,因此,使用更快传送速度、更长传输线的总线时,会导致传送到另一端的波形发生变形,从而使得所有位中最快和最慢的位信号之间的时间差较大。

由于同步总线的上述问题,现在越来越多的总线采用异步串行方式进行传输。因为串行传输方式每次在一根信号线上传送数据位,因此传输速率可以比并行总线高得多,而且由于每个位各自传输,因而传输时延的细微变化不会影响其他数据位的传送。通过多个数据通道的组合,串行传输可以实现比传统并行总线高得多的数据传输带宽。

总线的性能指标通常包含以下几方面。

1. 总线宽度

总线中数据线的条数称为总线宽度,它决定了每次能同时传输的信息的位数。并行传输总线的总线宽度为 16 位、32 位、64 位或 128 位等。

2. 总线工作频率

早期的总线通常一个时钟周期传送一次数据,因此,总线工作频率等于总线时钟频率。现在有些总线一个时钟周期可以传送 2 次或 4 次数据,因此,总线工作频率是总线时钟频率的 2 倍或 4 倍。

3. 总线带宽

总线带宽指总线的最大数据传输率,即总线在进行数据传输时单位时间内最多可传输的数据量,不考虑其他如总线裁决、地址传送等所花的时间。总线带宽的计算公式为

$$B = W \times F / N$$

其中,W 为总线宽度,即总线能同时并行传送的数据位数,通常以字节为单位;F 为总线的时钟频率;N 为完成一次数据传送所用的时钟周期数;F/N 为总线工作频率。

例 8.1 某同步总线在一个时钟周期内传送一个 4 字节的数据,总线时钟频率为 33MHz,求总线带宽是多少? 如果总线宽度改为 64 位,一个时钟周期能传送 2 次数据,总线时钟频率为 66MHz,则总线带宽为多少? 提高了多少倍?

解: 由上述同步总线带宽计算公式,可得总线带宽为 4B×33MHz/1＝132MB/s。

总线性能改进后的总线带宽为 8B×66MHz/0.5＝1056MB/s,提高了 7 倍。

4. 总线寻址能力

总线的寻址能力主要指由地址线位数所确定的可寻址地址空间的大小。例如,若地址线有 16 位,不采用分时多次传送地址的话,则可访问的存储单元最多只能有 2^{16} 个。

5. 总线定时方式

按照总线上信息传送的定时方式来分,有同步通信、异步通信和半同步通信 3 种。同步通信总线由时钟信号同步;异步通信总线指前一个信号的结束就是下一个信号的开始,信息的改变是顺序的;半同步通信总线则是同步和异步两种总线定时方式的结合。

6. 总线传送方式

总线上数据传送分非突发方式和突发方式两种。非突发传送方式在每个传送周期内都是先传送地址,再传送数据。在突发(burst)传送方式下,总线能够进行连续的成块数据传送,传送开始时,先给出数据块在存储器中的首地址,然后连续传送数据块中的后续数据,后续数据的地址默认为前面数据的地址加上一个数据所占的内存单元数。突发传送无须在地

址线上传送后续数据的地址信息,因而在总线宽度和总线时钟频率相同的情况下,比非突发传送方式的数据传输率高。

7. 总线负载能力

总线的负载能力指总线上所能挂接的遵循总线电气规范的总线设备的数目。由于总线上只有扩展槽能由用户使用,所以总线的负载一般指总线上扩展槽的个数。

8.3.2 基于总线的互连结构

图 8.3 是一个传统的基于总线互连的计算机结构示意图,在其互连结构中,除了 CPU、主存储器以及各种接插在主板扩展槽上的 I/O 控制卡(如声卡、视频卡)外,还有北桥芯片和南桥芯片。这两块超大规模集成电路芯片组成一个"芯片组",是计算机中各个组成部分相互连接和通信的枢纽。主板上所有的存储器控制功能和 I/O 控制功能几乎都集成在该芯片组内,它既实现了总线的功能,又提供了各种 I/O 接口及相关的控制功能。其中,北桥是一个主存控制器集线器(memory controller hub,MCH)芯片,本质上是一个 DMA(direct memory access)控制器,因此,可通过 MCH 芯片,直接访问主存和显卡中的显存。南桥是一个 I/O 控制器集线器(I/O controller hub,ICH)芯片,其中可以集成 USB 控制器、磁盘控制器、以太网络控制器等各种外设控制器,也可以通过南桥芯片引出若干主板扩展槽,用以接插一些 I/O 控制卡。

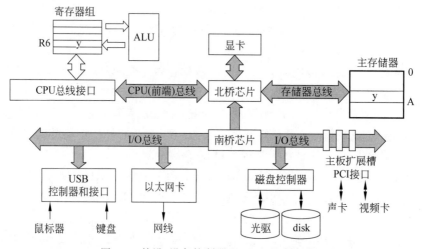

图 8.3　外设、设备控制器和 CPU 及主存的互连

如图 8.3 所示,CPU 与主存之间由处理器总线(也称前端总线或 CPU 总线)和存储器总线相连,各类 I/O 设备通过相应的设备控制器,如显示适配卡(显卡)、USB 控制器、以太网卡、磁盘控制器等,连接到 I/O 总线上,而 I/O 总线通过芯片组与主存和 CPU 连接。

传统上,总线分为处理器-存储器总线和 I/O 总线。处理器-存储器总线比较短,通常是高速总线。通常处理器总线和存储器总线是分开的,它们之间可以通过北桥芯片(桥接器)连接,CPU 芯片通过 CPU 插座插在处理器总线上,内存条通过内存条插槽插在存储器总线上。

下面对处理器总线、存储器总线和 I/O 总线进行简单说明。

1. 处理器总线

早期的 Intel 微处理器的处理器总线称为前端总线(front side bus,FSB),它是主板上最快的总线,主要用作处理器与北桥芯片进行信息交换。

FSB 的传输速率单位实际上是 MT/s,表示每秒传送多少百万次。MHz 是时钟频率单位,早期的 FSB 每个时钟周期传送一次数据,因此时钟频率与传输速率一致。但是,从 Pentium Pro 开始,FSB 采用四倍并发(quad pumped)技术,在每个总线时钟周期内传 4 次数据,也就是说总线的传输速率等于总线时钟频率的 4 倍,若时钟频率为 333MHz,则传输速率为 1333MT/s,即 1.333GT/s,但习惯上称 1333MHz。若前端总线的工作频率为 1333MHz(实际时钟频率为 333MHz),总线宽度为 64 位,则总线带宽为 10.664GB/s。

Intel 公司推出 Core i7 时,北桥芯片的功能被集成到了 CPU 芯片内,CPU 通过存储器总线(即内存条插槽)直接和内存条相连,而在 CPU 芯片内部的核与核之间、CPU 芯片与其他 CPU 芯片之间,以及 CPU 芯片与 IOH(input/output hub)芯片之间,则通过 QPI(quick path interconnect,快速通道互联)总线相连。

QPI 总线是一种基于包传输的串行高速点对点连接协议,采用差分信号与专门的时钟信号进行传输。QPI 总线有 20 条数据线,发送方(TX)和接收方(RX)有各自的时钟信号,每个时钟周期传输 2 次。一个 QPI 数据包包含 80 位的数据,需要两个时钟周期或 4 次传输才能完成整个数据包的传送。在每次传输的 20 位数据中,有 16 位是有效数据,其余 4 位用于循环冗余校验,以提高系统的可靠性。由于 QPI 是双向的,在发送的同时也可以接收另一端传输来的数据,这样,每个 QPI 总线的带宽计算公式为

$$QPI 总线带宽 = 每秒传输次数 × 每次传输的有效数据 × 2$$

QPI 总线的速度单位通常为 GT/s,若 QPI 的时钟频率为 2.4GHz,则速度为 4.8GT/s,表示每秒钟传输 4.8G 次数据,并称该 QPI 工作频率为 4.8GT/s。因此,工作频率为 4.8GT/s 的 QPI 总线的总带宽为 4.8GT/s×2B×2=19.2GB/s。工作频率为 6.4GT/s 的 QPI 总线的总带宽为 6.4GT/s×2B×2=25.6GB/s。

图 8.4 给出了 Intel Core i7 中核与核之间、核与主存控制器之间以及各级 cache 之间的互连结构。

从图 8.4 可以看出,一个 Core i7 处理器中有 4 个 CPU 核(core),每两个核之间都用 QPI 总线互连,并且每个核还有一条 QPI 总线可以与 IOH 芯片互连。处理器支持三通道 DDR3 SDRAM 内存条插槽,因此,处理器中包含有 3 个主存控制器,并有 3 个并行传输的存储器总线,这意味着一组存储器总线包含 3 个内存条插槽,正如 7.2.4 节中图 7.9(a)所示的双通道内存条插槽一样,组内的内存条可以以并行方式存取信息。

2. 存储器总线

早期的存储器总线由北桥芯片控制,处理器通过北桥芯片和主存储器、图形卡(显卡)以及南桥芯片进行互连。Core i7 以后的处理器芯片中集成了主存控制器,因而,存储器总线直接连接到处理器,如图 8.4 所示。

根据芯片组设计时确定的芯片组能够处理的主存类型的不同,存储器总线有不同的运行速度。如图 8.4 所示的计算机中,存储器总线宽度为 64 位,每秒钟传输 1333M 次,总线带宽为 1333M×64/8=10.664GB/s,因而 3 个通道的总带宽为 32GB/s,与此配套的内存条型号为 DDR3-1333。

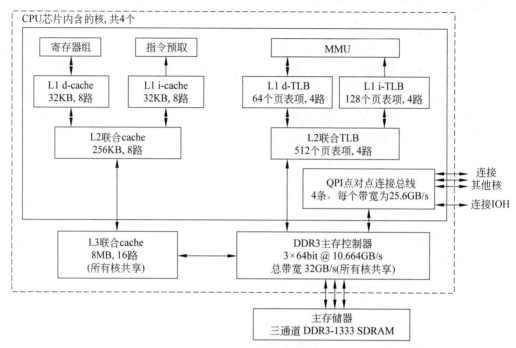

图 8.4　Intel Core i7 中各类存储器以及核之间的互连

3. I/O 总线

I/O 总线用于为系统中的各种 I/O 设备提供输入/输出通路,物理上通常是主板上的一些 I/O 扩展槽。早期的第一代 I/O 总线有 XT、ISA、EISA、VESA,这些 I/O 总线早已被淘汰;第二代 I/O 总线包括 PCI、AGP、PCI-X;第三代 I/O 总线是 PCI-Express。

与前两代 I/O 总线采用并行传输的同步总线不同,PCI-Express 采用串行传输方式。两个 PCI-Express 设备之间以一个链路(link)相连,每个链路可包含多条通路(lane),可能的通路数为 1、2、4、8、16 或 32,PCI-Express×n 表示具有 n 个通路的 PCI-Express 链路。

每条通路由发送和接收数据线构成,在发送和接收两个方向上都各有两条差分信号线,可同时发送和接收数据。在发送和接收过程中,每个数据字节实际上被转换成了 10 位信息后才被传输,以保证所有位都含有信号电平的跳变。这是因为在链路上没有专门的时钟信号,接收器使用锁相环(PLL)从进入的位流 0-1 和 1-0 跳变中恢复时钟。

PCI-Express 1.0 规范支持通路中每个方向的发送或接收速率为 2.5Gb/s。因此,PCI-Express 1.0 规范总线的总带宽计算公式(单位为 GB/s)为

$$\text{PCI-Express 1.0 规范总线带宽} = 2.5\text{Gb/s} \times 2 \times \text{通路数}/10$$

根据上述公式可知,在 PCI-Express 1.0 规范下,PCI-Express×1 的总带宽为 0.5GB/s;PCI-Express×2 的总带宽为 1GB/s;PCI-Express×16 的总带宽为 8GB/s。

将北桥芯片功能集成到 CPU 芯片后,主板上的芯片组不再是传统的三芯片结构(CPU+北桥+南桥)。根据不同的组合,现在有多种主板芯片组结构,有的是双芯片结构(CPU+PCH),有的是三芯片结构(CPU+IOH+ICH)。其中,双芯片结构中的 PCH(platform controller hub)芯片除了包含原来南桥(ICH)的 I/O 控制器集线器的功能外,以前北桥中的图形显示控制单元、管理引擎(management engine,ME)单元也集成到了 PCH

中,另外还包括 NVRAM((non-volatile random access memory)控制单元等。也就是说,PCH 比以前南桥的功能要复杂得多。

图 8.5 是一个基于 Intel Core i7 系列三芯片结构的单处理器计算机系统互连结构。Core i7 处理器芯片直接与三通道 DDR3 SDRAM 主存储器连接,并提供一个带宽为 25.6GB/s 的 QPI 总线,与基于 X58 芯片组的 IOH 芯片相连。图中每个通道的存储器总线时钟频率为 533MHz,每个时钟周期进行 2 次数据传送,因而总线带宽为 64b/8×533MHz×2=8.5GB/s,所配内存条速度为 533MHz×2=1066MT/s。

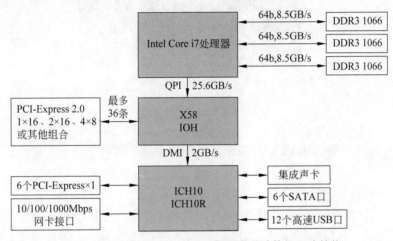

图 8.5 基于 Intel Core i7 系列处理器的计算机互连结构

在图 8.5 所示的互连结构中,IOH 的重要功能是提供对 PCI-Express 2.0 的支持,最多可支持 36 条 PCI-Express 2.0 通路,可以配置为一个或两个 PCI-Express 2.0×16 的链路,或者 4 个 PCI-Express 2.0×8 的链路,或者其他的组合,如 8 个 PCI-Express 2.0×4 的链路等。这些 PCI-Express 链路可以支持多个图形显示卡。

IOH 与 ICH 芯片(ICH10 或 ICH10R)通过 DMI(Direct Media Interface)总线连接。DMI 采用点对点的连接方式,时钟频率为 100MHz,因为上行与下行各有 1GB/s 的数据传输率,因此总带宽达到 2GB/s。ICH 芯片中集成了相对慢速的外设 I/O 接口,包括 6 个 PCI-Express×1 接口、10/100/1000Mbps 网卡接口、集成声卡(HD Audio)、6 个 SATA 硬盘控制接口和 12 个支持 USB 2.0 标准的 USB 接口。若采用 ICH10R 芯片,则还支持 RAID 功能,即 ICH10R 芯片中还包含 RAID 控制器。

8.3.3 I/O 接口的功能

外部设备种类繁多,且具有不同的工作特性,因而它们在工作方式、数据格式和工作速度等方面存在很大差异。此外,由于 CPU、内存等计算机主机部件采用高速元器件,使得主机和外设之间在技术特性上有很大的差异,它们之间采用异步工作方式。为此,在各个外设和主机之间必须要有相应的逻辑部件来解决它们之间的同步与协调、工作速度的匹配和数据格式的转换等问题,该逻辑部件就是外设的 I/O 接口。

外设的 I/O 接口又称设备控制器、I/O 控制器或 I/O 控制接口,也称 I/O 模块。它是介于外设和 I/O 总线之间的部分,不同的外设往往对应不同的设备控制器。设备控制器通常独立于外部设备,它可以集成在主板上(即 ICH 芯片内)或以插卡的形式插接在 I/O 总线扩展槽上。例如,图 8.3 和图 8.5 中的显卡、磁盘控制器、以太网卡(网络控制器)、USB 控制器、声卡、视频卡等都是一种外设 I/O 接口。

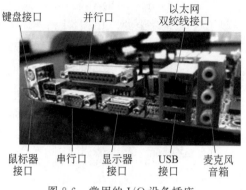

图 8.6　常用的 I/O 设备插座

外设的 I/O 接口根据从 CPU 接收到的控制命令来对相应外设进行控制。它在主机一侧与 I/O 总线相连,在外设一侧提供相应的连接器插座,在插座上连上相应的连接外设的电缆,就可以将外设通过相应的 I/O 接口连接到主机。

图 8.6 给出了常用的几种连接外设的连接器插座。例如,键盘和鼠标可以连接在 PS/2 插座(图中键盘接口和鼠标器接口处)上,也可以连在 USB 接口上。目前很多外设都连接在 USB 接口上。

I/O 接口是连接外设和主机的一个"桥梁",因此它在外设侧和主机侧各有一个接口。通常把它在主机侧的接口称为内部接口,在外设侧的接口称为外部接口。内部接口通过 I/O 总线和内存、CPU 相连,而外部接口则通过各种 I/O 接口电缆(如 USB 线、IEEE1394 线、串行电缆、并行电缆、网线或 SCSI 电缆等)将其连到外设上。因此,通过 I/O 接口,可以在 CPU、主存和外设之间建立一个高效的信息传输"通路"。这个通路就是"CPU 和内存—I/O 总线—I/O 接口(带连接器插座的设备控制器)—电缆—外设"。

I/O 接口的职能可概括为以下几方面。

(1) 数据缓冲。由于主存和 CPU 寄存器的存取速度非常快,而外设速度则较低,所以在 I/O 接口中引入数据缓冲寄存器,可以实现主机和外设工作速度的匹配。

(2) 错误或状态检测。在 I/O 接口中提供状态寄存器,以保存各种状态信息,供 CPU 查用。如设备是否完成打印或显示,是否已准备好输入数据以供主机来读取,是否发生缺纸等出错情况。接口和外设发生的出错情况有两类:一类是设备电路故障或异常情况;另一类是数据传输错,这种错误是通过采用数据校验码来检测的。

(3) 控制和定时。提供控制和定时逻辑,以接收从 I/O 总线传来的控制命令(命令字)和定时信号。CPU 根据程序中的 I/O 请求,选择相应的设备进行通信,要求一些内部资源(如主存或寄存器、总线等)参与到 I/O 过程中,这样 I/O 接口就必须提供定时和控制功能,以协调内部资源与外设之间动作的先后关系,控制数据通信过程。

(4) 数据格式转换。提供数据格式转换部件(如进行串-并转换的移位寄存器),使通过外部接口得到的数据转换为内部接口需要的格式,或在相反的方向进行数据格式转换。例如,从磁盘驱动器以二进制位的形式读出或写入后,在磁盘控制器中,应对读出的数据进行串-并转换,或对写入的数据进行并-串转换。

8.3.4 I/O 接口的通用结构

不同的 I/O 接口在复杂性和控制外设的数量上相差很大,图 8.7 给出了一个 I/O 接口的通用结构。

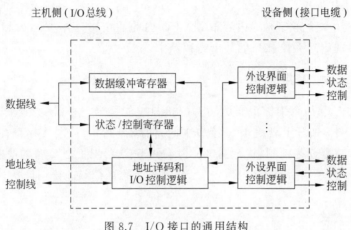

图 8.7 I/O 接口的通用结构

如图 8.7 所示,I/O 接口在内部的主机侧通过 I/O 总线与内存、CPU 相连。通过其中的数据线,在数据缓冲寄存器与内存或 CPU 的寄存器之间进行数据传送。同时 I/O 接口和设备的状态信息被记录在状态寄存器中,通过数据线可将状态信息送到 CPU,以供查用。CPU 对外设的控制命令也是通过数据线传送的,一般将其送到 I/O 接口的控制寄存器。从功能上来说,状态寄存器和控制寄存器在传送方向上是相反的,而且 CPU 对它们的访问在时间上一般是错开的,因此有的 I/O 接口中将它们合二为一。

I/O 总线的地址线用于给出要访问的 I/O 接口中寄存器的地址,它和读写控制信号一起被送到 I/O 接口的 I/O 控制逻辑部件中,其中地址信息用于选择和主机交换数据的寄存器,通过控制线传送来的读/写控制信号也有可能参与地址译码,例如,可以用读/写信号确定是接收寄存器(写信号)还是发送寄存器(读信号)。此外,控制线中还有一些仲裁信号和握手信号等也可被 I/O 接口使用。

I/O 接口中的 I/O 控制逻辑还要能对控制寄存器中的命令字进行译码,并将译码得到的控制信号通过外设界面控制逻辑(带连接器插座)送外设,同时将数据缓冲寄存器的数据发送到外设或从外设接收数据到数据缓冲寄存器。另外,还要具有收集外设状态到状态寄存器的功能。

如果某个 I/O 接口能够作为数据通信的主控设备(例如 DMA 控制器),那么它就可以发起总线事务并控制总线进行数据传送,控制线上的控制信号由它确定,它的地址线方向是输出。

有了设备控制器这一类的 I/O 接口,底层 I/O 软件就可以通过 I/O 接口来控制外设,因而编写底层 I/O 软件的程序员只需要了解 I/O 接口的工作原理,包括其中有哪些程序可访问的寄存器、控制/状态寄存器中每一位的含义、I/O 接口与外设之间的通信协议等,而关于外设的机械特性,程序员则无须了解。

在底层 I/O 软件中,可以将控制命令送到控制寄存器来启动外设工作;可以读取状态寄存器来了解外设和设备控制器的状态;可以通过直接访问数据缓冲寄存器来进行数据的输入和输出。当然,这些对数据缓冲寄存器、控制/状态寄存器的访问操作是通过相应的指令来完成的,通常把这类指令称为 I/O 指令。因为这些 I/O 指令只能在操作系统内核的底层 I/O 软件中使用,因而它们是一种特权指令。

例如,IA-32 中提供了 4 条专门的 I/O 指令:in、ins、out 和 outs,其中的 in 和 ins 指令用于将 I/O 接口中某个寄存器的内容取到 CPU 内的通用寄存器中;out 和 outs 用于将通用寄存器的内容输出到 I/O 接口的某个寄存器中。

8.3.5 I/O 端口及其编址

系统如何在 I/O 指令中标识要访问 I/O 接口中的哪个寄存器呢? 这就是 I/O 端口的编址问题。I/O 端口实际上就是 I/O 接口中的寄存器,例如,数据缓存寄存器就是数据端口,控制/状态寄存器就是控制/状态端口。为了便于 CPU 对 I/O 设备的快速选择和对 I/O 端口的方便寻址,必须给所有 I/O 接口中各个可访问的寄存器进行编址。有独立编址和统一编址两种方式。

1. 独立编址方式

独立编址方式是对所有的 I/O 端口单独进行编号,使它们成为一个独立的 I/O 地址空间。这种情况下,指令系统中需要有专门的 I/O 指令来访问 I/O 端口,在 I/O 指令的地址码部分给出 I/O 端口号。因为独立编址方式中的 I/O 地址空间和主存地址空间是两个独立的地址空间,因而无法从地址码的形式上区分,所以需用专门的 I/O 指令来表明访问的是 I/O 地址空间。CPU 执行 I/O 指令时,会产生 I/O 读或 I/O 写总线事务,CPU 通过 I/O 读或 I/O 写总线事务访问 I/O 端口。

通常,I/O 端口数比存储器单元少得多,选择 I/O 端口时只需少量地址线,因此 I/O 端口译码简单,寻址速度快。使用专用 I/O 指令,使得程序清晰,便于理解和检查。但 I/O 指令往往只提供简单的传输操作,故程序设计灵活性差些。

例如,Intel 处理器架构就采用了独立编址方式,提供了专门的 I/O 指令:in(ins)指令和 out(outs)指令。其 I/O 地址空间由 2^{16}=64K 个地址编号组成,每个编号可以寻址一个 8 位的 I/O 端口,两个编号连续的 8 位端口可看成一个 16 位端口。例如,以下两条指令就是将 AL 寄存器中的字符数据送到打印机数据缓冲寄存器(端口号为 378H)中:

```
MOV  DX, 378H
OUT  DX, AL
```

2. 统一编址方式

统一编址方式下,I/O 地址空间与主存地址空间统一编号,即从主存地址空间中分出一部分地址给 I/O 端口进行编号。因为 I/O 端口和主存单元在同一个地址空间的不同分段中,根据地址范围就可区分访问的是 I/O 端口还是主存单元,因而无须设置专门的 I/O 指令,只要用一般的访存指令就可以存取 I/O 端口。因为这种方法是将 I/O 端口映射到主存空间的某个地址段上,所以,也被称为"存储器映射方式"。

因为统一编址方式下 I/O 访问和主存访问共用同一组指令,所以它的保护机制可由分段或分页存储管理来实现,而无须专门的保护机制。这种存储器映射方式给编程提供了非常大的灵活性。任何对内存存取的指令都可用来访问位于主存空间中的 I/O 端口,并且所有有关主存的寻址方式都可用于 I/O 端口的寻址。例如,可用访存指令实现 CPU 寄存器和 I/O 端口之间的数据传送;可用 and、or 或 test 等指令直接操作 I/O 接口中的控制寄存器或状态寄存器。

大多数 RISC 架构都采用统一编址方式,如 RISC-V 和 MIPS 这两种架构的 I/O 端口采用存储器统一编址方式,对 I/O 端口中信息的读/写是通过 load/store 指令实现的,通过指令中操作数地址的范围可区分读写的是主存单元还是 I/O 端口。

对于 MIPS 32 架构,图 8.8 给出了其虚拟地址空间映射,其中内核空间中位于 0xA000 0000~0xBFFF FFFF 的 kseg1 区域是非映射非缓存区域。它被固定映射到物理地址空间最开始的 512MB(0x0000 0000~0x1FFF FFFF)区间,只需将虚拟地址最高三位清零即可转换为物理地址,无须经过 MMU 转换,因此它是非映射(unmapped)区域。同时,它也是非缓存(uncached)区域,该区域中的信息不能送 cache 进行缓存。

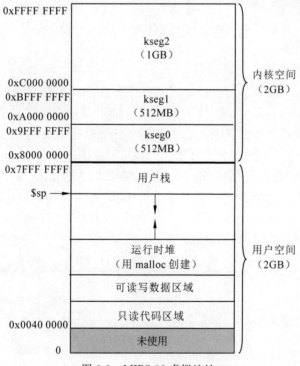

图 8.8　MIPS 32 虚拟地址

通常将 I/O 端口地址空间分配在 kseg1 区域,其原因是该区域的非缓存特性(即在 cache 中没有副本)能保证对 I/O 空间访问的数据一致性。此外,kseg1 是唯一能在系统启动时(此时 MMU 和 cache 还未能正常工作)可以访问的地址空间,因此,MIPS 32 规定,上电重启后所运行程序的第一条指令的地址为 0xBFC0 0000,所映射的对应物理地址是 0x1FC0 0000。

如果将 MIPS 32 虚拟地址空间的 kseg1 区域中的一块地址分配给 I/O 地址空间,其中的地址对应到不同外设控制器中的 I/O 端口号,例如,可将 0xB0C0 0000～0xB0C0 0FFF 范围的地址分配给网卡(网络控制器)中的 I/O 端口。执行 lw 装入指令时,只要通过简单的虚实地址变换,将分配给 I/O 端口号的虚拟地址变换为对应的物理地址,CPU 将该物理地址送到系统总线上,最终通过 I/O 总线的地址线传送到 I/O 接口中,从而选中要访问的 I/O 端口。例如,执行以下两条指令就可以将 I/O 端口(地址为 B0C0 0010H)中的信息(数据或状态)取到通用寄存器 $ t8 中。

```
lui   $t9, 0xb0c0      #将立即数 B0C0 0000H 装入寄存器$t9
lw    $t8, 0x10($t9)   #访问的虚拟地址为 B0C0 0000H+10H=B0C0 0010H
```

8.4 I/O 数据传送控制方式

外设与主机之间的数据传送称为输入/输出,简称 I/O。主要有程序直接控制、中断控制和 DMA 控制 3 种 I/O 数据传送控制方式。

8.4.1 程序直接控制 I/O 方式

程序直接控制方式直接通过查询程序来控制主机和外设之间的数据交换,通常有无条件传送和条件传送两种方式。

1. 无条件传送方式

无条件传送方式也称同步传送方式,主要用于对一些简单外设(如开关、继电器、7 段数码显示器或机械式传感器等)在规定的时间用相应的 I/O 指令对接口中的寄存器进行信息的输入或输出。其实质是通过程序来定时,以同步传送数据,适合于各类巡回采样检测或过程控制。图 8.9 是一个采用无条件传送方式的接口示意图。图中的接口中有一个数据锁存器和一个三态缓冲器,它们共用同一个地址,可以看成同一个输入/输出数据寄存器,通过相应的 I/O 端口访问指令可直接对该寄存器进行存取,在读/写信号的控制下进行数据的输入和输出。由此可见,无条件传送的接口比较简单,无须任何定时信号和状态查询,只需要进行相应的读/写控制和地址译码即可。

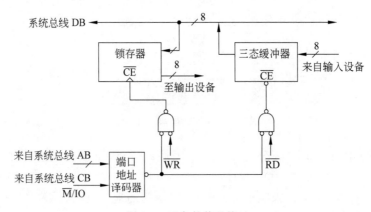

图 8.9 无条件传送接口

无条件传送方式下,处理器对外设的 I/O 接口进行周期性的定时访问,直接对 I/O 端

口进行数据存取。对于慢速设备,因为定时访问时间间隔长,所以 I/O 操作所用的处理器
时间占整个处理器时间的比例较少,对处理器效率影响不大;而对于快速设备,因为需要频
繁进行 I/O 访问,所以很多处理器时间被 I/O 操作占用,因而这种方式不宜用于高速设备
的 I/O。

2. 条件传送方式

条件传送方式也称异步传送方式。对于一些较复杂的 I/O 接口,往往有多个控制、状
态和数据寄存器,对设备的控制必须在一定的状态条件下才能进行。此时,可通过在查询程
序中安排相应的 I/O 端口访问指令,由这些指令直接从 I/O 接口中取得外设和接口的状
态,如"就绪(Ready)""忙(Busy)""完成(Done)"等,根据这些状态来控制外设和主机的信息
交换。这是一种通过查询接口中的状态来控制数据传送的方式,因此也称为程序查询方式,
其接口结构如图 8.10 所示。

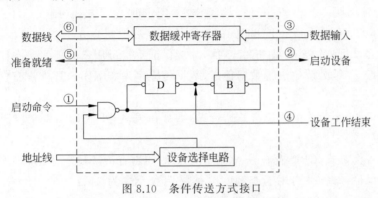

图 8.10　条件传送方式接口

图 8.10 所示的 I/O 接口中,左边是 I/O 总线侧,CPU 执行相应指令,通过 I/O 总线向
I/O 接口送出"启动"命令,并读取"就绪"等状态信息,或向(从)数据缓冲寄存器写入(读取)
数据。I/O 接口的右边是和设备相连的电缆和接口插座侧,可以送出"启动设备"命令,或接
受"设备工作结束"等信号,并可通过数据线和设备交换数据信息。CPU 采用条件传送方式
通过该 I/O 接口读取外设数据的过程是:①CPU 执行相应的 I/O 访问指令向该接口送出
"启动"命令,设备选择电路对 CPU 送出的地址进行译码,选中本 I/O 接口,这样,与非门输
出信号使"完成"状态触发器 D 清零,而使"启动"命令触发器 B 置 1;②I/O 接口通过连接
电缆向外设发送"启动设备"命令;③外设准备好一个数据,通过电缆向 I/O 接口中的数据
缓冲寄存器输入数据;④外设向 I/O 接口回送"设备工作结束"状态信号,使状态触发器 D
置 1,使命令触发器 B 清零;⑤CPU 通过执行指令不断读取 I/O 接口状态,因触发器 D 已
经被置 1,所以查询到外设"准备就绪";⑥CPU 通过执行 I/O 访问指令从数据缓冲寄存器
读取数据。通过以上 6 个步骤,CPU 和外设之间完成一次数据交换过程。

设备是否适合采用条件传送方式,主要取决于 I/O 设备本身的特点以及设备是否能够
独立启动 I/O 等。键盘和鼠标等是随机启动的低速 I/O 设备,当用户按下键盘、移动鼠标
或单击鼠标按钮时,便启动了 I/O 设备的输入操作。对于这类自身能独立启动 I/O 的设
备,虽然可以采用定时程序查询方式,但是由于设备的启动是由用户随机进行的,所以有可
能用户长时间没有输入而引起查询程序长时间等待,从而降低处理器的使用效率,因此,这
类设备大多采用后面要介绍的中断方式进行 I/O;对于由操作系统启动的设备,则只有被操

作系统激活后才需要查询。对于像磁盘、磁带和光盘存储器等成块传送设备一旦被启动,便可连续不断地传送一批数据,处理器无须对每个数据的传送进行启动,而且每个数据之间的传输时间很短,如果用定时查询方式,则会因为频繁查询而使处理器为 I/O 操作所花费的时间比例变得很大,因此,不适合采用程序查询方式。像针式打印机等字符类设备,每个字符之间的传输时间较长,并且每传送一个字符需要启动一次,因而可以采用程序查询方式。

根据查询操作被启动的方式的不同,程序查询方式分为两种:定时查询和独占查询。定时查询是指周期性地查询接口状态,每次查询总是一直等到条件满足,才进行一个数据的传送,传送完成后返回到用户程序。定时查询的时间间隔与设备的数据传输率有关。下面举例说明对于不同 I/O 传输速率的设备,CPU 为其 I/O 操作所花费的时间开销是不同的。

例 8.2   假定查询程序中所有指令执行的操作(包括读取 I/O 端口并分析状态、传送数据等)所用的时钟周期数至少是 400 个,处理器的主频为 500MHz,即处理器每秒钟产生 500×10^6 个时钟周期。若设备一直持续工作,采用定时查询方式,则在以下 3 种情况下,CPU 用于 I/O 的时间占整个 CPU 时间的百分比各是多少?

(1) 鼠标必须每秒钟至少被查询 30 次,才能保证不错过用户的任何一次移动。

(2) 软盘按 16 位为单位进行数据传送,数据传输率为 50KB/s,要求没有任何数据传送被错过。

(3) 硬盘以 16 字节为单位进行数据传送,数据传输率为 4MB/s,要求没有任何数据传输被错过。

解:对于查询方式,CPU 花在输入/输出上的时间由查询次数乘以查询操作时间得到。

(1) 对于鼠标,每秒钟内用于查询的时钟周期数至少为 $30 \times 400 = 12\,000$,因此,CPU 用于鼠标 I/O 的时间占整个 CPU 时间的百分比至少为 $12\,000/(500 \times 10^6) \approx 0.002\%$。显然,CPU 对鼠标的查询操作对性能的影响不是很大。

(2) 对于软盘,因为每次数据传送的单位为 16 位,占两字节,所以只有当查询的速率达到每秒 50KB/2B = 25K 次时才能保证没有任何数据传送被丢失。因此,每秒钟内用于软盘读写的时钟周期数为 $25K \times 400$,在整个 CPU 时间中所占百分比为 $25k \times 400/(500 \times 10^6) = 2\%$。

(3) 对于硬盘,要求每次以 16 字节为单位进行查询,因此查询的速率应达到每秒 4MB/16B = 250k 次,故每秒钟内用于硬盘 I/O 的时钟周期数为 $250k \times 400$,CPU 用于硬盘读写的时间占整个 CPU 时间的百分比为 $250k \times 400/(500 \times 10^6) = 20\%$。也就是说,CPU 的五分之一时间都用于硬盘读写,显然,对硬盘采用查询方式是不可取的。

如果软盘和硬盘仅有 25% 的时间是活动的,那么,操作系统只要在设备被激活时进行查询,所以查询的平均开销将被分别降到 0.5% 和 5%。尽管这样降低了开销,但是一旦操作系统发出一个对设备的启动命令,它就必须接连不断地查询,因为操作系统不知道什么时候设备会响应并准备好一次传送。这种一旦设备被启动,CPU 就一直持续对设备进行查询的方式,称为独占查询方式。

独占查询方式下,CPU 被独占用于进行某设备的 I/O,由 CPU 控制 I/O 整个过程,即 CPU 花费了 100% 的时间在 I/O 操作上,此时,外设和 CPU 完全串行工作,其查询程序的流程如图 8.11 所示。

从图 8.11 中可以看出,在任何一个数据传送之前,必须先读接口的状态,判断接口是否"就绪",只有在接口"就绪"的情况下,才继续进行传送。否则,CPU 将一直处于等待状态直

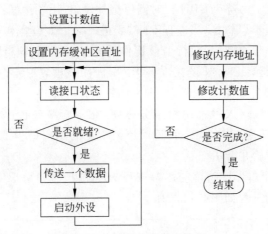

图 8.11　独占查询程序流程

到外设完成任务而使接口满足条件为止。这里"就绪"的含义,对于输入设备而言,意味着设备已将数据送入接口中的数据缓冲器,CPU 可以从接口取数据;对于输出设备而言,意味着数据缓冲器已空,CPU 可以将数据送到接口中。

打印机的输出控制方式可采用这种查询方式。假定一个用户进程 P 中使用了某个 I/O 函数,请求在打印机上打印一个具有 n 个字符的字符串。显然,P 可通过执行 open 系统调用来打开打印机。若打印机空闲,则 P 可正常使用打印机,因而可通过 write 系统调用对打印机进行写操作。执行 write 系统调用后,会陷入操作系统内核进行字符串打印。

操作系统内核通常将用户进程缓冲区中的字符串首先复制到内核空间,然后查看打印机是否"就绪"。如果"就绪",则将内核空间缓冲区中的一个字符输出到打印控制器的数据端口中,并发出"启动打印"命令,以控制打印机打印数据端口中的字符;如果打印机"未就绪",则等待直到其"就绪"。上述过程循环执行,直到字符串中所有字符打印结束。图 8.12 中的程序段大致描述了操作系统内核采用查询方式进行打印控制的过程。

```
copy_string_to_kernel(strbuf, kernelbuf, n);      //将字符串复制到内核缓冲区
for (i=0; i<n; i++) {                             //对于每个打印字符循环执行
    while (printer_status!=READY);                //等待直到打印机状态为 "就绪"
    *printer_data_port=kernelbuf[i];              //向数据端口输出一个字符
    *printer_control_port=START;                  //发送 "启动打印" 命令
}
return();                                         //返回
```

图 8.12　程序直接控制 I/O 的一个例子

程序查询 I/O 方式的特点是简单、易控制、外围接口控制逻辑少。但是,CPU 需要从外设接口读取状态,并在外设未就绪时一直处于忙等待。由于外设速度比处理器慢得多,所以,在 CPU 等待外设完成任务的过程中浪费了许多处理器时间。

8.4.2　中断控制 I/O 方式

1. 中断控制 I/O 的基本思想
在程序查询 I/O 方式中,由于 CPU 和外设采用串行工作方式,使大量的处理器时间花

费在等待慢速的外设上。为避免 CPU 长时间等待外设,提出了中断控制 I/O 方式。

中断控制 I/O 的基本思想是,当进程 P1 需要进行一个 I/O 操作时,它会先启动外设进行第一个数据的 I/O 操作,并挂起执行 I/O 操作的进程 P1 使其被阻塞,然后从就绪队列中选择另一个进程 P2 执行,此时,外设在准备 P1 所需的数据,CPU 在执行 P2,因此外设和 CPU 并行工作。当外设完成 I/O 操作,便向 CPU 发中断请求。CPU 响应请求后,就中止正在执行的用户进程 P2,转入一个中断服务程序,在中断服务程序中再启动随后数据的 I/O 传送任务。中断服务程序执行完后,返回原被中止的用户进程 P2 的断点处继续执行。此时,外设和 CPU 又开始并行工作。

例如,对于上述请求打印字符串的用户进程 P1 的例子,如果采用中断控制 I/O 方式,则操作系统处理 I/O 的过程如图 8.13 所示。

```
copy_string_to_kernel(strbuf, kernelbuf, n);      // 将字符串复制到内核缓冲区
enable_interrupts();                              // 开中断,允许外设发出中断请求
while (printer_status!=READY);                     // 等待直到打印机状态为 "就绪"
*printer_data_port=kernbuf[i];                     // 向数据端口输出第一个字符
*printer_control_port=START;                        // 发送 "启动打印" 命令
scheduler();                                       // 阻塞用户进程P1,调度进程P2执行
```

(a) "字符打印" 系统调用服务例程

```
if(n==0){                                          // 若字符串打印完,则
   unblock_user();                                 // 进程P1解除阻塞并进入就绪队列
}else{
   *printer_data_port=kernelbuf[i];               // 向数据端口输出一个字符
   *printer_control_port=START;                    // 发送 "启动打印" 命令
    n = n-1;                                        // 未打印字符数减1
    i = i+1;                                        // 下一个打印字符指针加1
}
acknowledge_interrupt();                           // 中断回答(清除中断请求)
return_from_interrupt();                           // 中断返回
```

(b) "字符打印" 中断服务程序

图 8.13 中断控制 I/O 的一个例子

从图 8.13(a)可以看出,在"字符打印"系统调用服务例程中启动打印机后,它就调用处理器调度程序 scheduler 来调出进程 P2 执行,而将用户进程 P1 阻塞。在 CPU 执行进程 P2 的同时,打印机在进行打印操作,CPU 和打印机并行工作。若打印机打印一个字符需要 5ms,则在打印一个字符期间,其他进程可以在 CPU 上执行 5ms 的时间。对于程序直接控制 I/O 方式,CPU 在这 5ms 的时间内只是不断地查询打印机状态,因而整个系统的效率很低。

中断控制 I/O 方式下,一旦外设完成任务,就会向 CPU 发中断请求。对于图 8.13 中的例子,当打印机完成一个字符的打印后,就会给 CPU 发中断请求,然后 CPU 暂停正在执行的进程 P2,调出"字符打印"中断服务程序来执行。如图 8.13(b)所示,中断服务程序首先判断是否已完成字符串中所有字符的打印,若是,则将用户进程 P1 解除阻塞,使其进入就绪队列;否则,就向数据端口送出下一个欲打印字符,并启动打印,将未打印字符数减 1 和下一个打印字符指针加 1 后,执行中断返回,回到被打断的进程 P2 继续执行。

图 8.14 和图 8.15 描述了中断控制 I/O 的整个过程。

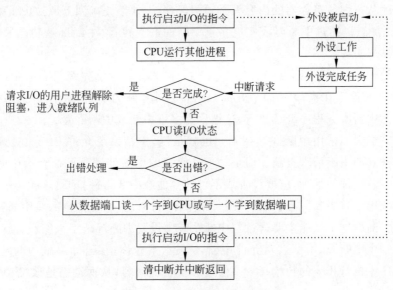

图 8.14　中断控制 I/O 过程

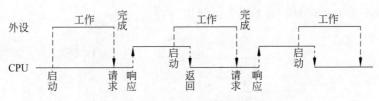

图 8.15　CPU 与外设并行工作

现代计算机系统中都配有完善的异常和中断处理系统,CPU 的数据通路中有相应的异常和中断的检测和响应逻辑,在外设接口中有相应的中断请求和控制逻辑,操作系统中有相应的中断服务程序。这些中断硬件线路和中断服务程序有机结合,共同完成异常和中断的处理过程。

中断 I/O 方式通过让处理器执行相应的中断服务程序来完成输入/输出的任务,所以也称为程序中断 I/O 方式。

2. 中断系统的基本职能

现代计算机的中断处理功能相当丰富,没有配置中断系统的计算机是令人无法想象的。每个计算机系统的中断功能可能不完全相同,但其基本功能不外乎以下几方面。

(1) 及时记录各种中断请求信号。通常用一个中断请求寄存器来保存。

(2) 自动响应中断请求。CPU 在每条指令执行完、下条指令取出前,会自动检测中断请求引脚,发现有中断请求时,则根据情况决定是否响应和响应哪个中断请求。

(3) 自动判优。在有多个中断请求同时产生时,能够判断出哪个中断的优先级高,以选择优先级高的中断先响应。

(4) 保护被中断程序的断点和现场。因为中断响应后要转去执行中断服务程序,而执行完中断服务程序后,还要回到原来的程序继续运行。所以原程序被中止处的指令地址和原程序的程序状态和各寄存器的内容等必须被保存,以便能正确回到原被中止处继续执行。

(5) 中断屏蔽。通过中断屏蔽实现多重中断的嵌套执行,中断屏蔽功能通过一个中断屏蔽字寄存器来实现。

在中断处理(即执行中断服务程序)过程中,若又有新的优先级更高的中断请求发生,CPU 可以立即暂停正在执行的中断服务程序,转去处理新的中断,新中断处理结束后,再回到原被暂停的中断服务程序继续执行,这被称为多重中断或中断嵌套。

现代计算机大多采用中断嵌套技术。也就是说,中断系统允许 CPU 在执行某个中断服务程序时被新的中断请求打断。但是并不是所有的中断处理都可被新的中断打断,对于一些重要的紧急事件的处理,就要设置成不可被其他新中断事件打断,这就是中断屏蔽的概念。中断系统中要有中断屏蔽机制,使得每个中断可以设置它允许被哪些中断打断,不允许被哪些中断打断。这个功能主要通过在中断系统中设置中断屏蔽字来实现。屏蔽字中的每一位对应某一个中断源,用 1 表示允许中断,0 表示不允许中断(即屏蔽中断)。CPU 还可以通过在程序中执行相应的特权指令来修改屏蔽字的内容,从而动态地改变中断处理的先后次序。

3. 中断控制器的基本结构

中断系统中的中断控制器基本结构如图 8.16 所示。

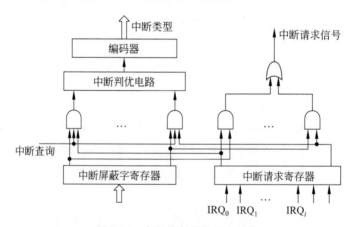

图 8.16　中断控制器的基本结构

从图 8.16 可以看出,每个能够发出中断请求的外设都通过 IRQ 线发出中断请求,来自设备 i 的中断请求信号(IRQ_i)记录在中断请求寄存器中的对应位;每个中断源有各自对应的中断屏蔽字,在进行相应的中断处理之前它被送到中断屏蔽字寄存器中。在 CPU 运行程序时,每当 CPU 完成当前指令的执行、取出下一条指令之前,就会通过采样中断请求信号引脚来自动查看有无中断请求信号。若有,则会发出一个相应的中断回答信号,以启动图中的“中断查询”信号,在该信号的作用下,所有未被屏蔽的中断请求信号一起送到一个中断判优电路中,判优电路根据中断响应优先级选择一个优先级最高的中断源,然后用一个编码器对该中断源进行编码,得到对应的中断设备类型号(即中断源的标识信息,称为中断类型)。CPU 取得中断类型后,经过相应的转换,就可得到对应的中断服务程序首地址,在下一个 CPU 时钟周期开始,CPU 执行相应的中断服务程序。

Intel 架构计算机中的中断控制器是可编程的,称为可编程中断控制器(programmable interrupt controller,PIC)。图 8.17 给出了 Intel 可编程中断控制器 8259A 的内部结构示意图。

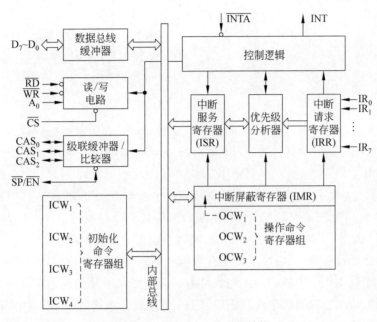

图 8.17　Intel 8259A 内部结构

Intel 8259A 中断控制器的基本功能如下。

(1) 中断请求锁存、中断屏蔽、中断优先级排队、中断源标识信息的生成等。

(2) 既可支持程序查询式中断,又可支持向量式中断。

(3) 支持 8 级优先权,通过多片级联,最多可构成 64 级中断。

(4) 各种中断功能可通过编程来设定和更改。

8259A 通过 $IR_0 \sim IR_7$ 接收各路中断请求,存放于中断请求寄存器中,并汇集成一个公共的中断请求信号 INT,送往 CPU。CPU 响应中断后,发出中断响应信号 $\overline{INTA}$ 回送给 8259A。优先级分析器中的中断判优电路经过中断优先级比较,把最高优先级的中断类型号经数据总线送给 CPU。在 CPU 内经简单变换,形成向量地址,据此访问中断向量表,取出中断服务程序入口地址后,转相应中断服务程序执行。

8259A 中断屏蔽寄存器(IMR)中的屏蔽字会送到优先级分析器,使得只有未被屏蔽的中断请求才会进行优先级排队,从而实现中断嵌套,图 8.18 是中断嵌套过程的示意图。

如图 8.18 所示,假定在执行用户程序时,发生了 1♯ 中断请求,因为用户程序不屏蔽任何中断,所以就响应 1♯ 中断,将用户程序的断点 K1+1 和程序状态字 PSW1 保存在栈中,然后调出 1♯ 中断服务程序执行,而在执行 1♯ 中断的过程中,又发生了 2♯ 中断,而 2♯ 中断的处理优先级比 1♯ 高,即在 1♯ 中断的屏蔽字中 2♯ 中断对应的位为 1(允许中断),此时,CPU 中止 1♯ 中断的处理,把 1♯ 中断的断点 K2+1 和程序状态字 PSW2 保存在栈中,

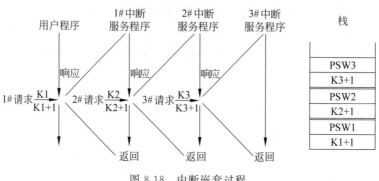

图 8.18 中断嵌套过程

然后响应 2#中断,调出 2#中断的中断服务程序执行。在 2#中断处理过程中,如果发生 3#中断,且 3#中断的处理优先级比 2#更高(即 2#中断的屏蔽字中 3#中断对应的位为 1),则 CPU 在栈中保存 2#中断的断点 K3+1 和程序状态字 PSW3,然后转 3#中断服务程序执行。当 3#中断处理完返回时,CPU 从栈顶取出断点 K3+1 和 PSW3,回到 2#中断的断点处执行;2#中断处理完后,回到 1#中断的断点 K2+1 处执行;1#中断处理完后,回到用户程序的断点 K1+1 处执行。由此可见,利用栈能正确实现中断嵌套。

从上面描述的过程来看,中断系统中存在两种中断优先级:一种是中断响应优先级,另一种是中断处理优先级。中断响应优先级是由查询程序或中断判优电路决定的,它反映的是多个中断同时请求时选择哪个先被响应。中断处理优先级通过在每个中断服务程序中设置对应的中断屏蔽字实现,反映了本中断与其他所有中断之间的处理优先关系。在多重中断系统中通常用中断屏蔽字对中断处理优先权进行动态分配。

下面举例说明中断嵌套过程中,在特定的中断响应优先级和中断处理优先级下,处理器执行程序的轨迹。

例 8.3 假定中断系统有 4 个中断源,分别记为 1#、2#、3#和 4#,其响应优先级为 1#＞2#＞3#＞4#。假定 CPU 在执行用户程序(主程序)时,中断源 1#、3#和 4#同时发生了中断请求,而在执行 3#中断对应的中断服务程序过程中,2#中断又发生了中断请求。分别写出处理优先级为 1#＞2#＞3#＞4#和 1#＞4#＞3#＞2#时各中断源对应的中断屏蔽字,并分别给出 CPU 完成中断服务程序的过程。

解:中断处理优先级为 1#＞2#＞3#＞4#时的中断屏蔽字如表 8.1 所示。根据题意,在执行用户程序时同时发生了 1#、3#和 4#中断请求,由于响应优先级为 1#＞2#＞3#＞4#,所以应先响应 1#中断,1#中断的屏蔽字为 1000,所以在 1#中断处理过程中不响应其他任何中断,直到 1#中断处理完回到用户程序。此时,还有 3#和 4#中断未处理。根据响应优先级,应先响应 3#中断,调出 3#中断服务程序执行,在处理 3#中断的过程中,出现了 2#中断请求,因为 3#中断的屏蔽字为 1110,对 2#中断开放,对 4#中断屏蔽,所以 2#中断被响应,打断了 3#中断的处理。2#中断处理过程中没有出现比它的处理优先级更高的中断请求,所以 2#中断能一直处理完,然后回到被打断的 3#中断服务程序继续执行,执行完后回到用户程序,最后响应 4#中断,处理完 4#中断后,再回到用户程序。其 CPU 执行程序的轨迹如图 8.19 所示。

表 8.1 处理优先级为 1♯＞2♯＞3♯＞4♯时的屏蔽字

中断源	中断屏蔽字			
	1♯	2♯	3♯	4♯
1♯中断源	1	0	0	0
2♯中断源	1	1	0	0
3♯中断源	1	1	1	0
4♯中断源	1	1	1	1

（假定 0 是屏蔽，1 是开放）

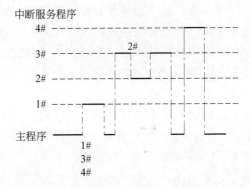

图 8.19　处理优先级为 1♯＞2♯＞3♯＞4♯时 CPU 运动轨迹

表 8.2 给出了中断处理优先级为 1♯＞4♯＞3♯＞2♯时的屏蔽字。在执行用户程序时同时发生 1♯、3♯ 和 4♯ 中断，根据响应优先级，应先响应 1♯ 中断，1♯ 中断的屏蔽字为 1000，所以在执行 1♯ 中断的过程中，不响应其他任何中断，直到 1♯ 中断处理完回到用户程序。此时，还有 3♯ 和 4♯ 中断未被处理，根据响应优先级，应先响应 3♯ 中断，调出 3♯ 中断服务程序执行。在处理 3♯ 中断的过程中，出现了 2♯ 中断请求，同时在执行用户程序时发生的 4♯ 中断请求还未被响应，因为 3♯ 中断的屏蔽字为 1011，即对 2♯ 中断屏蔽而对 4♯ 中断开放，此时，响应优先级排队电路中，只有 4♯ 中断请求被排队判优，显然，4♯ 中断请求被响应，因此，CPU 中止 3♯ 中断的处理，调出 4♯ 中断来处理。4♯ 中断处理过程中没有出现比它的处理优先级更高的中断请求，因此，一直到它处理完，再回到被打断的 3♯ 中断进行处理。CPU 继续执行 3♯ 中断服务程序，执行完后，回到用户程序。最后响应 2♯ 中断，处理完 2♯ 中断后，再回到用户程序。其 CPU 执行程序的轨迹如图 8.20 所示。

表 8.2 处理优先级为 1♯＞4♯＞3♯＞2♯时的屏蔽字

中断源	中断屏蔽字			
	1♯	2♯	3♯	4♯
1♯中断源	1	0	0	0
2♯中断源	1	1	1	1
3♯中断源	1	0	1	1
4♯中断源	1	0	0	1

（假定 0 是屏蔽，1 是开放）

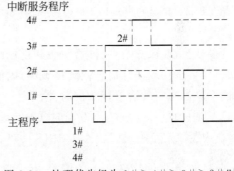

图 8.20　处理优先级为 1♯＞4♯＞3♯＞2♯时 CPU 运动轨迹

4. 中断响应过程

中断过程主要包括两个阶段：中断响应和中断处理。中断响应阶段由硬件实现，而中断处理阶段则由 CPU 执行中断服务程序来完成，所以中断处理是由软件实现的。

中断响应是指 CPU 发现中断请求开始到调出中断服务程序这一过程。在此过程中 CPU 完成以下 3 个任务。

（1）保存被中断程序的返回地址和程序状态信息。

为了保证从中断服务程序返回后被中断程序在断点处能继续正确执行下去,有两类信息不能被中断服务程序破坏。一类是用户可见的通用寄存器的内容,这些寄存器存放着被中断程序执行到断点处的现行值,一般把这类信息称为现场;另一类是断点处的程序计数器(PC)和程序状态字寄存器(PSWR)中的内容,前者是中断返回地址,后者是机器状态信息,一般把这类信息称为断点和状态信息。对于现场信息,因为是用指令可直接访问的,所以通常在中断服务程序中通过指令把它们保存到栈中,即由软件实现保存;而对于断点和状态信息,因为必须将中断服务程序的首地址和初始程序状态字装入PC和PSWR中后,才能转到中断服务程序执行,所以,原来在PC和PSWR中的断点和状态信息应在CPU响应中断过程中先由硬件自动保存到某个特定的地方(栈或专门寄存器)。

(2) 识别中断源并根据中断响应优先级进行判优。

中断响应的结果是调出相应的中断服务程序来执行,因此,在中断响应过程中,CPU必须能够识别出哪些中断有请求,并且在有多个中断请求出现的情况下,选择响应优先级最高的中断。

(3) 调出中断服务程序。

CPU通过相应步骤得到所响应的中断源对应的中断服务程序首地址和初始程序状态字,并把它们分别送PC和PSWR。这样,在中断响应结束后的下一个时钟周期,CPU就转入相应的中断服务程序执行。

CPU响应中断的时间越短越好。中断响应时间是中断系统设计时需考虑的一个重要指标,它反映了计算机系统的灵敏度。显然,中断响应时间与断点和状态信息保存时间、中断源识别和判优的速度以及获得中断服务程序首地址和初始状态的时间都有关系。不同的中断响应处理机制,得到的中断响应时间不同。例如,MIPS处理器采用一种简单的响应机制,断点(即当前PC中的内容)直接保存在特殊寄存器EPC中,而不需要访问内存来存取栈,中断源的识别和判优处理也由软件进行,CPU只要把进行中断源识别和判优处理的中断查询程序的首地址送PC即可完成中断响应过程。因此,MIPS处理器的中断响应时间很短。

很显然,在保护断点、机器状态和现场的过程中,如果又有新的中断被响应,则原被保存的断点、状态和现场等信息就会被破坏,因而,需要有一种机制能保证断点和现场等的保护过程不被新的中断请求打断。通常,用一个"中断允许"位来实现控制。5.4.1节中介绍过,当CPU中的"中断允许"位为1时,CPU处于"中断允许"状态或"开中断"状态,否则就是"禁止中断"或"关中断"状态。CPU只有在"中断允许"状态时,才有可能响应新的中断请求。

因此,中断响应的条件有以下3个。

(1) CPU处于"开中断"状态。

(2) 至少要有一个未被屏蔽的中断请求。

(3) 当前指令刚执行完。

当CPU同时满足上述3个条件时,就响应中断,进入中断响应周期。在中断响应周期中,通过执行一条隐指令,完成以下几个操作。

(1) 关中断。将中断允许标志置为禁止("关中断")状态,这时将屏蔽掉所有可屏蔽中断的请求。

（2）保护断点和程序状态。将当前 PC 和 PSWR 中的断点和状态信息送入栈中或特殊寄存器保存。

（3）识别中断源并转中断服务程序。通过某种方式获得优先级最高的中断源所对应的中断服务程序的首地址和初始程序状态，并分别送 PC 和 PSWR。

5. 中断识别和判优方法

中断源的识别和中断判优方法可分为软件查询和硬件判优两大类。

1）采用软件查询方法

图 8.21 给出了软件查询方式下中断查询程序的结构和中断接口硬件结构。如图 8.21(b) 所示，中断接口的硬件结构很简单，只要一根中断请求线 IRQ 和一个中断请求寄存器 (IRR)，IRR 中记录了各设备的 I/O 中断请求状态。当 CPU 检测到 IRQ 线上有中断请求时，通过中断响应自动转到中断查询程序执行。中断查询程序按中断优先顺序依次查询 IRR 中记录了哪个设备有 I/O 中断请求，并转到第一个查询到有请求的中断服务程序去执行。这种方式可通过改变中断查询顺序来改变中断响应优先级，因而比较灵活。但软件查询速度慢，可能导致中断请求无法得到实时响应。

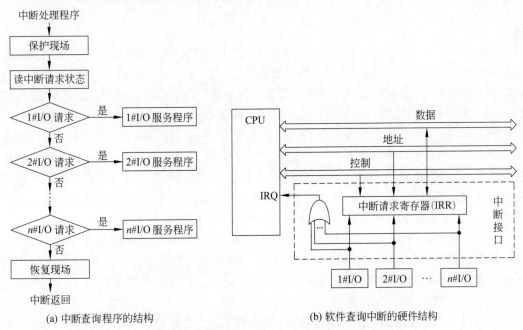

(a) 中断查询程序的结构 (b) 软件查询中断的硬件结构

图 8.21 软件查询中断方式下的程序结构和硬件结构

2）采用硬件判优方法

硬件判优不同于软件查询中断识别技术，而是一种向量中断方式。它根据中断控制器接口（如 PIC）中的中断判优电路和编码器等，得到当前所有未被屏蔽的中断请求中具有最高响应优先权的中断类型（即中断源标识信息）。例如，图 8.16 中的 IRQ_i 中的 i 就是中断源标识信息，通过编码器输出的 i 最终被送到 CPU 中，CPU 根据 i 的值找到对应的中断服务程序的首地址 PC 和初始 PSW。

在向量中断方式下，通常把中断服务程序的首地址 PC 和初始 PSW 称为中断向量 IV

(interrupt vector)。所有中断向量存放在一个中断向量表(也称中断入口地址表)中,中断向量所在的地址称为向量地址 VA(vector address),如图 8.22 所示。每个中断向量在中断向量表中的位置可以用对应表项的编号来得到,这个编号称为中断类型号。图 8.23 给出了 Intel 8086/8088 的中断向量表,它位于主存地址 0000H～03FFH 中,共 256 个表项,每个表项占 4 字节,记录对应中断服务程序的首地址 CS:IP。向量地址由中断类型号乘 4 得到。例如,除法错的中断类型号为 0,故其向量地址为 0;不可屏蔽中断 NMI 的中断类型号为 2,故其向量地址为 8;外部 I/O 中断 IRQ_i 的中断类型号为 $32+i$。

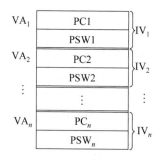

图 8.22　中断向量表

图 8.23　8086/8088 的中断向量表

现代计算机系统大多采用向量中断方式,在中断控制器中有相应的中断判优电路和编码器。各个中断请求信号和对应的中断屏蔽位进行"与"操作后,送到判优电路选择优先级最高的未被屏蔽的中断源,最后通过编码器输出对应的中断类型号,即中断源标识信息。这种方式的中断响应速度快。如果是可编程的中断控制器,则响应优先级可灵活设置。

例 8.4　假定一个字长为 32 位的 CPU 的主频为 500MHz,即 CPU 每秒钟产生 500×10^6 个时钟周期。硬盘使用中断 I/O 方式进行数据传送,其传输速率为 4MB/s,每次中断传输一个 16 字节的数据,要求没有任何数据传输被错过。每次中断的开销(包括用于中断响应和中断处理的时间)是 500 个时钟周期。如果硬盘仅有 5% 的时间进行数据传送,那么,CPU 用于硬盘数据传送的时间占整个 CPU 时间的百分比为多少?

解:由题意知,每次准备好一个 16 字节的数据,就会发出一次中断请求。为保证没有任何数据传输被错过,CPU 每秒钟应至少执行 4MB/16B=250k 次中断,因此,每秒钟内用于硬盘数据传送的时钟周期数为 $250k \times 500 = 125 \times 10^6$,故 CPU 用于硬盘数据传送的时间占 $125 \times 10^6/(500 \times 10^6) = 25\%$。

也可以从以下角度来考虑。由题意知,硬盘准备一个数据(16B)的时间为 16B/4MB=4μs,CPU 用于一个数据 I/O 的时间(包括中断响应并处理的时间)是 500 个时钟周期,相当于 500/500M=1μs。假定硬盘一直在工作,则硬盘每隔 4μs 申请一次中断,每次中断 CPU 花 1μs 进行硬盘数据传送,因此,CPU 花在硬盘数据传送的时间占整个 CPU 时间的 1/4,即 25%。

假定硬盘并不是一直在操作,而是仅有 5% 的时间在工作,则 CPU 用于硬盘数据传送的时间占整个 CPU 时间的百分比为 25%×5%=1.25%。

对于程序查询方式,在外设准备数据时,由于 CPU 一直在等待外设完成,所以 CPU 在这段时间 100% 为 I/O 服务。对于中断 I/O 方式,在外设准备数据时,CPU 被安排执行其他程序,外设和 CPU 并行工作,因而 CPU 在外设准备数据时没有开销,只有响应和处理中断来进行数据传送时 CPU 才需要花费时间为 I/O 服务。这就是中断 I/O 方式相对于程序查询方式的优点。

对于硬盘这种高速外设的数据传送,若采用中断 I/O 方式,则 CPU 用于 I/O 的开销是无法忽视的。高速外设速度快,因而中断请求频率高,导致 CPU 被频繁打断,而且,由于 CPU 需要保存断点和程序状态以及现场信息、开中断/关中断、设置中断屏蔽字等,使得中断响应和中断处理的额外开销很大,因此,在高速外设情况下,采用中断 I/O 方式传送数据是不合适的,通常采用下面介绍的 DMA 方式。

8.4.3　DMA 方式

DMA(direct memory access)称为直接存储器存取,该 I/O 方式用专门的 DMA 接口硬件来控制外设与主存间的直接数据交换,数据不通过 CPU。通常把专门用来控制总线进行 DMA 传送的接口硬件称为 DMA 控制器。在进行 DMA 传送时,CPU 让出总线控制权,由 DMA 控制器控制总线,通过"窃取"一个主存存储周期完成和主存之间的一次数据交换,或独占若干存储周期完成一批数据的交换。

DMA 方式主要用于磁盘等高速设备的数据传送。这类高速设备的记录方式多采用数据块组织方式,数据块之间有间隙,因而数据传输时数据块之间的时间间隔较长,而数据块内部数据间的传输时间间隔较短,因此,这类设备大多采用成批数据交换方式。

DMA 方式与中断 I/O 方式一样,也是采用"请求-响应"的方式,只是中断 I/O 方式请求的是处理器的时间,而 DMA 方式下请求的是总线控制权。图 8.24 给出了进程 P1 在磁盘和主存之间进行数据交换的过程示意图。首先,P1 采用程序查询方式设置传送参数,通过执行相应的指令对有关参数寄存器进行初始化;然后 CPU 执行 I/O 指令发出"寻道"命令到磁盘控制器,由磁盘控制器控制磁盘驱动器开始移动磁头,同时,CPU 切换到其他进程(如 P2)执行;当磁盘完成寻道操作后,向 CPU 发出"寻道结束"中断请求;CPU 响应并处理该中断请求,中止正在执行的进程 P2,在中断服务程序中通过执行 I/O 指令发出"查找扇区"命令到磁盘控制器,CPU 启动"查找扇区"命令后,返回被中止的进程 P2 执行;当磁盘完成扇区查找操作,就向 CPU 发出"查找结束"中断请求;CPU 响应并处理该

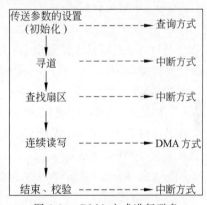

图 8.24　DMA 方式进行磁盘
数据传送过程

中断,又一次中止正在执行的进程 P2,然后在中断服务程序中启动进行 DMA 传送,由 DMA 控制器控制数据在主存和磁盘之间进行数据传送;CPU 启动 DMA 传送后,又回到被中止的进程 P2 继续执行,直到 DMA 传送结束;此时,由 DMA 控制器发出"DMA 结束"中断请求,CPU 响应并处理该中断请求,对传送的数据进行校验等后处理。

1. 3 种 DMA 方式

由于 DMA 控制器和 CPU 共享主存,所以可能出现两者争用主存的现象,为使两者协调使用主存,DMA 通常采用以下 3 种方式之一进行数据传送。

(1) CPU 停止法。DMA 传输时,由 DMA 控制器发一个停止信号给 CPU,使 CPU 脱

离总线,停止访问主存,直到 DMA 传送一块数据结束。

(2) 周期挪用法。DMA 传输时,CPU 让出一个总线事务周期,由 DMA 控制器挪用一个存储周期来访问主存,传送完一个数据后立即释放总线。这是一种单数据传送方式。

(3) 交替分时访问法。每个存储周期分成两个时间片,一个给 CPU,另一个给 DMA 控制器,这样在每个存储周期内,CPU 和 DMA 控制器都可访问存储器。

2. DMA 操作步骤

DMA 控制器与设备控制器一样,其中也有若干寄存器,用于存放 I/O 传送所需的各种参数。这些寄存器包括主存地址寄存器、字计数器、控制寄存器、设备地址寄存器等,此外,还有其他的控制逻辑,能控制设备通过总线与主存直接交换数据。DMA 方式的 I/O 操作过程由以下步骤来完成。

第 1 步:DMA 控制器的初始化。

在进行数据传送之前,CPU 先执行一段初始化程序,完成对 DMA 控制器中各参数寄存器的初始值设定。主要操作包括以下 3 方面。

(1) 准备内存区。若是从外设输入数据,则进行内存缓冲区的申请,并对缓冲区进行初始化;若是输出数据到外设,则先在内存准备好数据。

(2) 设置传送参数。执行 I/O 访问指令来测试外设状态,并对 DMA 控制器设置各种参数,如将内存首址送地址寄存器;字计数值送字计数器;传送方向送控制寄存器;设备地址送设备地址寄存器。

(3) 发送"启动 DMA 传送"命令,然后调度 CPU 执行其他进程。

第 2 步:DMA 数据传送。

CPU 对 DMA 控制器进行初始化并发送"启动 DMA 传送"命令后,就把数据传送的工作交给了 DMA 控制器。在整个 DMA 传送过程中,不再需要 CPU 的参与,完全由 DMA 控制器实现数据的传送。

DMA 控制器给出内存地址,并在其读/写线上发出"读"命令或"写"命令,随后在数据总线上给出数据。DMA 控制器每完成一个数据的传送,就将字计数值减 1,并修改主存地址。当字计数器为 0 时,完成所有 I/O 操作。

第 3 步:DMA 结束处理。

当字计数器为 0,则发出"DMA 结束"中断请求信号给 CPU,转入中断服务程序,进行 DMA 结束处理工作。

从上述过程来看,DMA 方式与程序查询和中断 I/O 方式不同,CPU 不直接执行 I/O 访问指令来实现数据传送,而只是进行一些初始化等辅助工作。DMA 方式的 I/O 过程如图 8.25 所示。

DMA 方式下,CPU 仅在最初的 DMA 控制器初始化和最后"DMA 结束"中断处理时参与 I/O,而数据传送过程完全由 DMA 控制器进行控制,不需 CPU 参与,因而 CPU 用于 I/O 的开销非常小。

下面举例说明使用 DMA 方式进行硬盘和主存之间的数据传送时 CPU 的开销。

例 8.5 假定 CPU 的主频为 500MHz,即 CPU 每秒钟产生 500×10^6 个时钟周期。硬盘采用 DMA 方式进行数据传送,其数据传输率为 4MB/s,每次 DMA 传输的数据量为 4KB,要求没有任何数据被错过。如果 CPU 在 DMA 控制器初始化和外设启动等方面需要

```
copy_string_to_kernel(strbuf, kernelbuf, n);        // 将字符串复制到内核缓冲区
initialize_DMA();                                    // 初始化DMA控制器（准备传送参数）
*DMA_control_port=START;                             // 发送"启动DMA传送"命令
scheduler();                                         // 阻塞用户进程P，调度其他进程执行
```

(a) "字符打印"系统调用处理例程

```
acknowledge_interrupt();        // 中断回答（清除中断请求）
unblock_user();                 // 用户进程P解除阻塞，进入就绪队列
return_from_interrupt();        // 中断返回
```

(b) "DMA结束"中断服务程序

图 8.25 DMA 控制 I/O 过程

1000 个时钟周期，在 DMA 传送完成后的中断处理过程需要 500 个时钟周期，则 CPU 用于硬盘 I/O 操作的时间百分比大约是多少？

解：硬盘读/写 4KB 数据需用 $4KB/4MB=1.024\times10^{-3}s\approx10^{-3}s$。为使任何数据不被错过，每秒钟内须有 $1/10^{-3}=10^3$ 次 DMA 传送，因此 1s 内 CPU 用于在硬盘 I/O 的时钟周期数为 $10^3\times(1000+500)=1.5\times10^6$。因此，CPU 用于硬盘 I/O 的时间占整个 CPU 时间的百分比大约为 $1.5\times10^6/(500\times10^6)=0.3\%$。

DMA 方式用于硬盘 I/O 时，在数据传送期间不消耗任何 CPU 时钟周期，因此即使硬盘一直在进行 I/O 操作，CPU 为它服务的时间也仅占 0.3%。事实上，硬盘在大多数时间内并不进行数据传送，因此，CPU 为硬盘 I/O 所花费的时间会更少。当然，如果 CPU 和 DMA 控制器同时竞争主存，那么 CPU 会被延迟与主存交换数据。但通过使用 cache，CPU 可避免大多数的访存冲突。因此，通常主存带宽的大部分都可让给外设的 DMA 传送使用。

3. DMA 与存储系统

当采用 DMA 方式进行 I/O 时，存储系统和 CPU 之间的关系会变得更复杂。没有 DMA 控制器时，所有对主存的访问都来自 CPU，通过 MMU 中的地址转换和 cache 进行访存。有了 DMA 控制器后，系统中就有了另一个访问主存的路径，它不通过地址转换机制和 cache 层次。这样，在虚拟存储器和 cache 系统中就会产生一些问题。这些问题的解决通常要结合硬件和软件两方面的技术支持。

在采用虚拟存储器的系统中，同时有物理地址和虚拟地址，那么 DMA 是以虚拟地址还是以物理地址工作呢？很明显，若用虚拟地址，则在 DMA 接口中应有一个小的类似页表的地址映射表，用于将虚拟地址转换为物理地址；若用物理地址，则每次 DMA 传送不能跨页。如果一个 I/O 请求跨页，那么一次请求的一个数据块在送到主存时，就可能不在主存的一个连续的存储区中，因为每个虚页可以映射到主存的任意一个实页框中，所以多个连续的虚页不可能正好对应连续的实页框。因此，如果 DMA 采用物理地址，就必须限制所有的 DMA 传送都必须在一个页面之内进行，这种情况下，由操作系统把一次传送分解成多次小数据量传送，以保证每次只限定在一个物理页面内进行。

采用 cache 的系统中，一个数据项可能会产生两个副本，一个在 cache 中，一个在主存储器中，因此，具有 DMA 控制器的 cache 系统也会产生问题。DMA 控制器直接向主存储器发出访存请求而不通过 cache，这时，DMA 控制器看到的一个主存单元的值与 CPU 看到的

cache 中的副本可能不同。考虑从磁盘中读一个数据,DMA 直接将其送到主存,如果有些被 DMA 写过的单元在 cache 中,那么以后 CPU 读取这些单元的时候,就会得到一个老的值。类似地,如果 cache 采用写回(write back)策略,当一个新的值在 cache 中写入时,这个值并未被马上写回主存,而此时若 DMA 直接从主存读,那么读的值可能是老的值。这个问题称为过时数据问题或 I/O 一致性问题,其解决方法有以下 3 种。

第一种解决方式是让 I/O 活动通过 cache 进行,这样就保证了在 I/O 读时能读到最新的数据,而 I/O 写时能更新 cache 中的任何数据。当然,将所有 I/O 都通过 cache,其代价是非常大的。因为 I/O 数据通常很少马上要用到,如果这样的数据把 CPU 正在使用的有用数据替换出去,那么就会影响 cache 的命中率,给 CPU 的性能带来很多负面影响。

第二种解决方式是让操作系统在 I/O 读时有选择地使某些 cache 块无效,而在 I/O 写时迫使 cache 进行一次写回操作,这种操作经常被称为 cache 刷新,这种方式需要少量硬件支持。因为大部分 cache 刷新操作仅发生在 DMA 数据块访问时,而 DMA 访问又不经常发生,所以,如果软件能方便而有效地实现这种方法,则性价比更高。

第三种解决方式是通过一个硬件机制来选择被刷新或使无效的 cache 项,这种用硬件来保证 cache 一致性的方式大多被用在多处理器系统中。

8.5　内核空间 I/O 软件

所有用户程序中提出的 I/O 请求,最终都是通过系统调用实现的,通过系统调用封装函数中的陷阱指令转入内核空间的 I/O 软件执行。内核空间的 I/O 软件分 3 个层次,分别是与设备无关的 I/O 软件层、设备驱动程序层和中断服务程序层,其中,后两个层次与 I/O 硬件密切相关。

8.5.1　I/O 子系统概述

I/O 接口的引入给外设与主机进行信息交换提供了有效"通路"。但是还必须提供一种手段,让 CPU 能方便地找到要进行信息交换的设备,并将用户的 I/O 请求转换成对设备的控制命令。

现代计算机 I/O 系统的复杂性一般都隐藏在操作系统中,最终用户或用户程序只需通过一些简单的命令或系统调用就能使用各种外设,而无须了解设备具体工作细节。

对于最终用户,操作系统通过命令行方式、批命令方式或图形界面方式为最终用户提供了直接使用计算机资源的手段,用户通过输入相应的命令或操作键盘和鼠标将 I/O 请求传递给操作系统。

对于用户程序,所有高级语言运行时系统都提供了执行 I/O 功能的高级机制,例如,C 语言中提供了像 printf() 和 scanf() 等这样的标准 I/O 库函数;C++ 语言中提供了如＜＜(输入)和＞＞(输出)这样的重载 I/O 操作符。从通过 I/O 函数或 I/O 操作符提出 I/O 请求,到 I/O 设备响应并完成 I/O 请求,整个过程涉及 I/O 软件和 I/O 硬件的协调工作。用户程序需要从某个设备输入信息或将结果送到外设时,只要通过系统调用(以低级语言方式提供)或库函数调用(以高级语言方式提供),将 I/O 请求提交给操作系统即可。

与计算机系统一样,I/O 子系统也采用层次结构,图 8.26 是 I/O 子系统层次结构示意图。

I/O 子系统包含 I/O 软件和 I/O 硬件两大部分。I/O 软件包括最上层提出 I/O 请求的用户空间 I/O 软件(称为用户 I/O 软件)和在底层操作系统中对 I/O 进行具体管理和控制的内核空间 I/O 软件(称为系统 I/O 软件),系统 I/O 软件又分 3 个层次,分别是与设备无关的 I/O 软件层、设备驱动程序层和中断服务程序层。I/O 硬件在操作系统内核空间 I/O 软件的控制下完成具体的 I/O 操作。

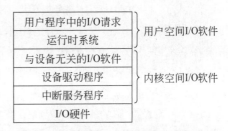

图 8.26　I/O 子系统层次结构

操作系统在 I/O 子系统中承担极其重要的作用,这主要是由 I/O 子系统的以下 3 个特性决定的。

(1) 共享性。I/O 子系统被多个进程共享,因此必须由操作系统对共享的 I/O 资源统一调度管理,以保证用户程序只能访问自己有权访问的那部分 I/O 设备或文件,并使系统的吞吐率达到最佳。

(2) 复杂性。I/O 设备控制的细节比较复杂,如果由最上层的用户程序直接控制,则会给广大的应用程序开发者带来麻烦,因而需操作系统提供专门的驱动程序进行控制,应用程序只需要调用操作系统提供的相应服务例程,而无须了解设备控制的细节,从而简化应用程序的开发。

(3) 异步性。I/O 子系统的速度较慢,而且不同设备之间的速度也相差较大,I/O 设备与主机之间的信息交换通常使用异步的中断 I/O 方式,中断导致从用户态向内核态转移,因此,I/O 处理须在内核态完成,通常由操作系统提供中断服务程序来处理 I/O。

用户程序总是通过某种 I/O 函数或 I/O 操作符请求 I/O 操作。例如,用户程序需要读一个磁盘文件中的记录时,它可以通过调用 C 语言标准 I/O 库函数 fread(),也可以直接调用 read 系统调用的封装函数 read() 来提出 I/O 请求。不管用户程序中调用的是 C 库函数还是系统调用封装函数,最终都是通过操作系统内核提供的系统调用来实现 I/O。图 8.27 给出了用户程序调用 printf() 来调出内核提供的 write 系统调用的过程。

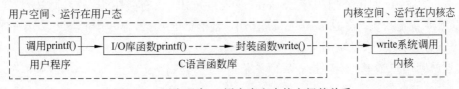

图 8.27　用户程序、C 语言库和内核之间的关系

如图 8.27 所示,对于一个 C 语言用户程序,若在某函数中调用了 printf(),则在执行到调用 printf() 的语句时,便会转到 C 语言函数库中对应的 I/O 标准库函数 printf() 去执行,而 printf() 最终又会转到调用函数 write();在执行到调用 write() 的语句时,便会通过一系列步骤在内核空间中找到 write 对应的系统调用服务例程来执行,从而从用户态转到内核态执行。

每个系统调用的封装函数会被转换为一组与具体机器架构相关的指令序列,这个指令序列中,至少有一条陷阱指令,在陷阱指令之前可能还有若干条传送指令用于将 I/O 操作的参数送入相应的寄存器。

例如,在 IA-32 中,陷阱指令就是 INT n 指令,也称为软中断指令。在早期的 IA-32 架构中,Linux 系统将 int $0x80 指令用作系统调用,在系统调用指令之前会有一串传送指令,用来将系统调用号等参数传送到相应的寄存器。系统调用号通常在 EAX 寄存器中,可根据系统调用号选择执行一个系统调用服务例程。用户进程的 I/O 请求通过调出操作系统中相应的系统调用服务例程来实现。

I/O 子系统工作的大致过程如下:首先,CPU 在用户态执行用户进程,当 CPU 执行到系统调用的封装函数对应的指令序列中的陷阱指令时,会从用户态陷入到内核态;转到内核态执行后,CPU 根据陷阱指令执行时 EAX 寄存器中的系统调用号,选择执行一个相应的系统调用服务例程;在系统调用服务例程的执行过程中可能需要调用具体设备的驱动程序;在设备驱动程序执行过程中启动外设工作,外设准备好后发出中断请求,CPU 响应中断后,就调出中断服务程序执行,在中断服务程序中控制主机与设备进行具体的数据交换。

图 8.28 是 Linux 系统中 write 操作的执行过程。

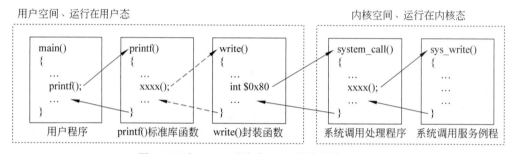

图 8.28 在 Linux 系统中 write 操作的执行过程

如图 8.28 所示,假定用户程序中有一个语句调用了库函数 printf(),在 printf()函数中又通过一系列的函数调用,最终转到调用 write()函数。在 write()函数对应的指令序列中,一定有一条用于系统调用的陷阱指令,在 IA-32/Linux 系统中就是指令 int $0x80 或 sysenter。该陷阱指令执行后,进程就从用户态陷入内核态执行。Linux 中有一个系统调用的统一入口,即系统调用处理程序 system_call()。CPU 执行陷阱指令后,便转到 system_call()的第一条指令执行。在 system_call()中,将根据 EAX 寄存器中的系统调用号跳转到当前系统调用对应的系统调用服务例程 sys_write()去执行。system_call()执行结束时,从内核态返回到用户态下的陷阱指令后面一条指令继续执行。

8.5.2 与设备无关的 I/O 软件

一旦通过陷阱指令调出系统调用处理程序(如 Linux 中的 system_call)执行,就开始执行内核空间的 I/O 软件。首先执行的是与具体设备无关的 I/O 软件,主要完成所有设备公共的 I/O 功能,并向用户层软件提供一个统一的接口。通常,它包括以下几部分:设备驱动程序统一接口、缓冲处理、错误报告、打开与关闭文件以及逻辑块大小处理等。

1. 设备驱动程序统一接口

对于某个外设具体的 I/O 操作,通常需要通过执行设备驱动程序来完成。而外设的种类繁多、控制接口不一致,导致不同外设的设备驱动程序千差万别。如果计算机系统中每次出现一种新的外设,都要为添加新设备的驱动程序而修改操作系统,那么就会给操作系统开发者和系统用户带来很大的麻烦。

为此,操作系统为所有外设的设备驱动程序规定了一个统一的接口,新设备驱动程序只要按照统一的接口规范来编制,就可以在不修改操作系统的情况下,在系统中添加新设备驱动程序并使用新的外设进行 I/O。

因为采用了统一的设备驱动程序接口,因而内核中与设备无关的 I/O 软件包含了所有外设统一的公共接口中的处理部分。例如,在图 8.28 所示的 Linux 系统调用函数执行过程中,刚陷入内核后所执行的 system_call() 函数就是与设备无关的 I/O 软件的一部分。

为了简化对外设的处理,在内核高层 I/O 软件中,将所有外设都抽象成一个文件,设备名和文件名在形式上没有任何差别,因而被称为设备文件名。内核中与设备无关的 I/O 软件必须将不同的设备名和文件名映射到对应的设备驱动程序。有关文件管理和设备管理的细节请参看操作系统方面的参考资料。

2. 缓冲区处理

用户进程在提出 I/O 请求时,指定的用来存放 I/O 数据的缓冲区在用户空间中。例如,文件读函数 fread(buf,size,num,fp) 中的缓冲区 buf 在用户空间中。通过陷阱指令陷入内核态后,内核通常会在内核空间中再开辟一个或两个缓冲区,这样,在底层 I/O 软件控制设备进行 I/O 操作时,就直接使用内核空间中的缓冲区来存放 I/O 数据。为何不直接使用用户空间缓冲区呢? 因为,如果直接使用用户空间缓冲区,那么,在外设进行 I/O 期间,由于用户进程被挂起而使用户空间的缓冲区所在页面有可能被替换出去,这样就无法获得缓冲区中的 I/O 数据。

每个设备的 I/O 都需要使用缓冲区,因而缓冲区的申请和管理等处理是所有设备公共的,可以包含在与设备无关的 I/O 软件部分。

此外,为了充分利用数据访问的局部性特点,操作系统通常在内核空间开辟高速缓存,将大多数最近从块设备读出或写入的数据保存在作为高速缓存的 RAM 区中。与设备无关的 I/O 软件会确定所请求的数据是否已经存在在高速缓存 RAM 中,如果存在就可能不需要访问磁盘等外存设备。

3. 错误报告

在用户进程中,通常要对所调用的 I/O 库函数返回的信息进行处理,有时返回的是错误码。例如,fopen() 函数的返回值为 NULL 时,表示无法打开指定文件。

虽然很多错误与特定设备相关,必须由对应的设备驱动程序来处理,但是,所有 I/O 操作在内核态执行时发生的错误信息,都是通过与设备无关的 I/O 软件返回给用户进程的,也就是说错误处理的框架是与设备无关的。

有些错误属于编程错误。例如,请求了某个不可能的 I/O 操作;写信息到一个输入设备或从一个输出设备读信息;指定了一个无效的缓冲区地址或者参数;指定了不存在的设备等。这些错误信息由与设备无关的 I/O 软件检测出来并直接返回给用户进程,无须再进入更底层的 I/O 软件处理。

还有一类是 I/O 操作错误,例如,写一个已被破坏的磁盘扇区;打印机缺纸;读一个已关闭的设备等。这些错误由相应的设备驱动程序检测出来并处理,若驱动程序无法处理,则驱动程序将错误信息返回给与设备无关的 I/O 软件,再由与设备无关的 I/O 软件返回给用户进程。

4. 打开与关闭文件

对设备或文件进行打开或关闭等 I/O 函数所对应的系统调用,并不涉及具体的 I/O 操作,只要直接对 RAM 中的一些数据结构进行修改即可,这部分工作也是由设备无关的软件来处理。

5. 逻辑块大小的处理

为了为所有的块设备和所有的字符设备分别提供一个统一的抽象视图,以隐藏不同块设备或不同字符设备之间的差异,与设备无关的 I/O 软件为所有块设备或所有字符设备设置了统一的逻辑块大小。例如,对于块设备,不管磁盘扇区和光盘扇区有多大,所有逻辑数据块的大小相同,这样一来,高层 I/O 软件就只需要处理简化的抽象设备,从而在高层软件中简化了数据定位等处理。

8.5.3 设备驱动程序

设备驱动程序是与设备相关的 I/O 软件部分。每个设备驱动程序只处理一种外设或一类紧密相关的外设。每个外设或每类外设都有一个设备控制器,其中包含各种 I/O 端口。通过执行设备驱动程序,CPU 可以向控制端口发送控制命令来启动外设,可以从状态端口读取状态来了解外设及外设控制器的状态,也可以从数据端口中读取数据或向数据端口发送数据等。显然,设备驱动程序中包含了许多 I/O 访问指令,通过执行 I/O 访问指令,CPU 可以访问设备控制器中的 I/O 端口,从而控制外设的 I/O 操作。

根据设备所采用的 I/O 控制方式的不同,设备驱动程序的实现方式也不同。

若采用程序直接控制 I/O 方式,那么设备驱动程序将采用如图 8.12 所示的处理过程来控制外设的 I/O 操作,驱动程序的执行与外设的 I/O 操作完全串行,驱动程序一直等到全部完成 I/O 请求后结束。驱动程序执行完成后,返回到与设备无关的 I/O 软件层,最后,再返回到用户进程。这种情况下,请求 I/O 的用户进程在 I/O 过程中不会被阻塞,内核空间的 I/O 软件一直代表用户进程在内核态进行 I/O 处理。

若采用中断控制 I/O 方式,则设备驱动程序将采用如图 8.13(a)所示的处理过程来控制外设的 I/O 操作。驱动程序启动第一次 I/O 操作后,将调用处理器调度程序来调出其他进程执行,而请求 I/O 的用户进程被阻塞。在 CPU 执行其他进程的同时,外设进行 I/O 操作,此时,CPU 和外设并行工作。当外设完成 I/O 任务时,再向 CPU 提出中断请求,CPU 检测到中断请求后,会暂停正在执行的其他进程的执行,转到如图 8.13(b)所示的一个中断服务程序去执行,以启动下一次 I/O 操作。

若采用 DMA 方式,那么,驱动程序将采用如图 8.25 所示的处理过程来控制外设的 I/O 操作。驱动程序对 DMA 控制器进行初始化后,便发送"启动 DMA 传送"命令,使设备控制器控制外设开始进行 I/O 操作,发送完启动命令后,将执行处理器调度程序,使 CPU 转去其他进程执行,而使请求 I/O 的用户进程阻塞。DMA 控制器完成所有 I/O 任务后,向 CPU 发送一个"DMA 完成"中断请求信号。CPU 在中断服务程序中解除用户进程的阻塞状态,然后中断返回。

中断控制和 DMA 两种 I/O 方式下,在执行设备驱动程序过程中,都会进行处理器调度,以使请求 I/O 的当前用户进程被阻塞;也都会产生中断请求信号,前者由设备在每完成一个数据的I/O后产生中断请求,后者由DMA控制器在完成整个数据块的I/O后产生中断请求。因此可见,中断请求是由于执行了设备驱动程序而产生的,外设完成驱动程序要求的I/O操作后,设备控制器或DMA控制器会通过中断控制器向CPU发出中断请求,从而调出中断服务程序执行。

8.5.4 中断服务程序

图8.29给出了整个中断过程,包括中断响应和中断处理两个阶段。中断响应是通过CPU执行中断隐指令来完成的,完全由硬件完成;而中断处理就是CPU执行一个中断服务程序的过程,完全由软件完成。虽然不同的中断源对应的中断服务程序不同,但是,所有中断服务程序的结构是相同的。中断服务程序包含3个阶段:准备阶段、处理阶段和恢复阶段。

图8.29给出的是多重中断系统下的中断服务程序结构。从图中可以看出,在保存断点、保护现场和旧的屏蔽字、设置新屏蔽字的过程中,CPU一直处于"中断禁止"("关中断")状态。CPU响应中断过程中会关中断,即由CPU直接将中断允许触发器清零,在进行具体的中断服务之前,再通过执行"开中断"指令来使中断允许触发器置1,因此,在进行具体的中断服务过程中,若有新的未被屏蔽的中断请求出现,则CPU可以响应新的中断请求。同样,在恢复阶段也要让CPU关中断,并在返回前开中断,这里开中断和关中断的功能都是通过CPU执行相应的"开中断"和"关中断"指令实现的。如果在准备阶段和恢复阶段CPU处在"开中断"状态,那么有可能在断点保存、现场和屏蔽字的保护和恢复等过程中响应新的中断,这样,断点或现场及屏蔽字等重要信息就会被新中断破坏,因而不能回到原来的断点继续执行或因为现场或屏蔽字被破坏而不能正确执行。

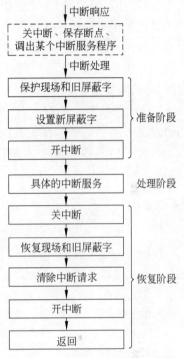

图8.29 中断服务程序的典型结构

图8.29中的"保护现场和旧屏蔽字"和"恢复现场和旧屏蔽字"分别通过"压栈"和"出栈"指令来实现,"设置新屏蔽字"和"清除中断请求"通过执行I/O访问指令来实现,这些指令将对可编程中断控制器(PIC)中的中断请求寄存器和中断屏蔽字寄存器进行访问,以使这些寄存器中相应的位清零或置1。

在设备驱动程序和中断服务程序中使用到的I/O访问指令、"开中断"和"关中断"指令都是特权指令,只能在操作系统内核程序中使用。

8.6 本 章 小 结

所有外设通过相应的电缆连到I/O接口电路上,I/O接口电路再连到系统总线,最终与CPU和主存相连。各类外设控制器(包括适配器或适配卡)或DMA控制器、中断控制器等都属于I/O接口,其职能包括数据缓冲、记录状态、传递命令、转换数据格式等。I/O接口中通常包含数据缓冲寄存器、状态寄存器和控制寄存器等 I/O 端口。I/O 端口的编址方式有独立编址和统一编址(存储器映射)两种。

常用 I/O 控制方式有 3 种:程序直接控制方式、中断控制方式和 DMA 方式。程序直接控制方式分无条件传送和条件传送两种。无条件传送方式下,无须检测接口或设备的状态,适合于各类巡回检测或过程控制;条件传送(程序查询)方式下,CPU 通过查询外设接口中的"就绪(Ready)""忙(Busy)"和"完成(Done)"等状态来控制数据的传送,有定时查询和独占查询两种。程序中断 I/O 方式下,当外设准备好数据或准备好接收新数据或发生了特殊事件时,外设通过向 CPU 发中断请求来使 CPU 转到相应的中断服务程序去执行,在中断服务程序中完成数据交换或处理特殊事件。DMA 方式适合像磁盘一类的高速设备以成批方式和主存直接交换数据。首先,要对 DMA 控制器进行初始化;然后由 DMA 控制器控制总线在主存和高速设备之间进行直接数据交换;最后,DMA 控制器发出"DMA 传送结束"信号给外设接口,由外设接口发中断请求给 CPU,CPU 进行 DMA 结束处理。

I/O 子系统包含 I/O 软件和 I/O 硬件两大部分。I/O 软件包括最上层提出 I/O 请求的用户空间 I/O 软件和在底层操作系统中对 I/O 进行具体管理和控制的内核空间 I/O 软件。系统 I/O 软件又分 3 个层次,分别是与设备无关的 I/O 软件层、设备驱动程序层和中断服务程序层。I/O 硬件在驱动程序的控制下完成具体的 I/O 操作。

习　题

1. 给出以下概念的解释说明。

字符型设备	块传递设备	键盘扫描码	I/O 接口	I/O 控制器
I/O 端口	命令端口	数据端口	状态端口	I/O 空间
独立编址	统一编址	存储器映射 I/O	I/O 指令	程序查询方式
就绪状态	中断控制方式	可屏蔽中断	不可屏蔽中断	中断屏蔽字
中断响应优先级	中断处理优先级	DMA 方式	周期挪用	DMA 控制器

2. 简单回答下列问题。

(1) 什么是 I/O 接口? I/O 接口的基本功能有哪些?

(2) 串行接口和并行接口的特点各是什么?

(3) CPU 如何进行设备的寻址? I/O 端口的编址方式有哪两种? 各有何特点?

(4) 什么是程序查询 I/O 方式? 说明其工作原理。

(5) 什么是中断控制 I/O 方式? 说明其工作原理。

(6) 什么是向量中断? 说明在向量中断方式下形成中断向量的基本方法。

(7) 为什么中断控制器把中断请求设备标识(中断类型)放在总线的数据线上,而不是放在地址线上?

(8) 在多周期处理器中并不是每个时钟周期结束都允许响应中断,为什么? 如果在一条指令执行过程中,CPU 响应中断而转去执行中断服务程序,会产生什么问题?

(9) 什么是可屏蔽中断? 什么是不可屏蔽中断?

(10) 为什么在保护现场和恢复现场的过程中,CPU 必须关中断?

(11) DMA 方式能够提高成批数据交换效率的主要原因何在?

(12) CPU 响应 DMA 请求和响应中断请求有什么区别?

(13) 在 DMA 接口中,什么时候给出"DMA 请求"(或"总线请求")信号? 什么时候给出"中断请求"信号? CPU 在什么时候响应 DMA 请求? 在什么时候响应中断请求?

3. 假定采用独立编址方式对 I/O 端口进行编号,那么必须为处理器设计哪些指令来专门用于进行 I/O 端口的访问?连接处理器的总线必须提供哪些控制信号来表明访问的是 I/O 空间?

4. 假定主存和磁盘存储器之间连接的同步总线具有以下特性:支持 4 字块和 16 字块两种长度(字长 32 位)的突发传送,总线时钟频率为 200MHz,总线宽度为 64 位,每个 64 位数据的传送需 1 个时钟周期,向主存发送一个地址需要 1 个时钟周期,每个总线事务之间有 2 个空闲时钟周期。若访问主存时最初 4 个字的存取时间为 200ns,随后每存取一个四字的时间是 20ns,磁盘的数据传输率为 5MB/s,则在 4 字块和 16 字块两种传输方式下,该总线上分别最多可有多少个磁盘同时进行传输?

5. 假设有一个磁盘,每面有 200 个磁道,每个盘面总存储容量为 1.6MB,磁盘旋转一周时间为 25ms,每道有 4 个区,每两个区之间有一个间隙,磁头通过每个间隙需 1.25ms。请问:从该磁盘上读取数据时的最大数据传输率是多少(单位为 B/s)?假如有人为该磁盘设计了一个与计算机之间的接口,如下图所示,磁盘每读出一位,串行送入一个移位寄存器,每当移满 16 位后向处理器发出一个请求交换数据的信号。在处理器响应该请求信号并读取移位寄存器内容的同时,磁盘继续读出一位一位数据并串行送入移位寄存器,如此继续工作。已知处理器在接到请求交换的信号以后,最长响应时间是 $3\mu s$,这样设计的接口能否正确工作?若不能则应如何改进?

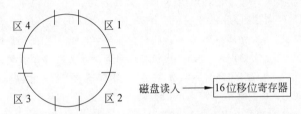

6. 假设某计算机带有 20 个终端同时工作,在运行用户程序的同时,能接收来自任意一个终端输入的字符信息,并将字符回送显示。每一个终端的键盘输入部分有一个数据缓冲寄存器 $RDBR_i$($i=1\sim20$),当在键盘上按下某一个键时,相应的字符代码即进入 $RDBR_i$,并使它的"完成"状态标志 $Done_i$($i=1\sim20$)置 1,要等处理器把该字符代码取走后,$Done_i$ 标志才置 0。每个终端显示(或打印)输出部分也有一个数码缓冲寄存器 $TDBR_i$($i=1\sim20$),并有一个 $Ready_i$($i=1\sim20$)状态标志,该状态标志为 1 时,表示相应的 $TDBR_i$ 是空着的,准备接收新的输出字符代码,当 $TDBR_i$ 接收了一个字符代码后,$Ready_i$ 标志才置 0,并将字符代码送到终端显示。为了接收终端的输入信息,处理器为每个终端设计了一个指针 PTR_i($i=1\sim20$)指向为该终端保留的主存输入缓冲区。处理器采用下列两种方案输入键盘代码,同时回送显示。

(1) 每隔一固定时间 T 转入一个状态检查程序 DEVCHC,顺序地检查全部终端是否有任何键盘信息输入,如果有,则顺序完成之。

(2) 允许任何有键盘信息输入的终端向处理器发出中断请求。全部终端采用共同的向量地址,利用它使处理器在响应中断后,转入一个中断服务程序 DEVINT,由后者查询各终端状态标志,并为最先遇到的请求中断的终端服务,然后转向用户程序。

要求画出 DEVCHC 和 DEVINT 两个程序的流程图。

7. 某计算机 CPU 主频为 500MHz,所连接的某外设最大数据传输率为 20KB/s,该外设接口中有一个 16 位的数据缓存器,相应的中断服务程序执行时间为 500 个时钟周期,是否可以用中断方式进行该外设的输入输出?假定该外设的最大数据传输率改为 2MB/s,是否可以用中断方式进行该外设的输入输出?

8. 若某计算机有 5 个中断源 1#、2#、3#、4#、5#,中断响应优先级为 1#＞2#＞3#＞4#＞5#,而中断处理优先级为 1#＞4#＞5#＞2#＞3#。要求:

(1) 设计各中断源对应的中断屏蔽字(假设 0 为屏蔽,1 为开放)。

(2) 若在运行主程序时,同时出现 2#、4# 中断请求,在处理 2# 中断过程中,又同时出现 1#、3#、5# 中断请求,试画出 CPU 的运行过程示意图。

9. 假定某计算机字长 16 位,没有 cache,运算器一次定点加法时间等于 100ns,配置的磁盘旋转速度为每分钟 3000 转,每个磁道上记录两个数据块,每一块有 8000 字节,两个数据块之间间隙的越过时间为 2ms,主存存储周期为 500ns,存储器总线宽度为 16 位,总线带宽为 4MB/s。

(1) 磁盘读写数据时的最大数据传输率是多少?

(2) 当磁盘按最大数据传输率与主机交换数据时,主存存储周期空闲百分比是多少?

(3) 直接寻址的"存储器-存储器"SS 型加法指令在无磁盘 I/O 操作打扰时的执行时间为多少? 当磁盘 I/O 操作与一连串这种 SS 型加法指令执行同时进行时,则这种 SS 型加法指令的最快和最慢执行时间各是多少?(假定采用多周期处理器方式,CPU 时钟周期等于主存存储周期。)

10. 假定某计算机所有指令都可用两个总线周期完成,一个总线周期用来取指令,另一个总线周期用来存取数据。总线周期为 250ns,因而每条指令的执行时间为 500ns。若该计算机中配置的磁盘上每个磁道有 16 个 512 字节的扇区,磁盘旋转一圈的时间是 8.192ms,则采用周期挪用法进行 DMA 传送时,总线宽度为 8 位和 16 位的情况下该计算机指令执行速度分别降低了百分之几?

11. 假设一个主频为 1GHz 的处理器需要从某个成块传送的 I/O 设备读取 1000 字节的数据到主存缓冲区中,该 I/O 设备一旦启动即按 50KB/s 的数据传输率向主机传送 1000 字节的数据,每字节的读取、处理并存入内存缓冲区总计需要 1000 个时钟周期,则以下几种方式下,在 1000 字节的读取过程中,CPU 花在该设备的 I/O 操作上的时间分别为多少? 占整个处理器时间的百分比分别是多少?

(1) 采用定时查询方式,每次处理一字节,一次状态查询至少需要 60 个时钟周期。

(2) 采用独占查询方式,每次处理一字节,一次状态查询至少需要 60 个时钟周期。

(3) 采用中断 I/O 方式,外设每准备好一字节发送一次中断请求。每次中断响应需要 2 个时钟周期,中断服务程序的执行需要 1200 个时钟周期。

(4) 采用周期挪用 DMA 方式,每挪用一次存储周期处理一字节,一次 DMA 传送完成 1000 字节数据的 I/O,DMA 初始化和后处理的时间为 2000 个时钟周期,CPU 和 DMA 控制器没有访存冲突。

(5) 如果设备的速度提高到 5MB/s,则上述 4 种方式中,哪些是不可行的? 为什么? 对于可行的方式,计算出 CPU 花在该设备 I/O 操作上的时间占整个处理器时间的百分比。

(6) 如果外设不是成块传送设备,而是字符型设备,CPU 每处理完一字节后都要重新启动外设,外设在启动后的 0.02ms 时准备好一字节。每一字节的读取、处理(包括启动下次操作)并存入内存缓冲区还是 1000 个时钟周期,假定 CPU 总是在查询到就绪后立即启动外设或在中断服务程序的最开始立即启动外设,则在(1)~(3)3 种方式下,CPU 花在该设备的 I/O 操作上的时间占整个处理器时间的百分比分别是多少?

12. 假定采用中断控制 I/O 方式,则以下各项工作是在 4 个 I/O 软件层的哪一层完成的?

(1) 根据逻辑块号计算磁盘物理地址(柱面号、磁头号、扇区号)。

(2) 检查用户是否有权读写文件。

(3) 将二进制整数转换为 ASCII 码以便打印输出。

(4) CPU 向设备控制器写入控制命令(如"启动工作"命令)。

(5) CPU 从设备控制器的数据端口读取数据。

第 9 章

并行处理系统

随着信息技术的飞速发展,人们对计算机系统处理能力的要求越来越高。气象、生物、医药、地质、天文等领域的高性能计算,互联网以及移动通信应用领域的海量"大数据"处理,银行、保险、证券等大型数据库系统开发,游戏、航空模拟等各种媒体处理软件方面的开发,都需要计算机系统具有极其快速的处理能力。采用传统的单处理器系统中的串行计算方式,远远不能满足现代社会实际应用问题对计算能力的需求。

为了追求更高的计算性能,出现了各种不同的并行处理系统。通过采用对多个功能部件或多个处理核或多个 CPU 或多台计算机的互连,使得一个系统中可同时进行多条指令或多个数据或多个线程或多个任务的处理,从而实现计算速度和计算能力的大幅提升。本章主要介绍几类典型并行处理计算系统的基本硬件结构,并简要介绍几种并行程序设计编程模型。

9.1 并行处理系统概述

为了获得更高的计算速度,通常采用大规模并行处理技术。采用这种技术的计算系统,相比于单处理器计算系统,是非常复杂的。它涉及互连、数据一致性、同步控制、计算任务划分、并行程序设计和容错等很多问题。

9.1.1 并行处理的主要技术问题

根据所采用的硬件体系结构的不同,每种并行处理计算系统所涉及的主要技术问题有所不同,但概括起来,主要包括以下几方面。

1. 互连

并行处理最主要的特点就是将多个计算模块和多个存储模块进行互连,通过控制这些模块的并行工作来提高处理速度。因此,如何实现这些模块的互连是非常重要的问题。互连技术包括芯片内模块互连、芯片间模块互连和节点间机-机互连等。典型的互连结构包括共享总线连接、交叉开关矩阵、交换网络、环形结构、星形结构、网格(mesh)、立方体(cube)和超立方体(hypercube)等。

2. 数据一致性

在并行处理系统中,为了加快数据处理的速度,通常利用程序访问的局部性特性,在不同的计算模块中设置高速缓存,而且,这些不同的计算模块还可能设置共享的高速缓存和共享的主存储器,因此,在并行处理系统中存在复杂的数据一致性问题。

3. 同步控制

在并行处理系统中,或者多个计算模块共享一个存储模块,或者每个计算模块拥有自己的存储模块。前者为共享存储器结构,后者为分布式存储器结构。在共享存储器结构系统中,由于多个计算模块可能同时访问同一块数据,因而需要解决数据的互斥访问等同步控制问题。在分布式存储器结构系统中,一个计算任务可能分解为若干子任务,被分配到多个计算模块完成,而每个计算模块的速度和每个子任务计算量可能不同,从而导致子任务在完成时间上有先有后,因此,需要对各个计算模块进行同步控制。

4. 任务划分

引入并行处理系统的目的,就是把一个大的计算任务分解成小的子任务,使若干子任务在系统中并行执行,从而加快处理速度。因此,如何对任务进行合理划分是并行处理中的一个重要问题。通常,从算法分解和数据划分两方面来考虑。

5. 并行程序设计

计算机完成的所有任务都必须编写成程序才能交给计算机执行,为了充分利用并行处理计算系统中的计算资源和存储资源,需要对系统中运行的程序进行并行化处理的描述,以说明哪些处理逻辑段可以并行执行,哪些处理逻辑段之间有先后顺序关系,以及处理的数据可以怎样划分等。

不同硬件体系结构的并行处理系统,所采用的并行程序设计方法不一样。目前主要包括共享内存式(多线程并行)、消息传递式以及 MapReduce 等并行处理模式。所采用的并行程序设计方式包括在编程语言中增加编译指导指令(如 OpenMP 提供了 C、C++、FORTRAN 语言中的编译指导语句或命令,用以指示哪个程序段可以并行执行)、提供并行计算库函数和编程接口(如 Pthread、MPI 和 CUDA 等)以及提供自动化处理能力的并行计算软件框架(如 Hadoop MapReduce、Spark 并行编程框架等)。

6. 资源调度和管理

不管采用哪种并行处理模式和哪种并行程序设计方式,最终都要将反映处理逻辑的机器代码调度到不同的计算模块中执行,将处理逻辑所操作的数据部署到存储模块中,这就涉及并行处理系统中计算资源的调度和存储资源的管理问题,这将比在串行处理系统中复杂得多。

7. 容错性和安全性

大规模并行处理系统依靠大量的计算节点互连而成,因而可能经常发生节点出错或失效,因此,需要预防由于单个节点失效可能带来的数据丢失、程序出错或系统崩溃等问题。这就要求系统必须考虑良好的可靠性设计以及失效检测和恢复机制。

8. 性能分析与评估

并行处理性能通常用加速比来度量,加速比可以是一个作业在串行系统中的执行时间与并行处理计算系统中的执行时间的比值,也可以是并行处理系统的作业吞吐量与串行系统的作业吞吐量的比值。当然,评价一个并行处理系统的好坏,应该有很多指标,包括可用性、可扩展性、负载均衡、可靠性等。

由于并行处理系统在硬件架构、软件架构以及所处理的应用问题等各方面的多样性和复杂性,使得并行处理各个技术问题的解决都面临着很大的挑战。

9.1.2 并行处理系统的分类

并行处理系统面临各种技术问题的挑战,为此,人们提出了各种并行处理解决方案,针对这些解决方案,又有不同的并行处理技术分类,包括按指令和数据的处理方式划分、按地址空间访问方式划分、按存储访问时间是否一致划分、按处理单元的位置及其互连方式划分等不同的分类方式。

1. Flynn 分类

1966 年,美国斯坦福大学的 Michael J.Flynn 教授提出了按照指令和数据的处理方式进行划分的 Flynn 分类法,将计算机体系结构分成以下 4 种。

1) 单指令流单数据流(SISD)结构

SISD(single-instruction stream and single-data stream)是传统的串行计算机处理方式,这种计算机通常仅包含一个处理器和一个存储器,处理器在一段时间内仅执行一条指令流,按指令流规定的顺序串行完成指令流中若干条指令的执行,并且每条指令最多仅对两个数据(双目运算)或一个数据(单目运算)进行处理。为了提高程序执行速度,有些 SISD 计算机采用各种指令流水线或运算操作流水线方式执行指令,因此,SISD 计算机的处理器中有时会设置多个功能部件,而且采用多模块交叉方式组织存储器。本书前 8 章介绍的内容多属于 SISD 计算机结构。

2) 单指令流多数据流(SIMD)结构

SIMD(single-instruction stream and multiple-data stream)指一个指令流同时对多个数据流进行处理,这种结构的计算机通常由一个指令控制部件、多个处理单元和多个存储器组成。各处理单元和各存储器之间通过系统内部的互连网络进行通信。在程序执行过程中,指令控制部件执行的还是一个串行的指令流,所有处于执行状态的处理单元同时执行相同的指令,所需的数据从连接在各个处理单元上专用的局部存储器中取得,因此,不同处理单元执行的同一条指令所处理的数据是不同的。

随着计算机应用技术的不断发展,在 20 世纪 90 年代初,出现了多媒体应用技术,图形、图像、视频和音频处理存在大量具有共同特征的操作,因而 Intel 公司于 1997 年在多能奔腾处理器中推出了 MMX(multi media extension,多媒体扩展)指令集,它是 Intel 公司产品中最早采用的 SIMD 技术。随着网络、通信、语音、图形、图像、动画和音/视频等多媒体处理软件对处理器性能的要求越来越高,Intel 公司在多能奔腾以后的处理器中加入了更多流式SIMD 扩展(stream SIMD extension,SSE)指令集,包括 SSE、SSE2、SSE3、SSSE3、SSE4 以及 AVX(advanced vector extensions)等,这些都是典型的数据级并行处理技术。

3) 多指令流单数据流(MISD)结构

MISD(multiple-instruction stream and single-data stream)指在同一时刻有多个指令在执行,并且处理的是同一个数据。这种方式实际上很少出现,仅作为一种理论模型提出,现实中这种工作方式的计算机根本不存在。

4) 多指令流多数据流(MIMD)结构

MIMD(multiple-instruction stream and multiple-data stream)指同时有多个指令分别处理多个不同的数据。这种系统中一定包含有多个计算机或多个处理器。MIMD 方式是目前大多数并行处理计算系统的处理方式。

根据 Flynn 分类法,并行处理计算系统有 SIMD 和 MIMD 两种并行计算模式,其中,SIMD 是一种数据级并行模式,而 MIMD 是一种并行程度更高的线程级并行或线程级以上的并行计算模式。

2. 按地址空间的访问方式划分

采用 MIMD 计算模式的系统中一定包含多个计算机或多个处理器。为了区分不同的并行处理计算结构,有人提出从主存地址空间的访问方式上来区分多计算机(multicomputers)系统和多处理器(multiprocessor)系统。

1) 多计算机系统

多计算机系统指具有多个私有地址空间的并行处理系统,因此,多计算机系统中每个计算节点都具有各自私有的存储器,并各自具有独立的主存地址空间,因此,这种并行处理系统采用的是一种分布式存储器访问方式。显然,在这种多计算机系统中,某一个计算节点无法通过执行 load 指令和 store 指令来访问另一个节点的私有存储器,而是通过消息传递方式进行数据传送,因此,也称为消息传递系统。

2) 多处理器系统

多处理器系统是共享存储多处理器(shared memory multiprocessor,SMP)系统的简称,它是一种具有共享的单一地址空间的并行处理系统。因此,在多处理器系统中,每个处理器都可以通过 load 指令和 store 指令访问系统中的存储器,不管这些存储器是连接在一条总线上的共享存储器,还是连接在某个处理器上的本地存储器,这类系统也被称为共享存储系统。

3. 按存储访问时间是否一致划分

对于多处理器系统,可以按照存储访问时间是否一致分为一致性内存访问(UMA)和非一致性内存访问(NUMA)两类。

1) 一致性内存访问(UMA)结构

UMA(uniform memory access)结构指每个处理器对所有存储单元的访问时间是一致的。如果所有处理器都共享一个存储器,那么,每个处理器通过 load 指令和 store 指令访问任何一个存储单元,其访问时间是相同的。它是一种普遍使用的并行处理计算机结构。

2) 非一致性内存访问(NUMA)结构

NUMA(non-uniform memory access)结构指处理器对不同的存储单元的访问时间可能不一致,访问时间与存储单元的位置有关,若是本地存储器访问时间就短,若是其他处理器所连接的存储器则访问时间就长。如果在 NUMA 结构中引入高速缓存一致性确认机制,则称为高速缓存一致的非一致性内存访问(cache coherent NUMA,CC-NUMA)。

4. 按处理单元的位置及其互连方式划分

按处理单元的位置及其互连方式来分,可以分为多核(multi-core)、众核(many-core)、对称多处理器(SMP)、大规模并行处理机(MMP)、集群、网格等。

1) 多核芯片

在一个 CPU 芯片中包含多个处理单元,每个处理单元称为一个核(core),所有核可能共享一个 LLC(last-level cache),并共享主存储器。通常将多核芯片称为片级多处理器(chip-level multiprocessing,CMP)。通常多核 CPU 芯片的核数为 2、4、8 等几种。

2）众核芯片

在一个面向三维图形、视频和可视化处理的 GPU（graphics processing unit）芯片中，包含多达几百甚至上千个简单核，众核 GPU 芯片的设计着力于在众多的简单核上有效地执行众多的并行线程，并在线程组之间对数据的并行处理进行优化。

3）对称多处理器

所谓对称多处理器 SMP（symmetric multiprocessor），是指将多个相同类型的 CPU 通过总线互连，并等同地位地共享系统所有资源，即多个 CPU 对称工作，无主次或从属关系。因为各 CPU 共享相同的物理内存，每个 CPU 访问内存中的任何地址所需时间是相同的，因此，对称多处理器就是一种 UMA 结构多处理器。多核处理器系统、高档微机、工作站或服务器多用 SMP 结构。

4）大规模并行处理机

MPP（massive parallel processing）是指以专用内联网络连接数量众多处理单元而构成的一种并行计算系统。例如，可以通过专用互连网络（如 mesh、交叉开关）将数量达几百甚至几千个的对称多处理器（SMP）连接成大规模并行处理机，众多 SMP 服务器协同工作，完成相同的任务，因此从用户的角度来看是一个服务器系统，每个 SMP 服务器称节点，每个节点只能直接访问自己的本地资源（内存、磁盘等）。大多数 MPP 是消息传递系统，共享存储 MPP 系统的典型代表是 20 世纪 90 年代风靡全球的 SGI Origin 2000，但与同期的消息传递 MPP 系统相比，由于其硬件的复杂性，其可伸缩性相对有限。

5）集群

集群（cluster）指通过高性能网卡将若干普通 PC 或 SMP 服务器或工作站连接而成的并行处理系统。集群中的每个计算节点（PC、SMP 或工作站）都有各自的内存储器和磁盘，主存地址空间都是计算节点各自私有的，因此，集群是一种典型的紧密耦合的同构多计算机系统。显然，集群属于消息传递系统。

6）网格

网格（grid）是指用因特网等广域网络连接起来的远距离分布的一组异构计算机系统构成的分布式并行处理系统。它是一种松散耦合的异构多计算机系统。云计算（cloud computing）服务器就是由网格发展而来的。

9.2　多处理器系统

多处理器系统是共享存储多处理器系统的简称，它是一种具有共享的单一地址空间的并行处理系统。因此，在多处理器系统中，每个处理器都访问一个全局的主存储器，因而每个处理器在执行指令时所产生的物理地址都属于同一个物理地址空间。

采用单地址空间的多处理器系统中，每个处理器可以通过 load 和 store 指令访问共享存储器，处理器之间通过共享内存变量进行通信，因而，可能会同时有多个处理器访问同一个共享变量，所以需要处理器之间进行相互协调，即需要进行同步控制。如果没有同步控制机制，很可能一个处理器还没有完成对一个共享内存变量的修改时就被另一个处理器打断而修改了该共享变量的值。常用的同步机制是通过对共享变量加锁的方式来控制处理器对共享变量互斥访问。

多处理器系统的硬件结构有以下 3 种:一致性内存访问(UMA)、非一致性内存访问(NUMA)和高速缓存一致的非一致性内存访问(CC-NUMA)。

9.2.1　UMA 多处理器结构

UMA 多处理器系统中,每个处理器对所有存储单元的访问时间是一致的,即每个处理器通过 load 和 store 指令访问共享存储器时,其访问时间与处理器和存储器的相对位置没有关系。因此,UMA 多处理器就是对称多处理器(SMP)。根据处理器与共享存储器之间的连接方式,分为基于总线、基于交叉开关网络和基于多级交换网络连接等几种 UMA 多处理器系统。

1. 基于总线连接的 UMA 多处理器系统

基于总线的 UMA 多处理器系统通过总线将多个相同类型的处理器互连,并共享同一个存储器,其互连结构如图 9.1 所示。

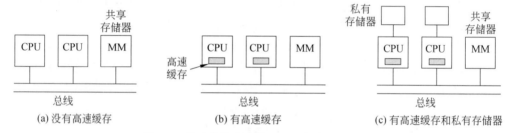

图 9.1　基于总线互连的 UMA 多处理器系统

图 9.1(a)是 CPU 中不带高速缓存(cache)的 UMA 多处理器系统,多个 CPU 模块通过总线与一个共享存储器相连。当某个 CPU 需要访问主存时,它首先检查总线是否忙。如果检测到总线忙,则等待,直到总线空闲;否则,该 CPU 通过总线与主存进行一次数据交换。显然,在这种方式下,当 CPU 只是少数几个时问题不是很大,但是其扩展性较差,当 CPU 个数很多时,就会经常发生多个 CPU 访问主存冲突的问题,使得在很多时间内,大多数 CPU 都会因为总线忙而处于等待状态,导致 CPU 利用率极其低下。

图 9.1(a)中的 CPU 利用率低下问题的解决方案是在 CPU 中加入高速缓存,其硬件结构如图 9.1(b)所示。在每个 CPU 模块中添加了高速缓存后,由于程序访问的局部性特点,使得 CPU 需要的信息大多可以在内部的高速缓存中访问到,因此总线就不会太繁忙,所以可以在总线上连接更多的 CPU 模块。

在 CPU 中添加高速缓存,在解决 CPU 利用率低下的同时,也会带来新的问题,那就是 cache 一致性问题。因为每个 CPU 内的高速缓存中存放的是共享主存中的信息的副本,主存中的一个主存块有可能同时在多个 CPU 的高速缓存中,如果某个 CPU 修改了存放在本地高速缓存中的一个副本中的内容,那么就会发生与其他 CPU 中的副本以及主存中的副本不一致的情况,从而导致程序执行结果出错,这种现象称为 cache 一致性(cache coherency)问题。

为了解决 cache 一致性问题,需要有专门的 cache 一致性协议。最流行的协议称为监听协议(snooping cache coherency),其基本思想是:所有的高速缓存控制器都会监视或侦听总线,以便确认本地是否存在其他 CPU 内高速缓存中的相同副本。对于读操作来说,多个相同副本不会产生问题；对于写操作来说，则必须互斥访问，并更新其他副本。因此，在写操作发生时，监听协议必须能对所有其他副本设置为无效，或者用刚写入的数据对所有其他副本进行更新，前者称为写无效（write invalidate）方式，后者称为写更新（write update）方式。在 Pentium 4 和其他 Intel 公司的许多处理器中都用到一个称为 MESI 的协议，它采用的就是写无效方式。

还有一种总线连接共享存储器的 UMA 多处理机采用图 9.1(c)所示的方式，每个 CPU 模块除了有高速缓存外，还连接了一个本地的私有存储器，它通过专门的私有总线和 CPU 相连。在这种结构的多处理器系统中，共享的主存储器只用来存放可写的共享变量，而将所有程序的代码、各种非共享的常量和变量、只读数据以及栈内信息等都存入本地私有存储器中。在大多数情况下，这种设计方式会使得总线繁忙程度比图 9.1(b)所示的设计方式更低，从而可以在总线上连接更多的 CPU 模块。不过，在这种方式下，因为涉及可执行文件生成时如何分配程序代码和数据的存储地址空间问题，所以需要编译器、链接器和操作系统等各种系统软件的功能进行相应的调整。

2. 基于交叉开关网络的 UMA 多处理器系统

在基于总线连接的方式中，因为所有 CPU 都通过单一的总线访问共享存储器，很容易造成总线繁忙，即使使用高速缓存和私有存储器，也会限制所连接的 CPU 模块的数量，最多只能连接 16～32 个。要连接更多的 CPU，应使用其他互连方式。连接 m 个 CPU 模块到 n 个存储器模块的最简单电路是交叉开关连接网路，它允许任何连接在一组进线上的 CPU 模块通过网络上的交叉开关连接到任何出线上的存储器模块。图 9.2 所示的是一个 8×8 的交叉开关连接方式。

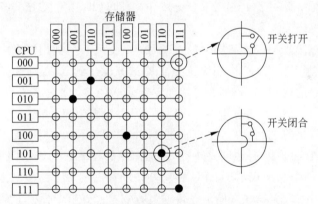

图 9.2   8×8 的交叉开关连接方式

在图 9.2 所示的交叉开关连接多处理器系统中，水平线（进线）和垂直线（出线）的每个交叉点是一个电子开关，其开闭状态取决于进线和出线是否需要相连。每个 CPU 模块可以根据需要选择和哪个存储器模块连接。图 9.2 所示的连接状态是 CPU 模块 1 连接到存储模块 2，CPU 模块 2 连接到存储模块 1，CPU 模块 4 连接到存储模块 4，CPU 模块 5 连接到存储模块 6，CPU 模块 7 连接到存储模块 7。CPU 和存储器的相连状态可以根据需要改变。

使用交叉开关互连，使得不同的 CPU 可以方便地连接到不同的存储器，因而大大降低了多个 CPU 同时访问一个存储器的访问冲突，从而降低了 CPU 的等待时间，提高了 CPU

的利用率。不过,因为交叉开关的数量为 $m \times n$,所以,在 CPU 和存储器模块的个数很大的情况下,交叉开关的数量急剧上升,因此,不可能用交叉开关的方式构建大规模系统。

3. 基于多级交换网络的 UMA 多处理器系统

为了减少连接网络的硬件,可以采用一种基于 2×2 交叉开关的多级交换网络连接方式。Omega 交换网络是一种简单经济的多级交换网络。图 9.3 是 Omega 交换网络连接示意图。

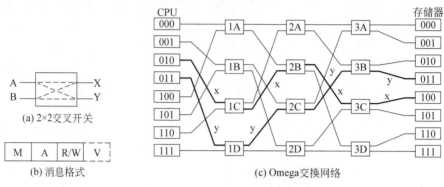

图 9.3　Omega 交换网络连接方式

图 9.3(a)是一个 2×2 交叉开关示意图,A、B 是两个输入端,X、Y 是两个输出端,任一输入端可以被交换至任一输出端。图 9.3(b)给出了通过交换网络传递的消息的格式,由 4 个字段组成,M 字段表示存储器模块号;A 字段表示模块内的地址;R/W 字段表示读/写操作;V 字段表示写操作时的写入值。对于 8 个 CPU 及 8 个存储器模块的连接,图 9.3(c)所示的 Omega 交换网络仅用了 12 个 2×2 交叉开关,即总共 48 个交换器,而对于交叉开关网络则需要 64 个交换开关。

Omega 交换网络的连接过程很简单,每个 2×2 交叉开关利用消息中的 M 字段来确定消息应继续发送到哪个输出,M 中相应位为 0,则选择输出到 X;否则选择输出到 Y。例如,假定 CPU 模块 2 要读取存储器模块 4 中第 8 单元的内容,则它将先发送一个消息(100,1000,read)到开关 1C。因为消息中 M=100,所以,1C 根据 M 中最左边一位 1 选择 2B 作为下一站。开关 2B 接收到消息后,它将根据 M 中中间一位 0 选择 3C 作为下一站。开关 3C 接收到消息后,它将根据 M 中最右一位 0 选择存储器 4 作为需访问的存储模块进行读操作。图 9.3(c)中的路径 x 表示了 CPU 模块 2 访问存储模块 4 的消息传递过程,路径 y 表示了 CPU 模块 3 访问存储模块 3 的消息传递过程。显然,这两个访问操作不会使用任何相同的开关、连线和存储模块,因此,两者可以并行进行。

在 Omega 交换网络中,如果两个访问操作同时进行并且它们的消息传递路径中使用到了相同的开关或连线,则其中一个访问操作必须等待,即 Omega 交换网络是一种阻塞网络。为了减少因等待而引起的阻塞,应尽量减少访存冲突。而要减少访存冲突,应使 CPU 模块对存储模块的访问操作均衡地分布在多个存储模块中,为此,存储器模块应采用交叉编址方式。

9.2.2 NUMA 多处理器结构

因为 UMA 多处理器系统要保证每个处理器的访存时间与处理器和存储模块之间的相

对位置无关,所以,其连接的处理器规模受到一定的限制。基于总线的 UMA 多处理器会因为总线冲突而无法连接很多 CPU,交叉开关和多级交换网络也因为需要额外的交换器硬件而限制了网络的规模。如果要构建规模更大的多处理器系统,则必须打破访存时间一致的限制,在保证单一地址空间的前提下允许访存时间不一致,因此,出现了非一致内存访问(NUMA)多处理器。

在 NUMA 多处理器系统中,每个处理器都带有一个本地存储模块,与 UMA 一样,所有共享存储模块统一编址,以形成具有单一地址空间的一个逻辑存储器。只不过在 UMA 中必须保证访存时间一致,而在 NUMA 中处理器访问本地存储模块要快于对非本地存储模块的访问。因为所有本地存储模块和非本地存储模块都在同一个地址空间,所以,非本地存储模块也通过 load 和 store 指令来访问。由此可见,NUMA 计算机上运行的所有 UMA 程序无须做任何改变,但在相同的主频下其性能不如 UMA 计算机上的性能。

因为 NUMA 多处理器系统中共享的存储空间分布在不同的处理器节点上,因此,在节点互连、并行编程、cache 一致性方面所遇到的问题与 UMA 多处理器不同。处理器中不带高速缓存时,系统被称为 NC-NUMA(no cache NUMA);处理器中带有一致性高速缓存时,系统被称为 CC-NUMA。CC-NUMA 多处理器系统必须考虑如何维持处理器 cache 的一致性,在 CC-NUMA 中最常见的是基于目录的 cache 一致性机制。图 9.4 给出了一个基于目录的 CC-NUMA 多处理器结构。

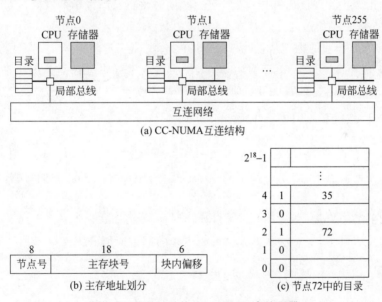

图 9.4　基于目录的 CC-NUMA 多处理器

从图 9.4 可以看出,在 CC-NUMA 多处理器系统中,每个 CPU 都通过局部总线与本地存储器相连形成一个节点,每个 CPU 中有高速缓存,每个存储器中都有一个存放目录信息的存储区。所有节点通过某种互连网络进行互连。

基于目录的 CC-NUMA 多处理器结构的基本思想是,每个处理器采用一个目录来记录本地存储器中每个主存块与高速缓存中 cache 行的对应情况。每个主存块对应一个目录项,目录项中有专门的一位有效位,表示对应的主存块是否在某个 cache 行中,若该位为 1,

则表示在 cache 中,目录项中记录对应的 cache 行所在的节点号;若该位为 0,则说明不在 cache 中。

图 9.4 所示的系统中共有 256 个节点,每个节点内的存储器大小为 16MB,并且连续编址,因此,该系统总的主存空间大小为 256×16MB=4GB。通用计算机的存储器都采用字节编址,因此,该系统的主存地址为 32 位,其中高 8 位为存储器号,即节点号,低 24 位为存储器内地址。根据图 9.4(b)中的主存地址划分,低 6 位为块内偏移,这里的"块"指主存与高速缓存交换的主存块,因此主存块大小为 64B,每个存储器占 $16MB/64B=2^{18}$ 个主存块。因此,每个节点对应的目录中有 2^{18} 个目录项,同时图 9.4(b)所示的主存地址低 24 位被分为两个字段,其中高 18 位为主存块号,它可以作为目录项的索引。

为了理解上述系统是如何工作的,现举一个例子。例如,假定在节点 18 中的 CPU 执行了一条 load 指令。首先,在节点 18 中的 MMU 将 load 指令指出的虚拟地址转换为物理地址,假设该物理地址为 4800 00C8H,其高 8 位值为 72,低 24 位值为 200,说明该 load 指令将读取节点 72 的存储器中 200 号单元开始的数据,因此,节点 18 中的 MMU 将不会到本地存储器中取数,而是把请求消息通过互连网络发送到节点 72。节点 72 接收到请求消息后,先查看如图 9.4(c)所示的节点 72 中的目录。因为主存地址中的主存块号为 3,所以查看目录项 3,发现有效位为 0,说明对应主存块不在任何 cache 行中,所以,节点 72 中的主存控制器将存储器中的第 3 主存块读出并传送到节点 18,同时将目录项 3 中的有效位置 1,节点号置为 18,以表示对应主存块被高速缓存在节点 18 中。

如果 load 指令访问的物理地址为 4800 0108H,则请求消息中的主存块号为 4,因此查看目录项 4,发现有效位为 1,节点号为 35 中,说明对应主存块已被高速缓存在节点 35 中。此时,节点 72 中的主存控制器将目录项 4 中的节点号改为 18,并向节点 35 发送一个消息,指示节点 35 将高速缓存中的该主存块送到节点 18 并且使其自身高速缓存中对应的 cache 行无效。

由上面的例子可以看出,CC-NUMA 虽然是一种共享存储器多处理器,但是,由于物理存储器分布在不同节点上,因此在 load 和 store 指令进行存储访问的过程中还需要有很多消息传递。

上述介绍的基于目录的 CC-NUMA 多处理器是一种简单处理方式,每个主存块只能被高速缓存在一个节点中,显然这种方式会带来更多的网络通信开销。

9.2.3 多处理器系统中的互连网络

除了上述介绍的用于 UMA 多处理器的单总线、交叉开关和多级交换网络互连方式以外,在 CC-NUMA 多处理器中,每个 CPU-存储器节点之间还可以有其他的网络互连方式。图 9.5 中给出了几种常用的互连网络结构。图中用方块表示一个 CPU-存储器节点,用黑圆点表示交换器。

在小型系统中,可以采用单一交换器的星形结构或不需要交换器的环形结构,如图 9.5(a)和图 9.5(b)所示。若要构建大规模系统,则可以采用如图 9.5(c)所示的网格结构或其变种(如双凸面结构),也可以采用如图 9.5(d)所示的立方体结构或其扩展结构(如超立方体结构)。

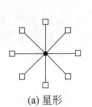 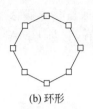 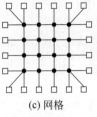 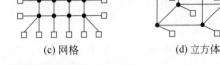

(a) 星形　　　　(b) 环形　　　　(c) 网格　　　　(d) 立方体

图 9.5　互连网络拓扑结构

9.2.4　多核处理器和硬件多线程技术

纵观计算机的发展历史,日益提升计算性能是计算技术不断追求的目标和计算技术发展的主要特征之一。为了提升单处理器计算机系统的性能,人们采用了多种技术手段,从扩展字长、提高集成度、提升主频,到改进微架构,采用多种指令级并行(instruction-level parallelism,ILP)技术等。

到 2004 年以前,上述这些技术手段和改进措施都能极大提高微处理器的计算性能。但是,此后处理器的性能便不再像人们预期的那样继续提高。人们发现,随着集成度的不断提高和处理器主频的不断提升,单核处理器的性能提升开始接近极限。首先,目前集成电路已经达到了几纳米的极小尺度,然而,受到半导体器件制造工艺的限制,芯片集成度不可能无限制提高。与此同时,根据芯片的功耗公式 $P = CV^2 f$(其中,P 是功耗;C 是时钟跳变时门电路电容,与集成度成正比;V 是电压;f 是主频),芯片的功耗与集成度成正比,与主频成正比。集成度和主频的大幅度提升导致了功耗的快速增大,进一步导致了难以克服的处理器散热问题。而指令级并行(ILP)技术也已经发展到了极限。2004 年 5 月,Intel 处理器 Tejas 和 Jayhawk(4GHz)因无法解决散热问题,导致其发展计划最终遭到撤销,这标志着升频技术时代的终结。

2005 年,Intel 公司宣布了微处理器技术的重大战略调整,即从 2005 年开始,放弃过去不断追求单处理器性能提升的战略,转向以多核微处理器架构实现性能提升的思路。自此,Intel 公司和其他微处理器制造商推出了许多多核架构,微处理器全面转入了多核计算技术的时代。

1. 多核处理器系统

多核计算的基本思路是:在一个 CPU 芯片中设计多个简单的处理器核(core),通过多个核的并行计算来提高计算性能。因此基于一个 CPU 芯片可以实现一个多处理器系统。基于多核芯片的处理器被称为片级多处理器(chip-level multiprocessors,CMP)。

自 Intel 公司在 2006 年推出双核的 Pentium D 处理器以来,已经出现了很多 4 核到 12 核的多核处理器产品,如 2007 年 Intel 公司推出的主要用于个人计算机的 4 核 Core 2 Quad 系列以及 2008—2010 年推出的 Core i5 和 i7 系列。Intel 公司在服务器市场也陆续推出了 Xeon E5 系列 4～12 核处理器,以及 Xeon E7 系列 6～10 核处理器。

图 8.4 给出了型号为 Core i7-965/975 Extreme Edition 的多核处理器的连接结构。从图中可以看出,Intel Core i7 芯片内含 4 个核,每个核是一个简单的处理器,包含寄存器组、高速缓存(L1 cache 和 L2 cache)、TLB、MMU、指令预取部件和相应的指令执行功能部件,

能够独立执行指令序列。核与核之间通过 QPI 总线高速互连,并且所有核共享一个芯片内的 L3 联合 cache 和一个存储控制器,该存储控制器通过存储器总线与主存储器相连,所有核共享主存储器。可见,从连接结构和软件角度来看,它与 UMA 多处理器系统没有什么差别。

2. 硬件多线程

硬件多线程(multi-threading)技术是一种共享单个处理器核内功能部件的技术。每个线程相当于一个指令序列,用于指令执行的功能部件和高速缓存在每个核内仅有一套。为了支持多线程并发执行,必须为每个线程提供单独的通用寄存器组和程序计数器等用于存放现场信息的资源,并提供快速的线程切换机制。有 3 种多线程实现方式:细粒度多线程、粗粒度多线程和同时多线程(simultaneous multithreading,SMT)。

细粒度多线程通过在多个线程之间轮流交叉执行指令的方式实现多线程。这种方式下,处理器核能在每个时钟周期切换线程,例如,在时钟周期 i,将线程 1 中的多条指令发射到多个发射槽中执行;在时钟周期 $i+1$,将线程 2 中的多条指令发射到多个发射槽中执行。

粗粒度多线程方式则仅在某个线程出现了较大开销的阻塞时才切换线程,例如,发生 L2 cache 不命中的情况。这种方式下,当发生流水线阻塞时,必须将被阻塞的流水线冻结或清空,新线程的指令开始执行前需要重填流水线,因此,线程切换的开销比细粒度多线程大。

同时,多线程是上述两种多线程技术的变种,它利用多发射动态调度处理器核中更多的功能部件,在实现指令级并行的同时,实现线程级并行,即它能在同一个时钟周期中,在不同的发射槽中发射不同线程中的指令。Intel 处理器中的超线程(hyper-threading)即为同时多线程。

显然,多线程技术可以提高处理器核中的功能部件的利用率。例如,在一个超标量处理器核中,如果不支持多线程而只有单个指令流的话,那么,在很多时候同时发射的指令条数不能填满多个发射槽,导致发射槽中的功能部件空闲。而且,在指令执行过程中,因为指令 cache 缺失等情况而发生阻塞时,整个处理器核都处于空转状态。

不过,使用多核处理器或者硬件多线程也可能会带来新的性能干扰问题。对多核处理器来说,不同的处理器核之间会共享 LLC、内存带宽、I/O 带宽等资源,而对于硬件多线程,则同一个核心上的多个硬件线程之间还会共享超标量处理器中包括发射队列、ROB、访存队列、分支预测器和 L1 cache 等资源。当处理器核或线程的负载较高时,就会在这些资源上产生竞争现象,竞争不到资源的处理器核或线程将会被阻塞而受到干扰,从而造成性能下降。

在一些对性能稳定性要求较高的场合,可能会限制使用甚至关闭多核和硬件多线程技术。例如,近年来的"双 11"购物节,阿里巴巴在线购物的数据中心都会面临巨大的交易负载,为了保证用户的交易体验,系统管理员都会提前制定严格的任务调度策略,避免将多个交易线程调度到同一个处理器核上从而带来干扰;而在航空航天领域,计算机系统对实时性的要求极高,美国联邦航空管理局曾在发布的白皮书中建议关闭机载计算机中的多核功能,来保障系统的实时性。如何在提高资源利用率的情况下保障程序之间的性能不受干扰,是目前体系结构发展的一个新的挑战。

*9.2.5　共享存储器的同步控制

早期处理器都是单核的,对于存储器访问指令来说,如果多条访存指令访问的是不同地址中的数据,则可通过编译器的静态调度或在处理器执行指令时进行动态调度来改变访存指令的顺序,以优化程序执行的性能。这种情况下,程序执行的结果不会发生错误。

但是,在多核处理器系统中,每个处理器核有一个或多个指令流(硬件多线程情况下)在执行,由于不同处理器核共享同一个主存储器,因此,情况就会发生变化。如果同一段时间内多个核都要访问共享存储器,那么,由于处理器核在执行程序时存在流水线阻塞、功能部件冲突、指令顺序调度等各种随机情况,因而多个核的程序之间的访存顺序就存在不确定性,从而造成执行结果的不确定。这种不确定性给软件开发造成困扰,给运行多核程序的系统带来不稳定性,因此,在多核处理器系统中,必须有相应的同步控制机制。

1. 存储器一致性模型

为了能够使上层软件在多核程序访问共享存储器时得到确切结果,指令集体系结构(ISA)必须规定架构所用的存储器一致性模型(memory consistency model),并提供和该模型相匹配的一套同步指令。而且,不管是使用高级语言编程的程序员,还是设计操作系统和编译器的系统程序员,或是硬件设计者,都应该了解底层 ISA 架构中使用的存储器一致性模型。

存储器一致性模型简称为存储器模型(memory model)。下面简单介绍一下 3 种有代表性的存储器模型:顺序一致性模型(sequential consistency model)、宽松一致性模型(relaxed consistency model)和释放一致性模型(release consistency model)。

1) 顺序一致性模型

顺序一致性模型要求每个处理器核完全按照程序指定的顺序(program order)执行,即使多条访存指令访问的地址不同,也不可以改变访存指令的执行顺序。从全局来看,每一条 store 指令写入存储器的结果应该被系统中的所有处理器核同时观测到,即存储器每次只会和一个处理器核连接,因此,对存储器的访问都应该是串行的。

假设系统中有两个处理器核,其中,核 0 上的程序包含了顺序为 A1→A2→A3 的 3 条访存指令,核 1 上的程序包含了顺序为 B1→B2→B3 的 3 条访存指令,那么,若该系统采用顺序一致性模型,其指令执行顺序就一定符合核 0 和核 1 各自程序指定的顺序,即可能的执行顺序为 A1→A2→A3→B1→B2→B3 或 A1→B1→A2→B2→A3→B3 或 A1→A2→B1→A3→B2→B3 等。

顺序一致性模型比较简单和直观,但是,它严格限制了一个处理器核的访存指令执行顺序,即使访问的不是同一个主存地址,也不允许改变访存指令的顺序,因而限制了处理器性能优化措施的实施,从而影响整个系统的性能。在实际系统中顺序一致性模型很少使用,因为强行使程序在一个处理器核上按程序指定顺序执行,大多数情况下是没有必要的。

2) 宽松一致性模型

宽松一致性模型比顺序一致性要求更宽松,它允许改变一个处理器核内程序中对于不同存储器地址的访存指令的执行顺序,因而程序运行性能更高。不过,因为多核处理器中不同核上运行的程序共享存储器,在某些情况下,若不按照顺序执行访存指令,则程序执行结果会发生错误。为了在某些必要的情况下保证访存指令的执行顺序,采用宽松一致性模型的 ISA 需要提供特殊的存储器屏障(memory fence)指令,相当于设置一个同步点,以保证在 fence 指令之前的访存指令执行的结果一定比 fence 之后的访存指令执行的结果先被观测到,即在 fence 之前的访存指令一定先执行完,才能执行 fence 之后的访存指令。

宽松一致性模型与存储器屏障指令的结合,使得多核处理器系统达到了性能和功能之间的平衡。如果对访存顺序没有要求,利用宽松一致性模型可以实现较高的性能;在对访存顺序有要求的场合,只要加一条存储器屏障指令就可以约束指令执行顺序。

3) 释放一致性模型

上述宽松一致性模型系统中的存储器屏障指令在两个方向上都有限制,即要求 fence 之前的访存指令不能推迟到 fence 之后,而 fence 之后的访存指令不能提前到 fence 之前,前、后都不能越过屏障。如果再放松要求,只限定一个方向的访存指令执行顺序,就是更加宽松的释放一致性模型。

释放一致性模型采用获取-释放(acquire-release)机制来实现存储器访问的一致性,其主要思想是: 提供一种获取指令(acquire),用于拦截它之后的所有访存指令,即要求在它之后的所有访存指令都在它之后才能执行;同时,还提供一种释放指令(release),用于拦截它之前的所有访存指令,即要求在它之前的所有访存指令都必须在它之前执行完。

以下通过一个例子来说明上述存储器一致性模型该如何使用。考虑以下场景: 核 0 将一块数据写入存储器中的某个区域,然后通知核 1 读取此数据块。为此,程序员开发了一个多核应用程序,主要实现思想如下: ①核 0 和核 1 约定一个共享的全局变量作为同步标志,全局变量在主存中分配一个存储单元,两个核都可以访问该存储单元,以设置或读取其值;②核 0 完成了写数据块的操作后,就将一个"特殊的值"写入共享变量单元中,作为旗语;③核 1 不断监测此共享变量的值,一旦检测到"特殊的值",则认为可以安全地读取数据块。

因此,两个核上的程序可以各自抽象为以下操作序列。

核 0: 写入数据块→设置旗语。

核 1: 监测旗语→检测到"特殊的值"→读取数据块。

显然,两个核上的上述操作功能都需要通过访存指令完成。为了能够准确实现所要求的功能,核 0 的"写入数据块"和"设置旗语"的操作一定不能改变顺序;核 1 的"监测旗语"和"读取数据块"的操作也一定不能改变顺序。

若在采用顺序一致性模型的多核系统中执行,显然没有任何问题,结果一定满足程序员的要求。

若在采用宽松一致性模型的多核系统中执行,由于数据块所在的存储区和共享变量所在的存储地址不同,若不用屏障指令,则编译器或处理器可能会进行指令顺序调度的优化操作,使得程序最终执行的结果不满足程序员的预期。为此,需要在程序中插入屏障指令 fence。

在采用宽松一致性模型的多核系统中,两个核上的程序可以各自抽象为以下操作序列。

核 0: 写入数据块→fence 指令→设置旗语。

核 1: 监测旗语→检测到"特殊的值"→fence 指令→读取数据块。

由于 fence 指令能完全屏障其前、后访存指令的执行,因而上述两个程序的执行结果能够满足程序员的预期。

如果将"fence 指令"和"设置旗语"两个功能合起来变成一条"释放旗语"指令,该指令能保证它前面的访存指令一定执行完;然后将"监测旗语"和"fence 指令"合起来变成一条"获取旗语"指令,该指令能保证它后面的访存指令一定在它后面执行,那么就可以使用释放一致性模型中的获取-释放机制,使上述两个核上的程序变成以下操作序列。

核 0:写入数据块→释放旗语。

核 1:获取旗语→获取旗语发现"特殊的值"→读取数据块。

显然,上述这种方式下,程序的执行结果也能满足程序员的预期,而且,由于"释放旗语"和"获取旗语"指令比 fence 指令的限制更加宽松,因而程序性能更好。

以上介绍存储器一致性模型时,主要是针对多核处理器系统进行阐述的。实际上在共享存储器的多处理器系统中也存在同样的问题。存储器一致性模型也不是仅有上述所提到的 3 种,感兴趣的读者可以参看其他相关资料。

同样,在硬件多线程处理器中,针对不同处理器核中的多个线程共享主存储器的情况也是一样的。例如,RISC-V 架构文档中专门给出了硬件线程 hart 的定义,RISC-V 架构明确在不同 hart 之间使用宽松一致性模型,并在基础指令集 RV32I 中提供了 fence 屏障指令,用于约束数据访问指令的执行顺序。此外,RISC-V 架构也针对事务处理和操作原子性需要,提供了扩展的 32 位架构原子操作指令集 RV32A,以及 64 位架构原子操作指令(＋RV64A),从而可以进一步支持释放一致性模型。

2. 共享区域的加锁机制

在多核处理器系统的程序中,针对事务处理和操作原子性需求,经常需要对一个共享区域"上锁",以保证多个不同的处理器核能够互斥访问该共享区域。例如,假定有 3 个处理器核 C0、C1 和 C2 需要共享一个数据块,并且要求某一时刻只能有一个核独占访问此共享数据块,要实现该功能可以采用以下的同步策略。

(1) 定义一个共享的全局变量作为"锁",该共享变量在存储器中分配一个存储单元,3个核都可以访问该存储单元,并约定:若锁值为 0,表示当前共享数据块空闲,即没有被任何核独占;若锁值为 1,表示当前共享数据块正在被某个核独占访问。

(2) 当某个核独占共享数据块完成了相关操作后,便通过向锁中写入 0,以立即释放数据块。

(3) 当某个核独占共享数据块时,其他两个核都会不断地读取锁值,并判断锁值是否为0。一旦发现锁值为 0,则立即向锁中写入 1 进行上锁,试图将共享数据块独占。

如果采用普通的装入(load)、存储(store)指令来实现上述同步策略,那么,在"执行 load指令读到锁值为 0"以及"执行下一条 store 指令将锁值改写为 1"这两条指令之间,可能被插入了其他核的 load 指令读锁的操作,结果两个核读到的锁值都为 0,于是,都认为自己可以独占数据块,并都将锁值设置为 1。显然,这与要求实现的功能不相符。

可以用两种方式解决上述"上锁"问题。一种是通过原子操作方式,另一种是通过互斥操作方式。

1) 原子操作方式

针对上述用普通的 load/store 指令会引起一个完整的"读锁-写锁"过程被打断的问题,有些指令集体系结构(ISA)引入了原子操作指令。

例如,ARM 指令集架构定义了原子交换(SWP)指令,该指令将存储单元中的值读出送至结果寄存器,并将源寄存器的值写入同样的存储单元中,这样便实现了通用寄存器中的值和存储单元中的值的交换,并且,在第一次读操作后,硬件便将该存储单元或对应的共享末级 cache 行锁定,直到将另一个通用寄存器的值写入存储单元或 cache 行后才解锁。这样,在 SWP 指令执行过程中,若其他核访问该存储单元或 cache 行,在解锁之前就会被阻塞,从而保证了"读锁-写锁"过程不被打断。正是由于 SWP 指令的锁定要求,总线需要提供一个控制信号来向 cache 或存储器传递这一需求,例如,在 AHB 总线和 AXI 总线中都有 lock 信号线以支持锁定功能传递需求。

RISC-V 架构标准扩展指令集 RV32A 中,提供了 9 条原子操作指令,其中,也有一条原子交换指令 amoswap,利用它可以实现"上锁"功能。下列 RISC-V 程序段给出了利用原子操作指令实现加锁功能的部分代码。

```
0:   00100293  li          t0,1          #初始化锁值
4:   0c55232f  amoswap.w.aq t1, t0, (a0)  #尝试获取锁
8:   fe031ee3  bnez        t1, 4         #若没有成功,则继续尝试
     ……操作共享的数据块(临界区代码)……
20: 0a05202f  amoswap.w.rl x0, x0, (a0)  #释放锁
```

上述代码中,锁值存放在寄存器 a0 所指出的存储单元中,指令"amoswap.w.aq t1, t0, (a0)"的功能是将锁值 $M[R[a0]]$ 送到结果寄存器 t1 中,同时将源寄存器 t0 中的内容写入 $M[R[a0]]$,该指令具有"获取"属性(aq 字段为 1),能够拦截其后的所有访存指令,因此,临界区中的对共享数据块进行操作的所有访问指令都不会提前到该指令之前执行。指令"bnez t1,4"表示"如果读到的锁值不等于 0,则转到地址为 4 的指令继续执行;否则执行后面的指令"。

显然,实现上述加锁功能的核 C0、C1 和 C2 中的代码都是一样的。如果 C0 独占数据块,则 C1 和 C2 可能同时正好执行到指令"amoswap.w.aq t1,t0,(a0)",因为该指令会将目标存储单元或 cache 行加锁,因而能够保证某一段时间内仅 C1 或 C2 执行该指令,并且该指令执行过程中,能保证读锁和写锁是一个完整的原子操作,从而保证了一旦 C0 释放了锁,那么 C1 和 C2 中至多只有一方能够获得锁,而不会发生 C1 和 C2 同时都获得锁的情况。某个核一旦获得了锁,就可以进入临界区进行相关操作,结束后通过指令"amoswap.w.rl x0, x0,(a0)"释放锁。该指令将 0(x0 的值)写入锁中,并设置"释放"屏障属性(rl 字段为 1),以保证该指令之前的所有访存指令一定在它之前执行完。

原子操作除了解决上述"加锁"问题之外,还可以解决很多其他同步问题,感兴趣的读者可以参看其他相关资料。

2) 互斥操作方式

有些指令集架构采用另一种互斥操作指令来解决上锁问题。互斥操作指令有一对:互斥读(load-exclusive)指令和互斥写(store-exclusive)指令。

互斥读指令的功能与普通的主存读(load)指令类似,都是从主存单元中取出数据送寄存器;而互斥写指令的功能与普通的主存写(store)指令不同,它的写操作不一定能成功执行,结果寄存器中会存放是否成功的标志信息。

为了能够判断互斥写指令是否成功执行了写主存的操作,需要在系统中实现一个"监测器",它会监测同一个核的一条互斥读和一条互斥写指令是否成对地先、后访问同一个主存地址,并且在此期间是否没有来自任何核(或线程)的写主存的操作访问过该地址,且无任何异常和中断发生。如果是,说明互斥写指令的写主存操作执行成功。

为了让监测器知道是否是互斥读和互斥写指令的访存操作,总线中需要有将这两条指令的访存与普通 load/store 指令的访存区别开来的信号线,例如,AHB 总线和 AXI 总线可以使用上文提到的 lock 信号线来进行区分,监测器可以从中得知处理器是否执行了互斥操作指令。

RISC-V 架构标准扩展指令集 RV32A 中,提供了两条互斥操作指令:load-reserved(lr.w)和 store-conditional(sc.w)。下列 RISC-V 程序段给出了利用互斥操作指令实现加锁操作的部分代码。

```
0:  li      t0, 1              #初始化锁值
4:  lr.w    a3, (a0)           #读出锁值到 a3 寄存器
8:  bne     a3, x0, 4          #若读出的锁值不等于 0,则继续读
c:  sc.w.aq a3, t0, (a0)       #尝试将 1 写入锁中,以获取锁
10: bnez    a3, 4              #若没有成功,则继续从读锁值开始
        ……操作共享的数据块(临界区代码)……
28: lr.w.rl a3, (a0)           #读出锁值
2c: sc.w.aq a3, x0, (a0)       #尝试将 0 写入锁中,以释放锁
30: bnez    a3, 28             #若没有成功,则继续尝试
```

上述代码中,锁值存放在寄存器 a0 所指出的存储单元中,指令"sc.w.aq a3, t0, (a0)"的功能是将源寄存器 t0 中的内容尝试写入 M[R[a0]],若成功执行写操作,则将 0 存入结果寄存器 a3 中,同时,该指令具有"获取"属性(aq 字段为 1),能够拦截其后的所有访存指令。

指令"bnez a3, 4"表示"如果 a3 寄存器内容不等于 0,说明 t0 中的 1 没有成功写入 M[R[a0]],因而转到地址为 4 的指令继续执行;否则执行后面的指令。"

显然,实现上述加锁功能的核 C0、C1 和 C2 中的代码都是一样的。如果 C0 独占数据块,则 C1 和 C2 可能正好都执行前 5 条指令进行"读锁-写锁"操作。但 C1 和 C2 可能会交错执行这些指令,导致 C1 和 C2 可能都刚好要执行"sc.w.aq a3, t0, (a0)"指令,以尝试获取锁。不过,多线程硬件能保证总是有一条先被执行,系统中的"监测器"能保证先执行该指令的核(或线程)获得锁,而另一个则不能成功写锁,从而保证了一旦 C0 释放了锁,那么 C1 和 C2 中至多只有一方能够获得锁,而不会发生 C1 和 C2 同时都获得锁的情况。临界区操作结束后,通过将 0(x0 的值)成功写入锁中来释放锁,并在 lr 指令中设置"释放"屏障属性(rl 字段为 1),以保证 lr 指令之前的所有访存指令一定在它之前执行完。

*9.3　多计算机系统

多处理器系统由于共享同一个主存地址空间,所以其通信方式简单,一个进程或线程向存储器中写的信息可以被其他进程或线程读取。但是,其连接的处理器规模不可能很大,因此出现了不共享存储空间的多计算机系统。在多计算机系统中,每台计算机有各自独立的存储地址空间和自己的存储器,根据所连接的计算机之间的耦合程度,分成集群和网格两种多计算机系统。前者为采用局域网络连接的、通过消息传递进行通信的紧密耦合多计算机系统,后者是采用广域网络连接的、通过互联网协议进行通信的松散耦合多计算机系统。

*9.3.1 集群多计算机系统

集群是采用局域网络连接的、通过消息传递进行通信的紧耦合多计算机系统。许多大型的应用,如数据库系统、文件服务器、Web 服务器等,都适合采用集群系统。它具有更高的可用性、更好的可靠性和容错性。

集群是通过将现成的普通计算机用高性能网卡连接而成的。因此,相对于多处理器系统中的互连网络,集群的互连网络速度要慢得多。在多处理器系统中可以在纳秒数量级上访问存储器,而在集群中,只能在微秒数量级上发送消息。从体积上来说,多处理器比集群要小得多,多处理器通常在一个机箱中,而集群计算机通常在一个或多个房间中,所以,管理一个多处理器系统相当于管理一台计算机,而管理一个具有 N 个节点的集群相当于管理 N 个独立的节点,其管理开销相差很多。

1. 集群的互连与网卡

集群中每个计算机节点内都有一块网卡,通过网卡将节点和交换机相连。图 9.6 是多个节点之间通过网卡和交换机互相连接的示意图。

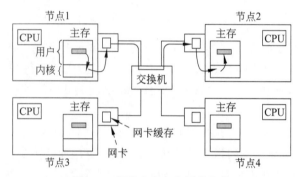

图 9.6   集群中节点之间的连接

通常在互连网络中采用同步传输方式,一旦在网络上开始传输一个信息块,就会以恒定的传输速率传输比特流,为此,在每个网卡中都设有一个缓冲区,如图 9.6 所示。对于发送消息的节点来说,将消息缓存在其网卡中,使得在网线上传输的比特流不受发送节点中系统总线上其他信息流(如 cache 行读、磁盘 DMA)的影响,以保证能连续将比特流传输到网络传输线上。对于接收消息的节点来说,将消息缓存在其网卡中,使得在网线上传输的比特流不受接收节点中系统总线上其他信息流的影响,以保证传输到节点中的信息块不会因为来不及接收而丢失。

网卡中通常包含多个 DMA 通道或专门的 I/O 处理器,主要用于提供可靠的比特流传送、将信息块发送到多个目的地、压缩和解压缩、加密和解密等功能。其中每个 DMA 通道相当于一个 DMA 控制器,能够控制完成在网卡缓冲区与主存之间的 DMA 传送。

2. 集群的交换机制

在集群中的节点之间需要交换消息(message),有时消息也称为报文。一个消息可以是一个字符串、一个图像文件、一封电子邮件等。如图 9.6 所示,在节点之间传输的消息从一个节点内的用户空间,通过内核中的缓存,然后送到网卡缓冲区,再经过网络连线和交换机被传送到另一个节点的网卡缓冲区,最后再通过目的节点的内核缓存被送到用户空间中。

交换机主要有路由器和链路层交换机两类。每个交换机有若干端口,每个端口都是双向的,包括输入和输出两个方向。例如,对于一个 4 端口交换机,它有 4 个输入端口和 4 个输出端口。

交换机可以采用存储转发包交换(store-and-forward packet switching)和电路交换(circuit switching)两种交换机制。有时将 packet 翻译成"分组",因此,前者也简称为分组交换。

在采用分组交换机制的网络中,一个消息被划分成许多较小的信息块,这些信息块称为"包"或"分组"。存储转发传输机制是指在交换机能够开始向输出链路传送该分组的第一比特信息之前,必须接收到整个分组,因此,在其传输路径上的每个交换机的相应输入端口存在一个转发时延 T。若一个分组从节点 1 到达节点 2 需要经过 3 个交换机 A、B、C,即一共有 4 跳:节点 1→A→B→C→节点 2,假定每一跳的转发时延都为 T,则传输时间至少为 $4T$。因为在网络中可能还有其他需要交换的分组,因此,某个交换机可能同时需要在同一个输出端口存储转发多个分组。为了避免发生冲突,在分组交换机的每个输出端口都设置了一个输出缓存,也称为输出队列。如果到达的分组需要通过输出端口进行传输,但发现该端口正忙于传输其他分组,则到达的分组必须在输出缓存中等待。因此,分组交换方式下,还存在输出缓存的排队时延。

在集群中多采用分组交换机制。虽然分组交换方式存在转发时延和排队时延,但是,因为它将大的消息分解成小的分组进行传送,使得传输带宽可以被许多消息共享,而且更加灵活、简单和有效,实现成本低。

3. Google 集群系统

Google 公司为全世界的用户提供了在海量 Web 页面中进行信息检索的搜索引擎,该系统不仅要及时响应大量用户同时提出的检索要求,还要定期抓取分散在世界各地的 Web 网页中的信息并构建索引。可想而知,Google 公司的搜索引擎系统需要构建一个面向大规模数据处理的并行计算机系统。为了满足这种需要,Google 公司在全世界设立了几十个数据中心。一个数据中心造价高达几亿美元,耗电量达几十到上百兆瓦。数据中心多建于水资源充沛和电能廉价之地。每个数据中心是一个由成千上万台普通 PC 组成的集群系统。图 9.7 给出的是 Google 公司数据中心内部的集群系统。

图 9.7　Google 公司数据中心内部集群系统

一个典型的数据中心由几十个机架中的刀片式 PC 通过以太网交换机互连而成。图 9.8 给出了一个典型的 Google 集群系统中机架的示意图。

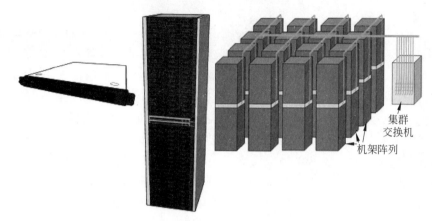

集群
交换机

机架阵列

图 9.8　Google 集群系统中机架的组成

图 9.8 中左边是插入机架中的刀片式 PC 示意图,中间是一个机架前视图,右边是机架阵列与集群交换机。可以看出,机架由若干槽组成,可以在槽中插入刀片式 PC,每个刀片式 PC 高 1RU(rack unit),机架插槽分上、下两部分,各有 20 个插槽,因而可以插入 40 台刀片式 PC。机架中部有一个小型以太网交换机,高度为 4RU。每台刀片式 PC 都是标准配置,例如,可以内含 8 个处理器核、16GB 主存和 4 个 1TB 磁盘。为了在一个机架中插入更多 PC,Google 公司采用了一种双插槽机架,在 1RU 高的位置上提供了前、后两台配置完全相同的插槽,可插入两台 PC,因此,机架的后视图与前视图完全相同。这样,一个机架就提供了两列 PC 插槽,一共可容纳 80 台 PC 和两个交换机,两个交换机之间用 1Gb/s 接口互连。为了便于散热,两列 PC 中间有一个 3 英寸的空隙,它就像一个"烟筒"一样,使得热风可以通过机架顶部的风扇排出。

图 9.9 给出了 Google 集群中机架之间的连接关系示意图。

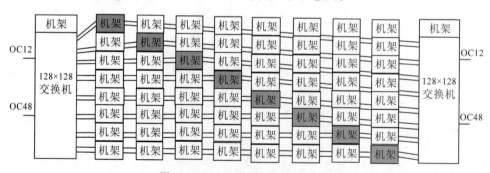

图 9.9　Google 集群机架连接示意

图 9.9 显示了 64 个机架通过两个 128×128 以太网集群交换机互连的示意图。每个 128×128 以太网集群交换机可以处理 128 条 1Gb 的以太网线路。因为每个机架有两列 PC 和两个交换机,机架中的每个交换机都通过一条 1Gb 的以太网线路与 128×128 以太网集群交换机互连,因此,一个机架有两条 1Gb 网线与集群交换机互连。对于采用 128×128 以

太网集群交换机连接的集群系统,最多可连接的机架只能有 128/2=64 个。

　　为了保证在一个交换机出现问题的情况下数据中心仍然能够工作,通常会使用冗余的第 2 个 128×128 以太网集群交换机。这样,每个机架有 4 条 1Gb 网线与两个交换机互连,如图 9.9 所示。图中画出了对角线上的机架(加阴影)与两个集群交换机的连接,其余机架的连线未画出。数据中心可以通过高速传输线路(如 OC48 链接(2488Mb/s))与互联网相连,而且,数据中心之间也能通过专门的高速传输线路(如 OC12 链接(622Mb/s))相互进行连接。

*9.3.2　网格多计算机系统

　　网格多计算机系统是利用互联网把分散在不同地理位置的多个异构的计算机组成一台逻辑上的"虚拟超级计算机"。这种网格计算机把每一台参与其中的各类计算机都作为自己的一个节点,成千上万个节点组合起来,就形成了一个具有超级计算能力的多计算机系统,以向用户提供一系列的服务。

　　要让这些物理上独立的位于不同管理系统中的异构计算机联合起来完成一个任务,需要在不同的管理系统上运行相应的中间件,以使用户和程序可以通过方便的、一致的方式访问所有资源。其基本原理是,在网格中的每台计算机中运行一个特殊的程序,这个程序可以用来管理计算机并使计算机加入到网格中。因此,这个程序通常需要处理用户认证及远程登录、资源发布与发现、作业调度与分配等。当网格中的某个用户需要计算机完成某个任务时,网格软件决定何处有空闲的硬件、软件和数据资源,然后将作业迁移到有资源的计算机处,安排执行并收集处理结果返回给用户。

　　提出网格计算的初始动机是共享 CPU 的时钟周期。当时的想法是,当一个组织或机构在某个时间段不需要使用计算机时,可以将空闲的计算能力提供出来,以帮助其他需要计算资源的组织或机构完成相应的计算任务。

　　虽然网格计算是一种可靠的、具有较高容错和容灾性的系统,并且可以节省资源,实现资源共享,但是,网格计算因为存在很多不易解决的问题而无法广泛应用。

*9.4　向量处理机和 SIMD 技术

　　SIMD 技术在用 for 循环处理数组之类的数据时非常有效,因此,为了提高 SIMD 技术的并行性,需要有大量相同结构的数据被同一种处理逻辑进行处理。一般将 SIMD 技术称为数据级并行技术,主要通过 SIMD 指令处理向量,早期的阵列处理机就是一种 SIMD 计算机。执行 SIMD 指令时能够同时在很多执行单元同步执行同一个操作,例如,一条分别对 16 对数据进行加操作的 SIMD 指令,可以在 16 个 ALU 中同时执行加运算。如果一个加运算在一个时钟周期中完成,则一个时钟周期内可以完成 16 对不同数据的加操作。

　　虽然一条 SIMD 指令可以同时对几组或几十甚至几百组不同的操作数进行相同的操作,但是它还是一条指令,不同执行单元中执行的指令都是由同一个 PC(程序计数器)所指向的,只是每个执行单元所取的操作数不同,因而,在 SIMD 计算机中,每个执行单元都有各自的寄存器组或局部存储器,包括自己的地址寄存器,这样,每个执行单元都有不同的数据地址。

一个按顺序执行的串行应用程序被编译后,可能按 SISD 方式组织并运行于串行硬件系统上,也可能按 SIMD 方式组织并运行于并行硬件系统中。

*9.4.1 向量计算机

在空气动力学、原子物理学、核物理学、气象学和化学等科学计算中,涉及线性规划、傅里叶变换、滤波计算以及矩阵、线性代数、偏微分方程、积分等数学问题的求解,这些求解问题大都要求能对大量结构相同的数据进行高精度的浮点运算。

为了解决这些科学计算问题,历史上曾有一些公司研制出了一种超级(巨型)计算机,借助向量计算结构的数据并行技术,它们可以完成每秒钟上亿次的运算。TI 公司的 ASC (1972 年)和 CDC 公司的 STAR-100(1973 年)是世界上第一批向量巨型计算机。到 1982 年年底,世界上约有 60 台巨型机,其中大多数是向量计算机(vector computer)。中国于 1983 年研制成功的每秒千万次的 757 机和每秒亿次的"银河"机也都是向量计算机。Cray 公司制造的超级计算机多属于这一类向量结构计算机。

向量计算机是面向向量型数据的并行计算机,在向量各分量上执行的运算操作一般都是彼此无关、各自独立的,因而可以按多种方式并行执行,有流水线方式和阵列方式两种,以流水线结构为主。主存储器容量的大小限定了机器的解题规模。向量计算机主要用于求解大型问题,必须具有大容量的主存,而且应该是集中式的公共存储器。当高速运算流水线运行时,需要源源不断地供给操作数并源源不断地取走运算结果,还要求主存具有很高的数据传输率,否则便不能维持高速运算,因此,多采用多个端口同时读取的交叉多模块存储器。

向量计算机主要采用先行控制和重叠操作技术、运算流水线、多模块交叉访问的并行存储器等并行处理结构,从而能提高运算速度。向量型数据并行计算与流水线结构相结合,能在很大程度上克服通常流水线计算机中指令处理量太大、存储访问不均匀、相关阻塞严重、流水不畅等缺点,并可充分发挥并行处理结构的潜力,显著提高运算速度。

下面通过一个简单例子来说明向量处理与标量处理的差别。先考察一个 C 语言循环程序:

```
for (i=0; i<64; i++) c[i]=a[i]+b[i];
```

对于该循环语句,在普通的标量处理计算机中,需要用一段循环执行的指令序列来实现。例如,在 MIPS 机器上对应的指令序列如下,其中,假定 i 被分配在 \$s0,数组 a、b、c 的首地址分别在 \$s1、\$s2、\$s3 中,数组元素为 int 类型。

```
loop:   slti    $t0, $s0,64         #if i<64, $t0=1; if i>=64, $t0=0
        beq     $t0, $zero, exit    #if $t0=0, jump to exit
        sll     $t0, $s0, 2         #i×4
        addu    $s1, $s1, $t0       #计算 a[i]的地址
        lw      $t1, 0($s1)         #将 a[i]取到$t1中
        addu    $s2, $s2, $t0       #计算 b[i]的地址
        lw      $t2, 0($s2)         #将 b[i]取到$t2中
        add     $t3, $t1, $t2       #计算 a[i]+b[i]
        addu    $s3, $s3, $t0       #计算 c[i]的地址
        sw      $t3, 0($s3)         #将 a[i]+b[i]的值存入 c[i]
```

```
        addi    $s0, $s0, 1          #i=i+1
        j       loop
exit:   …
```

显然,上述程序在一般的标量计算机中运行时,大约需要运行 768 条指令。

如果一个向量计算机支持 32 个向量寄存器(假定在 MIPS 寄存器名称前加 v_表示向量寄存器),每个寄存器能够存放 64 个 32 位宽的数据字,一条装入/存储指令(假定分别为 v_lw 和 v_sw)可以从内存连续 256 个单元装入数据到一个向量寄存器或将向量寄存器内容存到内存连续单元中,一条运算指令(加法指令假定为 v_add)可以同时对两个向量寄存器中的 64 个 32 位字进行并行计算,并将结果存到另一个向量寄存器,则上述 C 语言循环程序段对应的指令序列如下:

```
v_lw    $v_t1, 0($s1)        #将 a[0] 到 a[63] 取到 $v_t1 中
v_lw    $v_t2, 0($s2)        #将 b[0] 到 b[63] 取到 $v_t2 中
v_add   $v_t3, $v_t1, $v_t2  #计算 a[i]+b[i],存到 $v_t3 中
v_sw    $v_t3, 0($s3)        #将 a[i]+b[i] 的值存到 c[i] 中
```

对于同样的 C 语言循环程序段,在向量计算机上对应的指令只有 4 条。显然,对于循环中的数组操作,向量计算机比标量计算机的执行效率要高得多。一方面,标量计算机中的 700 多条指令,每一条都有取指令和译码,而向量计算机中只有 4 条指令要取指令和译码;另一方面,标量计算机中加法指令的执行是串行的,而向量计算机中加法指令的执行是并行的。此外,标量计算机中的数据相关(如 load-use 冒险等)会影响流水线的执行,而向量计算机的流水线中,只可能在每个向量数据的开始处发生阻塞,而在随后的所有数据都不会发生流水线阻塞。即使标量计算机采用循环展开技术来降低阻塞次数,也比向量计算机中的阻塞现象要严重。

上述例子给出的是整数运算,通常向量计算机进行的都是浮点数运算。对于浮点数的向量运算,其原理和整数向量运算是一样的。

*9.4.2 Intel 架构中的 SIMD 技术

在多媒体应用中,图形、图像、视频和音频处理存在大量具有共同特征的操作。例如,8 位的图像像素、16 位的音频信号等都可以同时进行某种操作,这些都涉及短整数类型的并行操作;在 FIR 滤波和矩阵运算中需要频繁地进行乘法累加操作;快速傅里叶变换(FFT)和离散余弦变换(DCT)中涉及短数据的高度循环运算;三维图形和视频压缩中涉及计算密集型的算法等。

为提高上述这些共性操作的运算能力,Intel 公司在 IA-32 指令系统基础上,设计了一套新增指令集,并对 CPU 内部结构进行了扩充与改进,称为 MMX(multimedia extension)技术。MMX 技术于 1997 年首次运用于 P54C Pentium 处理器,称之为多能奔腾,共有 57 条指令。

MMX 技术中引入了新的数据类型和通用寄存器,主要数据类型为定点紧缩(packed)整数,有以下 4 种新的 64 位数据类型:8 字节、4 个字(每字 16 位)、两个双字和一个 64 位的四字。为便于 MMX 指令对上述数据类型进行操作,CPU 中新增了 8 个 64 位通用寄存器 MX0~MX7。这些寄存器可用来实现数据运算,但不能用于存储器寻址。单条指令同时

并行处理多个数据元素,如 8 字节或 4 个字或两个双字或一个 64 位的四字,这对提高运算速度非常有利。例如,一条指令可以同时完成图像中 8 个像素的并行操作。

随着网络、通信、语音、图形、图像、动画和音/视频等多媒体处理软件对处理器性能的要求越来越高,Intel 公司在多能奔腾以后的处理器中加入了更多流式 SIMD 扩展(Stream SIMD Extension,SSE)指令集,包括 SSE、SSE2、SSE3、SSSE3、SSE4 等,这些是典型的数据级并行处理技术。

SSE 指令集最早是 1999 年由 Intel 公司在 Pentium Ⅲ 处理器中推出的,包括了 70 条指令,其中包含提高 3D 图形运算效率的 50 条 SIMD 浮点运算指令、12 条 MMX 整数运算增强指令和 8 条优化内存中连续数据块传输指令。理论上这些指令对图像处理、浮点运算、3D 运算、视频处理、音频处理等诸多多媒体应用起到全面强化的作用。SSE 兼容 MMX 指令,它可以通过 SIMD 技术在单时钟周期内并行处理 4 个单精度浮点数据来有效地提高浮点运算速度。

2001 年,Intel 公司在 Pentium 4 中发布了一套包括 144 条新指令的 SSE2 指令集,提供了浮点 SIMD 指令、整数 SIMD 指令、浮点数和整数之间转换等指令。SSE2 增加了能处理 128 位整数和同时并行处理两个 64 位双精度浮点数的指令。为了更好地利用高速缓存,还新增了几条缓存指令,允许程序员控制已经缓存过的数据。

2004 年年初,Intel 公司在新款 Pentium 4(P4E,Prescott 核心)处理器中发布了 SSE3,2005 年 4 月 AMD 公司也发表了具备部分 SSE3 功效的处理器 Athlon 64,此后的 x86 处理器几乎都具备 SSE3 的新指令集功能。SSE3 新增了 13 条指令,其中一条用于视频解码,两条用于线程同步,其余用于复杂的数学运算、浮点数与整数之间的转换以及 SIMD 浮点运算,使处理器对 DSP 及 3D 处理的性能大为提升。此外,SSE3 针对多线程应用进行优化,使处理器原有的超线程功能获得了更好的发挥。

2005 年,作为 SSE3 指令集的补充版本,SSSE3 出现在酷睿微架构处理器中,新增 16 条指令,进一步增强了 CPU 在多媒体、图形图像和 Internet 等方面的处理能力。

2008 年 SSE4 指令集发布,它被视为最重要的多媒体扩展指令集架构改进方式,将延续了多年的 32 位架构升级至 64 位。SSE4 增加了 54 条指令,其中 SSE4.1 指令子集包含 47 条指令,SSE4.2 包含 7 条指令。SSE4.1 主要用于向量绘图运算、3D 游戏加速、视频编码加速及协同计算加速等方面的处理,此外,还加入了 6 条浮点运算增强指令,这使得图形渲染处理性能和 3D 游戏效果等得到了极大提升。除此之外,SSE4.1 指令集还加入了串流式负载指令,可提高图形帧缓冲区的数据读取频宽,理论上可获取完整的缓存行,即单次读取 64 位而非原来的 8 位。SSE4.2 主要用于字符串和文本处理方面的操作。例如,对 XML 应用进行高速查找及对比,在如 Web 服务器应用等方面有显著的性能改善。

下面用一个简单的例子来比较普通指令与数据级并行指令的执行速度。为了使比较结果尽量不受访存操作的影响,以下例子中的运算操作数主要是寄存器操作数。此外,为了使比较结果尽量准确,例子中设置了较大的循环次数值,为 $0x400\ 0000 = 2^{26}$。例子只是为了说明指令执行速度的快慢,并没有考虑结果是否溢出。

图 9.10 给出了采用普通指令的累加函数 dummy_add 对应的汇编代码,其中粗体字部分为循环体,循环控制指令 loop 执行时,先检测寄存器 ECX 的内容,若为 0 则退出循环,否则 ECX 的内容减 1,并再次进入循环体的第一条指令开始执行,循环体的第一条指令地址

由 loop 指令指出。

```
080484f0 <dummy_add>:
 80484f0:    55                      push    %ebp
 80484f1:    89 e5                   mov     %esp, %ebp
 80484f3:    b9 00 00 00 04          mov     $0x4000000, %ecx
 80484f8:    b0 01                   mov     $0x1, %al
 80484fa:    b3 00                   mov     $0x0, %bl
 80484fc:    00 c3                   add     %al, %bl
 80484fe:    e2 fc                   loop    80484fc <dummy_add+0xc>
 8048500:    5d                      pop     %ebp
 8048501:    c3                      ret
```

图 9.10   采用普通指令的累加函数

图 9.11 给出了采用 SSE 数据级并行指令的累加函数 dummy_add_sse 对应的汇编代码，其中粗体字部分为循环体。

```
08048510 <dummy_add_sse>:
 8048510:    55                      push    %ebp
 8048511:    b8 00 9d 04 10          mov     $0x10049d00, %eax
 8048516:    89 e5                   mov     %esp, %ebp
 8048518:    53                      push    %ebx
 8048519:    bb 20 9d 04 14          mov     $0x14049d20, %ebx
 804851e:    b9 00 00 40 00          mov     $0x400000, %ecx
 8048523:    66 0f 6f 00             movdqa  (%eax), %xmm0
 8048527:    66 0f 6f 0b             movdqa  (%ebx), %xmm1
 804852b:    66 0f fc c8             paddb   %xmm0, %xmm1
 804852f:    e2 fa                   loop    804852b <dummy_add_sse+0x1b>
 8048531:    5b                      pop     %ebx
 8048532:    5d                      pop     %ebp
 8048533:    c3                      ret
```

图 9.11   采用 SSE 指令的累加函数

从图 9.10 可看出，dummy_add 函数中，每次循环只完成一字节的累加，而在图 9.11 所示的 dummy_add_sse 函数中，每次循环执行的指令为"paddb %xmm0，%xmm1"，即每次循环并行完成两个 XMM 寄存器中的 16 个一字节数据的累加，对于与 dummy_add 同样的工作量，循环次数应为其 1/16，即 $(0x4000000 >> 4) = 0x400000 = 2^{22}$，因而，可以预期它所用的时间大约只有 dummy_add 的 1/16。

在某相同环境下测试两个函数的执行时间，dummy_add 所用时间约为 22.643816s，而 dummy_add_sse 所用时间约为 1.411588s，两者大约为 16.041378 倍。这与预期的结果一致。

dummy_add_sse 函数中用到的 SSE 指令有两种，除了 paddb 以外，还有一种是 movdqa 指令，它的功能是将双四字（128 位）从源操作数处移到目标操作数处。该指令可用于在 XMM 寄存器与 128 位存储单元之间移入/移出双四字，或在两个 XMM 寄存器之间移动。该指令的源操作数或目标操作数是存储器操作数时，操作数必须与 16 字节边界对齐，否则将发生一般保护性异常（♯GP）。若需要在未对齐的存储单元中移入/移出双四字，可以使用 movdqu 指令。更多有关 SSE 指令集的内容请参看 Intel 公司的相关资料。

Intel 公司在 SSE 指令集基础上又推出了全新的指令扩展集 AVX（Advanced Vector Extensions）。AVX 是在之前 SSE 指令的 128 位基础上扩展到 256 位的 SIMD 技术，同时数据传输率也相应进行了提升,所以,从理论上看,CPU内核的浮点运算性能提升为原来的2倍。

*9.4.3 GPU架构

Intel微处理器中的MMX、SSE以及AVX等采用SIMD技术的指令集主要是为了针对向量绘图运算、3D游戏加速、视频编码加速及协同处理加速等图形处理能力的增强而提出的。但是,CPU并不是专用于进行图形处理的,这些SIMD指令也是在现有的x86指令系统中增加的,因此,随着计算机游戏产业的不断发展,原来主要由CPU进行图形处理的方式不再适应,需要有一个功能强大的部件专门进行图形处理,这个部件就是GPU(graphics processing unit)芯片。

GPU可以和CPU配合使用,这就是CPU+GPU的异构系统,其中CPU用于通用处理,而GPU专门用于图形处理,例如,3D图形的绘制、着色和渲染等。描述图形的基本数据主要是顶点或像素,顶点由(x,y,z,w)坐标值来表示,像素则由(red,green,blue,alpha)颜色值来表示。坐标值通常是用单精度浮点数表示,而颜色值可用整数表示,因此,GPU需要有针对整数和浮点数的运算部件,而且对于图形处理任务来说,存在大量的数据级并行。在Intel架构的早期计算机系统中,CPU与GPU一般经北桥芯片通过AGP总线或PCI-Express总线连接,各自有独立的存储器,分别是主存和显示存储器(简称为显存)。在有些芯片组中使用的集成GPU没有独立的显存芯片,而是直接从主存中分出一块区域作为显存。AMD公司和Intel公司都提出了CPU和GPU融合技术,直接将CPU和GPU通过QPI或HT总线连接并集成在一个芯片内。

自从1999年NVIDIA公司发布了第一款GPU以来,GPU得到了快速发展。为了实时生成逼真的3D图形,GPU不仅采用了最先进的半导体制造工艺,而且在设计上也不断创新。早期GPU主要用于3D图形渲染等图形处理,但是,随着以CUDA为代表的GPU通用计算框架的普及,GPU的应用领域得到了极大的拓展,被广泛应用于石油勘测、天文计算、流体力学模拟、分子动力学仿真、生物计算等科学计算领域,并在很多应用中获得了几十倍乃至上百倍的加速比。因此,GPU的含义也从原来专门的图形处理器转变为GPGPU(general-purpose computing on GPU)。GPGPU计算通常采用CPU+GPU的异构模式,由CPU负责执行复杂逻辑处理和事务管理等不适合数据并行的计算,而GPU负责计算密集型的大规模数据并行计算。

下面以NVIDIA公司的Tesla架构为例来说明GPU的大致结构。Tesla架构GPU由两部分组成,分别是流处理器阵列(streaming processor array,SPA)和存储控制系统。两部分通过一个片上互连网络连接。流处理器阵列和存储控制系统都可以独立扩展,其规格可根据市场定位进行裁剪。例如,基于GT200b芯片的产品中,GTX285的SPA中包含10个线程处理器群(thread processor cluster,TPC)和8个存储控制器,而价格较低的GTX260+则只有9个TPC和7个存储控制器。

GPU中的存储控制系统包括存储控制器、光栅操作单元(raster operation processor,ROP)和二级纹理缓存。存储控制器用于控制片外的DRAM显存,ROP则对存储器内的数据进行颜色和深度操作,通过片上互连总线,SPA可以将计算得到的深度和颜色信息发送给ROP,也可以直接读写DRAM显存,或者通过纹理cache以只读的方式访问DRAM显存。

图 9.12 是 NVIDIA 公司的 Tesla 架构 GT200 系统结构。一个 TPC 包含 3 个流多处理器 SM,每个 TPC 共享 L1 纹理 cache 和 L2 指令及常数 cache。存储控制系统中包含 256KB 的 L2 纹理 cache 以及 8 个 GDDR3 存储控制器和一个 PCI-Express 2.0×16 总线接口。每个 GDDR3 存储控制器可以连接 64 位(8B)宽的速度为 2.2GT/s 的 GDDR3 显示存储器。

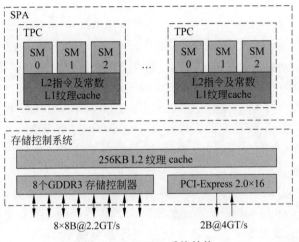

图 9.12 GT200 系统结构

每个 SM 就是一个计算核心,图 9.13 给出了 NVIDIA GT200 SM 的内部结构。如图 9.13 所示,一个 SM 包含 8 个标量流处理器(stream processor,SP)以及其他计算单元,如特殊功能部件 SFU(special function unit)和双精度单元 DPU(double precision unit),SFU 用于执行一些特殊的指令,包括超越函数、插值、倒数、平方根倒数、正弦、余弦以及其他特殊运算;DPU 用于 64 位双精度浮点数和 64 位整数的乘加运算。

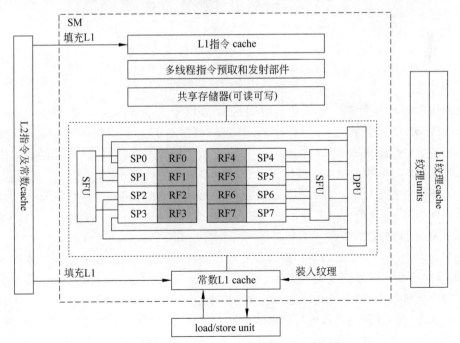

图 9.13 NVIDIA GT200 的 SM 内部结构

340

通常称 GPU 为众核(many core)处理器,是因为通常的商业宣传中,GPU 被称为拥有上百个"核",这里的"核"是指 SP,例如,GTX285 的核心数为 $10 \times 3 \times 8 = 240$。实际上 SP 仅是执行单元,它不是一个能完整地进行取指、译码、指令分派和处理的真正的处理核心,而 SM 具有取指、指令译码和指令分派等处理功能,属于同一个 SM 的所有 SP 共用同一套指令前端处理部件,也共用同一个共享存储器。

从图 9.13 可以看出,每个 SM 相当于具有 8 条流水线的 SIMD 处理器核心,所有 SP 共享 SM 中的一个指令处理前端,因此一个 SP 类似于多线程 CPU 中的一条流水线,所以 SP 也称为线程处理器(thread processor,TP)。每个 SP 核包含标量的单精度浮点数处理单元和整数处理单元,这些单元可以实现大部分运算指令。每个 SP 核支持硬件多线程,最多可并发执行 64 个线程,都有各自私有的通用寄存器组(register file,RF)。每个 SP 有 1024 个 32 位通用寄存器,根据 SP 所分配的线程数来分配寄存器。程序会声明其寄存器需求,通常编译器会为每个线程分配 16~64 个寄存器。例如,对于像素渲染程序通常使用 16 个或更少的寄存器,这样,每个 SP 可以运行高达 64 个像素渲染线程。

SM 的执行模型实际上与传统的 SIMD 有很大区别,NVIDIA 公司称其为单指令多线程(single instruction and multiple thread,SIMT)。在传统的 SIMD 架构上编程时,每条指令能够处理的数据宽度是确定的,即向量的宽度是显式的,而在基于 NVIDIA GPU 的 CUDA 编程中,线程的数量是可变的,因为每个 SM 包含 8 个 SP,每个 SP 最多有 64 个线程,所以一个 SM 上最多可以有 512 个线程,即线程数可以在 1~512 之间取值,因而提高了灵活性。此外,在传统的 SIMD 中,各个向量共享寄存器资源,并且在一条 SIMD 指令中不要考虑同步问题,因为数据之间是相互独立的;而使用 SIMT 方式编程时,必须引入共享存储器和同步机制实现线程之间的通信。

*9.5　并行处理编程模式简介

一个应用问题要放到并行处理系统中处理,程序员首先应该分析应用问题中存在的并行性,充分挖掘出算法中的并行处理逻辑,然后用相应的并行编程模型以及并行程序设计语言来实现算法。

按照应用的计算特征,可以将应用问题分为以下 3 种类型:①数据密集型(data-intensive)应用,即数据量巨大,但计算相对简单的应用问题,如海量网页词频统计问题;②计算密集型(computation-intensive)应用,即数据量相对不大、但计算较为复杂的应用问题;③数据密集与计算密集混合型应用问题,如 3D 电影渲染等。

针对不同特点的应用问题和不同的并行处理结构,可以有不同的并行编程模型以及并行程序设计语言,主要分为以下几种并行处理程序设计方式。

1. 共享存储变量方式

共享存储变量方式用于共享存储器多处理器系统中,采用共享存储变量的方式进行数据交互,因此称为共享存储变量(shared memory variables)方式。该方式通常将一个任务分解成若干处理逻辑段,每个处理逻辑段称为一个线程。线程之间可以并行执行,不同线程之间通过共享存储变量的方式进行数据的交换。因此,也称为多线程并行程序设计方式。

多线程并行程序设计的概念提出以来,出现了很多具有代表性的并行编程接口,包括一些开源或商业版本的并行编程接口,常用的有 Pthread、OpenMP 和 Intel TBB 等。

Pthread 是较为低层的多线性编程接口。为实现可移植的多线程程序,IEEE 1003.1c 标准定义了一个线程包,称为 Pthread。它使用常规语言编程方式,通过在串行程序中加入 Pthread 函数调用来实现多线程并行处理。Pthread 中共有 60 多个函数调用,其中,Pthread _create 函数用于创建一个新线程,当一个线程完成分配给它的工作后,可以用 Pthread_exit 函数来终止它并释放它的栈。所有 Pthread 线程都含有一个线程标识符、一组寄存器(包括程序计数器 PC)和一组存储在结构(struct)类型变量中的属性,这些属性包括栈大小、调度参数以及线程需要的其他信息。

OpenMP 采用在编程语言中增加编译指导指令的方式来实现并行程序设计,通过在串行程序中插入编译指导语句或命令,来指示哪个程序段可以并行执行。例如,对于一个 C/C++ 语言的 for 循环程序段,如果循环体可以并行执行,那么,就在 for 语句前加入编译指导语句"♯pragma omp parallel for",用来告诉编译器将后面的 for 语句编译成一段多线程并行代码,在编译指导语句中需要指定并行执行的线程个数、线程中的私有变量、对哪个变量进行规约以及如何规约等信息。OpenMP 中还提供了一些 API 函数,包括运行环境设置函数、锁操作函数和时间操作函数等。

2. 消息传递方式

消息传递方式用于分布式存储器访问的并行处理系统(如集群)中。为了实现多个子任务的并行处理,在不同计算节点上完成的子任务之间需要交换数据。但是,因为采用分布式存储访问,某个计算节点无法通过执行 load 指令和 store 指令来访问另一个节点的私有存储器,因此,无法通过共享存储变量的方式来交换数据,只能通过消息传递(message passing)方式进行数据的交换。显然,这种方式下,每个子任务作为一个进程在各自独立的计算节点上并行执行,因此,消息传递方式也可以被狭义地理解为多进程并行程序设计方式。

最常用的消息传递程序设计方式是 MPI(message passing interface,消息传递接口)标准。MPI 是 1993 年由一组来自大学、国家实验室以及高性能计算厂商的研究人员发起和组织的项目,1994 年公布了最早的版本 MPI 1.0。MPI 使用常规语言编程方式,通过在串行程序中加入 MPI 并行编程接口函数实现多进程并行处理,所有计算节点运行同一个程序,在并行程序段部分,不同的计算节点处理不同的数据,通过专门的 API 函数实现不同节点间的消息传递。最基本的 MPI 函数包括 MPI_Init、MPI_Finalize、MPI_Comm_Size、MPI _Comm_Rank、MPI_Send 和 MPI_Recv。在函数 MPI_Init 和 MPI_Finalize 之间的是一个并行程序段,将在每个计算节点上被执行;函数 MPI_Comm_Size 确定指定范围内的计算节点/进程数目;函数 MPI_Comm_Rank 确定计算节点/进程的标识号;函数 MPI_Send 和 MPI_Recv 用于同步通信,在不同的节点之间传递消息。MPI 具有高度的可扩展性,能充分利用系统的硬件资源,发挥其性能,被广泛应用于科学计算的各个领域。

3. MapReduce 并行程序设计方式

MapReduce 最早是由 Google 公司研究提出的一种面向大规模数据处理的并行处理模式和方法。利用 MapReduce,可以构建一个由普通商用服务器构成的,包含数十、数百甚至数千个节点的基于集群的高性能并行计算平台。

MapReduce 是一个并行计算软件框架,它能自动完成计算任务的并行化处理,自动划分计算数据和计算任务,在集群节点上自动分配和执行任务,自动收集计算结果,将数据分布存储、数据通信、容错处理等并行处理涉及的很多底层的复杂细节交由分布式文件系统处理,大大减轻了程序员的负担。

MapReduce 也是一个并行程序设计模型与方法,借助于函数式程序设计语言 Lisp 的设计思想,它提供了一种简便的并行程序设计方法,程序员仅需要编程实现 Map 和 Reduce 两个基本操作接口就可以快速完成并行化程序的设计。Map 操作主要负责对一组数据记录进行某种重复处理,Reduce 操作主要负责对 Map 操作的中间结果进行某种规约并输出结果。一个计算节点进行一个 Map 或一个 Reduce 操作,因此,可以有很多节点同时进行 Map 或 Reduce 操作。

4. CUDA 并行程序设计方式

CUDA(compute unified device architecture)由 NVIDIA 公司在 2007 年发布,是用于众核 GPU+多核 CPU 的异构系统的 C/C++ 语言的可扩展并行编程模型。有了 CUDA 编程模型以后,GPU 除了用于图形处理以外,还可以方便地通过 CUDA 编程用于其他应用领域。

CUDA 可扩展编程语言模型扩充了 C/C++ 语言,提供了 3 个关键的抽象,包括层次结构线程组、同步栅(synchronization barrier)和共享内存。

通常,一个数据并行问题可以分解成多个不同的子任务,这些子任务之间有些可以独立并行执行,有些需要有先后处理顺序。每个子任务中的数据可以再分解成相同结构的数据块,每个数据块还可以再分解为数据元素,同时,每个数据块可以被独立并行处理,且数据块中的元素也可并行计算。这样,多级的"任务—数据块—数据元素"的划分正好对应于 GPU 的多级处理单元"GPU—SM—SP"的划分。因此,根据这种层次化的问题划分方式,CUDA 采用了"网格(grid)—线程块(thread block)—线程"的层次结构编程模型,这就是所谓的层次结构线程组。

程序员可以在一个串行程序中调用一个并行执行的核(kernel)函数,网格就是执行相同核函数的一组线程块,相当于一个子处理任务。因此,一个网格由若干线程块组成,这些线程块完成的任务就是网格所要实现的任务,各个线程块之间可以独立并行执行,没有前后顺序关系。每个线程块又由若干线程组成,一个线程块被分配在一个 SM 上执行,因此,实际上在每个 SM 中执行相同的程序,程序的功能由其线程块中若干线程实现,这些线程被发射到 SM 中的 SP、SFU 和 DPU 等处理单元中。

因为一个数据并行问题所包含的子任务之间可能有先后顺序,所以,在对应的每个网格之间可以根据需要通过调用_syncthreads()原语来设置同步栅,给定足够的硬件资源的话,那些独立的网格就可以并行执行,而设置了同步栅的网格之间就按顺序执行,以保证前面网格所包含的所有线程块在后面网格中的线程开始执行前已全部执行完。

每个线程在其执行期间可能会访问多个不同的存储器,包括局部存储器、共享存储器和全局存储器。每个线程具有一个私有的局部存储器(local memory)用于存储那些不适合在线程寄存器中存储的线程私有变量,包括栈帧以及在寄存器溢出时私有变量的分配。每个线程块中的所有线程都可以访问 SM 中的共享存储器,其共享存储器的访问具有与线程块相同的生命周期。此外,所有线程都可以访问全局存储器。程序可以分别使用_shared_和_device_限定词来说明变量处于共享存储器还是全局存储器。共享存储器是片上低延时存储器,可以在一个线程块的线程之间进行高性能的通信和数据共享。核函数可以使用共享变量和寄存器变量。若这两种变量不够,也会直接使用全局变量。CPU 首先将数据从主存传送到 GPU 的全局存储器,计算完成后将结果从 GPU 的全局存储器再传送回 CPU 的主存。顺序执行的网格中的线程之间通过全局存储器进行数据通信。

在基于 NVIDIA GPU 的架构上,局部存储器和全局存储器都位于 GPU 芯片之外的显存芯片中,可以是 GDDR3、GDDR4 和 GDDR5 等 DRAM 芯片。

CUDA 编程模型在网格上类似于单程序多数据(SPMD)模型。每次调用核函数相当于动态创建了一个新的网格,每个网格包含多个线程块,每个线程块处理一个数据块,因此,相当于一个核函数在多个数据块上执行。程序员可以针对每个核函数选用适当的并行度,即,每个网格所包含的线程块数目和每个线程块所包含的线程数都是可设置的,不需要将一个应用的所有子任务对应的网格设置成相同的线程块数。例如,若一个应用被分成两个子任务,分别对应核函数 kernelA 和 kernelB,这两个核函数对应的网格之间有顺序关系,一定是 kernelA 中的所有线程块全部执行完才能执行 kernelB 中的线程,那么,在这两个核函数之间必须设置同步栅。假定 kernelA 包含 6 个一维线程块,每个线性块有 32 个线程,则调用语句为 kernelA<<<6,32>>>(params)。假定 kernelB 包含 6×4 的二维线程块,每个线程块包含 8×3 个线程,则调用语句为 kernelB<<<(6,4),(8,3)>>>(params)。

CUDA 程序的主机端代码与普通 C 语言程序相同,需要调用核函数时,主机端通过执行 CUDA 的 API 函数来启动核函数,将设备端二进制代码传递给显卡。设备端二进制代码主要包括网格的维度、线程块的维度、每个线程块使用的资源数量以及要运行的指令序列。设备端根据这些信息将每个线程块的计算任务分配到相应的 SM 中。

计算任务的分配工作由专门的计算调度器(computer scheduler)完成,分配的单位是协作线程阵列(collaborative thread arrays,CTA),它是线程块(block)对应的执行模型。因为一个 block 中所有线程共享 SM 中的共享存储器,因此,一个 CTA 中的所有线程必须分配到同一个 SM 中,每个 CTA 由若干 warp 组成。一个 warp 表示执行相同指令的一个并行线程集合。它是分配在 SM 上的一个执行单位,CUDA 将 warp 的大小设置为 32 个线程,因此,对于最多只能并发执行 512 个线程的 SM 来说,一个 CTA 最多可有 16 个 warp。

9.6 本章小结

根据 Flynn 分类法,并行处理计算系统有 SIMD 和 MIMD 两种并行计算模式,其中,SIMD 是一种数据级并行模式,而 MIMD 是一种并行程度更高的线程级或以上的并行计算模式。

MIMD 系统可分为多处理器系统和多计算机系统。前者是共享存储多处理器系统的简称,具有共享的单一地址空间,因此,每个处理器都可以通过 load 指令和 store 指令访问系统中的存储器,也被称为共享存储系统;后者每个计算节点都具有各自私有的存储器,并且各自具有独立的主存地址空间,通过消息传递方式进行数据传送,因此,也称为消息传递系统。

多处理器系统有 UMA、NUMA 和 CC-NUMA 3 类。UMA 多处理器系统中,每个处理器对所有存储单元的访问时间是均匀的,因此,UMA 多处理器就是对称多处理器

(SMP)。NUMA 多处理器系统中共享的存储空间分布在不同的处理器节点上；处理器中带有一致性高速缓存时被称为 CC-NUMA。

多个处理器核都要访问共享存储器，由于处理器核在执行程序中存在各种随机情况，从而导致多个核的程序之间的访存顺序存在不确定性，因此，在多核处理器系统中必须确定存储器一致性模型。3 种代表性存储器模型是顺序一致性模型、宽松一致性模型和释放一致性模型。

多计算机系统的典型代表是集群和网格。集群是采用局域网络连接的通过消息传递进行通信的紧耦合多计算机系统。数据库系统、文件服务器、Web 服务器等大型系统，都适合采用集群系统。网格多计算机系统是利用互联网把分散在不同地理位置的多个异构的计算机组成一台逻辑上的"虚拟超级计算机"。

SIMD 称为数据级并行技术，主要通过 SIMD 指令处理向量。向量计算机面向向量型数据进行并行计算，在向量各分量上执行彼此无关、各自独立的数据。图形处理器 GPU 采用了类似 SIMD 的指令执行模式 SIMT，即单指令多线程模式。

针对不同特点的应用问题和不同的并行处理硬件结构，可以有不同的并行编程模型，主要分为共享存储变量、消息传递、MapReduce 以及适合于 CPU＋GPU 的 CUDA 等几种编程模型。

参 考 文 献

[1] PATTERSON D A, HENNESSY J L. Computer Organization and Design, Fifth Edition: The Hardware/Software Interface[M]. San Francisco: Morgan Kaufmann Publishers Inc.,2013.

[2] BRYANT R E,O'HALLARON D R. 深入理解计算机系统[M]. 龚奕利,贺莲,译. 北京：机械工业出版社,2016.

[3] 袁春风. 计算机组成与系统结构[M]. 2 版. 北京：清华大学出版社,2015.

[4] 袁春风,余子濠. 计算机系统基础[M]. 2 版. 北京：机械工业出版社,2018.

[5] PATTERSON D A,WATERMAN A. RISC-V 手册[Z]. 包云岗,勾凌睿,黄成,等译. 2018.

[6] WATERMAN A,ASANOVIĆ K. The RISC-V Instruction Set Manual Volume I: Unprivileged ISA [Z]. 2019.

[7] WATERMAN A,ASANOVIĆ K. The RISC-V Instruction Set Manual Volume II: Privileged Architecture[Z]. 2019.

[8] 胡振波. 手把手教你设计 CPU——RISC-V 处理器篇[M]. 北京：人民邮电出版社,2018.

[9] STALLINGS W. 计算机组成与体系结构性能设计[M]. 彭蔓蔓,吴强,任小西,等译. 北京：机械工业出版社,2011.

[10] TANENBAUM A S. 现代操作系统[M]. 陈向群,马洪兵,译. 北京：机械工业出版社,2009.

[11] PATT Y N,PATEL S J. 计算机系统概论[M]. 梁阿磊,蒋兴昌,林凌,译. 北京：机械工业出版社,2008.

[12] 黄宜华. 深入理解大数据：大数据处理与编程实践[M]. 北京：机械工业出版社,2014.

[13] 张舒,褚艳利. GPU 高性能运算之 CUDA[M]. 北京：中国水利水电出版社,2009.

[14] 余子濠,刘志刚,李一苇,等. 芯片敏捷开发实践：标签化 RISC-V[J]. 计算机研究与发展,2019,56 (001)：35-48.

图 书 资 源 支 持

感谢您一直以来对清华版图书的支持和爱护。为了配合本书的使用，本书提供配套的资源，有需求的读者请扫描下方的"书圈"微信公众号二维码，在图书专区下载，也可以拨打电话或发送电子邮件咨询。

如果您在使用本书的过程中遇到了什么问题，或者有相关图书出版计划，也请您发邮件告诉我们，以便我们更好地为您服务。

我们的联系方式：

地　　址：北京市海淀区双清路学研大厦 A 座 714

邮　　编：100084

电　　话：010-83470236　010-83470237

客服邮箱：2301891038@qq.com

QQ：2301891038（请写明您的单位和姓名）

资源下载：关注公众号"书圈"下载配套资源。

资源下载、样书申请

书 圈

图书案例

清华计算机学堂

观看课程直播